经以济世
建德尚美
贺教育部
产教融合项目
心手相传

李鹏林

教育部哲学社会科学研究重大课题攻关项目

"十三五"国家重点出版物出版规划项目

低碳经济转型下的中国碳排放权交易体系

CARBON EMISSION TRADING SYSTEM IN CHINA UNDER THE LOW-CARBON ECONOMIC TRANSITION

齐绍洲

等著

中国财经出版传媒集团

经济科学出版社

Economic Science Press

图书在版编目（CIP）数据

低碳经济转型下的中国碳排放权交易体系/齐绍洲
等著.—北京：经济科学出版社，2016.9
教育部哲学社会科学研究重大课题攻关项目
ISBN 978 - 7 - 5141 - 7183 - 9

Ⅰ.①低… Ⅱ.①齐… Ⅲ.①二氧化碳 - 排污交易 -
研究 - 中国 Ⅳ.①X511

中国版本图书馆 CIP 数据核字（2016）第 200804 号

责任编辑：解　丹
责任校对：徐领柱
责任印制：邱　天

低碳经济转型下的中国碳排放权交易体系
齐绍洲　等著
经济科学出版社出版、发行　新华书店经销
社址：北京市海淀区阜成路甲 28 号　邮编：100142
总编部电话：010 - 88191217　发行部电话：010 - 88191522
网址：www. esp. com. cn
电子邮件：esp@ esp. com. cn
天猫网店：经济科学出版社旗舰店
网址：http：//jjkxcbs. tmall. com
北京季蜂印刷有限公司印装
787 × 1092　16 开　30. 75 印张　590000 字
2016 年 9 月第 1 版　2016 年 9 月第 1 次印刷
ISBN 978 - 7 - 5141 - 7183 - 9　定价：77. 00 元
（图书出现印装问题，本社负责调换。电话：010 - 88191502）
（版权所有　侵权必究　举报电话：010 - 88191586
电子邮箱：dbts@ esp. com. cn）

课题组主要成员

（按姓氏笔画为序）

王班班　刘　强　杜　莉　张继宏　李　锴
周茂荣　黄光晓　蒋小翼　谭秀杰　蔡圣华

编审委员会成员

主　任　周法兴

委　员　郭兆旭　吕　萍　唐俊南　刘明晖

　　　　刘　茜　樊曙华　解　丹

总　序

哲学社会科学是人们认识世界、改造世界的重要工具，是推动历史发展和社会进步的重要力量。哲学社会科学的研究能力和成果，是综合国力的重要组成部分，哲学社会科学的发展水平，体现着一个国家和民族的思维能力、精神状态和文明素质。一个民族要屹立于世界民族之林，不能没有哲学社会科学的熏陶和滋养；一个国家要在国际综合国力竞争中赢得优势，不能没有包括哲学社会科学在内的"软实力"的强大和支撑。

近年来，党和国家高度重视哲学社会科学的繁荣发展。江泽民同志多次强调哲学社会科学在建设中国特色社会主义事业中的重要作用，提出哲学社会科学与自然科学"四个同样重要"、"五个高度重视"、"两个不可替代"等重要思想论断。党的十六大以来，以胡锦涛同志为总书记的党中央始终坚持把哲学社会科学放在十分重要的战略位置，就繁荣发展哲学社会科学作出了一系列重大部署，采取了一系列重大举措。2004年，中共中央下发《关于进一步繁荣发展哲学社会科学的意见》，明确了新世纪繁荣发展哲学社会科学的指导方针、总体目标和主要任务。党的十七大报告明确指出："繁荣发展哲学社会科学，推进学科体系、学术观点、科研方法创新，鼓励哲学社会科学界为党和人民事业发挥思想库作用，推动我国哲学社会科学优秀成果和优秀人才走向世界。"这是党中央在新的历史时期、新的历史阶段为全面建设小康社会，加快推进社会主义现代化建设，实现中华民族伟大复兴提出的重大战略目标和任务，为进一步繁荣发展哲学社会科学指明了方向，提供了根本保证和强大动力。

1

高校是我国哲学社会科学事业的主力军。改革开放以来，在党中央的坚强领导下，高校哲学社会科学抓住前所未有的发展机遇，紧紧围绕党和国家工作大局，坚持正确的政治方向，贯彻"双百"方针，以发展为主题，以改革为动力，以理论创新为主导，以方法创新为突破口，发扬理论联系实际学风，弘扬求真务实精神，立足创新、提高质量，高校哲学社会科学事业实现了跨越式发展，呈现空前繁荣的发展局面。广大高校哲学社会科学工作者以饱满的热情积极参与马克思主义理论研究和建设工程，大力推进具有中国特色、中国风格、中国气派的哲学社会科学学科体系和教材体系建设，为推进马克思主义中国化，推动理论创新，服务党和国家的政策决策，为弘扬优秀传统文化，培育民族精神，为培养社会主义合格建设者和可靠接班人，作出了不可磨灭的重要贡献。

自 2003 年始，教育部正式启动了哲学社会科学研究重大课题攻关项目计划。这是教育部促进高校哲学社会科学繁荣发展的一项重大举措，也是教育部实施"高校哲学社会科学繁荣计划"的一项重要内容。重大攻关项目采取招投标的组织方式，按照"公平竞争，择优立项，严格管理，铸造精品"的要求进行，每年评审立项约 40 个项目，每个项目资助 30 万～80 万元。项目研究实行首席专家负责制，鼓励跨学科、跨学校、跨地区的联合研究，鼓励吸收国内外专家共同参加课题组研究工作。几年来，重大攻关项目以解决国家经济建设和社会发展过程中具有前瞻性、战略性、全局性的重大理论和实际问题为主攻方向，以提升为党和政府咨询决策服务能力和推动哲学社会科学发展为战略目标，集合高校优秀研究团队和顶尖人才，团结协作，联合攻关，产出了一批标志性研究成果，壮大了科研人才队伍，有效提升了高校哲学社会科学整体实力。国务委员刘延东同志为此作出重要批示，指出重大攻关项目有效调动了各方面的积极性，产生了一批重要成果，影响广泛，成效显著；要总结经验，再接再厉，紧密服务国家需求，更好地优化资源，突出重点，多出精品，多出人才，为经济社会发展作出新的贡献。这个重要批示，既充分肯定了重大攻关项目取得的优异成绩，又对重大攻关项目提出了明确的指导意见和殷切希望。

作为教育部社科研究项目的重中之重，我们始终秉持以管理创新服务学术创新的理念，坚持科学管理、民主管理、依法管理，切实增强服务意识，不断创新管理模式，健全管理制度，加强对重大攻关项目的选题遴选、评审立项、组织开题、中期检查到最终成果鉴定的全过程管理，逐渐探索并形成一套成熟的、符合学术研究规律的管理办法，努力将重大攻关项目打造成学术精品工程。我们将项目最终成果汇编成"教育部哲学社会科学研究重大课题攻关项目成果文库"统一组织出版。经济科学出版社倾全社之力，精心组织编辑力量，努力铸造出版精品。国学大师季羡林先生欣然题词："经时济世　继往开来——贺教育部重大攻关项目成果出版"；欧阳中石先生题写了"教育部哲学社会科学研究重大课题攻关项目"的书名，充分体现了他们对繁荣发展高校哲学社会科学的深切勉励和由衷期望。

创新是哲学社会科学研究的灵魂，是推动高校哲学社会科学研究不断深化的不竭动力。我们正处在一个伟大的时代，建设有中国特色的哲学社会科学是历史的呼唤，时代的强音，是推进中国特色社会主义事业的迫切要求。我们要不断增强使命感和责任感，立足新实践，适应新要求，始终坚持以马克思主义为指导，深入贯彻落实科学发展观，以构建具有中国特色社会主义哲学社会科学为己任，振奋精神，开拓进取，以改革创新精神，大力推进高校哲学社会科学繁荣发展，为全面建设小康社会，构建社会主义和谐社会，促进社会主义文化大发展大繁荣贡献更大的力量。

教育部社会科学司

前 言

在当今国际议事日程上的众多问题中，也许没有任何问题比气候变暖与日俱增的威胁更紧迫、更有全球影响了。而气候变暖所带来的影响，将波及地球上每一个国家、每一个居民，甚至会改变人类的生存方式。对中国而言，应对气候变化，向低碳经济转型，不仅仅是国际压力，更重要的是我们国内自身的迫切需求。

如何以更有效率的方式向低碳经济转型？这需要系统性的政策设计和符合国情的制度安排。向低碳经济转型有诸多政策工具，但目前被主要国家和地区倚重且首选的是碳排放权交易体系（简称碳交易体系、碳交易或碳市场）。碳交易体系充分利用市场机制为碳排放权定价，让超排的企业付出代价，而少排的企业有利可图，从而实现政府既定的减排目标，并引导低碳技术进步和低碳项目投资，最终实现低碳经济转型。

因此，中国于2011年底开始启动全国7个碳交易试点，通过试点探索，为建设全国碳交易体系提供经验和教训。然而，我国经济发展在地区和行业之间差异大，社会低碳意识薄弱，企业碳排放数据基础差，缺乏相关立法，企业所有制结构多元，电力等行业不完全市场特征明显，这些构成中国建立碳交易体系的特殊国情。所以，低碳经济转型下建设中国碳交易体系是一项制度创新和宏大的社会实践，没有现成的理论和经验借鉴，诸多理论挑战和实际问题亟需解决。

正是基于对此重大现实问题和国家重大需求的关注，"教育部哲学社会科学研究重大课题攻关项目"设立"低碳经济转型下的中国碳排放交易体系研究"课题（项目批准号：10JZD0018），由武汉大学气候变化与能源经济研究中心（CCEE）齐绍洲团队牵头，联合中国科学院能源与环境政策研究中心范英老师团队、厦门大学中国能源经济研究中心林柏强老师团队、国家应对气候变化战略研究和国际合作中心刘强老师团队，共同承担了此重大课题攻关项目，进行跨学科、跨地区的协同研究。本书就是这一重大课题攻关项目的重要研究成果之一。

通过项目的研究和直接参与中国碳交易试点的政策设计全过程，我们深刻地体会到中国碳交易体系的建设，其根本目的是为了以最低成本进行节能减排，实现低碳经济转型。因此，中国碳交易体系建设，需要在"三大原则"下把握"一个核心、两个保障、三个覆盖、四个结合、五个平衡、六大挑战"。

"三大原则"就是以减排为目标、以法律为保障、以价格为手段。碳交易体系建设的根本出发点就是减少碳排放，但由于是强制性地让排放企业参与碳交易体系，强制性地给企业分配碳排放额度并强制性地履约，因此，必须有法律做保障，依法办事。但减排目标和法律保障是所有减排政策工具都需要坚持的原则，只有以价格为手段，才使得碳交易体系区别于其他减排政策工具。因为碳交易体系正是通过碳市场为碳排放权定价，并通过碳价格信号来引导企业以最小成本实现碳减排，这是其他减排政策工具所不具备的关键所在，也是碳交易体系与其他减排政策工具的最本质区别。

一个核心就是以形成合理的碳价格为核心。碳价格是碳交易体系制度设计好坏的集中反映，是引导企业节能减排决策和投资行为的重要信号，是决定企业减排成本的关键因素，是碳交易体系实现以最小成本减排的基本保障。碳市场只有在市场供求机制和竞争机制的作用下，给碳排放权定价，才能够在价格机制的引导下合理配置减排资源，通过市场竞争机制实现优胜劣汰，促使企业以最低成本进行节能减排。准确的排放数据、从紧的配额总量、严格的履约法规、适度的流动性、相当规模的交易量、多元化的投资者和碳金融创新是形成合理的碳价格的重要条件。

两个保障就是法律和数据。前者是碳交易体系的根本保障，使碳交易体系有法可依，市场参与各方的权利义务被法律明确界定。后者则构成碳交易体系建设的基石，如果没有高质量的排放数据做支撑，碳交易体系建立在虚假的数据基础上，无异于把碳交易体系建立在沙滩上。

三个覆盖就是在碳交易体系建设初期覆盖范围只覆盖二氧化碳、覆盖直接排放和间接排放、覆盖"高、大、上"企业。覆盖二氧化碳是由于温室气体排放数据基础薄弱，而二氧化碳排放在温室气体中占到70%以上，国外大多数碳交易体系建设初期都是仅仅覆盖二氧化碳。因此，为了抓住主要矛盾，尽快启动我国碳交易体系，在碳交易体系建设初期只需要覆盖二氧化碳即可。覆盖直接排放和间接排放，这是我国与其他国家和地区碳交易体系的一个重要区别。因为目前中国电价是受管制的，价格成本无法向下游传导，纳入间接排放后工业用户也将为其电力消费支付间接排放成本，有助于电力消费侧的减排。因此，纳入间接排放是在中国现有的电力体制下，电力市场不完全的折中方案。并且，有关学者的研究发现，我国一些省市的间接排放达到了其总排放的80%。覆盖"高、大、上"企业就是指覆盖企业要抓大放小，因为大部分高排放企业都是上游行业中的大型企业，为了在碳交易体系建设中减少管理成本，以最小的社会支出实现碳交易体系的最大社会收益，在初期阶段只需要覆盖"高、大、上"企业。

四个平衡就是要平衡经济增长和节能减排、平衡市场总供给和总需求、平衡地区之间的差异、平衡行业之间的差异。第一，平衡经济增长和减排之间的关系。因为我国是发展中国家，经济增长正处于工业化的关键阶段，保证经济的适度高增长仍然是今后一段时期的核心工作，但节能减排对我国也是刻不容缓，资源的枯竭、环境的恶化、应对气候变化的国内外压力、经济社会的可持续发展和生态文明建设都要求我们必须以更有力有效的政策手段来加强节能减排和向低碳经济转型，因此，配额总量应遵循"总量刚性、结构柔性"和"存量从紧、增量从优"的原则。第二，平衡市场的总供给和总需求。就是要在总量设定和配额分配上既要避免EU-ETS（European Union Emissions Trading System，欧盟碳排放交易体系）第一阶段的配额分配过量导致供过于求而使价格一度跌为零；也要避免配额过少，市场需求过大，导致企业履约成本过高。供求失衡会导致价格信号失真，无法通过价格信号引导企业有效配置减排资源，并最终可能导致碳市场瘫痪和失

3

败。市场的总供给主要由配额总量、配额分配方法、配额的跨期储存和预借以及抵消机制中 CCER（Chinese Certified Emission Reduction，中国经核证的减排量）的比例和限制条件等决定；市场的总需求则主要由控排企业履约的刚性需求和市场投资者的投资需求所决定。第三，平衡地区之间的差异。我国地区差异显著，无论在经济发达程度、产业和能源结构、资源禀赋、基础能力、企业竞争力等方面都存在差异，因此，必须通过地区调整系数在各地区总量设定和减排任务分配方面加以调整，并通过抵消机制引导清洁项目在欠发达地区的投资力度，通过把碳交易体系和生态补偿及扶贫开发相结合，来促进资源丰富但经济欠发达地区的绿色低碳发展。第四，平衡行业之间的差异。根据 7 个试点的经验，我国行业之间的市场波动、产量波动和碳排放波动情况差异较大，因此，不能用一刀切的办法统一成一个行业减排系数，需要根据行业的减排潜力、减排成本、国际竞争力、生产和排放趋势等制定不同行业的减排系数。

五个结合就是总量刚性与结构柔性相结合、历史法和标杆法相结合、免费分配和有偿拍卖相结合、事前分配和事后调节相结合、存量从严与增量从优相结合。首先，总量刚性与结构柔性相结合。碳交易体系是为了实现既定的减排目标，所以，总量必须是刚性的，一旦确定就不能随意更改。但为了平衡经济增长和减少碳排放，必须为企业新增产能留下一定的排放空间，也为碳市场的异常波动留下政府调控的手段，因此，需要把配额在结构上分为企业初始配额、新增预留配额和政府预留配额三部分，三者之间的比例可以根据实际情况进行一定范围内的调整，期末多余的配额应该予以撤销。其次，历史法和标杆法相结合、免费分配和有偿拍卖相结合、事前分配和事后调节相结合、存量从严与增量从优相结合。在中国现有条件下，必须从现实出发，在配额分配这一企业最利益攸关和敏感的核心问题上进行上述"四结合"。随着条件的成熟，特别是基础数据的质量不断提高和完备，企业减排能力的不断加强和制度方法的不断完善，可以逐步向完全标杆法、完全有偿分配以及事前一次性分配过渡，存量和增量也一视同仁。

六大挑战就是经济增长不稳定、MRV①不统一、配额不紧、流动性不强、企业能力不够和地方政府不支持。这六个方面是建设全国碳交易体系必须应对的挑战，在政策设计过程中必须予以高度重视并加以妥善处理。比如，配额不紧。碳交易体系往往具有内在的配额偏松的倾向性，特别是基于历史法实行配额免费分配时，政府和企业、中央和地方博弈的结果往往是配额分配偏多，配额偏多对市场是致命的，而且政府很难再从企业手上收回已经发放的配额。而配额偏紧，即便之后发现配额短缺，政府依然可以动用新增预留和政府预留进行追加，政府可以掌握主动。如果市场流动性不强，那么就不能通过供求的相互作用形成有效的价格信号，就无法引导和改变企业的决策和投资行为，就无法实现碳交易体系以成本效率的方式实现节能减排这一本来目的。如果企业能力不够，不了解碳交易体系的基本原理和制度规则，就会消极被动地去应付，结果可能以更高的成本进行节能减排，这就背离了建立碳交易体系的初衷。如果地方政府不支持，就有可能在任何一个环节上出现"上有政策下有对策"的消极怠政，其结果可能会使碳交易体系悬在空中不能落地。顶层政策设计得再好，最后落地实施还是需要地方政府部门的积极支持与配合，因此，在政策设计中必须考虑如何分权让利给地方政府以调动其积极性。

本书是不同研究机构的研究团队紧密配合、分工协作的集体智慧结晶。通过将国内外碳交易的理论与实践进行系统的综合与集成，本书努力做到从理论到实践，再从实践上升到理论，力图在一定程度上系统地解决中国低碳经济转型下如何进行碳交易体系的制度建设和政策设计的关键问题，并对一些理论上的难点问题进行探索研究。全书共分十一章。

第一章由武汉大学的杜莉、谭秀杰两位老师负责撰写。首先对低碳经济的概念、发展及其对全球经济的影响进行剖析，然后对碳交易的兴起与发展及其关键制度要素进行分析，最后对低碳经济转型和碳交易之间的关系进行理论上的论证。

第二章则由谭秀杰老师负责撰写。主要对欧盟、美国、日本、新

---

① 在碳交易市场建设中，MRV 是指温室气体排放可测量、可报告、可核查（Measurable, Reportable, Verifiable）的体系。

西兰和澳大利亚等不同层面的碳交易体系的主要制度和政策要素的核心内容、特点及其演变和实施效果进行系统的比较和分析，以期找出对中国的借鉴经验。

第三章由武汉大学的张继宏老师负责撰写。主要对中国碳交易体系的总量设定和行业选择建立理论模型和方法，并进行相应计算，得出全国碳交易体系建设的最优总量设定和行业选择。

第四章由中国科学院能源与环境政策研究中心的蔡圣华老师负责撰写。主要对全国层面的配额分配如何在地区之间兼顾公平与效率建立模型进行理论分析与模拟，并得出相应的政策结论。

第五章由华中科技大学的王班班老师负责撰写。主要对配额总量和结构如何确定、配额在企业层面如何有效地进行分配以及配额的跨期管理等问题建立理论模型进行理论分析，并结合中国碳交易试点的经验为配额分配政策设计具体的分配和管理办法。

第六章由武汉大学的熊灵老师以及付坤和赵鑫两位博士研究生负责撰写。付坤主要对中国7个碳交易试点的交易规则进行综合比较并对全国碳市场的交易规则设计提出建议；价格形成机制的理论分析则由熊灵完成，而中国碳交易试点的市场有效性检验和价格波动的EEMD分析则由赵鑫完成。

第七章由武汉大学的付坤博士负责撰写。主要对MRV的原则与程序、基准年与排放边界的确定、排放源及监测量化方法、数据质量管理和不确定性评估、温室气体的报告与核查、流程和样表等进行理论研究和应用设计。

第八章由武汉大学的李锴和张继宏两位老师负责撰写。李锴主要分析了金融支持碳交易体系发展的理论基础及作用机制，中国碳金融支持碳交易体系发展的现状、效率及问题，并提出相应的政策建议；张继宏则探讨了如何把商业银行纳入碳交易体系及相应的方法学。

第九章由武汉大学的蒋小翼老师负责撰写。主要对碳交易体系建设中的法律保障方面的国际经验、法律依据、法律规定进行研究，并以湖北碳交易试点的实际经验为例详细剖析了立法实践，并对全国碳交易体系的立法提出了建议。

第十章由厦门大学的黄光晓老师负责撰写。主要通过建立CGE模型预测和评估碳交易体系对我国宏观经济和区域的经济影响。

第十一章由国家应对气候变化战略研究和国际合作中心的刘强老师负责撰写。主要对国际主要碳交易体系政策的动态优化与升级进行系统的分析梳理，并在武汉大学博士研究生程思对中国 7 个碳交易试点的政策进行综合比较评估的基础上，就建设全国碳交易体系的顶层设计提出系统的政策建议。

全书由齐绍洲负责总体设计、组织协调并进行统稿，武汉大学气候变化与能源经济研究中心办公室的周自涛老师对书稿按照出版社的要求做了最后的统一编辑。

感谢全书的所有作者所表现出的团结协作和敬业精神，通过这一项目的合作，锻炼了队伍，培养了一批研究低碳经济转型下中国碳交易体系的年轻人。大家在项目整个研究过程中也体会到了团队协作的效率和力量，结下了深厚的友谊。

感谢教育部"哲学社会科学重大课题攻关项目"的支持，正是项目办公室的高瞻远瞩，早在 2010 年就立此项目，正好赶上中国在 2011年下半年启动 7 个碳交易试点并确定 2017 年启动全国碳交易体系，使得我们有机会全程参与了中国碳交易试点的建设与发展，并进一步参与到全国碳交易体系的建设中去；有机会把我们的理论研究成果应用到实践中，并通过对试点经验的总结评估与提炼，再上升到理论；有机会在国内外学术期刊公开发表我们的研究成果，来传播和宣传中国的节能减排实践与应对气候变化的努力；有机会为全国碳交易体系的建设贡献自己的研究成果，为中国低碳经济转型贡献自己的智慧，为人类应对全球气候变化做出自己作为地球一员的应有贡献。

摘　要

本书作为教育部"哲学社会科学重大课题攻关项目"的研究成果，整合了国内从事低碳经济、能源经济、碳排放权交易试点政策设计的项目各参与方近年来的研究成果，把国内外碳排放权交易的理论与实践进行了系统的综合与集成，重点研究中国在低碳经济转型下建立碳交易市场体系的重大理论问题和实践问题。

全书首先对低碳经济转型与碳交易体系的关系进行了理论分析，对全球主要碳交易体系的政策设计、制度演变、市场运行及实践效果进行了系统梳理与比较。然后对中国碳交易市场体系建设中的关键制度和政策要素在总结比较中国 7 个碳交易试点和国际经验的基础上进行理论分析、经验总结及政策研究，主要包括碳交易体系总量设定和行业选择，全国和企业层面的配额分配，交易规则和碳价格形成机制，MRV 的原则与程序、基准年与排放边界的确定、排放源及监测量化方法、数据质量管理和不确定性评估、温室气体的报告与核查，金融支持和立法基础及法律保障等，本书对这些碳交易体系中的关键制度和政策要素中的理论基础、重点难点、模型方法、计算模拟、政策选择和操作步骤等逐一进行深入系统的分析。最后本书在定量分析碳交易体系对宏观经济和行业影响的基础上，通过梳理国外碳交易体系政策的动态优化和综合比较评估国内碳交易试点的制度特征，提出建设中国碳交易体系顶层设计中的政策建议。

低碳经济转型下建设中国碳交易体系是一项制度创新和宏大的社会实践，没有现成的理论和经验借鉴，诸多理论挑战和实际问题亟需解决。因此，本书力图做到从理论到实践，再从实践上升到理论，在一定程度上系统地探索了中国低碳经济转型下如何进行碳交易体系的制度建设和政策设计，并回答一些理论上的难点问题。

本书为研究中国碳交易体系理论的科研人员提供理论参考，为从事碳交易体系建设和实际工作的政府部门和其他专业机构的人士提供经验借鉴，为在校的本科生和研究生深入了解和学习碳交易体系提供系统的指导和学习资料。

由于全球碳交易体系方兴未艾，中国低碳经济转型下碳交易体系建设也处于探索与起步阶段，大量理论问题和实践问题还在不断出现，政策和制度建设也在不断的探索与完善之中。因此，本书还有许多需要继续进一步研究和完善的地方，错漏之处在所难免，敬请读者不吝批评指正。

Abstract

As the study result of "Key Projects in Philosophy and Social Sciences" of Education Ministry of China, this monograph integrates the research achievements of all the participating parties of China who engage in programs including Low-Carbon Economy, Energy Economy, Policy Design of Carbon Emission Trading System (ETS) Pilots in recent years, and systematically synthesizes the domestic and international theory and practice in ETS, trying to solve major theoretical and practical issues when building China's ETS under the low carbon economic transition.

Firstly, the monograph conducted theoretical analysis on the relationship between low-carbon economic transition and ETS, making systematic analysis and comparison of policy design, system evolution, market operation and practical effect of major global ETS. Secondly, on the basis of comparing seven ETS pilots in China and summarizing international experience, the monograph made theoretical analysis and summed up experience on key institutional and policy factors during construction of China's ETS, including the cap setting and coverage of ETS, allowance allocation in both national and corporate levels, trading rules and formation mechanism of carbon price, principles and procedures of MRV, definition of the base year and emission boundaries, emission sources and quantitative methods on measuring, data quality management and uncertainty assessment, reporting and verification of greenhouse gases, as well as financial support, legislative basis and legal security, etc. Deep and systematic analysis have been made on the theoretical basis, important and difficult issues, model and methods, computation and simulation, policy selection and operation sequence of the key institutional and policy factors of ETS in China. Finally, based on the quantitative analysis of ETS's influences on national and regional economy, the monograph proposed policy recommendations on building top-level design of China's ETS through analyzing the dynamic optimization of international major ETS's policy and comprehensively comparing and evaluating the institutional features of China's ETS pilots.

Construction of China's ETS under the low carbon economic transition is an institutional innovation and ambitious social practice. There is no ready-made theory and experience which can be used for reference, and many theoretical challenges and practical problems should be solved. Therefore, this monograph tried to take a way from theory to practice and then sublimated from practice to theory, systematically explored institution construction and policy design of China's ETS, and tried to answer some theoretically difficult problems.

This monograph provides a theoretical reference for the researchers focusing on theories of China's ETS, offers experience for the government officials and professional who engage in the construction and actual work of ETS, provides systematic guidance and learning materials for undergraduate, graduate and even Ph. D students so that they could deeply understand and study the ETS.

As the global carbon market is booming, the construction of China's ETS under low carbon economic transition is still in the initial and exploring stage, a large number of theoretical and practical problems are still emerging, policy and institutional construction are also under continuous exploring and improvement. Therefore, further research and improvement are needed for the contents of this monograph. There might be some mistakes in this monograph. We kindly ask for grant instruction and criticism from the readers.

目　录

Contents

第一章▶碳交易体系与低碳经济转型之间的关系　1

第一节　低碳经济转型　1

第二节　碳交易体系　10

第三节　碳交易体系与低碳经济转型之间的关系　18

第二章▶发达国家碳交易体系的国际比较　27

第一节　欧盟碳交易体系　27

第二节　全国范围的碳交易体系　45

第三节　地区性碳交易体系　61

第四节　国际经验比较及对中国的启示　83

第三章▶碳交易体系总量设置与行业选择　100

第一节　比较研究与经验借鉴　100

第二节　总量设置理论分析　105

第三节　我国2020年与2030年碳排放情景分析　110

第四节　我国工业行业二氧化碳减排成本核算　119

第五节　我国碳交易体系行业选择相关因素分析　130

第六节　我国碳交易体系总量设置　136

第四章▶碳交易体系的初始配额分配　142

第一节　我国各省区市节能减排潜力及其影响因素分析　142

第二节　区域公平优先的我国省级区域碳排放配额分配方案　148

第三节　研究结论与建议　156

第五章▶区域层面的配额分配（分配到企业）　158

第一节　配额总量设定与结构　158

第二节　初始配额分配的模式和方法　177

第三节　配额的储存与预借　195

第六章▶碳交易体系交易机制　208

第一节　碳排放权交易规则　208

第二节　碳排放权交易定价机制　218

第三节　碳市场有效性及价格波动的 EEMD 分析
　　　　——湖北与深圳试点的比较　229

第七章▶企业碳排放监测、报告与核查（MRV）　246

第一节　温室气体排放量化原则与程序　247

第二节　基准年和排放边界　249

第三节　排放源及监测量化方法　254

第四节　数据质量管理和不确定性评估　284

第五节　温室气体排放报告　291

第六节　温室气体排放核查　294

附录A　温室气体排放报告样表　301

附录B　温室气体排放核查样表　306

第八章▶金融支持　308

第一节　金融支持碳交易发展的理论基础及作用机制　309

第二节　金融支持中国碳交易发展的现状、效率及问题　317

第三节　商业银行纳入碳交易体系的探讨　333

第四节　金融支持中国碳交易体系发展的政策　338

第九章▶法律保障　343

第一节　碳交易体系法律法规的国际经验　343

第二节　中国碳交易体系的法律保障　351

第三节　中国碳交易试点的立法实践
　　　　——以湖北省碳交易试点为例　359

第四节　国家碳交易立法建议　364

第十章▶碳交易对中国经济发展的影响　367

　　第一节　EU-ETS 对欧盟产业竞争力的影响的文献分析　367

　　第二节　用 CGE 模型预测碳交易对中国经济的影响　372

　　第三节　碳交易体系对中国区域经济的影响　383

第十一章▶中国碳交易体系的配套政策　395

　　第一节　国际碳交易体系的动态升级经验　395

　　第二节　国内碳交易试点政策比较　406

　　第三节　全国碳交易体系顶层设计的政策建议　427

参考文献　434

Contents

Chapter 1   Relations between ETS and Low-Carbon Economic Transition   1

    Section 1   Low-Carbon Economic Transition   1

    Section 2   ETS   10

    Section 3   Relations between ETS and Low-Carbon Economic Transition   18

Chapter 2   International Comparison of ETS in Developed Countries   27

    Section 1   The European Union Emissions Trading System (EU-ETS)   27

    Section 2   National ETS   45

    Section 3   Regional ETS   61

    Section 4   Comparison of International Experience and
                  Enlightenment to China   83

Chapter 3   Cap-Setting and Industry Selection of ETS   100

    Section 1   Comparative Study and Experience Learning   100

    Section 2   Theoretical Analysis of Cap-Setting   105

    Section 3   China's Carbon Emissions Scenario Analysis of 2020 and 2030   110

    Section 4   Cost Accounting of China's Industry Emission Reduction   119

    Section 5   Related Factors Analysis of Industry Selection of China's ETS   130

    Section 6   Cap-Setting of China's ETS   136

Chapter 4   The Initial Allowance Allocation of ETS   142

    Section 1   Potential and Influencing Factors Analysis of Energy Conservation and Emission Reduction of different Provinces in China   142

    Section 2   Provincial Regional Carbon Emission Allowance Allocation Plan
        in China：Regional Equity Priority   148

    Section 3   Conclusion and Suggestion   156

Chapter 5   Regional Allocation of Allowance（Allocated to Enterprises）   158

    Section 1   Cap Setting and Structure   158

    Section 2   Pattern and Method of Initial Allowance Allocation   177

    Section 3   Banking and Borrowing of Allowance   195

Chapter 6   Market Trading Mechanism of ETS   208

    Section 1   Trading Rules of ETS   208

    Section 2   Pricing Mechanism of ETS   218

    Section 3   The EEMD Analysis of Carbon Market Effectiveness and Price
        Fluctuation：Comparison of Hubei and Shenzhen Pilots   229

**Chapter 7   Measurement，Reporting and Verification of Enterprises' Carbon
    Emission（MRV）   246**

    Section 1   Quantification Principles and Procedures of Greenhouse
        Gas Emissions   247

    Section 2   Base Year and Emission Boundary   249

    Section 3   Emission Sources and Quantitative Measuring Methods   254

    Section 4   Data Quality Management and Uncertainty Assessment   284

    Section 5   Reporting of Greenhouse Gas Emissions   291

    Section 6   Verification of Greenhouse Gas Emissions   294

    Appendix A   Reporting sample form of Greenhouse Gas Emissions   301

    Appendix B   Verification sample form of Greenhouse Gas Emissions   306

Chapter 8   Finance Support   308

    Section 1   The Theoretical Basis and Functional Mechanism of
        Financial Support   309

    Section 2   Situation，Efficiency and Problems of Financial Support   317

    Section 3   Discussion of Commercial Bank Covered by ETS   333

    Section 4   Policies of Financial Support   338

Chapter 9   Legal Guarantee   343

    Section 1   International Experience of Laws and Regulations of ETS   343

    Section 2   Legal Guarantee of China's ETS   351

    Section 3   Legislative Practice of China's ETS:
Case Study of Hubei Pilots   359

    Section 4   Legislative Suggestions on China's ETS   364

Chapter 10   Impact of ETS on China's Economy   367

    Section 1   Literature Analysis of Impact of EU ETS on
Industrial Competitiveness of EU   367

    Section 2   Impact Predicting of ETS on China's Economy
with the CGE model   372

    Section 3   Impact of ETS on China's Regional Economy   383

Chapter 11   Supporting Policies of China's ETS   395

    Section 1   Dynamically Upgrading Analysis of International ETS   395

    Section 2   Policy Comparison of China's ETS Pilots   406

    Section 3   Top-Level Design of China's ETS Policy   427

Reference   434

第一章

碳交易体系与低碳经济转型之间的关系

为应对全球气候变暖，遏制温室气体排放带来的不良影响，各国纷纷出台应对政策向低碳经济转型。在此背景之下，中国也积极探寻适合本国经济与社会发展阶段的低碳经济发展之路。理论和实践表明，碳排放权交易对温室气体减排来说是一种成本最小的市场化减排手段，是推动低碳经济转型的重要政策工具。

第一节 低碳经济转型

目前，对于"低碳经济"（low carbon economy）尚没有统一定义，被广泛引用的是英国环境专家鲁宾斯德的说法：低碳经济是一种正在兴起的经济模式，其核心是在市场机制基础上，通过制度框架和政策措施的制定和创新，推动提高能效技术、节能技术、可再生能源技术和温室气体减排技术的开发和运用，促进整个社会经济向高能效、低能耗和低碳排放的模式转型。

一、低碳经济的提出

"低碳经济"最早见诸于政府文件是在 2003 年的英国能源白皮书《我们能源的未来：创建低碳经济》（*Our Energy Future-Creating A Low Carbon Economy*），作为第一次工业革命的先驱和资源并不丰富的岛国，英国充分意识到了能源安全

1

和气候变化的威胁，它正从自给自足的能源供应走向主要依靠进口的时代，按目前的消费模式，预计 2020 年英国 80% 的能源都必须进口。同时，温室气体排放导致的气候变化恶果显现。该白皮书从英国对进口能源高度依赖和作为《京都议定书》缔约国有义务降低温室气体排放的实际需要出发，着眼于降低对化石能源的依赖和控制温室气体排放，提出了英国将实现低碳经济作为英国能源战略的首要目标，白皮书中首次正式使用了"低碳经济"这一概念。

2007 年 12 月，联合国气候变化大会制订了应对气候变化的"巴厘路线图"，要求发达国家在 2020 年前将温室气体在 1990 年水平上减少 25% ~ 40%，进一步肯定了"低碳经济"的概念。德班气候大会于 2011 年 11 月 28 日开幕，共有来自世界约 200 个国家和机构的代表参会。通过决议，建立德班增强行动平台特设工作组，决定实施《京都议定书》第二承诺期并启动绿色气候基金。这大大地推进了全球低碳经济转型，具有重要的意义。

低碳经济作为一种新经济模式，包含三个方面的内涵：首先，低碳经济是相对于高碳经济而言的，是相对于基于无约束的碳密集能源生产方式和能源消费方式的高碳经济而言的。因此，发展低碳经济的关键在于降低单位能源消费量与碳排放量，通过低碳技术降低能源消费的碳排放，控制碳排放量的增长速度。其次，低碳经济是相对于新能源而言的，是相对于基于化石能源的经济发展模式而言的。因此，发展低碳经济的关键在于促进经济增长与由能源消费引发的碳排放"脱钩"（碳排放低增长、零增长乃至负增长），通过能源替代、发展低碳能源和无碳能源控制经济体的碳排放弹性，并最终实现经济增长的碳脱钩。可能出现相对脱钩（相对的低碳经济发展）和绝对脱钩（绝对的低碳经济发展）两种形式。相对脱钩指经济增长超越温室气体排放的增长，绝对脱钩指经济增长的同时，温室气体排放减少[1]。最后，发展低碳经济的关键在于改变人们的高碳消费倾向和碳偏好，减少化石能源消费量，减缓碳足迹，实现低碳生存。可以认为，低碳经济是一种由高碳能源向低碳能源过渡的经济发展模式，是一种旨在修复地球生态圈碳失衡的人类自救行为。

二、低碳经济对世界经济的影响

低碳经济包括低碳发展、低碳产业、低碳技术和低碳生活等经济形态，实质是能源高效利用、清洁能源开发、追求绿色 GDP 的问题，核心是能源技术和减排技术创新、产业结构和制度创新以及人类生存发展观念的根本性转变，符合全

---

① 庄贵阳. 气候变化挑战与中国经济低碳发展 [J]. 国际经济评论，2007（9 - 10）：50 - 52.

球应对气候变化，寻求可持续发展的愿望。因此，各国纷纷采取行动，谋求低碳经济的发展，对世界经济产生了重要影响。

（一）低碳经济将成为新一轮增长的主要推动力量

低碳经济将催生新的经济增长点，成为危机后带动新一轮世界经济增长的强大力量。其实，在始于2008年的全球金融危机中，人类的第四次科技革命已经在危机中酝酿，可再生能源是这一革命的突破口。第一次产业革命的核心是蒸汽机，实质是能源发现，有效地提高了劳动生产率；第二次产业革命的核心是电力，实质是能源传输，通过降低能源传输成本而极大地提高了生产效率；第三次产业革命的核心是计算机和互联网，由于人类的信息处理速度加速而提高劳动生产率。目前，可再生能源产业已经成为新一轮国际竞争的战略制高点，可再生能源很有可能引领第四次产业革命。自2008年全球金融危机以来，为了应对危机，世界主要国家都将刺激经济的重点放在可再生能源开发、节能技术、智能电网等领域，通过扩大政府投资和私人投资来实现向低碳经济的转型。

（二）低碳经济将推动世界经济结构转型

低碳经济以能源变革为核心，涉及的行业和领域十分广泛，主要包括低碳产品、低碳技术、低碳能源的开发利用。在技术上，低碳经济则涉及电力、交通、建筑、冶金、化工、石化等多个行业，以及在可再生能源及煤的清洁高效利用、油气资源和煤层气的勘探开发、二氧化碳捕获与封存（CCS）等领域开发的有效控制温室气体排放的新技术。

从产业结构看，低碳农业将降低对化石能源的依赖，呈现有机、生态和高效的新特征；低碳工业将减少对能源的依赖，低碳产业如节能减排、清洁能源、先进制造、信息技术、生物技术、纳米技术、空间技术、健康医疗、教育技术等产业将出现较快发展；低碳物流将提高利用物流比率，发展减排物流路线，提高物流效率；低碳服务市场，包括低碳旅游服务、低碳餐饮服务等将得到更大发展。

从社会生活看，低碳城市建设将更受重视，燃气普及率、城市绿化率和废弃物处理率将得以提高；在家居与建筑方面，节能家电、保温住宅和住宅区能源管理系统的研发将受重视，并向公众提供碳排放信息；在交通运输方面，将更加注重发展公共交通、轻轨交通，提高公交出行比率，严格规定私人汽车碳排放标准，发展和普及新能源汽车。

低碳经济的发展还将改变产业价值链的分布，今后产业价值链可能分布在高技术产业，即向掌握低碳经济核心技术的环节和链条倾斜。

3

三、全球低碳经济发展概况

在促进低碳经济转型成为全球趋势的大背景之下，包括欧盟、英国、日本、美国在内的高排放经济体成为本轮低碳经济转型的先驱者。

（一）欧盟

欧盟将低碳经济视为"新的工业革命"。2007年3月，欧盟委员会提出的一揽子能源计划，带动欧盟经济向高能效、低排放的方向转型。2007年10月7日，欧盟委员会建议欧盟在未来10年内增加500亿欧元发展低碳技术，根据这项立法建议，欧盟发展低碳技术的年资金投入将从30亿欧元增加到80亿欧元。欧盟委员会还联合企业界和研究人员制定了欧盟发展低碳技术的"路线图"，计划在风能、太阳能、生物能源、碳捕获和碳封存等6个具有发展潜力的领域，大力发展低碳技术。2008年12月，欧盟通过的能源气候一揽子计划，包括欧盟排放交易体系修正指令、欧盟成员国配套措施任务分配的决定、碳捕获和封存的法律框架、可再生能源指令、汽车二氧化碳排放法规和燃料质量指令6项内容。2009年3月，欧盟宣布，在2013年前出资1 050亿欧元支持"绿色经济"，促进就业和经济增长，保持欧盟在"绿色技术"领域的世界领先地位。欧盟提出了一致的、强有力和雄心勃勃的低碳经济路线图，在2030年、2040年和2050年，欧盟要将温室气体排放量在1990年的水平上分别降低40%、60%和80%，电力、工业、交通、建筑和农业都要以成本效率的方式转向低碳经济。2011年3月，欧委会发布了《2050低碳经济路线图》，提出欧盟最终的目标是：相较1990年，2050年实现温室气体减排80%~90%。该报告认为，实现向低碳社会的转型是可行性的，为此欧盟需要在未来40年投资约2 700亿欧元。不过更重要的是，欧盟认为，低碳经济的投资将会在未来带来更大回报，不仅带来GDP增长，同时取得失业率下降和更多投资机会。

（二）英国

英国将低碳产业作为新的经济增长点，先后颁布了《气候变化法》《英国低碳转换计划》等一系列法律法规。2009年4月，布朗政府宣布将"碳预算"纳入政府预算框架，使之应用于经济社会各方面，并在与低碳经济相关的产业上追加了104亿英镑的投资，英国也因此成为世界上第一个公布"碳预算"的国家。2009年7月15日，英国政府公布了发展低碳经济的国家战略蓝图，具体内容包括以下三个方面：一是大力发展新能源，到 2020 年可再生能源在能源供应中要占 15% 的份额，其中 40% 的电力来自低碳领域；二是推广新的节能生活方式，在住房方面，英国政府拨款 32 亿英镑用于住房的节能改造，对那些主动在房屋中安装清洁能源设备的家庭进行补偿，预计将有 700 万家庭因此受益。在交通方面，新生产汽车的二氧化碳排放标准在 2007 年基础上平均降低 40%；三是向全球推广低碳经济的新模式。最近几年，在传统发展方式面临压力日益增大的情况下，英国加快了向低碳经济的大转型，低碳发展已经从全盘规划走进逐步实施阶段。

（三）日 本

日本将低碳社会作为发展方向。2007 年，日本环境省提出的低碳规划，提倡物尽其用的节俭精神，通过更简单的生活方式达到高质量的生活，从高消费社会向高质量社会转变。2008 年，日本政府通过了"低碳社会行动计划"，将低碳社会作为未来的发展方向和政府的长远目标。"低碳社会行动计划"提出，在未来三至五年将家用太阳能发电系统的成本减少一半，到 2030 年，风力、太阳能、水力、生物质能和地热等的发电量将占日本总用电量的 20%。为了推动能源和环境技术发展，日本政府还制定了以下两个方面的具体措施：一是限制措施，日本《建筑循环利用法》规定，改建房屋时有义务循环利用所有建筑材料，使得日本由此发明了世界先进的混凝土再利用技术；二是提供补助金，日本政府正在探讨恢复对家庭购买太阳能发电设备提供补助的制度，降低对中小企业购买太阳能发电设备提供补助的门槛。此外，日本还推出《新国家能源战略》和面向 2050 年的日本低碳社会情景研究计划，加大对可再生能源的投资，重视太阳能发电和清洁汽车的发展，建立日本东京都总量控制与交易计划。2015 年 6 月，日本政府通过了 2030 年温室气体排放要比 2013 年减少 26% 的新目标，但该目标相比其他主要发达国家要低得多，反映了日本在福岛核事故后在减少温室气体排放态度上的退步。

（四）美 国

美国将低碳产业作为重振经济的战略选择。全球金融危机以来，美国选择以开发新能源、发展低碳经济作为应对危机、重新振兴美国经济的战略取向，短期目标是促进就业、推动经济复苏；长期目标是摆脱对外国石油的依赖，促进美国经济的战略转型。美国政府发展低碳经济的政策措施可以分为节能增效、开发新能源、应对气候变化等多个方面，其中，新能源是核心。2009 年 2 月，美国正式出台了《美国复苏与再投资法案》，投资总额达 7 870 亿美元，主要用于新能源的开发和利用，包括发展高效电池、智能电网、碳捕获和封存、可再生能源（风能和太阳能等）。2013 年 6 月 25 日，美国发布了《总统气候行动计划》（The

President's Climate Action Plan），该计划是迄今为止美国总统发布的最为全面的全国气候变化应对计划，它将减少碳污染①、发展新能源置于核心地位，从国内行动和国际行动两个方面提出了包括减缓和适应气候变化的十分具体的措施。2014 年 6 月，美国环保署发布了《清洁电力计划》提案，从而进一步落实了《总统气候行动计划》，该提案要求美国发电企业在 6 年内将碳排放量较基准年 2005 年减少 5%，并在 2030 年前把碳排放进一步减少 30%。2014 年 11 月，中美在北京发表应对气候变化联合声明，美国计划于 2025 年实现在 2005 年基础上减排26% ~ 28%的全经济范围减排目标，并将努力减排 28%。2015 年 8 月，美国总统奥巴马宣布了由环保署提出的新清洁能源方案，计划通过限制发电厂的碳排放量，大力推动太阳能和风能发电，将美国温室气体排放在未来 15 年减少 1/3。

上述发达经济体所采取的向低碳经济转型的政策措施取得了一定成效，通过脱钩系数的对比可以看出（见图 1.1），2000 年至 2010 年，中国和世界脱钩系数

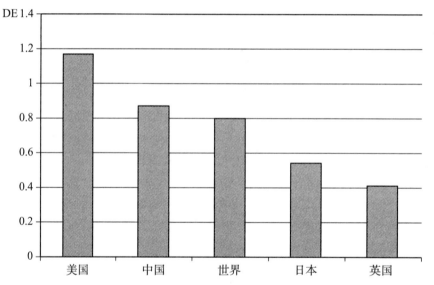

注：$DE = (\Delta CO_2/CO_2)/(\Delta GDP/GDP)$ 是脱钩弹性系数，用于判断 GDP 增长与碳排放量增长"脱钩"的程度。根据 Petri Tapio 构建的脱钩弹性评价指标，经济增长率和碳排放增长率均为正时，$0 < DE < 0.8$ 为弱脱钩，$0.8 < DE < 1.2$ 为扩张挂钩，$DE > 1.2$ 为扩张负脱钩；经济增长率为正，碳排放增长率为负，$DE < 0$ 为强脱钩。

资料来源：IEA2012，http：//www. iea. org/statistics/topics/CO2emissions/.

图 1.1　2000 ~ 2010 年主要国家脱钩系数

---

① 《总统气候行动计划》将二氧化碳确定为污染物，从而适用于环境保护的相关法律。

平均值均处于（0.8，1）区间，属于扩张挂钩；日本和英国脱钩系数平均值处于（0，0.8）区间，属于弱脱钩；美国脱钩系数平均值约为1.2，属于扩张负脱钩。从脱钩系数情况来看，日本和英国的低碳经济措施实施效果相对明显，中国和美国要想取得长足的进展，仍需要付出极大的努力。

四、中国低碳经济发展概况

中国是发展中大国，经济发展过分依赖化石能源资源的消耗，导致碳排放总量不断增加、环境污染日益加重等问题，已经严重影响到经济增长的质量效益和发展的可持续性。因此，我国发展低碳经济除了应对气候变化等外部压力外，还有如下几个方面的内在要求。

第一，我国人均能源资源拥有量不高。中国目前仍处于快速发展的阶段，产业结构以高耗能为主，对煤、石油和天然气等化石能源的需求量较高，无法在短时间内摆脱对化石能源以及高耗能产业的依赖，而且能源效率偏低。但是，我国能源探明量仅相当于世界人均水平的51%。这种先天不足再加上后天的粗放利用，客观上要求我们发展低碳经济。

第二，碳排放总量突出。我国人口众多，经济增长快速，能源消耗巨大，碳排放总量不可避免地逐年增大，其中还包含着出口产品的大量"内涵能源"。由表1.1可以看出，2011年中国成为世界第一大碳排放国，碳排放总量占世界碳排放总量的26.8%；由表1.2可以看出，中国从2011年起人均碳排放量超过世界平均水平；由表1.3可以看出，中国的碳排放强度虽然呈现下降趋势，但是始终高于世界平均水平，甚至比印度还高。在一些发达国家将气候变化当作一个政治问题之后，我国发展低碳经济意义尤为重大。

表1.1   **1971~2011年CO_2排放总量**   单位：百万吨

年 份	1971	1981	1991	2001	2011
中 国	876	1 484	2 319	3 416	8 668
美 国	4 275	4 612	4 856	5 617	5 307
欧盟-27	—	—	4 098	3 970	3 591
印 度	199	313	629	994	1 806
日 本	756	896	1 076	1 191	1 190
世 界	14 612	18 346	21 488	24 192	32 332

资料来源：IEA2013，http：//www.iea.org/statistics/topics/CO2emissions/.

表1.2　　　　　　　1971~2011 年人均 CO_2 排放量　　　　　单位：吨/人

年　份	1971	1981	1991	2001	2011
美　国	20.66	19.98	19.07	19.91	16.94
日　本	7.23	7.27	8.62	9.13	9.28
欧盟－27	—	—	8.51	8.07	7.04
中　国	0.98	1.43	2.07	2.69	5.92
印　度	0.35	0.44	0.70	0.92	1.41
世　界	3.74	3.94	3.93	3.88	4.50

资料来源：IEA2013，http：//www.iea.org/statistics/topics/CO2emissions/.

表1.3　　　　　　　1971~2011 年中国与世界碳强度比较

单位：千克/PPP 美元 GDP

年　份	1991	1996	2001	2006	2011
美　国	0.781	0.649	0.527	0.412	0.342
日　本	0.434	0.401	0.356	0.303	0.271
欧盟－27	0.548	0.447	0.344	0.271	0.205
中　国	2.058	1.381	0.855	0.838	0.653
印　度	0.708	0.635	0.533	0.408	0.355
世　界	0.751	0.612	0.504	0.428	0.368

资料来源：World Bank，http：//data.worldbank.org.cn/indicator/EN.ATM.CO2E.PP.GD/countries? display = default.

第三，碳生产率低。碳生产率一词源自著名咨询机构麦肯锡于 2008 年 10 月发布的一份题为《碳生产率挑战：遏制全球变化、保持经济增长》的报告，报告指出，任何成功的气候变化减缓技术必须支持两个目标——既能稳定大气中的温室气体含量，又能保持经济的增长，而将这两个目标结合起来的正是"碳生产率"，即"单位二氧化碳排放的 GDP 产出水平"。实现低碳经济转型，提高碳生产率是关键，因此，低碳经济的核心指标就是碳生产率。根据国际能源署的报告，我国在主要国家中碳生产率最低（见图1.2）。

对于尚处于经济转型期的中国而言，大幅提高碳生产率也并非不可能。与发达国家相比，我国目前的碳生产率相对较低，但增速惊人。例如，1990 年到 2005 年间，世界平均碳生产率仅提高了 17%，而我国却翻了 1 倍。不过，受到能源转换效率相对较低、产业结构中工业比重过大等因素制约，要使我国的碳生产率达到发达国家水平，还需相当长一段时间的努力。

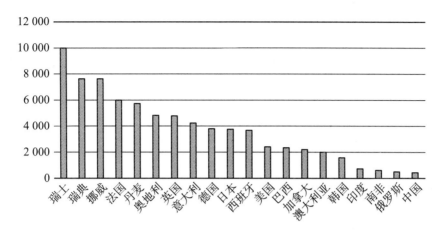

资料来源：US EIA，"Carbon intensity"，International Energy Statistics，http：//www. eia. gov/cfapps/ipdbproject/iedindex3. cfm? tid = 91&pid = 46&aid = 31&cid = ww，r1，r2，r3，r4，r5，r6，r7，&syid = 2011&eyid = 2011&unit = MTC，以 2005 年美元计算。

图 1.2　主要国家碳生产率

第四，"锁定效应"的影响。在事物发展过程中，人们对初始路径和规则的选择具有依赖性，一旦做出选择，就很难改弦易辙，以至在演进过程中进入一种类似于"锁定"的状态，这种现象简称"锁定效应"。工业革命以来，各国经济社会发展形成了对化石能源技术的严重依赖，其程度也随各国的能源消费政策而异。发达国家在后工业化时期，一些重化工等高碳产业和技术不断通过国际投资贸易渠道向发展中国家转移。中国倘若继续沿用传统技术，发展高碳产业，未来需要承诺温室气体定量减排或限排义务时，就可能被这些高碳产业设施所"锁定"。因此，我国需要认清形势，及早筹划，避免高碳产业和消费的锁定，努力使整个社会的生产消费系统摆脱对化石能源的过度依赖。

第五，边际减排成本不断提高。碳减排客观上存在着边际成本与减排难度随减排量增加而增加的趋势。1980～1999 年的 20 年间，我国能源强度年均降低了 5. 22%；而 1980～2006 年的 27 年间，能源强度年均降低率为 3. 9%。两者之差，隐含着边际减排成本日趋提高的事实。另外，单纯节能减排也有一定的范围限制。因此，必须从全球低碳经济发展大趋势着眼，通过转变经济增长方式和调整产业结构，把宝贵的资金及早有序地投入到未来有竞争力的低碳经济方面。

第六，减排任务艰巨。我国政府提出了到 2030 年碳排放达峰并将努力提前达峰。实现这一目标的任务非常艰巨，目前我国产业结构的特点是，碳强度最高的第二产业比例偏重，这是与中国经济发展阶段密切相关的，并且在相当长时间内将保持这一态势。而且，我国正处于工业化和城市化进程中，碳排放远未达到峰值。同时，中国的能源利用效率较低，据有关统计约为 36%，比世界先进水

9

平低 8 个百分点左右。此外，中国在国际贸易分工中处于产业链的低端，摆脱此种困境需要中国长期努力。

中国发展低碳经济不仅是因为外部压力，更源于我国内在的要求。同时，低碳经济转型与中国建设资源节约型、环境友好型社会，转变经济增长方式，走新型工业化和城镇化道路，实现经济可持续发展的目标不谋而合，符合中国长远发展的需要，符合国家的根本利益，有利于中国树立负责任大国的形象。因此，中国密集出台了一系列促进低碳经济转型的政策。

2010 年 7 月，国家发展改革委员会颁布了《关于开展低碳省区和低碳城市试点工作的通知》，明确在广东、辽宁、湖北、陕西、云南五省和天津、重庆、深圳、厦门、杭州、南昌、贵阳、保定八市开展第一批低碳试点工作。2012 年 12 月，第二批包括北京、上海、武汉等 29 个低碳试点的工作也进入运行。低碳试点关注低碳技术最新成果，积极推动技术引进、吸收和创新，推进低碳技术研发和产业化；加快发展低碳建筑、低碳交通；将调整产业结构、节能增效、增加碳汇相结合，探索低碳发展模式，降低碳排放强度。

2011 年 10 月，国家发展改革委员会《关于开展碳排放权交易试点工作的通知》，明确在北京市、天津市、上海市、重庆市、湖北省、广东省及深圳市开始进行碳排放权交易试点工作，建立温室气体排放的数据收集和核定系统，确定排放总量控制目标，制定分配方案，建立碳排放权交易监管体系和登记注册系统，培育和建设交易平台。目前 7 个试点均已正式启动，在此基础上，全国碳交易体系建设的顶层设计也在快速有序进行，有望于 2017 年启动全国碳交易体系。

2015 年 6 月 30 日，在中国政府提交给联合国的《强化应对气候变化行动——中国国家自主贡献》（INDC）中，中国确定了到 2030 年的自主行动目标：二氧化碳排放 2030 年左右达到峰值并争取尽早达峰；单位国内生产总值二氧化碳排放比 2005 年下降 60% ~ 65%，非化石能源占一次能源消费比重达到 20% 左右，森林蓄积量比 2005 年增加 45 亿立方米左右。为实现到 2030 年的应对气候变化自主行动目标，中国政府提出了一揽子的强化应对气候变化行动的政策和措施，其中包括创新低碳发展模式，推进碳排放权交易市场建设。

第二节　碳交易体系

碳交易体系是推动低碳经济转型的重要政策工具，目前受到世界各国越来越高的重视，全球碳交易体系的规模也因此而不断扩大。

一、碳交易体系的基本原理

碳交易体系源于环境经济学对污染物水平控制的基本理论，已经成为推动温室气体减排的一种重要市场手段。

（一）碳交易体系及其类型

1997年《京都议定书》定义的温室气体（greenhouse gas，GHG）包括二氧化碳、氧化亚氮、全氟化物、氢氟碳化物、六氟化硫、甲烷6种气体。同时，《京都议定书》提出将碳排放权商品化，提出了碳交易、清洁发展机制、联合履约机制等三大市场化机制，这奠定了碳交易体系最初的制度基础。随后，各国发展出不同类型的机制，这些机制以每吨二氧化碳当量（tCO_2e）为计算单位，以各种形式的碳排放权作为交易标的，因而通称为"碳交易体系"（carbon trading system，CTS）。

按照是否依据《京都议定书》划分，碳交易体系可以分为京都体系和非京都体系。京都体系是在《京都议定书》框架下，各国为了达到强制减排承诺而开展碳交易，具体包括碳交易、清洁发展机制、联合履约机制三种，欧盟碳排放交易体系（EU-ETS）就是最典型的市场。非京都体系是在《京都议定书》以外，自主完成在法律上承诺的温室气体减排目标，典型例子是美国加州总量控制与交易计划和我国碳交易试点。

按交易标的物划分，碳交易体系可以分为基于配额（allowances）的交易市场和基于项目的交易市场。配额市场中，政府设定减排目标和配额总量，通过免费或拍卖的方式向控排企业分配配额，企业在碳交易体系上通过买卖调整余缺，从而通过市场机制实现低成本减排。项目市场中，企业通过投资清洁项目，经独立第三方核证机构核证获得碳减排信用额度（carbon credits），并在碳市场进行交易（见图1.3）。

（二）碳交易体系的经济学基础

传统理论认为污染物可以带来负外部性，它是由私人活动引起的社会损害，但个体却不需要为这种社会损害支付成本。为了解决外部性问题，庇古提出政府根据污染所造成的危害对排污者收税，以税收形式弥补私人成本和社会成本之间的差距，从而将外部性问题内部化。科斯则提出通过明晰产权，外部性问题一样可以得到解决。在科斯思想的基础上，米德和阿罗（Meade，1972；Arrow，1969）

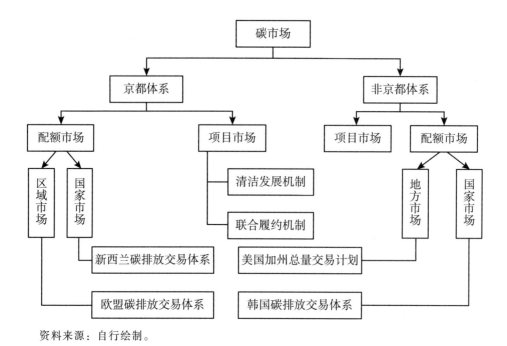

资料来源：自行绘制。

图 1.3　碳交易体系类型

的研究表明通过创造附加市场可以促使外部性内部化。针对环境资源利用中的外部性问题，克罗克和戴尔斯（Crocker & Dales）等人于 20 世纪 60 年代末分别将科斯定理运用于空气污染控制和水污染控制方面的研究，形成了排放权交易初步思想。

对温室气体减排来说，庇古税体现为碳税，排放权交易体现为碳排放权交易市场，两者减排成本孰高孰低是理论界争论的焦点。理论上来说，在完全信息和零交易成本的假设下，庇古手段和科斯手段易被证明是等效的，均可纠正外部不经济，使经济活动回归其帕累托最优的均衡值（鲍莫尔和奥茨，Baumol & Oates，1971）。在不完全信息的条件下，价格控制和数量控制的效果并不清晰。韦茨曼（Weitzman，1974）认为，当治理成本未知时，价格控制更有效，而当损害函数未知时，数量控制更优。但是，一般认为，碳交易体系具有以下优点：第一，碳交易对于实现温室气体减排的数量目标，是一种成本最小的机制（鲍莫尔和奥茨，1971）；第二，碳交易具有灵活性（泰坦伯格，Tietenberg，2005；桑德尔等，Sandor, et al.，2002）。在完全竞争市场条件下，许可证将自动流向使用价格高的地方；第三，碳交易可以促进价格发现（桑德尔等，2002）。而碳税很难确定其最优税率（汉利和肖格伦，Hanley & Shogren，2007）。

二、碳交易体系的基本要素

碳交易体系是一个人为构建的政策工具，同时也是一个较为复杂的系统，其基本要素至少包括：覆盖范围及总量设定、配额分配及管理、市场及交易机制、灵活机制、履约机制以及相关支撑机制。

（一）覆盖范围与总量设定

碳交易体系建设的首要任务是确定其覆盖范围（coverage），包括纳入的气体、区域、行业、企业、设施等几个维度。虽然理论上而言，碳交易体系覆盖的范围越广，就越能够充分挖掘低成本减排的机会。但是，大量小型排放源纳入碳交易很可能导致高额的管理成本，同时也面临难以准确检测其排放量的困难。因此，碳交易体系一般仅仅覆盖部分排放源，尤其是建立初期往往仅覆盖重要的大型排放源。

在确定覆盖范围的基础上，碳交易体系需要为范围内的排放源设定总量限制。理论上，覆盖范围越广意味着总量设置越大。总量的设置直接体现碳交易体系的减排效果，总量的松紧也就是碳交易承担减排责任的大小。同时，总量设置决定着市场配额的稀缺程度，直接左右碳价格水平，影响对低碳生产和投资的引导效果，在很大程度上决定了碳交易体系能否有效发挥产业政策、投资政策的功能，最终实现节能减排并向低碳经济转型的政策目标。因此，总量的设定对于碳交易的成功与否至关重要。

另外，配额总量确定后，配额的结构也很重要，大体上可以分为既有设施配额、新增设施预留配额和政府预留配额三大部分。既有设施配额是对现有的排放进行控制，新增预留则是兼顾经济增长，政府预留主要是为了调节市场供求，保证价格不出现剧烈波动。

（二）配额分配与管理

配额分配机制是碳交易体系设计中的关键环节。配额分配（allowances allocation）是指被纳入碳交易体系的企业获得配额的方法。在"总量控制与交易"（cap-and-trade）的模式下，配额分配机制是指将与碳排放总量相对应的排放权配额分配到各个参与主体的规则。配额分配的模式可以分为拍卖和免费分配两大类，而后者又包括"祖父法则"（Grandfather）和基准线法（Bench mark）等不同的分配方法。现实中，碳交易体系在配额分配时往往需要考虑更多的实际因素，包括政治可接受度、公平性、企业的承受力、减排效率等。

同时，对于配额管理的设计也非常重要，尤其是配额的有效期、储存、预借等。配额的有效期是指配额生效和失效的期限；储存（banking）指的是企业当期没有使用完的配额可以存至下一期使用；预借（borrowing）指的是企业可以预借下一期的配额供当期使用。配额的储存和预借允许企业在跨期交易决策时选择各期最优排放量，有助于企业和社会实现跨期减排成本的最小化。

（三）市场与价格机制

在碳交易体系下，配额被赋予了稀缺性，具有交换价值。通过碳交易市场，配额的供给者和需求者进行交易，从而实现了配额的优化配置。因此，碳交易市场的有效运行对于企业的减排效率至关重要。一般而言，碳交易市场的设计内容包括：交易主体、交易产品以及市场结构的规定，交易平台及其交易规则，交易主体的权利和义务，交易工具的设计，信息披露，交易价格及其管理机制，碳交易体系的监管机制等方面。

碳交易体系中最重要的因素是碳价格，它不仅反映了配额的稀缺性，更向减排主体发出了明确的信号。但是，碳市场作为人为规定形成的特殊市场，存在着众多影响供需的因素，还面临着市场不健全、信息不对称、未来不确定等问题。碳价格的剧烈波动不仅给企业减排、低碳投资带来巨大不确定性，也严重影响减排效果。所以，政府和企业偏向采取一定程度的碳价格控制，希望碳价格处于一个适宜的区间，在获得足够减排的同时也避免过高的成本。此类碳市场价格管理的手段包括固定碳价格、价格安全阀机制以及可变配额供给等。

（四）灵活机制及履约机制

为促进更大范围的减排，碳交易体系一般会设计灵活机制，主要包括抵销机制和链接机制。抵销机制（offset）允许受控企业在履约时使用基于项目的减排信用，其规定主要涉及两个方面：一是质量限制，主要规定何种类型的抵销信用符合要求；二是数量限制，主要规定抵销信用允许使用的上限。另一种常见灵活机制是链接机制（linkage），即碳交易体系间达成协议，允许使用对方的配额或信用履约。现行碳交易体系对链接机制多持积极态度，不过实施起来颇为复杂，需要在减排目标、免费配额、监测、报告及核查（MRV）制度、市场监督等方面进行协调。因此，制度相似的碳交易体系建立链接相对容易。

为保证受控企业按时履约，碳交易体系必须设立严格的履约机制。履约机制的主要内容包括：受控企业递交排放报告和上缴配额的义务、递交报告和上缴配额的时间及相关程序和未完成相关义务将面临的处罚。例如，EU-ETS 规定，每年为一个履约期，受控企业每年度需按时递交核查报告，并上缴配额或减排信用，若未按时履约不仅面临罚款，还要补缴所缺配额。

（五）相关支撑机制

碳交易体系的正常运行，离不开注册登记系统和 MRV 等的支撑。

注册登记系统是碳单位管理的工具，碳交易体系对碳单位的各种登记管理行为最终在登记系统中实现。作为碳单位载体的注册登记系统直接影响主管机构对企业在碳交易体系中行为的管理和控制，监管机构对碳单位的跟踪与监管，注册登记系统是碳交易体系基础设施的支柱，在碳交易体系中，注册登记系统平台的建设必不可少。

真实准确的温室气体排放及减排量数据是碳交易体系平稳有效运行的保障，因此需要建立可靠的监测、报告与核查制度。监测、报告与核查制度包括三个方面：数据监测是指为了获得控排企业或具体设施的碳排放数据而采取的一系列技术管理措施，包括数据监测、获取、分析、处理、计算等；报告是指以规范的形式和途径向监管机构报告企业或具体设施的最终监测事实和监测数据结果等；核查目的是为了核实和查证企业是否根据相关要求如实地完成了监测过程，且企业所报告的数据和信息是否真实准确。

三、碳交易体系发展情况

全球碳交易体系发展迅速，许多国家都建立了碳排放权交易市场，中国也已经成功启动七省市的碳交易试点。

（一）全球碳交易体系发展情况

目前，全球范围内已经涌现出一批碳交易体系，主要包括欧盟排放交易体系（EU-ETS）、新西兰碳交易体系（New Zealand Emission Trading System，NZ-ETS）、澳大利亚碳定价机制（Australia Carbon Pricing Mechanism，Australia-CPM）、日本东京都总量控制与交易计划（Tokyo Cap and Trade Program，Tokyo-CAT）、美国区域温室气体计划（Regional Greenhouse Gas Initiative，RGGI）、美国加州总量控制与交易计划（California-Cap and Trade Program，California-CAT）等。此外，一些国家正在积极建设碳交易体系，全球碳交易体系如图 1.4 所示。

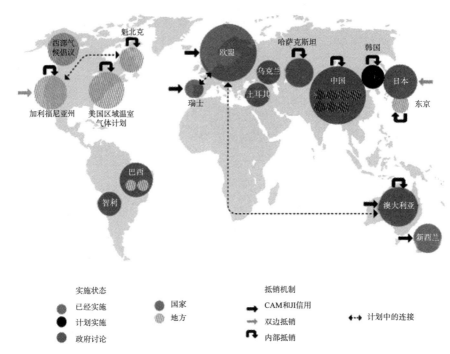

资料来源：World Bank Mapping Carbon Pricing Initiatives2013.

图 1.4　全球碳交易体系概览

　　全球碳交易体系的交易规模也不断扩大。从表 1.4 可以看出，全球碳交易额从 2005 年的 111 亿美元增长到 2011 年的 1 760 亿美元，增长近 15 倍；交易量从 2005 年的 7.2 亿吨增长至 2011 年的 103 亿吨，增长超过 13 倍；不过，尽管全球碳交易体系稳步发展，但 2005 年至 2011 年间碳交易价格波动幅度较大。随着交易的发展，场内交易平台逐渐建立。2005 年初就开始出现有组织的交易所，2005 年 2 月，北欧电力交易所（Nordpool）完成了第一笔配额交易，到了 6 月莱比锡、伦敦、巴黎和维也纳又相继成立了其他 4 家交易所。这些交易所发展迅速，能够提供各种产品，包括即期合同、期货、期权和掉期等。交易所的相继出现表明欧洲市场的配额价格很快趋向一致。欧洲的场内交易平台主要有欧洲气候交易所（ECX）、欧洲能源交易所（EEX）、法国 Bluenext 环境交易所、荷兰 Climex 交易所、法国 Powernext 电力交易所，奥地利能源交易所（EXAA）、意大利电力交易所（IPEX）、北欧电力交易所（Nordpool）等。目前，欧洲气候交易所是最为活跃的二氧化碳配额交易市场，截至 2011 年 7 月约占所有交易所市场规模的 85%。

表1.4 2005～2011 年全球碳交易情况

年　份	2005	2006	2007	2008	2009	2010	2011
交易额（百万美元）	11 085	30 620	63 007	126 346	143 735	159 191	176 020
交易量（百万吨 CO_2）	720	1 667	2 984	4 811	8 700	8 772	10 281
年平均价格（美元/吨）	15.4	17.9	21.11	27.93	16.52	18.15	17.12

资料来源：World Bank State and Trends of the Carbon Market 2007 - 2012.

（二）中国碳交易体系建设情况

2011 年 10 月，国家发展改革委在北京市、天津市、上海市、重庆市、湖北省、广东省及深圳市开始进行碳交易试点工作。要求各试点都依据自身情况探索碳交易体系建设，为全国碳交易体系的建设积累经验。

碳交易试点包括两省五市，试点地区覆盖国土面积共 48 万平方公里，约占总国土面积的 5%，人口总数 1.99 亿人，约占总人口的 18%，GDP 合计 11.84 万亿人民币，约占全国 GDP 的 30%，碳排放量约占到全国排放量的 20%[①]。从七省市的具体情况看，分别代表了不同经济发展水平和产业结构的区域，在国内具有一定的代表性，但总体看多数仍是经济相对发达地区，这也主要是考虑这些省市具备了开展碳排放权交易的经济条件和数据基础，且具有相对较好的辐射作用。

从 2011 年开始，各试点省市就展开了碳排放权交易市场的筹备，都经历了从逐步理解、厘清思路到设计规划等阶段，进行了包括制定地方法律法规、确定总量控制目标和交易覆盖范围、开展企业温室气体排放的 MRV、排放配额分配、建立交易系统和规则、制定抵消规则、建立注册登记系统、建立市场监管体系、开展能力建设等多方面的工作。为配合碳交易试点中项目减排信用的建设，2012 年 6 月，国家发展改革委颁布《温室气体自愿减排交易管理暂行办法》，适用于《京都议定书》规定的 6 种温室气体，国内外企业、机构、团体和个人应遵循公开、公平、公正和诚信的原则，基于具备真实性、可监测性和额外性的减排量进行具体项目的自愿减排交易。

由于各试点省市情况不同，其碳排放权交易市场的推进程度也有所不同。深圳市碳排放权交易市场于 2013 年 6 月 18 日率先启动，随后北京、上海、广东、

---

①　上述数据为 2010 年数据。

天津、湖北等碳交易也陆续启动，随着重庆碳交易于 2014 年 6 月 19 日正式启动，全国 7 个碳交易试点全部开启碳交易体系。

七省市的碳交易试点为我国碳交易体系建设提供了宝贵的经验，并为未来全国统一的碳交易体系打下了基础。目前，全国碳交易体系的各项准备工作已经启动，管理办法也已经颁布，全国注册登记系统已经完成，22 个重点行业的 MRV 方法学已经完成。按照国家发改委的计划，我国有望于 2017 年正式启动全国统一的碳交易体系建设。

第三节　碳交易体系与低碳经济转型之间的关系

低碳经济转型是中国经济发展的重要任务，迫切需要行之有效的政策工具。碳交易体系通过赋予配额稀缺性以最低成本减少温室气体排放，推动低碳技术的开发、应用和推广；同时，碳交易体系通过恰当的制度设计能够平衡地区间利益，减少低碳经济转型的阻力。因此，中国碳交易体系对促进低碳经济转型能够起到基础性和关键性的作用。

一、碳交易体系为低碳经济转型提供微观动力机制

来自企业对其自身利益追逐的微观动力是宏观经济政策的基础，只有微观动力充足和持久，宏观经济政策的效应才更加显著和持久。碳交易体系为低碳经济转型提供市场化的微观动力机制，从而为我国低碳经济转型的宏观政策提供微观基础。

（一）碳交易体系给碳排放权定价、给碳排放以成本

长期以来，碳排放空间属于公共物品范畴而具有外部性，仅仅通过企业和个人的自愿行为是无法达到减排目标的。科斯（1960）认为市场失灵的根源在于产权失灵，可以通过产权的明确界定实现外部成本内部化。因而，为了使碳排放空间这种公共资源外部性内在化，需要界定明确清晰的产权。碳交易体系就是使碳排放空间成为非公共物品，成为一种在生产过程中必须付出一定代价才能得到的资源。因此，如图 1.5 所示，碳交易体系并不是完全禁止碳排放，而是设置一个排放总量 Q^*，赋予排放空间稀缺性，从而促使企业减少排放，通过价格 P^* 来影响企业的排放成本，引导企业以成本效率的方式减排。在总量控制下，如果碳排

放的需求越多，碳排放配额的价格就越高，每单位碳排放权的使用者所支付的成本就越高（包括机会成本）；反之支付的成本就越低。因此，碳交易体系既能控制住碳排放总量，又能够激励企业投资低碳或减少碳排放项目，从而推动低碳经济的发展。所以，碳交易体系通过市场手段对减少排放的企业给以经济激励，给超额排放的企业给以经济惩罚。

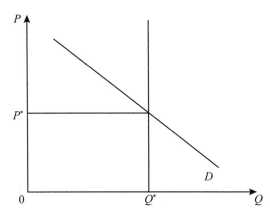

资料来源：自行绘制。

图 1.5　碳交易体系的经济学原理

理论上而言，配额总量应选择一个社会最优的排放量，使得减少排放带来的边际社会成本和边际社会收益（或增加排放带来的边际社会损失）相等（阿达尔和格里芬，Adar & Griffin，1976）。如图 1.6 所示，图中 *MAC* 为社会的边际减排成本，是向上倾斜的，表示减排量每增加一单位，减排成本也将增加；*MDF* 为社会的边际损害，是向下倾斜的，表示减排量每增加一单位，社会的边际损害也将降低。两条曲线的交点表示社会均衡的减排量水平（Q^*）和减排的价格（P^*）。

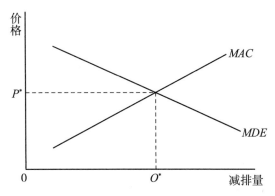

资料来源：自行绘制。

图 1.6　最优社会减排量和排放配额价格

（二）通过碳交易体系实现低碳资源的优化配置

在界定明确清晰的产权基础上，碳交易体系将碳排放空间商品化，市场便可以激励减排成本低的企业减少排放以出售多余配额获益，同时也激励减排成本高的企业购买配额而降低减排成本，从而整体上自发地实现资源优化配置或社会福利最大化，即实现帕累托最优。我国不同企业由于所属行业的能源密集度、能源强度、碳排放强度和技术水平、成本结构的不同，其减排成本和能力也有很大差异。因此，碳交易体系可以为我国低碳经济转型提供市场化的利益驱动机制，并成为市场经济框架下解决碳排放问题最有效率的方式。

进一步而言，碳强度水平低、碳减排技术高、低碳经济发展好的企业，其减排成本低于碳配额的市场价格，从而在碳交易体系上具有竞争优势。这类企业在完成自身履约后仍拥有多余的碳排放配额，可以在碳市场上通过出售碳配额换取资金流入，这不仅降低了社会整体碳减排成本，而且使企业在出售自有产品之外获得额外的经济收益。这些额外的经济收益被企业用于自身的低碳投资，或用于提升低碳技术水平，或用于扩大低碳产品生产规模，都将促进企业向低碳经济发展模式的转型。

当碳交易体系的经济效益逐步显现后，碳减排技术高的企业将日益壮大，同时激励其他企业增加低碳投资，从而吸引大量的资本流入低碳经济领域。高额的碳交易收益和成本使高碳经济失去了吸引力，造成了高碳经济投资的流失，迫使高碳企业选择发展低碳技术以维持自身发展，这就实现了企业由高碳经济到低碳经济的转型。当社会主体呈现这种趋势的时候，中国就成功实现了整体的低碳经济转型。

（三）碳金融提供融资

低碳经济转型资金需求较大、投资周期与回报周期较长、风险较高，需要多元化的、强有力的金融资本提供支持。中国的低碳经济转型同样面临着资金的问题，而碳交易体系将金融资本和实体经济联系起来，通过金融资本的力量为实体经济提供动力，有力促进我国的低碳经济转型。具体的路径至少包括两个方面。

一是通过碳市场的交易为低碳经济直接提供资金。中国低碳经济与碳市场极具发展潜力，可以将来自不同项目和企业产生的减排量开发成标准的金融工具，包括期货、期权、质押融资、信托等碳金融衍生品，将碳配额转化为具有投资价值和流动性的金融资产，从而为低碳发展提供资金。例如，湖北省碳交易中心一直在碳金融创新的道路上积极探索，无论是创新产品还是融资规模，均走在全国7个试点的前列。碳金融创新不断吸引资金流、信息流、人才流和技术流汇聚湖北，碳金融与碳交易良性互动的局面正在形成。先后与多家银行签署 800 亿元的全国最大碳金融授信，用于支持减排技术应用和绿色能源项目开发；2014 年 9 月，促成兴业银行与宜化集团签署了全国首单 4 000 万元的碳排放权质押贷款，2014 年 11 月又促成了 4 亿元碳排放权质押贷款，设立 3 000 万元国内首支碳基金，还计划发行约 20 亿元的企业碳债券。湖北碳交易中心尝试建立了生态补偿机制，与通山县和神农架林区合作，探索碳交易体系与生态补偿机制和扶贫开发相结合的新路径。

二是金融资本直接或间接投资于创造碳资产的项目与企业。从中国目前的碳金融实践来看，金融机构在低碳企业融资信贷方面进行了初步探索：上海浦发银行、北京银行、民生银行推出节能减排贷款；中国银行和深圳发展银行推出挂钩排放权交易的理财产品；兴业银行在基本的碳贷款服务上，继续推出了碳资产质押授信和碳资产交付量履约保函服务，利用碳资产评估工具，盘活企业未来碳资产，帮助碳卖家获得交易预付款。中国金融机构的这些实践有力地支持了低碳项目的运行，保障低碳项目的顺利实施。

二、碳交易体系推动低碳技术进步为低碳经济转型提供支撑

新气候经济学认为：当前全球经济中日益展开的结构和技术进步与提高经济效益的各种机会相结合，可以使人类实现更好的低碳增长与应对气候变化，绿色低碳增长的三大核心驱动因素是资源效率、低碳基础设施投资和技术与制度的创新。

如果以 I 表示人类对环境的影响，P 表示总人口，A 表示人均收入，T 表示单位收入给环境带来的影响，则 $I = P \times A \times T$。如果 S 代表单位环境影响下所产生的收入即绿色低碳技术，则 $I = P \times A \div S$。该方程表明：S 值越高，人类对自然生态系统的影响越小，通过稳定人口 P 和提高低碳技术进步 S，来确保我们非常渴望得到的 A 值增长即人均收入的提高，这意味着世界必须采用绿色低碳技术。

低碳经济转型需要强有力的低碳技术作为支撑，目前中国碳强度下降的主要驱动力就是技术效应。而碳交易体系有助于推动低碳技术的开发、应用和普及，从而形成提高减排能力、降低减排成本的持久动力。

（一）技术效应降低中国碳强度和碳排放

对中国碳强度的分解法研究大多发现：技术效应（部门能源强度的下降）是碳强度下降的主要驱动力，产业结构、能源结构等因素的影响相对较小。范等人

21

（Fan et al.，2007）对中国 1980～2003 年碳强度的变化进行了分解，采用适应性加权 Divisa 指数分解法（AWD），发现技术效应是降低中国碳强度的主导因素；张友国（2010）采用结构分解法研究了中国碳强度的变化，认为技术效应所贡献的碳排放强度下降率高达 90.65%；陈诗一（2010）对中国工业两位数行业自改革开放以来的碳强度变化进行分解，在较长的时间区间内中国工业碳强度呈波动下降，而技术效应同样是导致这一趋势的决定因素；孙作人等（2012）采用了 DEA 分解法，发现技术效应对工业碳强度下降的贡献最大；王锋等（2013）则用对数 Divisa 指数分解法（LMDI）测算 1997～2008 年中国 30 个省区对全国碳强度下降的贡献，同样发现技术效应是主要的贡献因素。

绝大部分对中国碳排放的分解研究表明，尽管经济增长会驱动中国碳排放的增加，但技术效应有助于降低中国的碳排放。张等人（Zhang et al.，2009）运用 LMDI 对中国 1991～2006 年的能耗碳排放进行分解，并发现经济增长是拉动碳排放增加的主要动因，而部门碳强度的下降，即技术效应则有助于降低中国的碳排放，这对主要的经济部门来说均成立；王锋等（2010）同样采用 LMDI 分解法，把 1995～2007 年间中国的 CO_2 排放增长率分解为 11 种动因，发现生产部门的技术效应是减缓 CO_2 排放增长最重要的因素；郭朝先（2010）则分别从产业层面和地区层面对中国 1995～2007 年的碳排放进行 LMDI 分解，在这两个层面均发现了这一规律；范丹（2012）采用的是广义费雪指数（GFI）方法，通过对 1995～2010 年中国的碳排放进行分解，同样发现技术效应对碳排放的抑制作用；涂正革（2012）基于优化的 Laspeyres 指数分解法研究发现，技术效应是降低碳排放的主要驱动力；鲁万波等（2013）根据 LMDI 分解的结果将 1994～2008 年中国的碳排放特征分为五个阶段，在影响因素中，经济增长和产业结构被称为碳排放的"助长因素"，能源强度以及能源结构则被称为"制约因素"，即技术效应和能源结构优化有助于降低碳排放。

（二）碳交易体系促进低碳技术发展

能源气候变化领域的研究表明，两种类型的有偏技术进步可能对碳强度产生重要影响：一是自发的能效改进型技术进步（AEEI），指的是技术进步随时间自发地促使能源效率提高；二是诱发的有偏技术进步（ITC），指的是能源价格、碳价格、减排政策等因素导致技术进步的偏向发生改变。尽管现实数据显示，的确有一部分技术进步的效应是随时间自发产生的，但是诱发的有偏技术进步对节能减排具有更强烈的积极作用，并且其政策含义更为明显。碳交易体系是诱发技术进步的重要因素，其作用机制是：碳交易体系给碳排放配额定价，改变了企业实际面对的碳排放要素价格，这意味着碳排放价格要素相对于其他要素变得更加昂贵，碳排放企业不得不慎重衡量购买碳配额所耗费的成本与自身低碳转型的成本，于是在自身经济利益的驱动下开发、采用和普及低碳技术，于是便诱发偏向低碳的技术进步。

ITC 理论得到了不少实证研究的支持，目前有大量研究发现能源价格变化促进了低碳技术进步，这间接地支持了碳交易体系对低碳技术发展的影响，因为碳交易体系将增加使用化石能源的成本，相当于提高了其价格。纽厄尔等人（Newell et al.，1999）在产品创新的模型框架下对这一问题进行了实证检验，发现尽管能源价格变化对总体创新的速率没有影响，但是对部分产品上体现的创新方向有显著影响；塔赫里和史蒂文森（Taheri & Stevenson，2002）采用 1974～1991 年 SIC 二位数行业的面板数据研究发现，能源价格诱发的技术进步是节约能源的，波普（Popp，2002）采用专利引用数据以同时考虑市场需求和技术供给，发现能源价格和现有知识存量对节能技术创新有显著的正向作用；德谢兹莱普雷特（Dechezlepretre et al.，2011）采用全球专利数据 PATSTAT 进行分析发现，1990年以前，减缓气候变化方面的技术创新与石油价格的变动趋势基本一致，可以支持价格诱发的技术进步。1990 年以后石油价格保持稳定，但减缓气候变化方面的技术创新数量依然在增加，作者认为这是低碳政策的诱发造成的。低碳政策的效果即是为碳排放提供一个市场价格，对排放主体而言，其效应近似于能源价格的提高。杨芳（2013）采用中国各类能源技术专利数据，利用几何分布滞后模型进行实证研究，发现能源价格的提高对能源技术进步具有推动作用，可以促进节能技术的提高。

（三）诱发技术进步有助于降低减排成本

当诱发的有偏技术进步偏向低碳技术时，这种诱发的低碳技术进步总体而言有助于降低减排成本或要素成本。乔根森和威尔科克森（Jorgenson & Wilcoxen，1990）建立了第一个包含 ITC 的气候变化实证模型，隐含了诱发技术进步的设定。在模型中，技术进步被设定为要素价格和时间趋势的交叉相乘项。对每一个行业他们采用一个超越对数单位成本函数（Translog Unit Cost Function）模型进行估计。在他们设定的模型中，如果技术进步是使用要素 i 的，那么要素 i 价格上升时，将抵消一部分节约成本的效果，而如果技术进步是节约要素 i 的，那么要素 i 价格上升会增强节约成本的效果。古尔德和施奈德（Goulder & Schneider，1999）建立的动态一般均衡模型中，每一个行业中的企业均采用劳动力、物质资本、知识资本、化石能源、非化石能源、能源密集型中间品和其他中间品从事生产。诱发技术进步影响每个行业的 R&D 投资，从而改变生产函数。他们的模型同样强调 R&D 资源从一个行业转移到另一个行业的成本，即 ITC 的机会成本。

这样，由于碳税而导致的能源价格上升会诱发低碳技术市场的 R&D，从而降低碳减排成本。波普（2005）采用专利数据来校准气候变化的内生技术进步 ENTICE 模型，这一模型中碳价格和能源相关的 R&D 投资是相关联的，从而可以诱发有偏技术进步，同样发现 ITC 可以降低减排成本。格拉夫（Gerlagh，2008）建立了一个基于资本、劳动力、能源相关碳排放三种投入要素的内生增长模型，技术进步变量包括能源生产中的累积创新、能源相关的碳排放节约技术进步和中性技术进步，并含有政策诱发的 ITC。结果发现，ITC 可以使减排成本减少一半。

三、碳交易体系为发电企业优化能源结构提供刺激

在欧盟碳交易体系中，电力行业贡献了超过 50% 的碳减排，主要原因在于电力部门具有以较低的减排成本来减少碳排放的能力，比如通过煤和天然气的相互转换。煤和天然气在英国的电力结构中占有重要比例（煤占 39%，气占 36%），使得依赖碳价格的煤转气成为可能，以实现电力生产成本最小化。为了获利于这种廉价的减排机会，发电商需要权衡碳价格和边际减排成本，在参加碳交易体系的情况下，电力部门转向碳强度更低的燃料（例如天然气）比使用煤和购买配额更为划算[1]。

德拉鲁等（Delarue et al.，2008）比较了欧洲在不同的碳价格水平上的减排潜力。在夏天，当碳价格在 20 欧元/吨时存在巨大的减排潜力。这个结论与西耶姆和陈等（Sijm & Chen et al.，2008）和莉萨等（Lise et al.，2010）预计的一致，他们估计电力部门由煤转换为天然气的碳价格大约为 18.5 欧元/吨。60 欧元/吨的碳价格可让全年的 CO_2 显著减少，而每吨 120 欧元的碳价格将使 CO_2 在全年持续减少。麦吉尼斯和埃勒曼（McGuinness & Ellerman，2008）使用一个燃料转换的计量模型，将需求、燃料价格、碳价格以及煤改气比率作为解释变量，来解释工厂的有效利用率。尽管英国的煤炭发电整体增加（由于高昂的天然气价格），他们仍推断出如果没有 EU-ETS 的引入，煤炭的需求可能会更大。

四、碳交易体系为低碳经济转型提供地区利益平衡机制

碳交易体系可以为低碳经济转型提供市场化的地区利益平衡机制，具体手段包括：减排任务的合理分担、基于减排项目的抵销机制等。

---

[1]　Julien Chevallier, *Econometric Analysis of Carbon Markets*, Springer, 2012.

（一） 减排任务的合理分担

国际气候谈判中，公平性问题历来是争论的焦点。就单一国家而言，地区间减排任务的分担虽然少了政治因素带来的复杂性，但是，地区间公平性问题依然存在。我国 31 个省市自治区（不包括我国的港澳台地区）之间经济基础、技术水平、人力资源、自然禀赋等差异巨大，因而向低碳经济转型和节能减排的经济成本、社会成本、节能减排能力也存在显著差异，地区间的公平问题必然需要在减排任务的分担方案中体现出来，否则地区间的争论将阻碍中国向低碳经济的顺利转型。碳交易体系这种政策工具能够很好地解决该问题，因为初始配额的分配不影响交易系统总体的经济效率，碳交易体系可以通过地区间初始配额的分配来合理划分减排任务。

事实上，EU-ETS 正是通过减排量的分担，较好地处理了成员国之间的争议。从 EU-ETS 的设计来看，碳排放权初始配额分配有国家间分配与国内分配两个层次，国家间分配是由各国政府通过国际谈判来完成。1997 年，在《京都议定书》中欧盟 15 国承诺了在议定书第一承诺期（2008～2012 年）减排 8% 的目标。为实现此目标，1998 年 6 月，欧盟 15 国通过了第一份《责任分担协议》（Burden Sharing Agreement），对各成员国的减排目标做出了明确规定（见表 1.5），各国减排目标是根据排放水平、经济发展状况等一系列因素决定的，这就有效地实现了成员国间利益平衡。

表 1.5　　　　　　　欧盟成员国内部责任分担协议　　　　单位：%

成员国	相比 1990 年排放基准下降	成员国	相比 1990 年排放基准下降
奥地利	−13	意大利	−6.5
比利时	−7.5	卢森堡	−28
丹　麦	−21	荷　兰	−6
芬　兰	0	葡萄牙	27
法　国	0	西班牙	15
德　国	−21	瑞　典	4
希　腊	25	英　国	−12.5
爱尔兰	13	欧盟 15 国平均	−8

资料来源：Burden Sharing Agreement.

对于我国各省区排放配额的分配，应至少考虑公平性原则、可行性原则和效率优先原则等三大原则。具体而言，（1）公平性原则：人人都有发展的权利、获得高生活水平的权利和 CO_2 排放权利；（2）可行性原则：需要考虑各省经济水平、减排的资金投入能力和公众生活水平的受影响程度；（3）效率性原则：目标分解要体现各省区同等的减排努力，即体现各省区排放控制的技术和减排潜力。

（二）基于减排项目的抵销机制

碳交易体系一般会设计抵销机制，允许企业在履约时使用基于项目的减排信用。最典型的是《京都议定书》设立的清洁发展机制（CDM）和联合履约机制（JI），欧盟碳交易体系、新西兰碳交易体系、澳大利亚碳定价机制等都允许使用 CDM 和 JI 分别产生的 CERs 和 ERUs 减排信用。这样设置的原因在于抵销机制不仅可以纳入更多的减排机会，更重要的是为低碳技术和投资从发达地区投向欠发达地区提供了渠道，有助于地区间利益的平衡。CDM 在地区利益平衡上的作用尤其典型，该机制下的相关技术转让不同于一般的技术转让，其技术针对性较强，特别指向减少 CERs 出售方温室气体排放的技术，即发展中国家通过 CDM 市场接收的技术转让必须优于交易项目本身的减排技术，能够为该项目的减排技术起到提升作用，推动发展中国家低碳经济转型，这也是《京都议定书》实现公平碳交易的体现。

中国在碳交易体系的建设中已经充分认识到抵销机制对平衡地区利益的作用，专门发布了《温室气体自愿减排交易管理暂行办法》，为中国碳交易体系的减排项目奠定了法律基础。根据该办法的规定，参与自愿减排的减排量需经国家主管部门在国家自愿减排交易登记簿进行登记备案，经备案的减排量称为"中国核证自愿减排量（CCER）"。自愿减排项目减排量经备案后，在国家登记簿登记并在经备案的交易机构内交易。目前，7 个试点基本都允许纳入企业使用 CCER 来抵消其排放量，例如，北京市、深圳市都允许使用自愿减排交易活动产生的 CCER，企业使用 CCER 抵消其排放量的比例不能超过当年排放配额的 5%；并特别规定其中的一半必须来自中西部欠发达地区。这既扩大了试点所覆盖的减排机会，更有助于地区间低碳技术和投资的交流，特别是对落后地区的支持。

第二章

发达国家碳交易体系的国际比较

迄今为止，世界范围内已经陆续建立起多个碳交易体系，而且还有一些正处于设计建设之中，预计未来将出现更多的此类体系。已建成的碳交易体系大致可以分为三类：跨国性质的体系，如欧盟碳交易体系；全国范围内的体系，如新西兰、瑞士、哈萨克斯坦和澳大利亚等国建立的碳交易体系；地区性体系，包括美国区域性温室气体倡议、日本东京都总量控制与交易计划、美国加州总量控制与交易计划等。这些碳交易体系虽有相互链接的尝试，但迄今而言仍相对独立，在制度设计上各具特色，这为碳交易体系提供了丰富的实践经验。我国也正尝试建立碳交易体系，尤其需要学习和比较这些各具特色的碳交易体系。因此，本章将特意从中选取一些具有代表性的碳交易体系，并在最后进行对比分析。

第一节　欧盟碳交易体系

2003 年 10 月，欧盟通过了《建立欧盟温室气体排放配额交易机制的指令》（Directive 2003/87/EC，以下简称《2003 碳交易指令》），建立起欧盟碳交易体系（EU-ETS）。自 2005 年正式启动以来，EU-ETS 取得了瞩目的成绩，已经成为全球最活跃、最具影响力的碳交易体系。同时，EU-ETS 在发展中也不断壮大，覆盖国家从初期的 25 个欧盟成员国扩大到 31 个国家①。作为一项长期性政策工具，EU-ETS 在实际操作过程中分阶段实施，目前已明确的阶段有三期：第一期（2005～2007 年）为探索阶段，其目的在于积累经验，未与《京都议定书》减排承诺挂钩；第二期（2008～2012 年）与议定书第一承诺期一致，即与 1990 年水平相比下降 8%，各成员国需履行相应减排承诺，但在制度上基本与第一期保持一致；第三期（2012～2020 年）是成熟发展阶段，欧盟在充分吸收前两期经验教训的基础上，对制度进行了全面改进和完善。下文将从介绍第一、二期制度框架入手，接着讨论其成就和问题，然后引入第三期制度改革，最后展望第三期发展前景。

一、第一、二期的制度安排

《2003 碳交易指令》是 EU-ETS 最根本的法律依据，也是第一、二期的制度基础。第一、二期在制度上最大的特点是分权，欧盟层面负责原则性规定，比如出台国家分配计划（NAPs）指导意见以及监测、报告和核查（MRV）指南等；成员国负责具体的实施，最重要的权利是制定本国的 NAPs，内容包括设施清单、配额分配方案以及总量目标等，此外成员国还具体负责本国 MRV、注册登记系统、履约及惩罚机制等。这种制度结构与欧盟的政治结构相适应，成员国拥有较大的自由裁量权，容易获得成员国对 EU-ETS 的支持。

（一）覆盖范围及航空业相关规定

《2003 碳交易指令》第 2 条第 1 款规定，附件一所列活动（activities）需纳入指令覆盖范围（见表 2.1）。以此覆盖范围看，EU-ETS 主要纳入能源及重化工行业，温室气体仅包括二氧化碳。而按此标准，EU-ETS 覆盖超过 1 万个固定设施，纳入 25 个欧盟成员国约 45% 的温室气体。

表 2.1 　　　　　　　　《2003 碳交易指令》覆盖的活动范围

活 动		温室气体
能源活动	额定热输入值超过 20MW 的燃烧装置（排除危险品和市政废物焚烧装置）	二氧化碳

---

① 2007 年，罗马尼亚和保加利亚加入欧盟，并于同年参与 EU-ETS；随后挪威、冰岛和列支敦士登 3 个非欧盟国家决定从 2008 年起加入第二期；2013 年，克罗地亚加入欧盟，并参与第三期，至此 EU-ETS 扩大到 31 个国家。

活　动		温室气体
能源活动	矿物油冶炼	二氧化碳
	炼焦炉	二氧化碳
黑色金属生产及加工	金属矿（包括硫化矿）的焙烧或熔结装置	二氧化碳
	产能超过每小时 2.5 吨生铁或钢（一级或二级熔化）的生产装置	二氧化碳
非金属矿业	产能超过每天 500 吨水泥熟料的回转炉 产能超过每天 50 吨石灰的回转炉或其他熔炉	二氧化碳
	熔化能力超过每天 20 吨玻璃（包括玻璃纤维）的生产设备	二氧化碳
	产能超过每天 75 吨和/或窑容量超过 4 立方米以及每窑容置率超过每立方米 300 千克的陶瓷生产设备，尤其是屋顶瓦、砖、耐火砖、瓷砖、陶器或瓷器	二氧化碳
其他活动	使用木材或其他纤维的纸浆工厂	二氧化碳
	产能超过每天 20 吨纸和纸板的工厂	二氧化碳

资料来源：《2003 碳交易指令》附件一。

2008 年 11 月，欧盟通过了《将航空业纳入排放交易机制的指令》（Directive 2008/101/EC，以下简称《2008 航空指令》），从 2012 年开始把航空业也纳入 EU-ETS，但是航空业在总量、分配及管理等方面不同于固定设施。航空减排目前分为两个阶段，均以 2004～2006 年航空活动年均的排放量作为历史航空排放量（historical aviation emissions），据估算约为 221 百万吨。第一阶段（2012 年）的配额总量为历史航空排放量的 97%，其中 15% 拍卖，剩余 85% 免费分配；第二阶段（2013～2020 年）每年度的配额总量为历史航空排放量的 95%，其中 15% 仍用于拍卖，免费分配部分下降至 82%，而剩余 3% 作为特殊储备。免费分配的方式是历史基线法，基线值乘以运营人监测年份的吨公里数[①]就是该运营人免费获得的配额量。

（二）国家分配计划

在第一、二期，总量设定和配额分配通过"国家分配计划"（NAPs）的模式来完成。具体而言，成员国自行制定 NAPs 来确定本国的配额总量和分配方式，各国配额之和便是 EU-ETS 配额总量。成员国需将 NAPs 提交欧委会审批，若没有通过审批，成员国需进行修改直到通过为止，相关流程如图 2.1 所示。

---

① 吨公里 = 距离 × 商业载重量。

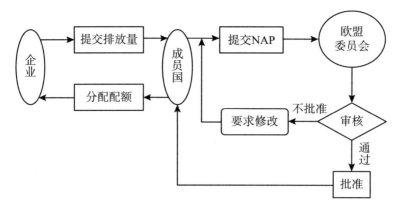

资料来源：根据 NAPs 制定流程绘制。

图 2.1 国家分配计划制订流程

审批 NAPs 的标准主要规定在《2003 碳交易指令》附件三中，欧委会先后于 2003 年和 2005 年对附件三的标准进行解释性说明，并专门出台了指导意见供成员国参考。该标准主要包括以下内容：第一，配额总量的设定应与成员国根据《京都议定书》和《责任分担协议》[①] 所承担的减排义务相一致。同时总量设定需考虑本国的能源政策和 EU-ETS 覆盖的温室气体在该国总排放的比例，如果明显偏离该比例就必须说明理由。此外，配额总量需符合对实际和未来温室气体排放的预测。第二，分配的配额应与减排潜力保持一致，包括覆盖活动的技术潜力。成员国可以基于产品或工序的平均排放来进行配额分配。计划应列出覆盖设施的清单和相应的配额数量。第三，NAPs 应该与欧盟法规和政策一致，不得在行业和企业间构成歧视，还应包含对新入者的安排和清洁技术的信息，此外还需考虑前期减排行动等。表 2.2 总结了第一、二期各成员国的国家分配计划。

表 2.2 欧盟成员国国家分配计划概览

单位：百万吨二氧化碳当量，Mt

成员国	第一期年度配额总量	2005 年经核证排放量	成员国提交的年度配额总量	欧委会审核后年度配额总量	欧委会削减配额比例（%）	CDM/JI 使用比例（%）	CDM/JI 使用数量
奥地利	33	33.4	32.8	30.7	−6.40	10.00	3.1
比利时	62.1	55.583	63.3	58.5	−7.60	8.40	4.9
保加利亚	42.3	40.6	67.6	42.3	−37.40	12.60	5.3

---

① 《责任分担协议》是欧盟为完成《京都议定书》的减排承诺，各成员国达成的减排义务分担的协议。

成员国	第一期年度配额总量	2005年经核证排放量	成员国提交的年度配额总量	欧委会审核后年度配额总量	欧委会削减配额比例（%）	CDM/JI使用比例（%）	CDM/JI使用数量
塞浦路斯	5.7	5.1	7.12	5.48	-23.00	10.00	0.5
捷　克	97.6	82.5	101.9	86.8	-14.80	10.00	8.7
丹　麦	33.5	26.5	24.5	24.5	0.00	17.00	4.2
爱沙尼亚	19	12.62	24.38	12.72	-47.80	0.00	0.0
芬　兰	45.5	33.1	39.6	37.6	-5.10	10.00	3.8
法　国	156.5	131.3	132.8	132.8	0.00	13.50	17.9
德　国	499	474	482	453.1	-6.00	20.00	90.6
希　腊	74.4	71.3	75.5	69.1	-8.50	9.00	6.2
匈牙利	31.3	26	30.7	26.9	-12.40	10.00	2.7
爱尔兰	22.3	22.4	22.6	22.3	-1.20	10.00	2.2
意大利	223.1	225.5	209	195.8	-6.30	15.00	29.4
拉脱维亚	4.6	2.9	7.7	3.43	-55.50	10.00	0.3
立陶宛	12.3	6.6	16.6	8.8	-47.00	20.00	1.8
卢森堡	3.4	2.6	3.95	2.5	-36.70	10.00	0.3
马耳他	2.9	1.98	2.96	2.1	-29.10	—	—
荷　兰	95.3	80.35	90.4	85.8	-5.10	10.00	8.6
波　兰	239.1	203.1	284.6	208.5	-26.70	10.00	20.9
葡萄牙	38.9	36.4	35.9	34.8	-3.10	10.00	3.5
罗马尼亚	74.8	70.8	95.7	75.9	-20.70	10.00	7.6
斯洛伐克	30.5	25.2	41.3	32.6	-21.10	7.00	2.3
斯洛文尼亚	8.8	8.7	8.3	8.3	0.00	15.80	1.3
西班牙	174.4	182.9	152.7	152.3	-0.30	20.00	30.5
瑞　典	22.9	19.3	25.2	22.8	-9.50	10.00	2.3
英　国	245.3	242.4	246.2	246.2	0.00	8.00	19.7
EU27合计	2 298.5	2 122.16	2 325.34	2 082.7	-10.40	13.40	278.3
列支敦士登	na	na	—	0	—	8.00	0.0
挪　威	na	na	—	15	—	20.00	3.0
总　计				2 097.7		13.40	281.3

资料来源：（1）Julia Reinaud, Cédric Philibert. Emissions Trading: Trends and Prospects［R］. OECD, Nov, 2007, Table 1；（2）Alexandre Kossoy, Philippe Ambrosi. State and Trends of the Carbon Market 2008［R］. Washingtong: Work Bank, May 2008, Table 4.

配额的具体分配也由成员国在 NAPs 中说明，《2003 碳交易指令》只是在第10 条规定，第一期免费分配的配额不得低于 95%，第二期免费分配的配额不得低于 90%。考察第一、二期各国 NAPs，免费分配是主要的分配方式，对于既有设施，成员国大多按"祖父法则"（Grandfathering，又称"历史法"）进行分配；而对于新建设施，大多数成员国建立了"新入者储备"，以向新进入者免费发放配额，减少了新入者采用低碳技术的动力。按上述第 10 条的规定，出售或拍卖的配额在第一期最高为 5%，第二期最高为 10%，各国制定的 NAPs 中出售或拍卖的配额远低于该比例。具体而言，第一期有 4 个国家制定了出售或拍卖的规定，仅有 3 个国家进行了拍卖，大约有 4.13Mt，占总配额的 0.2%；第二期仍有15 个国家没有拍卖计划，其他国家除德国和英国外，拍卖额仅占 4%~5%。

（三）配额管理、履约机制及信用抵销

EU-ETS 对配额的管理涉及发放、交易、上缴、注销以及储存和借贷等方面。发放配额由成员国管理机构基于 NAPs 进行，一般在当年 2 月底前完成。对于配额交易，EU-ETS 允许欧盟境内外的法人和自然人购买、持有及出售配额，并且允许持有人随时注销其持有的配额。配额的储存是颇受关注的问题，允许未使用的配额跨期储存有助于激励减排。不过考虑到第一期作为探索阶段配额总量并不严格，因而规定第一期未用完的配额不可以储存到第二期使用。从第二期起，欧盟开始允许配额的储存。至于配额的借贷，由于第二年配额的发放在第一年配额的上缴之前，因此 EU-ETS 事实上允许借用第二年的配额。而对配额进行管理的技术基础是注册登记系统，第一、二期注册登记系统由各成员国注册处和欧盟独立交易日志（CITL）组成。成员国注册处负责对国内配额的发行、持有、交易和注销进行记录和追踪，而 CITL 由欧盟设立的中央管理员运行和维护，负责记录和检查国家注册处间和账户的交易，以保证交易符合规定。此外，成员国注册处和 CITL 还和《京都议定书》下的国际交易日志（ITL）链接，以便记录与EU-ETS以外国家京都信用的交易。

纳入 EU-ETS 的企业需严格遵守《2003 碳交易指令》相关规定，每年度的履约程序见图 2.2。首先，企业必须从管理机构申请一份排放许可（permit），而后才能获得配额，该许可主要表明该企业有能力监测和报告碳排放情况。其次，企业必须完成碳排放量的监测、报告和核查（MRV），从而获得企业准确的排放数据。最后，企业需上缴与其年度碳排放量相等的配额或京都信用[①]，否则将被处

[①] 京都信用主要是清洁发展机制（CDM）产生的经核证的减排单位（CER）和联合履行机制（JI）产生的减排单位（ERU）。

以罚款。第一期的处罚额度为每吨二氧化碳 40 欧元，第二期上升至 100 欧元，而且企业还需补上所欠配额。

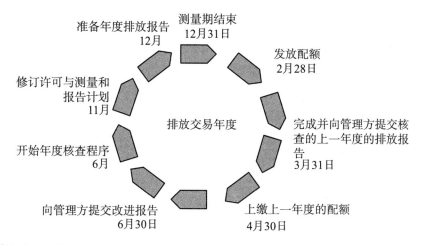

资料来源：郑爽．欧盟碳排放交易体系现状与分析［J］．中国能源，2011（3）：17－20.

图 2.2　EU-ETS 年度履约程序

如上所述，EU-ETS 允许企业提交京都信用 CER 和 ERU 来抵消其排放责任。具体而言，第一期只有 CER 可以被使用，第二期 CER 和 ERU 都可以使用。京都信用的使用受到质量和数量的双重限制，就质量而言，核电、水电及土地林业三类项目产生的信用禁止使用；在数量方面，第一期对 CER 的使用不设限，但第二期要求 CER 和 ERU 的使用仅仅起到补充性作用，具体的限制水平由各成员国在其 NAPs 中规定（相关限制水平详见表 2.2）。

（四）碳交易体系及监管

EU-ETS 允许欧盟境内外的法人和自然人交易配额以及京都信用，但并未具体规定交易的方式、场所或价格，交易完全市场化运行。EU-ETS 碳交易体系依托欧盟发达的金融业而迅速发展起来，参与者可以在交易市场内直接交易，也可以通过经纪人、交易所或其他市场中介进行场外交易。著名的交易所包括欧洲气候交易所（ECX）、欧洲能源交易所（EEX）、法国 Bluenext 环境交易所等，这些交易所推出了现货、远期、期货、期权和掉期等多种交易产品，其中 ECX 占据了市场最大的份额，而法国 Bluenext 交易所是现货交易的代表。而场外交易最著名的经纪商是伦敦能源经纪商协会（LEBA），占据了场外交易一半的交易量。场内、场外两个市场也存在交叉，不少场外交易在交易所进行清算。

在第一、二期，欧盟层面没有建立专门针对碳交易体系的监管机制，但并不意味着市场没法监管。监管碳交易体系的方式之一是纳入金融市场的监管之下，因为配额和京都信用的衍生产品在欧盟都被定义为金融产品，这意味着相关金融产品将受到欧盟《金融工具指令》和《市场滥用指令》等市场法规的监管。不过遗憾的是配额和京都信用的现货不属于金融产品，因此现货市场不能纳入金融市场的监管。另一种方式是将碳交易体系纳入成员国金融市场和大宗商品市场的规则之中，因为成员国一般都有专门的国家部门去管理本国碳交易体系相关事宜。例如，法国能源监管委员会监管配额和京都信用的现货市场，而期货等衍生品市场则由金融市场管理局负责。

二、第一、二期运行效果

通过第一、二期的努力，EU-ETS 已经建立起碳交易体系所需的各项制度，实际操作中也运行正常。在各种机制中，碳交易体系表现最为突出，碳价格完全由市场确定，起到了发现价格的作用，而且交易量占据全球的绝大部分。不过最大的问题来自 NAPs 的模式，既容易产生配额过量问题，还人为造成了不公平和低效率，最终导致减排效果大打折扣。

（一）主要成功之处：碳市场高度发达

2005 年，EU-ETS 开始运行就成为世界最大的碳市场，占据了世界碳市场绝大部分。第一期的交易量和交易额保持了非常高的增长速度，年均增长在 2.5 倍以上。2005~2007 年，交易量从 321Mt 迅速增长到 2 061Mt（见表 2.3），而同期配额总量分别为 2 096Mt、2 072Mt 和 2 153Mt，因此市场保持较高的活跃度。

表 2.3　　　　　　　2005~2007 年全球碳市场交易情况

项 目	2005 年		2006 年		2007 年	
	交易量（Mt）	交易额（MUS）	交易量（Mt）	交易额（MUS）	交易量（Mt）	交易额（MUS）
EU-ETS	321	7 908	1 104	24 436	2 061	50 097
新威尔士	6	59	20	225	25	224
芝加哥气候交易所	1	3	10	38	23	72
总 量	328	7 971	1 134	24 699	2 109	50 394

资料来源：（1）Alexandre Kossoy, Philippe Ambrosi. State and Trends of the Carbon Market 2007［R］. Washingtong：Work Bank, May 2007, Table 1.（2）Alexandre Kossoy, Philippe Ambrosi. State and Trends of the Carbon Market 2008［R］. Washingtong：Work Bank, May 2008, Table 1.

EU-ETS 第二期交易量和交易额继续保持高速增长，相对而言交易量增长更快（见图2.3）。从交易产品的种类来看，期货交易是最主要的交易产品，其次是现货交易，期权交易比例最少，不过呈逐渐增长之势。就交易方式而言，场内交易和场外交易平分秋色，场外交易中柜台交易是主要的方式。

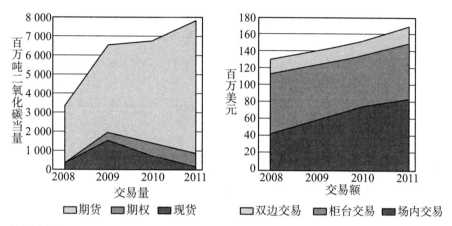

资料来源：Alexandre Kossoy, Pierre Guigon. State and Trends of the Carbon Market 2012 ［R］. Washingtong：Work Bank，May 2012，Figure 4 and Figure 6.

图 2.3　2008～2011 年 EU-ETS 交易情况

第一、二期 EU-ETS 碳市场的价格完全由市场确定，很好地反应了市场供需的变化，起到了发现价格的作用。不过碳价格的波动非常剧烈（见图2.4），总量过松、禁止第一期跨期储存、政策调整、宏观经济形势是变动的主要原因。例如，第一期现货市场价格崩溃的主要原因是：核证排放量低于配额总量；第一期未使用的配额不能跨期储存。

欧盟碳市场的高度发达还体现在相关碳金融业的诞生，为碳市场提供了便利和流动性，也为低碳投资提供了资金支持。其中一类参与者是金融服务机构，主要提供碳市场资讯、研究和经纪等服务，例如点碳公司。他们利用对碳市场的熟悉和专业分析，为其他碳市场的参与者提供便利。另一类参与者是金融投机商，包括专门进行期货和能源商品交易的交易公司或经纪公司，如 Amerex 期货公司、Kyte 经纪公司等，甚至还有一些著名的国际投资银行，如高盛集团、摩根、花旗、汇丰、富通等。投机商试图通过预测市场价格走势，从价格波动中获取利益，这大大增加了市场活跃度和流动性。还有一类金融机构利用金融工具创新，为低碳投资提供金融支持，他们开发的金融工具包括：远期碳票据贴现（monetization of future carbon receivables）、碳资产交货担保（carbon delivery guarantees）、碳资产债券（carbon-linked bond transactions）等。

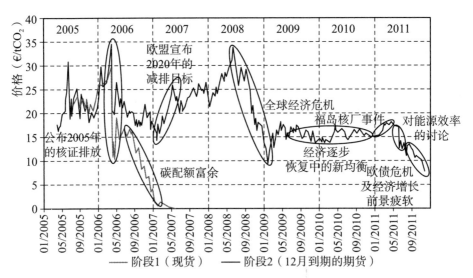

资料来源：根据 BlueNext 网站整理（http：//energy-prices. enerdata. net）.

图 2.4　EU-ETS 第一、二期价格走势

（二）存在的主要问题：国家分配计划

第一、二期通过成员国制定 NAPs 来确定配额总量和分配的模式遇到很多问题，主要表现在三个方面。

第一，配额总量过于宽松。第一期设定的总量超过了实际排放，超出的配额约为 111Mt。一些研究将问题归结为数据的缺失和不确定，但是第二期在具备经核证数据的情况下，各国初次递交的 NAPs 仍十分慷慨。这反映出总量设定的制度缺陷，成员国容易陷入"囚徒困境"，即各国都明白应该严格控制总量，但是从自身利益出发就会努力将本国配额总量最大化。欧委会对 NAPs 拥有否决权，这在一定程度上起到了纠错功能，在设定第二期总量时，欧委会将总量砍掉10.4%。2008 年配额总量和核证排放量分别为 2 003Mt 和 2 120Mt，说明这种纠错机制确实发挥了作用。不过以否决 NAPs 的方式来解决"囚徒博弈"问题十分"笨拙"，因为欧委会对于 NAPs 的审查已经是沉重的负担，否决 NAPs 还引起了成员国和欧委会的官司。第二期期间遭受到金融危机和欧债危机的连续打击，欧盟经济形势不景气，2009～2011 年覆盖行业的排放量在 1 900Mt 左右，远低于预期水平，第二期未使用的配额预计高达 1 400Mt。此外，第二期允许使用京都信用，但成员国划定的使用上限非常宽松，平均每年约为 2 811.3Mt，占到配额总量的 13.4%，这进一步加剧了配额的过量。

第二，成员国间 NAPs 的差异导致不必要的竞争扭曲。首先，成员国确定的减排幅度不统一，丹麦第二期年度配额总量比第一期年度核证排放量减少了

20%，而拉脱维亚增加了40%。各国减排目标的差异决定了各国行业、设施间减排责任的不同，从而导致竞争的不公平。其次，配额在行业间分配有差距。各国不同的分配模式在行业和企业间产生了分配效应，一些行业获得"意外收益"，尤其是电力行业。最后，纳入设施的标准不一致。"燃烧设施"（combustion installation）占到覆盖设施的约2/3，而成员国对这一关键术语存在三种不同理解，受影响的排放量约40~50Mt，占到覆盖排放总量的2%。

第三，分配模式的不公平和低效率。在第一、二期，成员国基本采取了免费分配的模式，而免费分配大多基于"祖父法则"，容易造成不公平和低效率。对于既有设施而言，"祖父法则"的主要问题是：违背"污染者付费原则"，降低减排意愿；"鞭打快牛"迟滞减排行动，惩罚早期减排者，而奖励高排放者。而第一、二期新入和退出规则在立法上存在空白，各成员国在实践中适用不同规则引起很大争议，例如，成员国设置的新入者储备的比例从1%~38%不等，造成了成员国间的不公平。

（三）其余机制平稳运行中存瑕疵

在第一、二期，诸如覆盖范围、MRV、注册登记系统等机制运行平稳，为顺利建立EU-ETS奠定了基础，同时也出现了一些问题。

第一，"燃烧设施"理解有偏差。燃烧设施约占到EU-ETS覆盖设施的2/3，但是，成员国在第一期对"燃烧设施"的理解有三种，狭义的理解仅仅包括向第三方提供电力、热或蒸汽的燃烧设施；中间的理解包括所有以能源生产为目的而生产电力、热或蒸汽的燃烧设施；广义的理解包括所有生产电力、热或蒸汽的燃烧设施。虽然欧委会曾在第二期明确"燃烧设施"应做广义理解，但部分成员国的理解仍不一致。

第二，不合理的管理成本。在EU-ETS第一期，最大7%的设施排放的温室气体占总量的60%，而最小14%的设施的排放仅占总排放的0.14%。为数众多的小型设施耗费了大量管理成本，相比大型设施经营者约0.01欧元/tCO$_2$的管理成本，小型设施经营者的成本高达0.5~3欧元/tCO$_2$；而不同设施引起管理当局每年的管理成本差别不大，从3 000欧元到10 000欧元不等，这意味着管理当局将为小型设施的单位减排支付高额的管理成本[1]。

第三，监测、报告与核查尺度不统一。在EU-ETS第一、二期，监测、报告

---

① Commission staff working document-Accompanying document to the Proposal for a Directive of the European Parliament and of the Council amending Directive 2003/87/EC so as to improve and extend the EU greenhouse gas emission allowance trading system-Irnpact assessment {COM（2008）16final} {SEC（2008）53}, p27.

与核查制度的依据是欧委会制定的《监测与报告指南》。由于指南只能为成员国提供指导，不具有法律约束力，各成员国在实际操作中存在较大不一致，尤其是一些关键术语、数据选取、报告要求存在明显差异。这不仅使制度更加复杂，也导致成员国间数据准确程度的不统一。

第四，注册登记系统出现安全事故。由于设计缺陷和安全措施不到位，注册登记系统曾出现过失误和网络犯罪。2010 年 3 月，匈牙利将已上缴的 1.74MtCER 重新卖出；同年 11 月罗马尼亚注册处 1.6Mt 配额被盗；随后德国注册处由于木马入侵而关闭；2011 年 1 月，欧委会发现黑客入侵，3Mt 配额丢失，被迫暂时关闭现货交易。

（四）减排效果差强人意

评价第一、二期的减排效果非常困难，但可以肯定的是 EU-ETS 无疑没有完全发挥其应有的减排效果。从实际排放来看，欧盟整体温室气体排放水平在 1990～2009 年间保持了大幅度的下降，欧盟 27 国 2010 年的整体温室气体排放量较 1990 年下降了 15.4%。而且，EU-ETS 给碳排放设定了价格，欧盟大型排放企业也已经将碳排放作为其投资、经营决策的重要考量因素。但是，这种实际减排能在多大程度上归因于 EU-ETS 令人质疑，宏观经济形势的不景气和碳排放越过峰值后的下降可能是更为重要的原因。客观来讲，EU-ETS 的减排效果远不能令人满意，最主要的原因就是配额过量导致碳价过低，不仅不能对当下的排放形成有效约束，更不利于长期低碳投资，降低了 EU-ETS 的动态效率。

三、第三期制度改革

第一、二期存在的问题促使欧盟对第三期的制度进行了全面改进和完善，其主要内容是：第一，制度结构从高度分权走向协调统一，成员国享有的许多权力被集中到欧盟层面，使得 EU-ETS 从一个松散联盟升级为更加统一的单一体系；第二，废除 NAPs 模式，转而直接制定总量目标，这不仅从制度上根除了"囚徒困境"，而且向市场发出了清晰的信号；第三，拍卖将成为配额分配的基本方法，即使免费发放也采用基准法（benchmark），这将大大提高 EU-ETS 的经济效率，增强了体系的透明度。

（一）统一设定配额总量

EU-ETS 第三期的配额总量不再由成员国分散设定，而是在欧盟层面统一确定。2020 年欧盟单方面承诺的整体减排目标是比 1990 年下降 20%，在其他主要经济体积极减排的情况下可将目标提高至 30%。整体减排目标需在被 EU-ETS 覆盖的行业和未覆盖行业之间划分，才能确定 EU-ETS 总量。在第一、二期成员国在自行制定 NAPs 时，为照顾本国行业利益，往往划分给覆盖行业的减排责任反而比未覆盖行业的减排责任低。这种划分不仅显失公平，而且在经济上缺乏效率，因为一般而言，未覆盖行业减排成本相比覆盖行业要高。为了使减排成本最低，第三期将欧盟整体减排责任按照效率原则在两者之间划分，即两者承担的减排责任刚好使两者的边际减排成本相等。以单方面承诺的目标计算，欧盟整体排放水平相比 2005 年需下降 14%，其中覆盖行业需减排 21%，而未覆盖行业仅需减排 10%。EU-ETS 年度总量的确定，还需将这 21% 的减排责任在年份之间划分。第三期采取的方式是首先确定 2013 年初始总量，这将根据 2008～2012 年间签发配额总量的年均水平来确定；此后每年签发的配额总量呈线性递减趋势，即每年总量下降 1.74%。

（二）拍卖为主的分配模式

在第三期，配额分配的权力从成员国集中到了欧盟层面，分配的模式也确立了拍卖为主的原则。由于立即转入完全拍卖可能导致碳泄漏①和沉淀成本②问题，第三期建立了针对既有设施的过渡性措施。而且，考虑到新入和退出规则对公平和效率的重大影响，第三期专门制定了欧盟层面的规则。具体而言，第三期配额分配模式③主要包括三部分。

第一，既有设施的过渡措施。过渡性措施将向覆盖设施继续免费发放部分配额，分配的方法将采用基准法。行业基准值为行业碳效率最高 10% 设施排放的平均值，基准值与设施产出量的乘积就是该设施能获得的全额配额。但是免费配额并非全额发放，按照发放比例的不同，既有设施可以分为三类：第一类为电力设施，发放的比例为零，即不能获得免费配额；第二类为面临碳泄漏行业的设施，在第三期将免费获得全额配额的 100%；第三类为上述两类以外的设施，2013 年将免费发放全额配额的 80%，随后每年等量减少，到 2020 年只有全额配额的 30% 免费发放，用以补偿这些设施的沉淀成本。

第二，新入和退出的统一规则。第三期新入规则规定，欧盟内配额总量的 5% 将被单独划出，作为"新入者储备"，这是向新入者预留配额的最高上限。分

① 碳泄漏（carbon leakage）是指承担减排义务的国家的减排行动导致不承担减排义务国家排放增加的现象。
② 沉淀成本（sunk cost）指 EU-ETS 建立前的投资和建立后碳价格导致的利润下降所引起的成本。
③ 此处分配模式不包括航空业，航空业的配额分配相对独立于其他行业。

配的方法将与同类既有设施的过渡措施保持一致，例如，新入电力设施将不能获得免费配额。"新入者储备"还将专门划出 300Mt 的配额，用以鼓励碳封存和可再生能源等示范项目。相比"祖父法则"，基准法能有效避免企业为获得免费配额而继续运行那些无效率设施，这为退出规则的制定提供了便利。因此，第三期退出规则统一规定，停止运行的设施将不能获得免费配额。

第三，配额拍卖的相关安排。除上述免费发放的配额外，其他配额将分配给各成员国拍卖。其中 88% 将分配给所有成员国，各国分配的比例与各国第一期排放量占比相等；10% 以促进内部团结和经济发展为目的，分配给特定的成员国，这些国家多为收入相对较低的东欧国家；剩余 2% 用以奖励早期减排的国家，即在 2005 年排放量比议定书基准年排放量低 20% 以上的成员国。此外，作为对部分国家[①]电力行业的照顾，第三期允许这些国家将本国分配到的拍卖配额免费发放给电力行业，2013 年免费配额不得超过历史排放量的 70%，随后逐步递减，到 2020 年为零。

（三）延续但限制使用抵销机制

第三期将延续抵销机制，EU-ETS 允许第二期剩余的信用转换为第三期配额，这包括两类：截至 2012 年已产生的信用和 2013 前完成项目注册而在 2013 年后产生的信用。对于 2013 年后的国际项目，第三期只认可最不发达国家的 CDM 项目和与欧盟签订了双边协议国家的项目。此外，第三期将允许成员国向其境内未被 EU-ETS 覆盖的减排项目签发配额或信用。鉴于第二期抵销机制的数量限制过于宽松，第三期力图进行严格控制。对于既有设施，允许使用的上限为该设施在第二期允许使用额度中尚未使用的部分。考虑到部分国家第二期上限较低，指令允许这些国家的设施使用不低于其第二期配额数量 11% 的抵销信用。对于新入的设施和行业，允许使用的信用应不低于其排放量的 4.5%。在欧盟整体层面，允许使用的信用总量不能超过第三期全部减排量的 50%。

（四）扩大和优化覆盖范围

为增加减排机会和降低管理成本，第三期对覆盖范围进行了扩大和优化。新纳入的行业包括两类：一类是纳入之前未覆盖的行业活动，包括石油化工制品及其他化学品、氨、铝等（航空业已经于 2012 年纳入）；另一类是通过取消原有部分覆盖行业的限值而纳入的行业活动，包括石膏、有色金属、白云石煅烧等。新

---

① 包括保加利亚、塞浦路斯、捷克、爱沙尼亚、匈牙利、拉脱维亚、立陶宛、马耳他、波兰和罗马尼亚。

纳入的行业使覆盖的温室气体种类从二氧化碳扩大到氧化亚氮和全氟化碳，覆盖的排放量增加约100Mt排放，约为第二期配额的4.6%，预计将降低减排成本约30%～40%。[1] 覆盖范围的优化主要体现为排除小型设施和技术单位。为节约管理成本，第三期允许成员国排除年排放少于2.5万吨的小型设施，大约有6 300个设施，每年可以为设施经营者节约管理成本0.13亿～0.95亿欧元，管理当局也可节约0.126亿～0.4亿欧元。同时，在计算设施有关热输入值时，将额定热输入值在3MW以下的技术单位排除，这可排除约800个设施[2]。

（五）强化欧盟层面的管理职能

第三期的制度结构总体而言趋向协调统一，因而在欧盟层面的管理职能也相应得到强化，其新职能主要包括以下三个方面：第一，制定欧盟层面的MRV条例。第三期将由欧委会制定统一的监测与报告的条例，由于条例（regulation）具有整体约束力，并且直接适用于所有成员国，这将大大消除各成员国在监测和报告上的不一致。同时，欧委会还将专门制定核查和核查者认证的条例，以便规范核查活动和管理核查者，同时促进欧盟核查、认证服务统一内部市场的形成。第二，建立单一注册处。第一、二期EU-ETS的注册登记系统由各成员国注册处和独立交易日志共同组成，成员国注册处负责对国内配额的发行、持有、转移和注销进行记录和追踪。第三期将建立单一的欧盟注册处，统一负责相关职能。第三，设立应对碳价波动的机制。欧委会将监测欧盟碳市场的表现，包括拍卖、流动性和交易量。在欧委会认为碳市场表现不好时，可以提出相应改进建议。若配额价格连续6个月超过前两年欧盟碳市场平均价格的3倍，欧委会可采取以下措施：（1）批准成员国拍卖未来的配额；（2）批准成员国拍卖新进入者储备中剩余的配额，但不能超过25%。

四、第三期前景展望

第三期在制度上显然更加完善，然而，金融危机及随后发生的欧债危机对EU-ETS产生了严重冲击，大大抵销了第三期制度改进的效果。而且，国际气候

---

[1] Proposal for a Directive of the European Parliament and of the Council amending Directive2003/87EC so as to improve and extend the greenhouse gas emission allowance trading system of the Community, SEC（2008）85, P. 4.

[2] Commission staff working document-Accompanying document to the Proposal for a Directive of the European Parliament and of the Council amending Directive 2003/87/EC so as to improve and extend the EU greenhouse gas emission allowance trading system-Irnpact assessment｛COM（2008）16final｝｛SEC（2008）53｝, P. 48.

谈判的裹足不前增加了第三期的不确定性，与其他碳交易体系的链接也遭受挫折。总体而言，第三期的前景不容乐观，亟待欧盟以极大的魄力进行相应的调整。

（一）配额严重过剩现象将长期存在

第三期将签发的配额总量明确而固定，预计 2013 年为 2 039Mt，随后每年递减 37.4Mt。这原本是一个严格的配额总量，按欧盟 2005～2020 年经济年均增长 2.4%估计，覆盖行业在 2020 年的排放量将达到 2 477Mt。但是受金融危机和欧债危机的拖累，预计第三期的实际排放将远低于预期水平，配额总量将由于固定不变而不再严格。而且，金融危机使第二期有大量未使用的配额，欧委会预计这一数量高达 1 400Mt[①]，按规定这些配额在第三期继续有效，这相当于未来 8 年平均每年配额供给增加 175Mt。而各国出于保护本国利益，在向第三期过渡前夕抓紧拍卖新入储备。此外，欧盟实施的可再生能源计划已经使得覆盖行业每年排放下降了约 50Mt，而将于 2014 年开始实施的能效计划预计将使得覆盖行业每年下降 55～80Mt[②]，这将进一步减少配额的需求。因此，第三期配额严重过剩现象将长期存在。

欧委会早已认识到第三期配额过量的风险，曾提议主动将减排承诺提高到 30%[③]，这样可以大幅减少配额过剩，而且在金融危机的情况下提高减排目标的经济成本大大降低。该建议获得了英国、法国和德国环境部长的支持，却遭到产业界和东欧成员国的极力反对，最终不了了之。2012 年 7 月欧委会提出新的建议，将 2013～2015 年间拍卖配额的一部分推迟（back-loading）到随后几年拍卖，推迟拍卖配额的参考数量分为 400Mt、900Mt 和 1 200Mt 三档。这是一个短期措施，不影响第三期的总体配额，其作用仅仅在于稳定第三期早期的碳价。此外，欧委会还提出了长期结构性调整的措施，主要包括将减排目标提高到 30%、永久减少部分配额、修改年度减排目标、纳入更多行业、限制京都信用以及引入价格管理措施六条。不过，推迟拍卖的建议和长期结构调整措施需要通过立法机构批准，预计将面临重重阻力，这需要欧盟拿出足够的魄力。

---

① Commission staff working document: Information provided on the functioning of the EU Emissions Trading System, the volumes of greenhouse gas emission allowances auctioned and freely allocated and the impact on the surplus of allowances in the period up to 2020｛COM（2012）416 final｝｛SEC（2012）481 draft｝P. 14.

② Nicolas Berghmans. Energy efficiency, renewable energy and CO_2 allowances in Europe: a need for coordination ［J］. Climate Brief, September 2012.

③ Analysis of options to move beyond 20% greenhouse gas emission reductions and assessing the risk of carbon leakage, ｛COM（2010）265 final｝.

（二）信用市场将面临深刻调整

按照制度设计，第三期抵销机制的上限包括两部分，第二期允许使用额度中尚未使用的部分和第三期新增的部分。前者估计约 550Mt，后者大致有 350Mt，共计 900Mt 左右，这是第三期信用市场理论上最大的需求量。在配额可能过量的情况下，如此数量的信用将进一步冲击碳市场。

在此背景下，第三期将对传统项目机制进行严格限制，信用市场的供给端面临深刻调整。首先，EU-ETS 要求 2013 年之后新批准 CDM 项目的东道国为最不发达国家。CDM 原本是主要的项目机制，中、印等五国占据 90% 以上的份额，绝大部分供应欧盟市场，因而此举将意味着 CDM 不再重要。欧盟宣称在国际气候协议或双边气候协议都将坚持这一立场，这反映了欧盟限制 CDM 的态度。其次，项目的类别将受到更多限制。除了已限制的核电、土地利用等项目外，第三期还将禁止 N_2O 和 HFC – 23 项目[1]，而两类项目产生的信用占已有信用总量的 60% 左右。而且，不排除进一步限制其他种类项目的可能性，这增加了市场的不确定性。最后，JI 项目将限制在欧盟范围以内。2013 年后《京都议定书》下的 JI 机制不再有效，第三期允许成员国向其境内未被 EU-ETS 覆盖的减排项目签发配额或信用，这相当于建立了欧盟内部的 JI 机制。

信用市场面临深刻调整的另一重要因素是，欧盟极力推动建立新的行业信用机制（Sectoral Crediting Mechanisms，SCM），这也是对传统项目机制进行如此多限制的目的所在。SCM 是指发展中国家在某个行业建立"基线与信用"机制，产生的信用将被 EU-ETS 第三期认可。然而，中、印等发展中国家明显缺乏对 SCM 的兴趣，相反更希望 CDM 能够继续，因此国际气候协议前景会更加曲折，也将给第三期信用市场带来新的不确定性。

（三）碳价低及不确定性影响低碳投资

配额严重过剩已成为一个事实，很多相关资料说明如不采取果断措施，高达 21 亿吨的过剩配额将一直存在，这使得碳价预期一再调低。2008 年欧盟的影响评估预计 2020 年配额价格为 32 欧元左右，2010 年欧委会将价格调低为 16 欧元，仅为之前预测的一半[2]。目前市场价格在 3 ~ 4 欧元徘徊，而对于未来碳价走势，点碳咨询公司认为，在没有任何政策调整的情况下，第三期平均价格为 7 欧元。

---

[1] Commission Regulation （EU） No 550/2011.

[2] Analysis of options to move beyond 20% greenhouse gas emission reductions and assessing the risk of carbon leakage，｛COM （2010） 265 final｝.

第三期虽然引入了新机制以应对配额价格过度波动，但该机制仅仅考虑了过度上升的应对，而没有考虑配额价格过低的措施。在信用市场，由于受政策限制影响，CDM 项目信用 2012 年 10 月价格已经跌至 2 欧元，点碳咨询公司预计第三期平均价格仅为 1.6 欧元。

如此低的碳价不足以支撑私人部门进行大规模低碳投资，需要公共部门更多的投入。然而，由于配额价格的低迷，EU-ETS 第三期专门用以鼓励碳封存和可再生能源等示范项目的 300Mt 配额的价值大大缩水。而且配额价格低也将减少政府的拍卖收入，对低碳投资的财政支持也会随之降低。更严重的是，低碳投资面临太多的不确定性。欧盟内部的不确定性包括：未来经济形势的发展、配额数量的调整、项目类别的限制等。而最大的外部不确定性是后京都气候协议的进展，若达成协议，欧盟可能将整体减排目标提高至 30%。此外，与其他碳交易体系的链接和双边气候协议的签订也将增添新的不确定性。

（四）碳泄漏行业获取"意外之财"

第三期的分配模式无疑有了质的进步，不足之处在于对碳泄漏行业认定过于宽泛，部分行业将获取"意外之财"。研究表明，碳泄漏只集中于钢铁、水泥、铝、造纸等少数行业。而第三期认定的碳泄漏行业包括四类：第一类，EU-ETS 引起生产成本提高 5% 以上，且贸易强度超过 10% 的行业；第二类，EU-ETS 引起生产成本提高 30% 以上的行业；第三类，贸易强度超过 30% 的行业；第四类，参考减排潜力、市场特征和利润率等指标而补充的行业。以欧盟产业分类体系（NACE）四位码划分，制造业部门共有 258 个，欧盟公布的碳泄漏行业首批清单包括了其中 151 个部门，还有 13 个超过四位码分类的部门，其中按照贸易强度标准的第三类就达 118 个[1]。随后名单进行了两次修改，不过不是删减，而是增加了 6 个。这份清单无疑大大超出真实的范围，一些行业将获得"意外之财"，据 Martin 等计算，碳泄漏行业每年的"意外之财"约为 70 亿欧元[2]。

（五）与其他交易体系链接遭受挫折

第三期对与其他碳交易体系的链接持更开放的态度，而其他国家、地区交易体系的陆续建立也提供了建立链接的机会。这对于 EU-ETS 具有重要意义，首先，反映了 EU-ETS 在国际上的影响力；其次，是为建立类似国际链接提供示

---

[1] Commission Decision 2010/2/EU.

[2] R. Martin and U. J. Wagner, Policy Brief: Still time to reclaim the European Union Emissions Trading System for the European tax payer, LSE, Imperial College London, Univesidad Carlos Ⅲ de Madrid, 2010: 1.

低碳经济转型下的中国碳排放权交易体系

范；再次，是有利于建立一个流动性更强的国际碳市场；最后，这也为第三期过多的配额找到了新的需求。

但是，EU-ETS 与其他交易体系的链接进展并不顺利。虽然欧盟与澳大利亚曾经达成协议，将在 EU-ETS 第三期建立与澳大利亚碳定价机制的链接。但是，随着澳大利亚中止本国的碳交易体系，上述协议恐无法实现。此外，EU-ETS 与瑞士的碳交易体系的链接也在协商之中，其他国家或地区已经建立或将要建立的碳交易体系，也将成为链接的潜在目标，不过目前均无太大进展。

第二节　全国范围的碳交易体系

新西兰、瑞士、哈萨克斯坦和澳大利亚等先后建立了覆盖全国的碳交易体系，其中新西兰碳交易体系和澳大利亚碳定价机制影响较大，制度设计也独具特色，本节将依次介绍这两个国家体系的制度和运行情况。

一、新西兰碳交易体系

1997 年底，新西兰签署了《京都议定书》，承诺在京都第一承诺期（2008 ～ 2012 年）将排放量保持在 1990 年的水平，随后经过多年的立法及修正而逐步建立了新西兰碳交易体系（NZ-ETS）。2002 年，新西兰出台《气候变化应对法 2002》，建立了注册登记制度和温室气体排放核查制度；2006 年国会批准了《气候变化应对法 2006 修正案》，主要目的是建立森林碳汇制度；2008 年《气候变化应对法（排放交易）2008 年修正案》[1] 通过，确定了碳交易体系的基本法律框架，这标志着 NZ-ETS 正式建立。进入实施阶段后，NZ-ETS 根据运行情况已经进行了三次修改：2009 年 6 月对森林碳汇的部分细节进行了改进；2009 年 12 月的修改幅度较大，主要是引入过渡阶段、免费分配方式由"祖父法则"改为基线法、减缓逐年核减免费配额的进程、调整部分行业纳入的时间等；2011 年的修改则调整了管理机构，改由新成立的环保部负责管理。上述立法及修正案共同构成了 NZ-ETS 已有的法律框架，不过进一步的修改完善也在进行中。

总体而言，NZ-ETS 具有以下鲜明的特征：第一，NZ-ETS 并没有设定总量目标，这是因为该体系基于《京都议定书》运行，议定书确定了新西兰的排放目

---

① 法案文本见：http://www.legislation.govt.nz/act/public/2008/0085/latest/whole.html.

标,这在一定程度上为 NZ-ETS 设定了上限;第二,充分利用《京都议定书》三大灵活机制的配额和信用,一方面确保国内配额或信用的供给,另一方面保证能够完成《京都议定书》的减排目标;第三,覆盖范围采取逐步纳入的方式,最终包含所有经济行业,各行业则需在不同阶段拥有不同的权利和义务;第四,农业将被纳入 NZ-ETS,而其他碳交易体系都将农业排除在外,新西兰之所以这样做是因为农业是其最大的温室气体排放源。

(一) 覆盖范围

NZ-ETS 覆盖《京都议定书》中全部六种温室气体,纳入行业包括林业、固定能源、渔业、工业、交通、合成气、废弃物处理和农业。NZ-ETS 采取覆盖行业逐步纳入的方式,各行业需在不同阶段拥有不同的权利和义务(具体安排见表2.4),其中最主要的权利和义务包括以下几种:上缴新西兰排放单位(NZU)[①]以履行义务;通过森林碳汇赚取 NZU;免费获得 NZU(主要是农业和 EITE 企业[②]);自愿或强制性报告碳排放。

表2.4　　　　　　　　　各行业纳入 ETS 时间

部　门	上缴 NZU	赚取 NZU	免费分配 NZU	自愿报告	强制性报告	履行全部义务
林　业	√	√	√	—		2008.7.1
固定能源	√			—	2010.1.1	2010.7.1
渔　业*			√	—	2010.1.1	2010.7.1
工　业	√		√	—	2010.1.1	2010.7.1
交　通	√			—	2010.1.1	2010.7.1
合成气体	√			2011.1.1	2012.1.1	2013.1.1
废弃物处理	√			2011.1.1	2012.1.1	2013.1.1
农　业	√		√	2011.1.1	2012.1.1	待定

　*渔业不需为其排放承担责任,考虑到 NZ-ETS 引起的能源、燃料价格上涨,政府将向渔业免费分配 NZU。

　资料来源:http://www.climatechange.govt.nz/emissions-trading-scheme/obligations/.

---

　①　新西兰排放单位(NZU)是 NZ-ETS 的配额,每单位等同于一个京都单位。
　②　EITE 企业:即排放密集型和贸易暴露(emission-intensive, trade-exposed)的企业,新西兰政府认为由于 NZ-ETS 的实施,这类企业将面临巨大的成本增加,这类企业将面临国际竞争力下降和碳泄漏的潜在风险,因而需要向 EITE 企业免费分配 NZU。

林业于 2008 年最早纳入 NZ-ETS，但不包括原生森林，即不属于私人的非人为种植森林。由于《京都议定书》规定不可使用 1990 年前森林产生的碳汇，因此新西兰对"1990 年前的林地"①和"1990 年后的林地"②进行了区别对待。对于"1990 年前的林地"，若砍伐后重新种植树木成为林地，则不用承担 NZ-ETS 下的减排责任；若砍伐后的土地转化为非林土地则需承担 NZ-ETS 下的减排责任，同时将会获得一次性的免费配额补助。对于"1990 年后的森林土地"，所有者可以自愿参与 NZ-ETS，可根据森林碳汇来赚取 NZU，但不获得免费配额。林业的温室气体难以监测，新西兰开发了专门的计量工具和方法学，主要采取近似法，例如，按照给定树木种类、树木年龄以及地理位置计算碳汇量，而非实际监测的碳汇量。

第二批纳入的行业是固定能源、交通和工业，相关企业需从 2010 年 1 月 1 日起强制报告排放，并于同年 7 月正式纳入 NZ-ETS。对于固定能源部门，强制纳入 NZ-ETS 的门槛包括：（1）年度煤炭进口量超过 2 000 吨；（2）年度煤炭开采量超过 2 000 吨；（3）进口天然气；（4）开采天然气（不包括开采后用以出口的天然气）；（5）利用地热流体发电或产生工业热，并且年度碳排放超过 4 000 吨；（6）发电或工业热燃烧用油超过 1 500 吨；（7）为发电或工业热燃烧旧轮胎。按此门槛固定强制参与 NZ-ETS 的能源部门主要是上游企业，目前约有 80 家企业。同时，固定能源的下游企业可以自愿加入 NZ-ETS，主要包括两类：每年购买煤炭超过 25 万吨的企业及每年购买天然气超过 2 兆焦耳的企业。自愿参与企业将承担强制性的排放责任，而相应的供应商则不用承担这部分排放的责任。对于交通③而言，强制纳入 NZ-ETS 的也是上游供应商。考虑到固定能源部门和液体化石燃料供应商可以将成本转移给其消费者，因此参与者将不会得到免费的 NZU。工业过程排放主要是针对铁、钢、铝、砖、熟石灰、玻璃和黄金等，由于 EITE 企业集中在该行业，因此该行业的企业可以获得免费分配的 NZU。

第三批纳入的行业包括合成气体④和废弃物处理，相关企业需从 2012 年 1 月 1 日起强制报告排放，并于 2013 年 1 月 1 日正式纳入 NZ-ETS。合成气体行业主要参与者是制造商和进口商（包括商品中含有合成气体的进口商），需按规定上交 NZU，而出口或销毁 HFC 和 PFC 将作为清除活动有资格获得 NZU。废弃物处

① 指 1989 年 12 月 31 日前建造的并在 2007 年 12 月 31 日前仍然存活的林地。
② 指截至 1989 年 12 月 31 日仍然是非林地，或者在 1989 年 12 月 31 日已是林地但在 1990 年 1 月 1 日到 2007 年 12 月 31 日已毁林，而在其后建造并存活的林地。
③ 这里主要针对交通的液体化石燃料，具体包括汽油、柴油、航空汽油、航空煤油、轻油和重油，国际航空和海上运输所用的燃料将排除在外。
④ 合成气体包括氢氟烃（HFCs）、全氟化碳（PFCs）和六氟化硫（SF 6）。

47

第二章 发达国家碳交易体系的国际比较

理行业只需为甲烷排放负责，同时鉴于成本可以转移给消费者，该行业将不能获得免费的 NZU。但小型或偏远的废弃物处理场将可以豁免，即满足以下条件之一：年度处理量小于 1 000 吨且与其他处理厂陆地距离超过 150 千米；年度处理量小于 500 吨且与其他处理厂陆地距离超过 75 千米；位于距陆地距离超过 25 千米的沿海岛屿。

农业是新西兰最大的温室气体排放源，占到全国总排放量的将近一半，因此新西兰计划将农业也纳入交易体系，这构成了 NZ-ETS 的一大特色，因为其他国家或地区的碳交易体系都把农业排除在外。从 2012 年起，农业将有义务报告其碳排放，目前履行报告义务的参与者主要是肉类和奶制品的加工商、鲜活动物的出口商、化肥的进口商及其制造商。而农业一旦需要上缴配额，参与者能够申请免费的 NZUs 的分配来弥补增加的成本。农业免费配额的分配也采用基线法，但是排放基线尚未确定，免费分配的比例为基准线的 90%，随后每年减少 1.3 个百分点。

（二）过渡期相关安排

NZ-ETS 将 2010 年 7 月至 2012 年 12 月设置为过渡期，期间采取特殊政策帮助参与者平稳过渡。过渡期的特殊政策主要包括：第一，NZ-ETS 的参与者可以向政府购买 NZU，价格为 25 新元每吨，这相当于 NZU 的价格上限，可以起到价格安全阀的作用；第二，固定能源、交通、工业过程等部门的参与者，每两单位碳排放只需交一单位的 NZU，即"排二缴一"，实际享受"半价"的优惠，结合价格安全阀，上述部门参与者面临的最高碳价是每单位碳排放量 12.5 新元；第三，在过渡时期，政府向部分产业免费分配 NZUs，一方面是向因 NZ-ETS 而遭受损失的产业进行补偿，这主要针对林业和渔业，另一方面是防止竞争力下降和碳泄漏，过渡期仅仅针对工业中的 EITE 企业；第四，禁止林业以外的行业在国际市场上出售 NZU，这样可以确保国内市场 NZU 的供应[①]。

具体而言，NZU 的免费分配在不同行业采取不同的方式：第一，渔业的分配采用"祖父法则"，将获得 2005 年排放的 90%。第二，林业中的免费配额只针对"1990 年前的林地"，分配将基于森林的性质和购买的时间（具体见表 2.5）。例如，2002 年 11 月 1 日前购买的"1990 年前的林地"每公顷获得 60NZU，免费配额分两次发放，2012 年 12 月 31 日前每公顷发放 23NZU，之后每公顷发放 37NZU。第三，工业免费分配的方式采用基线法，具体的计算公式

---

① Emissions Trading Scheme Review Panel. Doing New Zealand's Fair Share Emissions Trading Scheme Review 2011：Final Report ［R］. Wellington：Ministry for the Environment, 30 June 2011：29 - 34.

为：FA = LA × PDCT × AB，其中 FA 为年度最终免费配额量；LA 为援助水平，分为 60% 和 90% 两档；PDCT 为年生产量；AB 为活动的排放基线，是该活动每单位产出的平均排放量，根据企业向政府提供的相关数计算出的。企业的援助水平将根据单位排放来确定，当工业活动每百万收益的碳排放高于 800 吨且低于 1 600 吨时，援助水平为 60%；当工业活动每百万收益的碳排放高于 1 600吨时，援助水平为 90%[1]。同时考虑到在过渡期间，工业可以享受"排二缴一"的优惠政策，其获得的免费 NZU 也减半。而且为了促进企业减排，NZ-ETS的援助水平呈递减趋势，每年将减少 1.3%。

表 2.5   **NZ-ETS 林业 NZU 免费分配量**   单位：NZU/公顷

	2012 年 12 月 31 日前分配量	2012 年 12 月 31 日后分配量
林地所有人于 2002 年 11 月 1 日前购买	23	37
林地所有人于 2002 年 11 月 1 日后购买	15	24
2008 年 1 月 1 日起的官方林业许可土地	7	11

资料来源：新西兰环保部网站。

NZ-ETS 允许参与者上缴四类配额或信用：一是免费分配或赚取的 NZU；二是国内市场购买的 NZU；三是以固定价格从管理机构认购的 NZU；四是在国际碳市场购买的符合条件的配额或信用。其中最后一类主要是《京都议定书》灵活机制下的单位，包括 ERU 和 CER 等。虽然 NZ-ETS 没有设定总量上限，但是免费分配或赚取的 NZU 比例有限，履约实体还需购买相当配额或信用来履行义务，除以 25 新元每吨向政府购买 NZU 外，最现实的途径就是购买 ERU 和 CER 等，因而这些信用的使用没有数量上的限制。不过 NZ-ETS 对可以使用的 CER 和 ERU 类型进行了限制，不允许使用核电项目有关的 CER 和 ERU，也禁止个人登记持有的 CER，而且根据最新公告，从 2012 年 12 月起还禁止 HFC-23 和 N_2O 项目、不满足世界水坝委员会的水电项目产生的 CER 和 ERU。总体而言，京都信用是对 NZU 的重要补充，事实上京都信用也占到企业上缴的相当比例，起到了确保新西兰国内配额或信用供给的作用。同时，京都信用可以履行新西兰在京都第一承诺期的减排义务。此外，NZ-ETS 还预留了接口，以便未来与其他减排机制相链接。对于没有如期履行上缴义务的实体，NZ-ETS 将对其处以每吨 30 新元的罚款，并要求全额补缴所缺配额。但是在处罚通知

---

[1]   How the Act Works. User Guide to the Climate Change Response Act 2002 ［R］. Wellington，2006：14.

下达前，履约实体如果能及时发表声明说明情况，则可以减轻处罚。

（三）过渡期运行情况

按照上述配额分配的原则，工业、渔业和林业在过渡期将获得免费 NZU。
2010 年和 2011 年，工业、渔业和"1990 年前的林地"获得的免费 NZU 和
"1990 年后的林地"依据森林碳汇的清除量赚取的 NZU 如图 2.5 所示。由于工业
在 2010 年 7 月才纳入，因而 2010 年免费 NZU 只有半年的量。在 2011 年，工业
获得免费 NZU3.47Mt，其中钢、铁、铝制造业占 42%，纸浆、造纸业占比 23%，
制砖、水泥及石灰行业占比 16%。

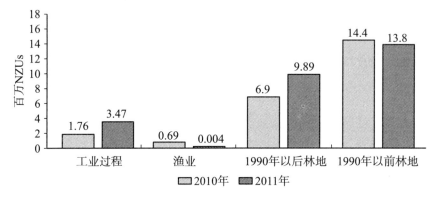

资料来源：Ministry for the Environment. NZ-ETS 2011：Facts and Figures ［R］. Wellington,
August 2012, Figure 6.

图 2.5　2010 年和 2011 年各行业获得配额情况

2010 年和 2011 年，NZ-ETS 的履约率很高，各行业的排放量和上缴量如图
2.6 所示。表 2.6 详细列举了这两年上缴配额和信用的类别，其中 2011 年是完
整一年的水平，以该年数据分析，占据数量前三位的刚好是三类京都信用
ERU、CER 和 RMU，其中数量高的是 ERU，约占上缴总量的 26.11%，随后是
CER 和 RMU，占比分别达到 25.39% 和 19.43%，三者共占 70.93%，这足以
说明京都信用在 NZ-ETS 中的重要地位。值得注意的是，以 25 新元每吨固定价
格向政府购买的 NZU 量也占到 2011 年上缴量的 0.45%，这一方面体现了配额
和信用的稀缺性，反映碳价保持在较高水平，另一方面也说明价格安全阀机制
起到了作用。

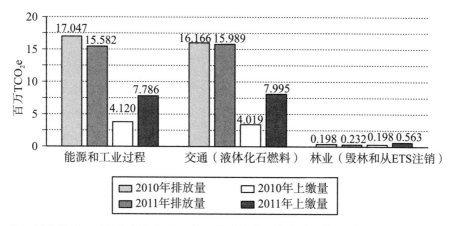

注：固定能源、工业和交通在 2010 年 7 月才纳入，并享受"排二缴一"的优惠，因此这些行业在 2010 年上缴量约为排放量的 1/4，在 2011 年上缴量约为排放量的一半。此外，2011 年林业上缴量超过了排放量，这是因为部分"1990 年后的林地"退出而返还配额。

资料来源：Ministry for the Environment. NZ-ETS 2011：Facts and Figures［R］. Wellington, August 2012, Figure 5.

图 2.6　2010 年和 2011 年 NZ-ETS 各行业的排放及上缴量

表 2.6 　　　　　　　　　　2010～2011 年上缴情况

	2010 年	2011 年
总　　量	8 336 168	16 344 445
林业 NZUs	5 319 159	2 105 049
其他 NZUs	2 556 141	2 292 963
NZ AAUs	262 883	279 511
CERs	133 150	4 150 189
ERUs	0	4 267 077
RMUs	0	3 176 081
25 新元政府购买 NZUs	64 835	73 575

注：除林业外，2010 年数据为 6 个月上缴量，2011 年为全年量。

资料来源：Ministry for the Environment. NZ-ETS 2011：Facts and Figures［R］. Wellington, August 2012, Table 1.

　　从 NZ-ETS 的减排效果来看，林业纳入的时间最长，效果也最为明显。图 2.7 反映了 2005 年至 2011 年新西兰造林、毁林及林地变化面积的情况，从中可以看出，自 2008 年林业纳入 NZ-ETS 以来，毁林面积大幅度减少，同时造林面积增加，林地总面积由之前的净减少转为净增加，且净增量逐年增加。固定能源、工业和交通纳入 NZ-ETS 的时间虽然不长，但排放量也出现了下降。图 2.6 显示，固定能源和工业的碳排放下降幅度较大，从 17.047Mt 下降到 15.582Mt，交通下降幅度较小，从 16.166Mt 下降到 15.989Mt。由此可见，NZ-ETS 对新西兰的减排活动产生了积极影响。

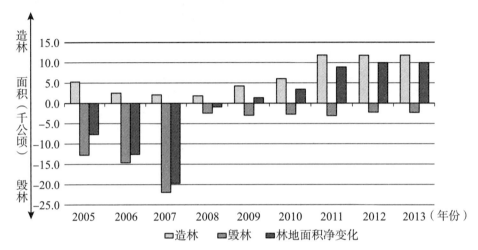

注：2005～2008 年是实际数据，2009 年是临时数据，2010～2012 年是预测数据。

数据来源：Ministry for the Environment. NZ-ETS 2011：Facts and Figures［R］. Wellington, August 2012, Figure 4.

图 2.7　2005～2012 年新西兰森林种植区域年净变值统计

（四）最新修改

根据 2013 年 4 月的公告，《应对气候变化（碳交易和其他事项）修正案 2012》已成为法律，过渡期政策将在 2012 年以后继续实施下去，这反映了新西兰在减排上的转向保守。具体而言，这次修正案主要包括以下内容：第一，"排二缴一"政策在 2012 年后继续执行，其主要理由是国际对应对气候变化行动的不确定和经济形势的好转，同时，政府仍以每单位 25 新元的价格出售 NZU。第二，农业纳入 NZ-ETS 的时间往后延，具体时间尚未确定，新西兰政府表示农业纳入的条件是：存在经济可行、实际可用的减排技术，且其他贸易伙伴在减排上做出更大努力。第三，为"1990 年前的林地"引入"抵偿"的选项，即只要林地所有者同时在其他地方种植相当于砍伐森林碳当量的森林面积即可抵偿本次砍伐所应缴纳的 NZU。第四，授权政府拍卖 NZU，拍卖的数量和分配的数量将受到已确定的上限约束，这将有利于增加新西兰国内配额的供给，减少新西兰国内企业购买国外配额或信用的数量。第五，对合成气体行业的规定进行一系列改变，如引用税收而不是直接上缴配额，这将减少该部门的管理和执行费用①。

二、澳大利亚碳定价机制

澳大利亚是发达国家中人均碳排放量最多的国家，但在减排上最初并不积极。2007年，工党上台后态度开始转变，时任总理陆克文不仅批准了《京都议定书》，还在2008年提出《碳污染减排计划》，只是由于议会的反对而不得不搁置。不过在哥本哈根会议上，澳大利亚仍然承诺2020年的碳排放在2000年的基础上减少5%。随后吉拉德总理上台，仍积极推动相关立法，于2011年7月提出包括《2011年清洁能源法》等18个一揽子法案，并以微弱优势在议会上下两院通过。法案的核心内容是建立澳大利亚碳定价机制（Australia-CPM），具体分为两个阶段：从2012年7月1日到2015年6月30日为固定价格阶段②，之后过渡到浮动价格阶段。下面将具体介绍Australia-CPM及其他辅助措施，并考察其运行情况。

（一）覆盖范围及总量设定

Australia-CPM覆盖二氧化碳、甲烷、一氧化二氮以及炼铝过程中排放的全氟化碳四种温室气体，其余温室气体置于臭氧层保护相关法规管理之下。Australia-CPM纳入的排放源包括固定能源、工业过程、逸散性排放（废弃矿井除外）和非遗留废弃物，不纳入农业和土地部门、生物燃料和生物质燃烧产生的排放。对于运输行业，国内航空、海运、铁路和非道路运输被纳入，而其他公路和轻型运输通过税收手段管理而不纳入，但后者可以在2013年7月1日后自行选择加入。总体上，Australia-CPM纳入设施的门槛是2.5万吨当量二氧化碳，统计口径包括直接排放和遗留废弃物生产的排放。对于天然气，一般而言，天然气零售商将为其顾客使用天然气产生的排放负责，但是Australia-CPM还设计了责任转移机制，即大型天然气使用者可以自愿来承担该责任，这主要针对以天然气为原料而不产生排放的企业，通过该机制企业可以避免支付天然气价格中所包含的碳价。按照上述标准，Australia-CPM覆盖了大约382Mt温室气体，占总排放的67%，具体行业分布见图2.8。而承担设备直接排放责任的单位一般是经营、控制该设备的法人。当设备的经营者是非法人合资企业时，排放责任在合资企业的投资方之间

① Ministry for the Environment. ETS 2012 Amendments：Key Changes for Participants and Industries Allocation Recipients ［R］. Wellington，November 2012.

② 与财政年度保持一致，Australia-CPM的财政年度从7月1日到次年6月30日止。

按各自的产权比例分配。设备的经营者可以将该设备的排放责任转移，转移对象包括：该经营者集团下的其他成员单位；经营者集团以外，但经营者在财务上控制的其他法人；为非法人合资企业经营相关设备时，按产权比例分配给合资企业的投资方。

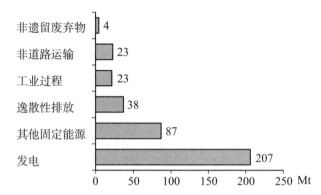

资料来源：根据澳大利亚国家温室气体及能源报告体系 2009 年数据整理。

图 2.8　Australia-CPM 覆盖行业温室气体排放

固定价格阶段只确定配额价格而不设配额总量，因而总量的设定针对的是浮动价格阶段。总量的确定将考虑澳大利亚的国际义务和该国气候变化局（Climate Change Authority）的建议，同时政府还应考虑如下因素：国家减排计划，减排的路径选择，全球减排情况，碳价格机制的经济社会影响，澳大利亚的自愿减排行动，碳价格机制未覆盖的温室气态排放情况，政府已经或计划购买的国际减排量，碳价格机制下未履行情况等。总量确定的方式有两种：一是政府向议会提交总量计划，且被议会批准；二是在议会否决政府提议的情况下，由立法机构设定一个总量，该总量将至少保证完成 2020 年相比 2005 减排5% 的目标。为保证市场尽早获得总量信息，总量设置的时间都特别提前，具体时间表见表 2.7。

表 2.7　　　　　　　　　　　　　总量设定时间表

设定的截止日期	设定的财政年度
2014 年 5 月 31 日	2015 ~ 2019 年
2016 年 6 月 30 日	2020 年
2017 年 6 月 30 日	2021 年
今后每一年将设定 5 年后的配额总量	

资料来源：Part 2 of CEA 2011.

（二） 配额的分配

Australia-CPM 的配额被称为碳单位（carbon unit），具有以下性质：（1）私人财产；（2）金融产品；（3）可以转让（固定价格阶段购买的碳单位除外）；（4）拥有独立的编号，并标明有效的起始年份；（5）没有失效期；（6）由澳大利亚国家碳单位注册系统的电子信息表示。发放配额的途径有三种：以固定价格出售、拍卖和免费发放，下面依次介绍这三种方式。

1. 固定价格出售

固定价格出售专门用于固定价格阶段（2012 年 7 月 1 日～2015 年 6 月 30 日），该阶段第一年碳单位价格为 23 澳元，随后每年递增 5%[①]。由于固定价格阶段每年度的配额上缴分为预上缴和最终上缴两次，因此碳单位的出售也分为两次（具体安排见表 2.8）。纳入减排范围的企业以固定价格向政府购买碳单位，购买的数量不得超过上缴时所需的数量。

表 2.8　　　　　　　　　　固定价格的碳单位的发放

	发放期间	有效年份	单价（澳元）
1	2013 年 4 月 1 日至 2013 年 6 月 15 日	2012～2013	23
2	2012～2013 年度排放量公布之日至 2014 年 2 月 1 日		
3	2014 年 4 月 1 日至 2014 年 6 月 15 日	2013～2014	24.15
4	2013～2014 年度排放量公布之日至 2015 年 2 月 1 日		
5	2015 年 4 月 1 日至 2015 年 6 月 15 日	2014～2015	25.40
6	2014～2015 年度排放量公布之日至 2016 年 2 月 1 日		

资料来源：Section100 of Division 2 of Part4 of CEA 2011.

2. 拍卖

拍卖的方式用于浮动价格阶段（从 2015 年 7 月 1 日起），最初三年拍卖将规定价格的上限和下限，随后价格根据市场浮动。2015～2016 年度的价格上限在 2014 年 5 月 31 日之前设定，此后每年度上升 5%；而价格下限为 15 澳元，此后每年度上升 4%，不过价格下限因为与 EU-ETS 的链接协议而取消。拍卖通过电子交易平台进行，采用"统一价格升钟拍卖"的方式，即拍卖方首先宣布碳单位现价，竞拍者提出准备购买的数量和价格，拍卖持续进行直到总需求超过叫卖的总量，所有竞拍者以上一轮最高价统一结算。拍卖在时序上分为提前拍卖、在履约期拍卖和有效年份后期拍卖，碳单位的数量也根据时序的不同划分成了不同的比例，表 2.9 就展示了对应不同的有效年份的碳单位在时序上的分配比例。

---

① 5% 的增长包含两个部分：通货膨胀率 2.% 和实际价格增长 2.5%。

表 2.9　各有效年份的碳单位的拍卖比例和拍卖时间表

有效年份	履约年份—拍卖日程								
	2013～2014	2014～2015	2015～2016	2016～2017	2017～2018	2018～2019	2019～2020	2020～2012	2021～2022
2015～2016	2/8	1/8	4/8	1/8					
2016～2017	1/8	1/8	1/8	4/8	1/8				
2017～2018		1/8	1/8	1/8	4/8	1/8			
2018～2019			1/8	1/8	1/8	4/8	1/8		
2019～2020				1/8	1/8	1/8	4/8	1/8	
2020～2021					1/8	1/8	1/8	4/8	1/8
2021～2022						1/8	1/8	1/8	4/8

资料来源：清洁能源未来网站 http：//www. cleanenergyfuture. gov. au/auctions-for-carbon-units/.

低碳经济转型下的中国碳排放权交易体系

3. 免费发放

在固定价格阶段和浮动价格阶段，符合援助条件的义务实体可以通过就业与竞争力项目获得一定数量的免费碳单位。该项目用于援助那些面临激烈国际竞争的碳密集型行业（Emission-Intensive and Trade-Exposed Sector，EITE）包括已有的和新进入的行业和企业。对"面临激烈国际竞争"的衡量分为数量和质量两个指标：数量指标是指进出口总额占国内产值超过 10%；质量指标则是指由于国际竞争增加成本不能向下游转移。而"碳密集型"的衡量基于单位碳排放强度（百万澳元利润或百万澳元增加值的碳排放，单位是 $tCO_2/\$m$）。经测算，这类行业主要是金属及制品、非金属矿、造纸、石油及煤炭、化工。免费分配的数量按分配基准乘以一定援助比例再乘以企业产出计算得出，分配基准是行业平均水平。最初的援助比例分为以下三档：对于单位利润排放在 $2\,000tCO_2/\$m$ 以上或单位增加值排放在 $6\,000tCO_2/\$m$ 以上的企业，援助比例为分配基准的 94.5%；对于单位利润排放在 $1\,000tCO_2/\$m$ 到 $1\,999tCO_2/\$m$ 之间或单位增加值排放在 $3\,000tCO_2/\$m$ 到 $5\,999tCO_2/\$m$ 之间的企业，援助比例为分配基准的 66%；液化石油气项目的援助比例为 50%。为避免新入者通过该项目获得不义之财，对于已有 EITE 行业的新进入者，分配基准按同行业现行标准计算；对于新列入 EITE 的行业，分配基准将按国际最优可得技术计算。建立在国际最优碳强度水平上进行援助。而最初援助比例将按每年 1.3% 的速度下降，以促使企业进一步减排。在固定价格阶段，政府免费发放的碳单位可以交易或上缴，也可以卖回给政府，价格将等于当年的固定价格，但是这部分碳单位也不能储存。最后，为发挥该项目最大的作用，在 Australia-CPM 最初六年，不得对该项目的援助数量做大幅调整，而之后做出的修改必须提前公示三年。

（三）履约机制

企业需上缴配额或信用来履行碳价格机制下的相关责任，Australia-CPM 允许的配额或信用分为三种：碳单位、合格国际排放单位、合格澳大利亚碳信用单位（ACCU）。合格国际排放单位包括以下四类：（1）CDM 项目获得的 CER；（2）JI 项目下的 ERU；（3）基于林地项目颁发的 RUM；（4）政府许可的其他国际单位。其中，前两类排除核电、三氟甲烷及一氧化氮、不符合欧盟标准的水电等项目。政府许可的其他国际单位主要是与其他 ETS 链接获得的配额，链接的机制必须满足以下条件：具有被国际社会认可的（或在特定情况下被双方认可的）减排承诺；建立健全的监管、报告、核查、履约及执行机制；兼容的设计和市场规则。目前，澳大利亚已经和欧盟达成协议，未来还可以跟 NZ-ETS 链接。ACCU 产生自名为碳农业倡议（CFI）的机制，通过 Australia-CPM 并未覆盖的农业和土

57

地利用部门的减排获得。以《京都议定书》第一承诺期结束日期为界，ACCU 分为京都 ACCU 和非京都 ACCU。京都 ACCU 需满足《京都议定书》下的计量规则，可以用于抵销排放责任，也可储存或出口；而非京都 ACCU 不计入澳大利亚《京都议定书》下的温室气体账户，也不计入国家减排目标，不能用于抵销排放责任。此外，企业和个人可以自愿将持有的配额或信用注销。ACCU 持有者可以随时注销这些单位，碳单位和合格国际排放单位的持有者可以在自由价格阶段注销这些单位，个人也可以随时通过保证基金购买并注销碳单位。这些注销行动是企业和个人参与减排的一种方式，将减少市场上的碳单位。

Australia-CPM 的财政年度从 7 月 1 日到次年 6 月 30 日止，企业需在该年度结束后下一年的 2 月 1 日上缴与其排放量相等的配额或信用。固定价格阶段和浮动价格阶段的规定略有不同，具体有以下几个方面：第一，固定价格阶段购买的碳单位自动上缴，不能交易或储存；而浮动价格阶段拍卖获得的配额可以储存，而且企业可以借用下一有效年份的碳单位来履行责任，但是不得超过本年度履约责任的 5%。第二，在固定价格阶段，企业一个年度中分两次上缴，这种方式称为"分期上缴"，时间分别是本财政年度的 6 月 15 日及次年的 2 月 1 日之前，其中第一次是预上缴，数量为预计全年度排放的 75%；而在浮动价格阶段，只需要在 2 月 1 日前一次上缴即可。第三，在固定价格阶段，企业只能上缴碳单位和 ACCU，而且 ACCU 的数量不能超过应缴数量的 5%；而在浮动价格阶段，ACCU 的数量不受限制，而且企业还可以使用合格国际排放单位，只是数量不能超过应缴数量的 50%，京都信用不能超过 12.5%。第四，如果企业没有完成履约程序则面临处罚，在固定价格阶段，每吨二氧化碳当量将处以固定碳价格的 1.3 倍的罚款；而在自由价格阶段，将处以年均碳价格的 2 倍的罚款。

（四）辅助措施

澳大利亚还设计了一些与 Australia-CPM 相互配合的辅助措施，这一方面是为了避免 Australia-CPM 对经济和社会的负面影响，另一方面也是协调低碳和能源政策以便形成合力，下面就主要措施做简要介绍。

第一，能源安全措施。该措施用于保证澳大利亚的电力供应，主要援助碳密集程度最高的煤电机组，具体措施包括三项：免费提供碳单位和资金支持、有偿关闭电力机组和提供贷款支持。第一项措施，政府将在 2011~2012 年至 2013~2017 年间以分期付款的形式向具有援助资格的发电装置免费分配碳单位和提供现金支付，这将有望覆盖大约 23% 的燃煤发电站的履约责任。该措施下的免费分配碳单位有总量限制，从 2013~2014 年度到 2016~2017 年度为止，每年度免费分配大约 41 705 000 碳单位。而要获取免费分配的碳单位需满足三个条件：发电机组每兆瓦排放超过 $1tCO_2$，即排放强度大于 $1tCO_2/MWh$；保证电力机组稳定供电；公布并执行清洁能源投资计划，即明确投资现有机组减排和新的高效率机组。第二项措施是指，政府到 2020 年将通过协商有偿关闭 2 000 兆瓦的发电能力，关闭的机组仅仅针对排放强度大于 $1.2tCO_2/MWh$ 的煤电机组。关闭的机组需放弃免费分配的碳单位，而获得与放弃的免费分配碳单位等值的资金和关闭费用。第三项措施就是对那些高碳排放的燃煤发电机组提供贷款支持，以便于资金困难的电厂购买碳单位，此外，政府也将对那些需要为未偿清的债务募集资金，却无法通过合理条件从市场上得到融资的发电机组提供贷款。

第二，能源效率措施。该措施将着重于保障就业，保持产业竞争力，并鼓励在清洁能源和能源有效性利用上的投资。其中最重要的措施就是澳大利亚政府设立的 12 亿澳元的"清洁技术计划"，其支持对象是未被就业与竞争力项目纳入的排放密集程度稍低的制造业企业，该计划直接帮助制造业提高能源利用效率，降低制造业的碳排放污染，并支持低污染技术的研发工作。澳大利亚政府还将设立总额 3 亿澳元的"钢铁产业转型计划"，主要用于帮助钢铁行业向清洁能源行业过渡。此外，还有总额 13 亿澳元的"煤炭行业就业计划"，将用于确保澳大利亚煤炭开采行业的就业稳定。

第三，家庭援助机制。该机制通过帮助家庭和个人更好应对 Australia-CPM 的影响，使碳价格机制获得更广泛的民意支持。家庭援助机制主要是通过转移支付和税收减免的方式来实现。其中转移支付针对的主要是社会中的弱势群体，包括有育儿负担的家庭、老年人和退伍军人、低收入者和病患，援助的方式是一次性支付和发放数额持续增加的款项。税收减免覆盖的人群更广泛，主要的措施是调整个人所得税，起征额从 6 000 澳元提升至 18 200 澳元，前两级边际税率分别由 15% 和 30% 分别调到了 19% 和 32.5%。

（五）运行效果评价及中止

自 2012 年 7 月启动以来，Australia-CPM 运行比较顺利，注册登记系统和大部分监管系统（如排放报告制度）已经到位。2012 年 8 月，澳大利亚和欧盟达成协议，宣布 Australia-CPM 将与 EU-ETS 实现链接。2012 年 12 月，根据就业与竞争力项目发放了碳单位，共计 1.37 亿碳单位，此外还发行了 12 个责任转移证书。2013 年 6 月，企业 100% 完成了中期报告，预上缴 2.12 亿单位，其中ACCU约 170 万单位，履约率达 99.75%，价值近 49 亿澳元。

实施一年来，23 澳元的固定碳价有效地促进了澳大利亚减少排放。其中，作为主要排放源的电力行业发生了重大变化，根据 2013 年澳大利亚国家电力市场调查报告（National Electricity Market Review，2013）的数据，2011 年 7 月 1

日~2012年5月31日与2012年7月1日~2013年5月31日的电力能源结构出现明显变化（见图2.9），褐煤和黑煤的发电量分别下降了13.3%和4.2%，而油气和可再生能源的发电量分别上升了5.6%和28.5%。得益于上述能源结构的调整，澳大利亚这两个时期的单位兆瓦碳排放从0.92吨/兆瓦下降到0.87吨/兆瓦，电力总体碳排放下降了7.4%，减少了近1 200万吨。与此同时，Australia-CPM也促使制造业提高能效和减少污染，截至2013年6月，澳大利亚制造业正在实施220多个清洁技术项目。此外，Australia-CPM及其辅助措施还带动了清洁和可再生能源领域的投资达数十亿澳元，例如，2013年4月，AGL能源公司在维多利亚州建立的420兆瓦风电场投入运营，该电厂投资10亿澳元，平均可以为22万户家庭供电，每年可减少大约170万吨温室气体排放。

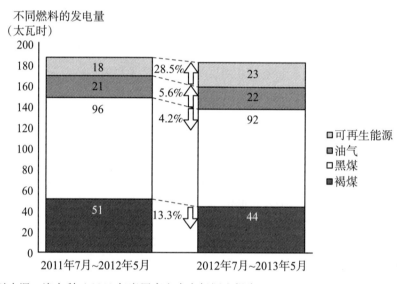

资料来源：澳大利亚2013年度国家电力市场调查报告。

图2.9　澳大利亚电力能源结构变化

Australia-CPM运行以来，最初6个月澳大利亚GDP与上年同期相比增长3.1%，可再生能源贷款增加75%；最初9个月与上年同期相比创造了15万个工作岗位，而通货膨胀率保持在2.5%；最初10个月与上年同期相比股市上升25%，可再生能源发电量增加20%，以上数据说明澳大利亚整体经济情况并未因Australia-CPM而受到巨大影响。同时，由于家庭援助机制的实施，Australia-CPM对家庭的经济压力有限。政府评估报告认为，2013年3月之前一年，减税额度以及各种政府福利的增加额已经超过典型中低收入家庭额外增加的生活成本。西太平洋银行和澳大利亚国民银行估计，Australia-CPM使消费者物价指数仅上涨0.4个百分点。

但是，固定价格阶段碳价维持在 20 澳元以上，而同期 EU-ETS 配额价格远低于该水平，因此 Australia-CPM 在政治上受到巨大压力。2013 年 9 月，在澳大利亚全国大选中自由党和国家党击败工党，而自由党一直以来反对目前的碳税方案，2013 年 9 月 8 日出任第 28 任总理的阿博特表示，他已经指示开始起草废除碳税的方案。2014 年 7 月 17 日，澳大利亚国会通过了废除碳定价机制的法案，运行仅两年的碳定价机制还未过渡到浮动价格阶段便匆匆落下帷幕。

第三节　地区性碳交易体系

美、日等国由于立法程序常常受阻，国家层面的碳交易体系迟迟不能建立。但是地方政府在气候变化政策的制定方面发挥着积极作用，他们自觉建立了一些地区性碳交易体系，形成了"自下而上"的局面。其中，美国区域性温室气体倡议、日本东京都总量控制与交易计划、美国加州总量控制与交易计划最具代表性，本节将依次介绍这三者的制度设计和运行情况。

一、美国区域性温室气体倡议

"区域温室气体计划"（Regional Greenhouse Gas Initiative，RGGI）覆盖美国东北部地区的电力行业，目标是到 2018 年电厂二氧化碳排放总量较 2009 年水平下降 10%。2005 年，康涅狄格、特拉华、缅因、新罕布什尔、新泽西、纽约和佛蒙特 7 个州宣布启动 RGGI，并签署谅解备忘录（MOU），2007 年，马萨诸塞州、罗得岛和马里兰州签署 MOU 并加入 RGGI。RGGI 在 MOU 确定的框架基础上制定了示范规则（the model rule），各成员州需根据示范规则制定本州立法，以建立相关制度及其实施体系。通过这种方式，RGGI 将 10 个州连接成一个协调、统一的区域性碳交易体系①。2009 年 1 月 1 日，RGGI 正式实施，成为美国第一个以市场为基础的强制性区域性温室气体减排行动计划。RGGI 将减排目标分为两个阶段实施：第一期为 2009～2014 年，具体分为两个履约期，每个履约期 3 年，该阶段是一个缓冲期，区域内电厂二氧化碳排放量只需保持在 2009 年的水平不变；第二期为 2015～2018 年，区域内电厂二氧化碳排放量需降低 10%，即每年降低 2.5%。

---

① 2011 年，新泽西州宣布退出，因此从第二个履约期开始 RGGI 只有 9 个州参与。

（一）覆盖范围及总量

RGGI 覆盖的范围是大于或等于 25MW 的化石燃料发电厂，覆盖气体限于 CO_2。"化石燃料发电厂"的定义取决于运行的时间，对于 2005 年 1 月 1 日前运行的电厂，化石燃料需占到年度总热量输入的 50% 以上；对于 2005 年 1 月 1 日后运行的电厂，化石燃料只需占到年度总热量输入的 5% 以上。此外，生物燃料产生的 CO_2 可以从电厂的履约义务中排出。第一期各州配额总量设定的依据是覆盖电厂 2000~2004 年二氧化碳历史数据，同时考虑 2009 年以前预期增长的估算量，最终确定配额总量为 2000~2004 年历史年度平均排放量的 104%。第一期 RGGI 内各州覆盖电厂数目及配额总量如表 2.10 所示，值得注意的是 RGGI 配额的计量以短吨[①]为单位，每单位配额代表 1 短吨二氧化碳排放。第一履约期 10 个州纳入的电厂数为 211 个，覆盖电力行业 95% 的二氧化碳排放，年度配额总量为 1.881 亿短吨（相当于 1.705 亿吨）；第二个履约期由于新泽西州的退出而产生了细微变化，覆盖的电厂数为 167 个，年度配额总量为 1.652 亿短吨（相当于 1.498 亿吨）。

（二）配额的分配

RGGI 各州约定通过拍卖或其他方式将绝大部分甚至全部配额出售，而非免费分配给电厂。同时，按照 RGGI 示范规则，配额总量中至少 25% 的配额应该划入目的为消费者利益和能源战略的储备账户（Consumer Benefit or Strategic Energy Purpose Set-aside Account）[②]。该储备账户获得的收益主要用于以下用途：（1）提高能源效率；（2）缓解 RGGI 负面影响；（3）推广可再生能源及零碳排放能源技术；（4）支持和鼓励减排技术的投资。总量中除储备账户的剩余部分，将由各州自行决定如何分配。不过在各州实际操作中的明显趋势是，将几乎所有的配额拍卖，然后将收益投资于支持消费者利益等项目。各州第一履约期拍卖的配额量见表 2.10，拍卖比例从 57% 到 99% 不等，总体的比例约为 90%。

在配额总量之外，RGGI 还额外设立早期减排配额（Early Reduction Allowances，ERA），将在第一个履约期对 2006~2008 年早期减排时期实现的碳减排一次性发放专门的奖励配额。ERA 的分配程序是，电厂在 2009 年 5 月 1 日前提交

---

① 1 短吨 = 0.907 吨。

② Regional Greenhouse Gas Initiative Model Rule-12/31/08 final with corrections-Part XX CO_2 Budget Trading Program-Subpart XX-5 CO_2 Allowance Allocations, P. 39.

表 2.10　第一期 RGGI 年度配额总量及电厂数目表

	第一履约期						第二履约期		
	总量（短吨）	占比（%）	电厂数（家）	供拍卖配额量（短吨）	拍卖比例（%）	ERA	总量（短吨）	占比（%）	电厂数（家）
康涅狄格	32 085 108	5.69	18	29 549 635	92.10	198 231	32 085 108	6.47	18
特拉华	22 679 361	4.02	8	12 958 576	57.14	3 128	22 679 361	4.58	8
缅因	17 846 706	3.16	6	14 971 146	83.89	0	17 846 706	3.60	6
马里兰	112 511 949	19.94	17	95 225 672	84.64	217 703	112 511 949	22.70	16
马萨诸塞	79 980 612	14.18	28	78 855 612	98.59	18 276	79 980 612	16.14	27
新罕布什尔	25 861 380	4.58	5	18 360 928	71.00	1 064 718	25 861 380	5.22	5
新泽西	68 678 190	12.17	40	61 375 032	89.37	113 469	68 678 190	—	—
纽约	192 932 415	34.19	81	182 338 053	94.51	806 883	192 932 415	38.93	79
罗得岛	7 977 717	1.41	6	7 974 349	99.96	0	7 977 717	1.61	6
佛蒙特	3 677 490	0.65	2	3 665 232	99.67	0	3 677 490	0.74	2
总　计	564 230 928	100.00	211	505 274 235	89.55	2 422 408	495 552 738	100.00	167

注：表中配额量的数据为第一履约期 3 年之和。

资料来源：RGGI 网站 http：//www. rggi. org/docs/Allowance-Allocation_Updated_2013-07-10. pdf.

申请，然后管理机构确认早期减排行为是否属实，最后由管理机构发放 ERA。电厂提交的申请需证明，早期减排期（2006～2008 年）的排放量相比基准期（2003～2005 年）存在绝对量的下降，而由工厂或企业停产而导致的碳减排不具备获得 ERAs 的资格。最后经过申请和确认，RGGI 共发放了 242 万 ERA，在各州分布如表 2.10 所示。

配额拍卖每季度进行一次，每次拍卖至少提前 45 天由 RGGI 在其网站上发布拍卖公告，说明拍卖日期、时间、合法投标人类别、投标人资质要求、拍卖的配额数量等。拍卖设定保留价格（reserved price），2008 年开始的保留价格为 1.86 美元，随后根据消费者物价指数进行调整，在 2012 年时增长到 1.93 美元。而为防止垄断市场，单个竞拍者最多可购买当次拍卖配额总数的 25%。拍卖采用单轮竞价、统一价格、密封投标的方式，具体过程如下：首先，竞拍者提交价格和数量，每 1 000 份配额为一组，每笔拍卖的最低数量为 1 组；然后以价格降序排列，当投标总数量首次等于或大于拍卖配额总数量时排序结束，而在投标总数量低于拍卖数量时排序在保留价格处结束，排序结束时的价格为清算价；最后，所有出价为清算价格或以上的竞拍者将购得配额，配额统一以清算价格结算。对于未出售的配额，各州有权决定将这部分配额撤销（retire），或在下一期继续拍卖。此外，RGGI 专门成立了一个独立的市场监管机构，以保证拍卖按照规则进行和避免市场的非竞争行为。

（三）履约及价格触发机制

RGGI 每个履约期为 3 年，其目的在于烫平年度波动。电厂上缴的履约工具包括配额和抵销信用。抵偿的减排项目一般需要位于 RGGI 的成员州内，但是与成员州建立了合作减排监管机构并签订了谅解备忘录的协议州或管辖区也可以承接抵偿项目。为保证碳信用具有真实性、额外性[①]、可核查性、可强制执行性[②]和永久性[③]，RGGI 对抵销项目提出了一系列质量要求。RGGI 认可的抵销项目限以下五种：废弃物处理厂甲烷（CH_4）的收集和销毁；输电和配电装置中六氟化硫（SF_6）的捕捉收集、回收或销毁；植树造林形成的碳汇；建筑行业非电力能源效率提高带来的 CO_2 减少；农业动物肥料和废弃有机食品中甲烷的收集和销

[①] 额外性（additional）是指若某抵销项目不存在，则该项目的减排活动就不会发生，即从本质上说减排是"额外的"，完全依附于抵销项目。

[②] 可强制执行性（enforceable）是指任何抵销项目的申请方都必须自愿接受监管机构及其代理机构的司法约束，以确保整个抵销过程有法可依。

[③] 永久性（permanent）是指在抵销项目下实现的碳减排或者碳封存必须是不可逆转的，但如果可逆转，那么该项目要满足其他要求以确保碳减排或者碳封存的永久性。

毁。电厂使用的抵销信用也有数量上的限制，一般情况下不得超过排放量的3.3%。电厂上缴的配额或抵销信用需与其排放量相等，若没有足额上缴将面临惩罚，惩罚额度是所缺部分的3倍，而且不得使用抵销信用。同时为保持对减排的激励，未使用的配额可以跨期储存。

为了避免碳价过高对电厂的冲击，RGGI还设计了"价格触发机制"（price triggers），可以提高履约的灵活性，并起到抑制碳价的作用。触发价格分为两档：第一档为7美元（2005年美元），并根据消费者物价指数进行年度调整；第二档为10美元（2005年美元），除需根据消费者物价指数进行年度调整外，每年还需上升2%。当配额的12个月移动平均价格超过第一档触发价格时，使用抵销信用的数量比例从3.3%提高到5%；而当超过第二档触发价格时，抵销信用的比例提高到10%，履约期从3年扩展到4年，抵销信用的资格可以扩展到美国以外的配额或信用以及京都信用。价格触发机制包括14个月的市场形成阶段，该阶段始于每个新的履约期，而且在计算12个月移动平均价格不能包含这14个月，因此，价格触发机制的启动最早在每个履约期的第27个月。

（四）运行效果

RGGI已经运行完第一个履约期（2009~2011年），各年排放量及配额总量如图2.10所示。第一履约期内电厂报告的 CO_2 排放量为382 064 548短吨，除去豁免部分和生物质燃料排放，实际需履行上缴义务的 CO_2 排放量为376 627 445短吨，电厂的履约率为97%。不过，该履约期排放量远低于配额总量（564 230 928短吨），仅达到配额总量的近70%。一份提交国会的研究报告认为，造成这种现象的原因有三个：第一，总量设置的问题。2005年，RGGI在设置配额总量时假定 CO_2 排放量将逐渐上升，而事实上排放量却在大幅度下降。第二，用电量出现下降。由于经济不景气，RGGI成员州的用电量在2005~2011年下降了5%。第三，电厂燃料结构的变化。2005~2011年，煤炭和石油的比重分别从21%和11%下降到11%和1%，而天然气、核能和水电分别从25%、30%和9%上升至39%、33%和11%[①]。该报告还发现碳泄漏问题并未发生，过去20多年成员州外购电力的占比在5%~11%，RGGI启动后外购电力占比仍保持在该区间内，不过碳泄漏并未发生也可能是因为配额总量过松的缘故。

---

① Jonathan L. Ramseur. The Regional Greenhouse Gas Initiative: Lessons Learned and Issues for Policy makers [R]. Washington: CRS Report for Congress, May 21, 2013: 5.

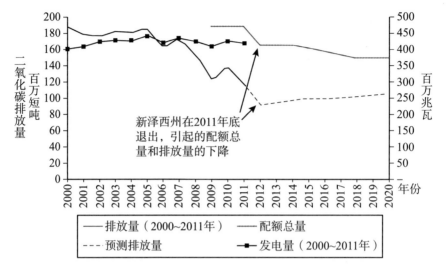

资料来源：Jonathan L. Ramseur. The Regional Greenhouse Gas Initiative：Lessons Learned and Issues for Policymakers［R］. Washington：CRS Report for Congress，May 21，2013.

图 2.10　RGGI 排放量、配额总量及发电量走势

　　由于配额总量过度，拍卖的配额量和价格都大受影响。第一履约期各州配额拍卖情况如表 2.11 所示，成功拍卖的配额数量约占供拍卖配额量的 78%。对于未拍卖的配额，大多数州选择了撤销，这有利于保证配额的稀缺性。拍卖价格也受到很大冲击，在初期短暂达到 3.5 美元的高峰之后迅速下降，随后一直保持在拍卖底价附近（见图 2.11）。同时，为配合作为一级市场的拍卖市场，RGGI 还发展起二级市场。在二级市场上，交易价格将以一级市场的投标拍卖价格为基础，买入卖出的价格差的范围不大。交易的方式包括场内交易和场外交易，场内交易不受行政区域约束，通常通过芝加哥气候期货交易所（Chicago Climate Future Exchange，CCFE）和绿色交易所（Green Exchange）进行，交易产品包括现货、期货、期权等。

表 2.11　　　第一履约期（2009～2011 年）各州配额拍卖情况　　单位：短吨

	配额总量	供拍卖配额量*	已拍卖配额量	已拍卖配额占比**（%）	尚未拍卖且未被撤销配额***	尚未拍卖并被撤销配额量****
康涅狄格	32 085 108	29 549 635	22 953 057	77.68	0	6 596 578
特拉华	22 679 361	12 958 576	9 952 619	76.80	0	3 005 957
缅　因	17 846 706	14 971 146	11 797 376	78.80	3 173 770	0
马里兰	112 511 949	95 225 672	74 943 417	78.70	487 284	19 794 971

	配额总量	供拍卖配额量*	已拍卖配额量	已拍卖配额占比**（%）	尚未拍卖且未被撤销配额***	尚未拍卖并被撤销配额量****
马萨诸塞	79 980 612	78 855 612	62 024 346	78.66	0	16 831 266
新罕布什尔	25 861 380	18 360 928	14 479 101	78.86	3 881 827	0
新泽西	68 678 190	61 375 032	4 626 6477	75.38	0	15 108 555
纽　约	192 932 415	182 338 053	143 536 651	78.72	0	38 801 402
罗得岛	7 977 717	7 974 349	6 270 050	78.63	0	1 704 299
佛蒙特	3 677 490	3 665 232	2 877 123	78.50	0	788 109
总　计	564 230 928	505 274 235	395 100 217	78.20	7 542 881	102 631 137

注：* 供拍卖配额量 = 已拍卖配额量 + 尚未拍卖且未被撤销配额量 + 尚未拍卖并被撤销配额量；

** 已拍卖配额占比 = 已拍卖配额量/供拍卖配额量；

*** 尚未拍卖且未被撤销配额是指供拍卖配额中尚未出售并被政府撤销的配额；

**** 尚未拍卖并被撤销配额量是指供拍卖配额中尚未出售并未被政府撤销的配额。

资料来源：http：//www.rggi.org/docs/Allowance-Allocation_Updated_2013-07-10.pdf.

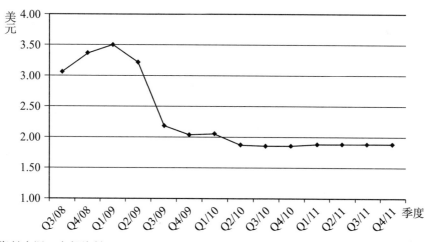

资料来源：自行绘制。

图 2.11　第一履约期（2009～2011 年）配额拍卖价格

虽然配额过量影响了减排效果，但是 RGGI 也确实发挥了一定作用。由于采用拍卖的方式和设置最低价格，电厂获得配额需要支付一定成本，因而有动力寻找减排机会，电力燃料结构的变化多少反映了这种动力。同时，据 RGGI

的官方报告①，第一履约期内 9 个州（排除新泽西州）的拍卖收益为 8.25 亿美元，其中 6.17 亿美元被投资到减排相关领域。该报告估计 RGGI 的投资减少了超过 27 百万兆瓦的电力需求和 26.7 百万英制热单位的能源需求，这相当于避免了 0.12 亿短吨 CO_2 排放。除了上述环境效应外，RGGI 的投资还对消费者能源账单和区域低碳经济发展起到了积极作用。据该报告估计，投资直接使 290 万家庭和 7 400 家企业受益，为消费者节约了 13 亿美元的账单，为 8.4 万低收入家庭提供了 0.69 亿美元的信贷支持，并给 2 400 名工人提供了清洁能源工作培训。

（五）制度的修改

按照 RGGI 谅解备忘录的要求，各成员州启动了为期两年的评估项目。评估的主要结论有两点：配额供给明显超过了实际排放；当严格约束配额总量时，现有价格触发机制并不能有效控制电厂成本。围绕上述评估结论和相关建议，RGGI 对示范规则进行了修改，并在 2013 年 2 月公布了示范规则修正版（Updated Model Rule），具体内容包括以下几个方面。

第一，严格约束配额总量。2014 年配额总量压缩了 45%，从 1.64 亿短吨下降到 0.91 亿短吨，随后的 2015～2020 年，配额总量每年下降 2.5%，上述配额总量被称为"基准预算"（BB）。由于 2014 年前配额总量宽松，市场参与者储存了大量的配额，为避免这部分配额对总量的冲击，RGGI 专门设置了针对储存配额的临时调整措施。第一次调整针对生效期在 2009～2011 年的储存配额，这些储存配额被平均分为 7 份（每份配额称为 FCPIABA）；第二次调整针对生效期在 2012～2013 年的储存配额，这些储存配额被平均分为 6 份（每份配额称为 SCPIABA）。2014 年调整后的配额总量（AB）的计算公式为 AB = BB-FCPIABA，此后 2015～2020 年的配额总量的计算公式为 AB = BB －（FCPIABA + SCPIABA）。

第二，建立价格控制储备，废除价格触发机制。在严格约束配额总量的情况下，为避免碳价过高对电厂的冲击，RGGI 建立了价格控制储备（CCR）。CCR 是在配额总量外固定数量的配额，在碳价超过一定水平时出售。2014 年 CCR 的额度为 500 万配额，随后每年上升至 1 000 万配额。CCR 的触发价格在 2014～2017 年分别为 4 美元、6 美元、8 美元、10 美元，在 2017 年后触发价格每年上涨 2.5%。任何一次拍卖价格超过触发价格，CCR 就可以启动，出售价格必须等于或高于触发价格。同时，之前的价格触发机制被废除，这也意味着抵销信用局

---

① RGGI. Regional Investment of RGGI CO_2 Allowance Proceeds2011 ［R］. November, 2012.

限于 RGGI 内的项目，且使用的数量上限固定为 3.3%，此外履约期也不可延长。

此外，RGGI 还对其他方面进行了修改完善，主要包括：抵销项目增加了森林项目；2012 和 2013 年未出售的配额不得再投入市场；电厂每年度需持有排放量 50% 以上的配额。最后按照计划，各成员州将根据示范规则修改版制定本州的具体规定，并定于 2014 年 1 月 1 日起实施。

二、东京都总量控制与交易计划

日本曾计划建立全国性碳交易体系，但是由于各种原因迟迟未能付诸实践。在这种背景下，东京都率先建立起东京都总量控制与交易计划（Tokyo-CAT），作为实现东京都减排目标（2020 年相比 2000 年下降 25%）的政策工具之一。该计划是在东京都碳减排报告制度的基础上发展而来，表 2.12 按照时间顺序梳理了相关的立法进程。在完成相关立法后，Tokyo-CAT 于 2010 年 4 月正式启动，成为日本首个碳交易体系。该计划目前分为两个阶段，每个阶段为一个履约期，第一期为 2010～2014 年，第二期为 2015～2019 年。

表 2.12   Tokyo-CAT 的立法进程

时　间	事　件	意　义
2000 年 12 月	颁布《东京都环境安全法令》	建立"东京都碳减排报告制度"
2005 年 3 月	修订《东京都环境安全法令》	强化"东京都碳减排报告制度"
2007 年 6 月	颁布《东京都气候变化应对策略》	主张建立针对大型设施的强制减排计划
2008 年 6 月	再次修订《东京都环境安全法令》	加大《东京都气候变化应对策略》的实施力度，引进总量控制与交易体系
2009 年 4 月	颁布《东京都环境安全法令实施规章》	《东京都环境安全法令》修正案生效，该规章还确定 Tokyo-CAT 的具体内容

资料来源：Bureau of the Environment of Tokyo Metropolitan Government. Tokyo Cap-and-Trade Programfor Large Facilities（Detailed Documents）[R]. Tokyo，March 2012.

（一）覆盖范围及减排目标

Tokyo-CAT 仅仅覆盖工业和商业，这两个行业的温室气体排放约占东京都总排放的 47%。纳入大型排放源（建筑物和工厂）的门槛是年度燃料、热量和电力消费总量超过 1 500 千升石油当量，按此标准大约 1 400 个排放源，每年度排放的温室气体约 13Mt。该计划的特色之一就是纳入了建筑物，这主要因为东京都拥有大量办公楼，约占大型排放源的 80%。[1] 当某个排放源达到纳入门槛，那么次年该排放源就需要告知管理当局，并报告经核查的排放数据。如果该排放源连续三年排放都达到门槛，则从第四年起承担 Tokyo-CAT 下的减排义务。同时，排放源也可以申请退出 Tokyo-CAT，其前提是满足以下条件之一：前一年度的能源消费总量低于 1 000 千升石油当量；连续三年的能源消费总量低于纳入门槛；停产或暂停生产。该计划下覆盖的气体是燃料、热量和电力等能源产生的 CO_2，不过其他温室气体仍需要监测和报告，而且其他温室气体产生的减排量在经过核证之后也可以用于该排放源的履约。

东京都的减排目标是到 2020 年在 2000 年的基础上减排 25%，该目标是 Tokyo-CAT 设定减排目标的基础。该目标首先分解到工业和商业、居民、交通三个部门，分解的依据是正常情境下 2020 年 CO_2 排放量估计值，分解结果是工业和商业 2020 年相比 2000 年减排 17%，其余两个部门的减排目标分别为 19% 和 42%。工业和商业的减排目标进一步分解到 Tokyo-CAT，第一期被定为"大幅度减排的转折期"，减排目标是相比基年减排 6%；第二期则加大减排力度，其目标是相比基年减排 17%。Tokyo-CAT 更直接把减排目标分解到不同类型的排放源，第一期各类排放源的减排目标是相比基年减排 6% 或 8%（具体见表 2.13），该比例也被称为履约系数。第二期各排放源的履约系数平均而言为 17%，但具体比例还未确定。

表 2.13   第一期履约系数

	排放源	履约系数（与基年水平相比较）
I-1	办公楼、区域供热供冷工厂等（除 I-2 中包含的办公楼）	8%
I-2	区域供冷供热工厂提供 20% 以上能源消费的办公楼	6%
II	I-1 和 I-2 以外的其他设施，包括工厂、供水和污水处理厂、废弃物处理厂	6%

资料来源：Bureau of the Environment of Tokyo Metropolitan Government. Tokyo Cap-and-Trade Programfor Large Facilities（Detailed Documents）[R]. Tokyo, March 2012.

---

[1] Bureau of the Environment of Tokyo Metropolitan Government. Tokyo Cap-and-Trade Program：Japan's first mandatory emissions trading scheme [R]. Tokyo, March 2010.

低碳经济转型下的中国碳排放权交易体系

（二） 超额信用

Tokyo-CAT 并不直接向纳入排放源分配配额，而是为纳入排放源设定减排义务，当实际减排量超过减排义务时将发放超额信用（excess credits），而超额信用可以出售和履约。

纳入排放源每年度减排义务的计算方法是：减排义务＝基年排放量×履约系数，这意味着排放源每年允许的排放量为基年排放量×（1－履约系数）。其中，第一期履约系数如表 2.13 所示，而为奖励在应对气候变化中做出巨大努力的排放源，Tokyo-CAT 将适当降低其履约系数。该项奖励设计了一套专门的评价体系，对排放源在一般性要求、能源效率和能源管理三个方面的表现进行量化评分。评选结果分为最优排放源和次优排放源两档，前者的履约系数从次年下降到原先的 1/2，后者则下降到 3/4。而且，为了保持排放源的积极性，排放源必须提交相关指标的报告，东京都政府将据此做出升级、降级或保级的决定。基年排放量的计算分为两种情况：既有排放源和新增排放源。既有排放源是指 2006～2008 年均超过纳入门槛的排放源，其基年排放量是指 2002～2007 年任何连续三年排放的平均值。新增排放源包括两种：2007 年及以后超过纳入门槛的排放源、2006 年开始运行且超过纳入门槛的排放源。新增排放源基年排放量的计算有两种：一种基于过去的排放数据，另一种基于排放强度标准。只有满足《设备运营管理标准指南》的排放源才可以选用第一种方法，该指南将确保新入者已经采取了相应的措施，从而避免通过故意增大排放量而获益的做法。第二种方法中基年排放量为排放活动指数（或建筑面积）与排放强度标准的乘积，具体数据如表 2.14 所示。

表 2.14   **各类设施的排放强度标准**

设施分类	排放活动指数（单位）	排放强度标准（千克 CO_2/年·平方米）
办公室	面积（平方米）	85
办公室（公用办公楼）	面积（平方米）	60
信息交流	面积（平方米）	320
广播站	面积（平方米）	215
商 业	面积（平方米）	130
住 宿	面积（平方米）	150
教 育	面积（平方米）	50

续表

设施分类	排放活动指数（单位）	排放强度标准（千克 CO_2／年·平方米）
医 药	面积（平方米）	150
文 化	面积（平方米）	75
配 送	面积（平方米）	50
停车场	面积（平方米）	20
工厂及其他		历史排放量的95%

资料来源：Bureau of the Environment of Tokyo Metropolitan Government. Tokyo Cap-and-Trade Programfor Large Facilities（Detailed Documents）［R］. Tokyo，March 2012.

超额信用计算的一般公式是：实际排放量 - 基年排放量×（1 - 履约系数），由于需要以实际排放为基础，因此超额信用的发放将在 2011 年启动。在计算超额信用时需注意以下两点：第一，如果实际排放量不到基年排放量一半，将按基年排放量一半计算；第二，覆盖气体（与能源相关的 CO_2）以外其他温室气体的减排量，经过核证后可以算为该排放源的减排量，但是不可以直接出售。此外，超额信用可以储存至下一期使用，但是不能再储存到第三期。

（三）履约机制

Tokyo-CAT 每期即为一个履约期，其时间跨度长达 5 年，这是目前所有碳交易体系中最长的，其目的在于方便制定长期计划。每期结束后次年为调整期，排放源需在该年度末完成履约。对于每期内中途退出的排放源，减排义务仅包括退出前的年份，而履约必须在退出批准后 180 天内完成。排放源除依靠自身减排完成减排义务外，还可以上缴履约工具。如果排放源没有在期限内足额上缴履约工具，东京都政府将发布行动命令，该排放源必须补交所缺数量 1.3 倍的履约工具。若在限期前排放源并未执行命令，东京都政府还可以加大处罚力度，具体措施包括：通报未完成减排义务的排放源，按未完成数量征收额外费用，处以不超过 50 万日元的罚款。

履约工具除了超额信用外，还包括四种抵销信用：中小型设施碳信用、可再生能源碳信用、非东京都碳信用、埼玉县碳信用（链接），前三种类似于项目信用，最后一种是链接机制下埼玉县相关机制的履约工具。中小型设施碳信用针对东京都内采取减排措施但未纳入 Tokyo-CAT 的中小企业，其计算需首先确定基年排放量和预估排放量，减排措施实施前三年中将选取一年作为基年，该年能源相关的 CO_2 排放量作为基年排放量，而预计减排措施实施后的排放量为预估排放量；然后对减排措施实施后的实际排放量进行核证，基年排放量减去实际排放量即为中小型设施碳信用，而当实际排放量低于预估排放量时将以预估排放量计算。可再生能源碳信用目的在于鼓励可再生能源的使用，具体包括太阳能发电、风能发电、地热能发电、生物质能发电和水力发电等，按照不同类别的计算方法可以分为三种，具体计算及实例见图2.12，此外还包括其他制度下的减排信用，例如绿色电力证书。非东京都碳信用面向非东京都地区的排放源，其计算方法与Tokyo-CAT的计算方法相同，而申请条件包括基年能源消费折合原油超过1 500千升，基年CO_2排放量不超过150 000吨，采取相关减排措施后预计减排水平不能低于6%。埼玉县碳信用是该县相关机制的履约工具，琦玉县总量控制与交易计划在2011年开始运行，其设置基本与东京都相同，只根据属地情况进行了微小修订。东京都与埼玉县在2010年达成了伙伴关系协议，东京都内排放源可以使用埼玉县总量控制与交易计划的超额信用和中小型设施碳信用。上述履约工具可以储存至下一期使用，但是不能再储存到第三期。此外，非东京都碳信用有数量限制，卖方不得超过基准排放量的8%，而买方不得超过减排义务的1/3。

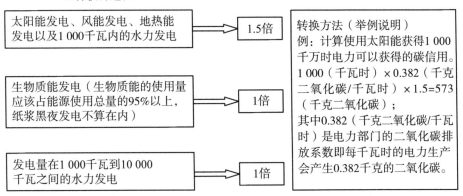

资料来源：Bureau of the Environment of Tokyo Metropolitan Government. Tokyo Cap-and-Trade Program for Large Facilities（Detailed Documents）[R]. Tokyo, March 2012.

图2.12　可再生能源碳信用的获取途径及转换说明

上述履约工具可以交易，但东京都并未在启动之初建立专门的交易所，而主要依靠双边交易。交易价格由市场决定，东京都政府不设定价格上下限或其他限制措施。不过为了使交易在最初阶段能够顺利实施，东京都政府在履约工具的需求旺盛时将出售碳信用，主要是政府部门掌握的中小型设施碳信用和可再生能源碳信用，出售的方式将采取统一价格拍卖或固定价格出售两种。当价格过度波动时，政府将采取稳定价格的措施，首先考虑的措施是扩大现有履约工具的供给，如果该措施不能阻止交易价格的过度波动，则将考虑增加履约工具的类别。当出现市场不端行为时，东京都政府可采取的措施包括：举行相关市场参与者的听证会；必要时提供指导并警示其他市场参与者；按照相关法律规定进行处罚。

（四）运行情况

从东京都政府官方网站发布的 2010 年[①]和 2011 年[②]运行报告来看，Tokyo-CAT 运行正常，减排效果显著。

根据 2010 年度的运行报告：截至 2012 年 3 月，1 348 个排放源中 1 159 个提交了 2010 年度的排放报告。这 1 159 个排放源在 2010 年度共排放 9 763 956 吨 CO_2，较基年 11 208 596 吨的排放量减少了 13%，各排放源具体排放情况如表 2.15 所示。就年度减排义务的完成情况，1 159 个排放源中 36% 没有完成，26% 的排放源减排超过了 17%（第二期的减排目标），剩余 38% 的减排量介于第一期履约系数和 17% 之间。据此推算，所有排放源中大约有 71% 能通过自身减排完成其减排义务，其余排放源需购买履约系数。该报告进一步分析认为，上述减排成果主要得益于纳入排放源积极推行的减排措施，上述 1 159 个排放源共计采取了 5 764 项减排措施，据统计共产生了 380 000 吨 CO_2 的减排量。而大地震导致的电力短缺仅持续 21 天，因此并非排放减少的主要原因。

表 2.15 　　　　　　　　　2010 年度排放量及减排比例

部　门	排放源数量	基年排放量 （吨 CO_2）	2010 年度排放量 （吨 CO_2）	减排百分比 （%）
商业部门	970	8 302 326	7 418 087	11
办公室	509	4 176 696	3 656 371	12
信息交流中心	32	375 389	373 260	1
广播站	5	96 099	90 204	6
商业设施	172	1 216 026	1 095 963	10
住　宿	41	475 318	437 529	8
教育设施	57	470 686	447 350	5

---

① Bureau of Environment of Tokyo Metropolitan Government. The Tokyo Cap-and-Trade Program：Results of the First Fiscal Year of Operation［R］. Tokyo：May 21，2012.

② Bureau of Environment of Tokyo Metropolitan Government. The Tokyo Cap-and-Trade Program achieved 23% reduction in the 2nd year［R］. Tokyo：January 21，2013.

续表

部门	排放源数量	基年排放量 （吨 CO_2）	2010 年度排放量 （吨 CO_2）	减排百分比 （%）
医疗设施	64	542 639	503 563	7
文化设施	24	149 427	130 595	13
分配中心	20	145 864	129 129	11
热力供应	46	654 182	554 123	15
工业部门	189	2 906 270	2 345 869	19
工 厂	134	2 253 308	1 756 379	22
污水处理	39	481 658	455 639	5
废物管理	16	171 304	133 851	22
总 计	1 159	11 208 596	9 763 956	13

资料来源：Bureau of Environment of Tokyo Metropolitan Government. The Tokyo Cap-and-Trade Program：Results of the First Fiscal Year of Operation ［R］. Tokyo：May 21，2012.

据 2011 年度报告统计，截至 2012 年 12 月，943 个排放源提交了 2011 年度的排放报告。这 943 个排放源在 2011 年度共排放了 7.22Mt，相比基年排放量减少了 23%，减排量达到 2.16Mt。就年度减排义务的完成情况，943 个排放源中仅 7% 没有完成，70% 的排放源减排超过了 17%，剩余 23% 的减排量介于第一期履约系数和 17% 之间。该报告进一步分析认为，上述减排成果主要原因是大地震带来的电力危机迫使纳入排放源采取了节约用电的措施，但是节约用电措施的顺利推行离不开 Tokyo-CAT 下的节能体系。此外，报告还发现了 2011 年度的两个亮点：第一，大地震前平均的照明水平为 750 勒克斯，而在大地震后约 50% 的排放源的照明水平下降到 500 勒克斯，而且有进一步降低照明水平的意愿；第二，超过一半的住户向建筑物所有者建议采取节约用电的措施。

三、加州总量控制与交易计划

2006 年美国加州通过了《全球变暖应对法》，即 AB32 法案，该法案确立了加州的减排目标：2020 年温室气体排放减少到 1990 年水平，2050 年进一步比 1990 减少 80%。为实现上述目标，AB32 法案建立了一套综合性的规则和市场化措施，其中总量控制与交易计划是核心措施，其他措施还包括可再生能源组合标准、清洁汽车标准、低碳燃料标准等，这些措施共计 18 项，由加州空气资源局（ARB）负责制定和实施。

2007 年 2 月，加州联合亚利桑那、新墨西哥、俄勒冈和华盛顿州发起"西部气候倡议"（Western Climate Initiative，WCI），计划采取联合行动利用市场化手段实现减排目标[①]。通过 18 个月的共同讨论和协商，各成员在 2008 年 9 月发布了 WCI 总量控制与交易计划的建议稿，随后又进行了多轮修改。按照规划，WCI 的目标是 2020 年区域内温室气体排放量较 2005 年减少 15%，总量控制与交易计划的启动时间为 2012 年 1 月 1 日，随后 9 年被平分为 3 个阶段，每个阶段即为一个履约期。WCI 总量控制与交易计划将由各个成员州或省的子计划组成，各成员州或省自行制定辖区内的配额总量和分配方案，并各自设立辖区内的权力机构来负责运行和管理。WCI 区域层面则建立总量设置及配额分配委员会，为各成员州或省提供制定总量和分配方案的指南，并定期审查它们的制定和执行情况。各成员州或省的配额总量之和就构成了 WCI 的配额总量，不同成员州或省的配额可以相互流通和用于履约，从而构成区域性的配额交易市场。

然而，WCI 总量控制与交易计划并未如期启动，仅加州和魁北克省制定了总量控制与交易计划，同时 WCI 成立了 WCI 公司以提供管理和技术服务。其中，加州的相关规则在 2011 年底成功通过，并于 2012 年 1 月 1 日生效。加州总量控制与交易计划（California-CAT）由 ARB 制定实施，共分为三个实施阶段，每个实施阶段即为一个履约期。第一期为 2013~2014 年，为期两年；随后两期分别为 2015~2017 年和 2018~2020 年，每期三年。

（一）覆盖范围及总量

California-CAT 覆盖《京都议定书》所规定的六种温室气体，还包括三氟化氮和其他氟化物。第一期覆盖的行业包括电力（发电设施和电力进口商）和工业（包括水泥、热电联产、玻璃、制氢、钢铁、石灰、硝酸、石油和天然气、炼油、造纸、自用发电、固定燃料设施），企业的纳入"门槛"为 2.5 万吨碳排放，由此覆盖的温室气体约为 160Mt，约占加州总排放的 35%；第二、三期覆盖的行业扩展到天然气、燃油、液化石油气等燃料供应商，企业的纳入门槛为 2.5 万吨碳排放，由此将纳入约 360 多家企业，覆盖的温室气体约为 395Mt，占加州总排放的比例上升至 85%。此外，上述行业内尚未达到"门槛"的企业可以自愿加入 California-CAT，也可在某个履约期结束后选择退出。

ARB 在制定总量目标时，根据 WCI 的要求采用了"最佳估计"（best estimate）的方法，即综合考虑人口增长、经济增长、强制减排量、自愿减排量、新

[①] 随后美国西部的蒙大拿州和犹他州以及加拿大的不列颠哥伦比亚省、曼尼托巴省、安大略省和魁北克省加入 WCI。

排放源的加入和旧排放源的退出等调整性因素，最后得出所有纳入排放源的最佳预期排放总量，并以此作为初步配额总量。同时考虑到未来减排目标，每年度的配额总量呈现递减趋势。根据上述方法，2013 年配额总量确定为 162.8Mt，2014 年在 2013 年的基础上减少 2%，即 159.7Mt。从 2015 年开始配额总量加上新扩展的排放源，因此 2015 年的配额总量增加到 394.5Mt，随后每年递减约 12Mt，到 2020 年配额总量减少到 334.2Mt。按照上述配额总量，California-CAT 所覆盖的企业在 2020 年的温室气体排放相比 2013 年的水平下降 16%。

（二）配额的分配

California-CAT 在初期会免费发放大部分配额，以避免纳入企业的成本大幅上升，随后免费分配的比例会逐步下降。第一期免费分配包括两种：电网（electrical distribution utility）配额和工业援助配额，前者专门发放给电网企业，用于维护电力消费者的利益，后者面向工业企业，以应对因工业企业竞争受损而引起碳泄漏问题，具体分配方法和用途随后将专门介绍。第一期其余配额的分配还包括以下几种类型：配额价格控制储备（APCR），此类配额是为避免碳价过高而设置的，将以固定价格出售，第一期划入的配额为总量的 1%，随后两期则分别上升至 4% 和 7%；自愿可持续电力项目[①]，这是面向未纳入企业使用自愿可再生电力而设置的，第一期划入的配额为总量的 0.5%，随后两期下降到 0.25%；当期拍卖配额，包括第一期配额中除上述以外剩余的部分，在开始时约占配额总量的 10%，随后该比例会逐步上升。同时，为了向市场提前发出价格信号，未来配额将被提前拍卖，第二、三期配额总量的 10% 将划入该部分。此外，对于第二、三期新纳入的行业，其分配方法将由 ARB 在 2015 年前制定出台。

每年度的电网配额总量是确定的，并且呈现下降趋势，2012 年的配额为 2008 年排放水平的 90%，即 97.7Mt，随后每年配额的计算方法是 97.7Mt 乘以相应年度的总量调整因子（见表 2.16），至 2020 年下降到 2008 年水平的 85%。单个电网企业根据其份额获得相应的配额，具体计算方法为电网配额总量乘以该电网企业对应的分配因子[②]。对于电网企业配额的流向，California-CAT 有专门的规定，投资者所有的设施（IOU）获得的配额必须 100% 拍卖；而公有设施（POU）

---

① 在该项目下，未纳入总量控制与交易计划的企业如果使用自愿可持续电力，则可以向 ARB 申请撤销相应的配额。

② 各电网企业的分配因子是其消费者支付成本的百分比，所有电网企业分配因子之和为 100%，具体数值见 The Regulation for the California Cap on Greenhouse Fas Emissions and Market Based Compliance Mechanisms，Table 9.3。

和电力合作社（COOP）获得的配额可以拍卖或履约，拍卖的比例由企业自行决定。

表 2.16 California-CAT 总量调整因子（c）

年 度	总量调整因子 （适用其他所有行业）	过程排放占比超过50%行业的总量调整因子 （氮肥、水泥和石灰行业）
2013	0.981	0.991
2014	0.963	0.981
2015	0.944	0.972
2016	0.925	0.963
2017	0.907	0.953
2018	0.888	0.944
2019	0.869	0.935
2020	0.851	0.925

资料来源：The Regulation for the California Cap on Greenhouse Fas Emissions and Market Based Compliance Mechanisms, Table 9.2.

工业援助配额针对可能面临碳泄漏问题的行业，分配方法采用基线法。考虑到不同行业面临着不同的碳泄漏风险，行业的援助比例（AF）分为三档：碳泄漏危险程度高的行业在所有三期的 AF 均为 100%，主要包括油气开采、造纸、化工和水泥；程度为中等的行业在三期的 AF 分别为 100%、75% 和 50%，包括石油冶炼和食品加工等；程度为低等的行业在三期的 AF 分别为 100%、50% 和 30%，比如医药。同时，考虑到部分行业难以计算基于产品的基准线，因此工业援助配额的分配采用两种方式：一种基于产品的基准线（B），采用此种方式的行业以清单的形式列明，清单同时规定了各行业对应的基线[①]，计算公式为 $A_t = \sum O_{a,initial} \times B_a \times AF_{a,t} \times c_{a,t} + \sum O_{a,trueup} \times B_a \times AF_{a,t-2} \times c_{a,t-2}$ [②]；另一种基于能源基准线，该方法针对上述方式所列清单以外的行业，具体计算公式为 $A_t = (S_{onsumed} \times B_{team} + F_{onsumed} \times B_{uel} \times e_{old} \times B_{lectricity}) \times AF_{a,t} \times c_{a,t}$ [③]，最高量不得超过

[①] 具体数值见 The Regulation for the California Cap on Greenhouse Fas Emissions and Market Based Compliance Mechanisms, Table 9.1.

[②] 其中，a 为某个碳泄漏行业的生产活动，t 为年度，$O_{a,initial}$ 是 $t-2$ 年的产出，$O_{a,trueup}$ 是产出校准值（$t-2$ 年与 $t-4$ 年产出的差额）。

[③] 其中，$S_{onsumed}$ 是历史蒸汽消费量的算术平均数，B_{team} 是蒸汽生产的碳排放基线，$F_{onsumed}$ 是历史能源消费量的算术平均数，B_{uel} 是能源生产的碳排放基线，e_{old} 是历史电力出售量的算术平均数，$B_{lectricity}$ 是电力生产的碳排放基线。

该企业年度最高排放量的110%。

(三) 配额的拍卖、出售及管理

按照加州法律规定，一单位配额代表一吨二氧化碳当量，配额既不构成财产（property）也不构成财产权（property right）。配额的免费发放和拍卖由ARB负责管理，而且任何一项拍卖必须在ARB审查合格之后才能转移过户。

拍卖活动由加州政府举办，按照配额生效时间的不同，拍卖可以分为当期配额拍卖（current auction）和未来配额提前拍卖（advance auction）两类。拍卖配额的来源主要是专门用于拍卖的配额和电网配额中拍卖的部分，其拍卖收益分别归加州政府和电网企业所有。加州政府获得的拍卖收入将存入加州温室气体减排基金，其中25%的所得必须用于最不发达社区，同时至少10%必须投向位于这些社区的项目。电网配额的收益必须排他性的用于维护电力消费者的利益，以弥补由于California-CAT引起的电价上涨，其对象包括家庭用户、小企业用户以及面临碳泄漏的企业等。而为防止垄断市场，单个竞拍者购买数量受到限制，当期配额拍卖中，纳入企业和自愿加入企业最多可购买当次拍卖配额总数的15%，电网企业的比例为40%，其他购买者为4%；而提前拍卖中，参与者的购买限制为25%。

拍卖在2012年提前举行一次，随后每季度进行一次，每次拍卖至少提前60天发布拍卖公告，说明拍卖日期、时间、合法投标人类别、投标人资质要求、拍卖的配额数量等，而参与者须在拍卖前30天注册，并发布投标保证书，同时还必须满足金融监管的相关要求。拍卖将设置保留价格，2012年的保留价格为10美元，此后每年增长5%，并根据通胀率调整。拍卖的方式与RGGI类似，即单轮竞价、统一价格、密封投标的方式。具体过程如下：首先，竞拍者提交价格和数量，每1 000份配额为一组，每笔拍卖的最低数量为1组；然后以价格降序排列，当投标总数量首次等于或大于拍卖配额总数量时排序结束，而在投标总数量低于拍卖数量时排序在保留价格处结束，排序结束时的价格为清算价；最后，所有出价为清算价格或以上的竞拍者将购得配额，配额统一以清算价格结算，未拍卖的拍额将转入下一次拍卖。如果拍卖的清算价格过高，为避免对经济的不利影响，ARB将出售APCR中的配额，其出售时间一般在每次拍卖的六周后举行。APCR每次出售都将提供储备中所有的配额，这些配额将被平分为三份，相应的出售价格也分为三档，2013年三档出售价格分别为40美元、45美元、50美元，此后该价格每年增长5%，并根据通胀率进行调整。而为避免不必要的投机，只有纳入企业和自愿加入企业有资格购买。

对配额的管理涉及发放、拍卖、交易、上缴以及储存等多方面，其技术基础是履约工具追踪系统（CITSS），该系统由非营利的 WCI 公司运营和管理。同时，为了避免市场滥用或破坏活动，ARB 聘用专家组成市场监管委员会（MSC），并由其独立监测和分析市场。而考虑到二级市场可能发展出衍生产品，ARB 计划与商品期货交易委员会（CFTC）等多个部门展开合作。按规定，尚未使用的配额企业可以永久储存，不过一般而言企业不可预借未来配额来履约。此外，加州还设置了一个特殊的限制，企业所持有配额不得超过一定的持有上限（holding limit），已生效配额①和尚未生效配额②分开计算，计算公式为：holding limit $= 0.1 \times$ Base $+$ $0.025 \times$（annual allowance budget-base），其中 base 等于 25Mt，annual allowance budget 为当年发放的配额。

（四）履约机制

California-CAT 每期即为一个履约期，这种与 RGGI 类似的做法有助于熨平年度波动。不同点是企业在每年需为前一年度至少 30% 的排放履约，剩余部分需在该期结束后补足。企业上缴的履约工具不仅包括 ARB 发放的配额，还包括加州认可的抵销信用和其他链接交易体系的履约工具。如果企业未能按时履约，则需上缴所缺部分 4 倍的配额。若 30 日后该企业仍未上缴，那么 ARB 可以对该企业处以罚款，此外还可以暂停或限制该企业的持有账户。

抵销信用包括两类：一般抵销信用，早期行动和基于行业的抵销信用。一般抵销信用目前包括四种项目：美国森林项目，包括重新造林、改善森林管理或避免毁林；城市森林项目，在城市、校园或其他城市景观处植树；牲畜项目，捕捉和燃烧牲畜粪便产生的甲烷；臭氧消耗物质项目，减少臭氧消耗物质的排放。上述项目必须具有"额外性"，并且位于美国、墨西哥或加拿大境内，而未来可能的新项目包括水稻种植项目和煤矿甲烷捕捉项目。早期行动信用用于奖励在 California-CAT 实施前自愿采取减排行动的企业，此类减排活动必须发生在 2005 年 1 月至 2014 年 12 月；而行业信用针对特定经济部门的减排行动，不过 ARB 暂未批准任何此类信用。抵销信用的使用上限是企业某个履约期排放量的 8%，其中行业信用的使用上限在第一期为 2.5%，在第二、三期为 5%。此外，加州抵销机制的特色是购买者责任制度，即如果抵销信用无效，那么购买者而非项目所有者需在 6 个月内承担替换责任。抵销信用无效有以下情况：签发的抵销信用超过实际减排量的 5%；项目不合法；在不同碳交易体

---

① 包括生效期为当年及以前的配额、从 APCR 购买的任何年度生效期的配额、已生效的提前拍卖配额。

② 尚未生效配额仅包括生效期还没到的提前拍卖配额。

系二次签发。

加州希望 California-CAT 与其他国内国际碳交易体系链接，具体条件包括相似的覆盖范围、相当的减排目标、兼容的信息系统和 MRV 制度等。与此条件最为接近的是同在 WCI 下的魁北克省总量控制与交易计划，加州和魁北克省是和 WCI 同步设计和制定的，设计的初衷就是实现各州、省总量控制与交易计划的链接。在 WCI 下，仅有加州和魁北克省完成了总量控制与交易计划的建设，并于 2013 年 1 月同时实施，因此链接的条件最为成熟。经过艰难谈判，2013 年 10 月 1 日双方终于达成链接协议，内容包括彼此承认和相互使用对方的履约工具（包括配额和抵销信用）、统一的注册登记系统和拍卖机制、市场参与者的信息共享。

（五）运行效果

California-CAT 运行已经接近一年，截至目前各环节表现正常，其中最引人注目的是四次拍卖活动（包括 2012 年提前举行的第一次拍卖）成功举行，拍卖具体情况如表 2.17 所示。不过由于拍卖出清价格并非过高，随后四次 APCR 的出售活动都未举行。

表 2.17 California-CAT 拍卖情况表

项目	第一次拍卖	第二次拍卖	第三次拍卖	第四次拍卖
当期拍卖配额	生效期为 2013 年	生效期为 2013 年	生效期为 2013 年	生效期为 2013 年
拍卖总量（吨）	23 126 110	12 924 822	14 522 048	13 865 422
IOU 提供的配额（吨）	21 731 990	9 625 460	10 839 537	10 164 173
POU 提供的配额（吨）	1 394 120	628 940	1 032 880	1 051 617
政府提供的配额（吨）	0	2 670 422	2 649 631	2 649 632
卖出总量（吨）	23 126 110	12 924 822	14 522 048	13 865 422
合格投标总量与拍卖总量之比（%）	106.0	247.0	178.0	162.0
投标总量与拍卖总量之比（%）	310.0	249.0	178.0	162.0
保留价格（美元）	10.00	10.71	10.71	10.71
出清价格（美元）	10.09	13.62	14.00	12.22

续表

项目	第一次拍卖	第二次拍卖	第三次拍卖	第四次拍卖
当期拍卖配额	生效期为2013年	生效期为2013年	生效期为2013年	生效期为2013年
纳入企业购买配额占比（%）	97.0	88.15	90.22	95.50
竞标最高价（美元）	91.13	50.01	50.01	50.01
竞标最低价（美元）	10.00	10.71	10.71	10.71
拍卖收益（美元）	233 342 450	176 036 076	203 308 672	169 435 457
提前拍卖配额	生效期为2015年	生效期为2016年	生效期为2016年	生效期为2016年
拍卖总量（吨）	39 450 000	9 560 000	9 560 000	9 560 000
卖出总量（吨）	5 576 000	4 440 000	7 515 000	9 560 000
合格投标总量与拍卖总量之比（%）	14.0	46.0	79.0	169.0
投标总量与拍卖总量之比（%）	14.0	46.0	79.0	169.0
保留价格（美元）	10.00	10.71	10.71	10.71
出清价格（美元）	10.00	10.71	10.71	11.10
纳入企业购买配额占比（%）	91.00	100	86.49	96.30
竞标最高价（美元）	17.25	40.00	35.00	30.00
竞标最低价（美元）	10.00	10.71	10.71	10.71
拍卖收益（美元）	55 760 000	47 552 400	80 485 650	106 116 000

资料来源：ARB 官方网站 www. arb. ca. gov.

观察表 2.17 可以发现，第一次当期拍卖中投标总量与拍卖总量之比高达310%，然而合格投标总量与拍卖总量之比仅为106%，这表明大部分投标都不合格。不过随后这两者的差距迅速缩小，这说明投标者很快适应了投标规则。从拍卖结果来看，四次拍卖中当期配额 100% 出清，拍卖价格也都超过了保留价格；而前三次提前拍卖配额并未完全卖出，不过卖出的比例不断上升，最终第四次提前拍卖配额 100% 出清，拍卖价格在第四次拍卖时也超过了保留价格；所有拍卖中纳入企业都是最主要的购买者。拍卖结果表明配额的需求稳中有升，参与者对 California-CAT 抱有信心。此外，二级市场表现也较为活跃，交易主要发生在洲际交易所（ICE），交易价格与拍卖价格保持同向波动。不过，California-CAT 的运行效果还难以评价，未来如何发展还有待进一步观察。

第四节　国际经验比较及对中国的启示

上述六个碳交易体系最具代表性，在制度设计上也各具特色，为我国提供了丰富的实践经验。为了深入了解碳交易体系，本节将首先分析体系宏观设计时的各种考量，然后从覆盖范围、减排目标、配额分配及管理、灵活机制及履约机制、市场及价格机制等微观方面入手对上述六个体系进行横向对比分析，并从中寻找对我国有益的启示。

一、碳交易体系的宏观设计

在建设碳交易体系时，决策者将面临的宏观设计问题包括：碳交易体系的定位、构建方式、基本框架、修改程序等。

（一）碳交易体系的定位

欧盟、新西兰、澳大利亚以及美、日地方政府将碳交易体系定位为减排政策中的核心措施，因为碳交易体系作为一种市场化的减排手段，具有最小化减排成本、促进碳价格发现、确保预定减排效果等优点。同样值得注意的是，碳交易体系并非减排政策的全部，与其并存的措施还包括能源效率措施、可再生能源措施、排放标准、碳税等。

碳交易体系以外的措施显然是必要的，不仅用于控制未被覆盖的排放，还可以促进碳交易体系的实施。不过，在不同政策体系中，碳交易体系与其他措施相互之间的关系和地位存在着差别，大致有以下三种情况：一是相对独立，例如，欧盟一方面通过 EU-ETS 来控制覆盖设施的排放，另一方面对未被EU-ETS覆盖的部门（交通、建筑、农业和废弃物等）也设定了有约束力的年度排放目标，成员国有责任制定其他措施来实现这一目标，这些措施与EU-ETS互为补充又相对独立；二是相互配合，加州为实现减排目标而制定了包括 California-CAT 在内的 18 项措施，其特点是不仅对非覆盖行业出台了专门性措施，对覆盖行业也制定了除 California-CAT 以外的措施，包括低碳燃油标准、清洁汽车标准、能效措施和可再生能源措施等；三是相互融合，澳大利亚制定了一揽子措施，其

83

核心内容是 Australia-CPM，其他措施包括能源安全措施、能源效率措施、家庭援助机制等，这些辅助措施基于 Australia-CPM 的收益或配额而与其紧密融合在一起。

（二）碳交易体系的构建

碳交易体系是相对复杂的政策工具，欧盟、新西兰、澳大利亚以及美、日地方政府以立法或地方法规的方式来保障强制实施，并通过指南、政府决定、实施细则等构建完整的体系。

欧盟于 2003 年 10 月通过了《2003 碳交易指令》，以此作为 EU-ETS 的根本性法律文件，随后还通过了纳入航空业和第三期改革等修改指令，并颁布了温室气体监测报告、注册登记系统、拍卖等制度的指南和决定。新西兰和澳大利亚则是通过国会立法的形式建立碳交易体系，不同的是新西兰经过了多年的立法及修正才逐步建立起 NZ-ETS，而澳大利亚则一次性通过 18 个一揽子法案而建立 Australia-CPM。RGGI 作为美国地区性的碳交易体系，最初依据是各成员州签署的谅解备忘录（MOU），随后 RGGI 在 MOU 确定的框架基础上制定了示范规则，然后各成员州据此建立本州相关制度及其实施体系。东京都政府先是通过《东京都环境安全法令》建立了碳减排报告制度，然后不断修改该法令而最终建立起 Tokyo-CAT。加州空气资源局获得 AB32 法案的授权，具体负责制定和实施总量控制与交易计划，该局在发起并推动西部气候倡议（WCI）的基础上逐步完善了 California-CAT 的方案，并在 2011 年底成功通过立法程序。

（三）碳交易体系的基本框架

碳交易体系大致可以分为总量控制与交易型和基线信用型两种，主流是总量控制与交易型，包括 EU-ETS、RGGI、California-CAT、Tokyo-CAT 等。不过，现实中还存在着其他的类型，例如，NZ-ETS 没有设定配额总量，不过其履约工具的来源限于 NZU 和国外的 AAU、CER、ERU、RUM，而这些履约工具均依托《京都议定书》的相关机制，因此，NZ-ETS 受到《京都议定书》的间接约束。在确定类型的基础上，决策者还需确定大致框架，并由此形成各自的特色，表2.18 对各体系的基本框架和特色进行了初步总结和比较。

表 2.18   碳交易体系的基本框架及特色

碳交易体系	基本框架	特色
EU-ETS	时间阶段：第一期（2005～2007），第二期（2008～2012），第三期（2013～2020），每年履约 覆盖范围：参与国家从初期的 25 个欧盟成员国扩大到 31 个国家，温室气体总排放的 40% 减排目标：2020 年相比 1990 年下降 20% 配额分配及管理：第一、二期绝大部分免费分配，第三期拍卖比例提高到 50% 以上，除第一期外配额可以跨期储存 抵销及链接：抵销信用使用量不超过减排量的 50%，与 Australia-CPM 达成链接协议	（1）跨国性质的碳交易体系 （2）规模及影响力最大 （3）典型的总量控制与交易机制 （4）制度结构分为两层，第一、二期在制度上最大的特点是分权，欧盟层面负责原则性规定，成员国负责具体的实施，第三期统一性得到增强，欧盟层面权利增大
NZ-ETS	时间阶段：2008 年 7 月开始实施，2010.7～2012.12 为过渡阶段，每年履约 覆盖范围：从林业开始逐步扩展到所有经济部门 减排目标：2020 年相比 1990 年下降 10%～20% 配额分配及管理：林业、渔业、农业和部分工业获得免费配额，企业还可以从政府以固定价格购买配额，配额可以跨期储存 抵销及链接：抵销信用使用量没有限制，与其他交易体系的链接机制正在建设中	（1）全国范围的碳交易体系 （2）NZ-ETS 并未设定总量目标，依托《京都议定书》运行，国外配额和信用占据履约工具的相当比例 （3）覆盖范围采取逐步纳入的方式，农业也将被纳入 NZ-ETS
Australia CPM	时间阶段：2012.7～2015.6 为固定价格阶段，之后过渡到浮动价格阶段，每年履约 覆盖范围：固定能源、工业过程、逸散性排放和非遗留废弃物等，约占总排放的 67% 减排目标：2020 年相比 2005 减排 5% 配额分配及管理：根据碳强度免费发放部分配额，其余以固定价格出售或拍卖，固定价格阶段以外配额可以储存 抵销及链接：固定价格阶段 ACCU 不能超过应缴量的 5%，浮动价格阶段 ACCU 和其他信用不超过减排量的 50%，与 EU-ETS 已经达成链接协议	（1）全国范围的碳交易体系 （2）Australia-CPM 分为固定价格阶段和浮动价格阶段，前者类似于碳税，后者是典型的总量控制与交易机制 （3）围绕 Australia-CPM 制定了一系列的辅助措施，整体制度设计非常周全

碳交易体系	基本框架	特 色
RGGI	时间阶段：第一期（2009～2014），第二期（2015～2018），履约期为3年。 覆盖范围：发电企业，涵盖美国东北部九个州 减排目标：到2018年区域内二氧化碳排放量较2009年水平下降10% 配额分配及管理：90%的配额拍卖，配额可以储存 抵销及链接：抵销信用使用量不超过排放量的3.3%，目前暂无链接的计划	（1）地区性碳交易体系，由多个州联合组成 （2）仅覆盖单个行业 （3）典型的总量控制与交易机制 （4）配额拍卖比例高达90% （5）制度结构分为两层，RGGI达成示范规则，各成员州需根据示范规则建立相关制度
Tokyo CAT	时间阶段：第一期（2010～2014），第二期（2015～2019），履约期为5年 覆盖范围：工业和商业，约占东京都总排放的20% 减排目标：工业和商业2020年相比2000年的水平下降17% 配额分配及管理：基于历史数据减排义务，超额完成可获得超额信用，超额信用只能储存到下一期使用，第三期则作废 抵销及链接：抵销信用使用量没有限制，已经与埼玉县建立了链接	（1）地区性碳交易体系 （2）覆盖的排放源包括建筑物 （3）非典型的总量控制与交易机制，并不直接向纳入排放源分配配额，而是为纳入排放源设定减排义务，当实际减排量超过减排义务时将发放超额信用 （4）减排措施得力的企业可以降低减排义务
California CAT	时间阶段：第一期（2013～2014），第二期（2015～2017年），第三期（2018～2020年），履约期为3年 覆盖范围：第一期覆盖气体约占加州总排放的35%，第二期后占比提升至85% 减排目标：在2020年的温室气体排放相比2013年的水平下降16% 配额分配及管理：最初约10%的配额拍卖，随后该比例逐步提高，配额可以永久储存 抵销及链接：抵销信用使用量不超过排放量的8%，已经建立了与魁北克省的链接机制	（1）地区性碳交易体系 （2）典型的总量控制与交易机制 （3）作为WCI的重要组成部分，与魁北克省建立链接机制 （4）电力行业配额免费发放给电网企业，再通过拍卖分配到发电设施 （5）抵销信用的购买者承担替换责任

资料来源：作者根据相关材料自行编制。

（四） 碳交易体系的修改

由于人们对碳交易体系的建设缺乏足够的经验，因而其建设并非一蹴而就，需要"摸着石头过河"。正因为如此，几乎所有此类体系都是分阶段实施，而且在不同阶段之间设计了修改程序，这样方便决策者根据实践经验来逐步完善碳交易体系。EU-ETS、NZ-ETS 和 RGGI 启动并完成了类似的修改程序，下面以EU-ETS 为例简要介绍。

欧盟对 EU-ETS 建设的长期性有着充分的认识，因而在《2003 碳交易指令》第 30 条第 2 款专门规定：欧委会应根据 EU-ETS 运行的经验、监测技术的进步以及国际气候谈判的发展为基础，考虑以下十一个事项并提交合适的建议：（1）覆盖范围是否需要修改以及如何修改；（2）EU-ETS 与国际碳排放交易的关系；（3）进一步统一分配模式和国家分配计划的标准；（4）项目信用的使用；（5）EU-ETS与欧盟及成员国其他减排措施的关系；（6）是否需要建立单一的欧盟注册处；（7）超额排放的处罚力度；（8）配额市场运行情况；（9）如何适应一个扩大的欧盟；（10）链接规则；（11）制定欧盟分配基准线的可行性。自2005 年正式运行以来，EU-ETS 在取得巨大成功的同时，也确实暴露出许多问题，欧委会正是利用该条款不断对 EU-ETS 进行评估和准备修改方案。欧委会于2006 年 11 月提交了名为《建立全球碳市场》（*Building A Global Carbon Market*）的通讯，明确了进一步评估的四个方面：指令的覆盖范围；加强统一性和提高可预见性；强化遵守和执行；与其他碳交易体系的链接以及纳入发展中国家和转型国家的适当方法。同时，加强后续评估的力度，欧委会还决定利用已有的欧洲气候变化项目（ECCP）[①]。2007 年 3~6 月，ECCP 组织了四次会议，分别讨论了通讯定下的四个主题，会议的成果为后来的修改奠定了基础。在充分吸收 ECCP 成果和第一、二期经验教训的基础上，欧委会于 2008 年 1 月提出了修改议案，并最终于 2009 年 4 月通过《2009 修改指令》，从而完成了对 EU-ETS 第三期制度的重大调整。

二、碳交易体系的微观设计

碳交易体系包括多个环节，下面从覆盖范围、减排目标、配额分配及管理、灵活机制及履约机制、市场及价格机制等方面进行比较分析。

[①] ECCP 是欧盟为应对气候变化而发起的研究计划，该计划为各利益相关方讨论气候政策而建立的交流平台，有效地推动了欧盟相关气候政策措施的研究制定。

（一）覆盖范围

一般而言，碳交易体系不会覆盖管辖区域内所有的温室气体排放，而是通过温室气体种类、行业或活动、纳入"门槛"等三个标准进行限制，满足这些标准的温室气体将纳入碳交易体系的管控。表 2.19 总结了六个碳交易体系的覆盖范围，对比分析可以发现：覆盖的温室气体种类从 1 种到 8 种不等，至少包括了 CO_2；行业/活动种类以能源、工业为主，一般是碳密集型行业；门槛以碳排放、燃料、产能等为指标，门槛值设置较高以排除小型排放源；覆盖的排放源从数百个到上万个不等，覆盖的排放量占据总排放量的相当比例。而这些标准背后的考量主要包括以下方面：第一，排放数据的质量。这主要涉及 MRV 的可行性，因为 MRV 是获取排放量数据的基础，所以一般不考虑难以监测的排放源。一个例外是 NZ-ETS 的农业，为此新西兰只好以准确性为代价制定了以近似值为基础的方法学。此外，历史数据的可得性也是一个考量因素，因为历史排放数据是制定减排目标和分配方案的重要参考。第二，排放源的管理成本。小型和分散的排放源管理成本一般较高，但所排放的温室气体占比较小，因而通过设置较高的纳入门槛将其排除。例如，EU-ETS 在第一、二期运行中已意识到该问题，于是在第三期允许成员国排除年排放少于 2.5 万吨的小型设施，以便节约管理成本。第三，减排潜力及减排机会。行业/活动种类以能源、工业为主，其重要原因就在于这两个行业减排潜力最大。同时，越大的覆盖范围往往意味着更多的减排机会，因此，碳交易体系总是希望随着条件的成熟纳入更多的排放源。第四，政治上的可接受程度。在政治上有重要影响的行业更可能推迟纳入或不纳入，例如 NZ-ETS 中农业纳入时间一再被推后。

表 2.19 碳交易体系覆盖范围比较

碳交易体系	气 体	行业/活动	门 槛	数 量
EU-ETS	CO_2，第三期增加 N_2O 和 PFCs	能源行业、黑色金属、矿业、造纸，2012 年加入航空业，第三期加入铝和化工等	燃烧装置门槛为热输入值超过 20MW；其余装置根据产量决定	大约包括 11 500 个设施，约占欧盟 GHG 排放的 40%
NZ-ETS	CO_2、CH_4、N_2O、HFCs、PFCs、SF_6	2008 年仅林业；2010 年增加能源、渔业、工业、交通；2013 年加入合成气、废弃物；农业纳入时间待定	部分活动必须纳入，例如玻璃、铝；部分活动有纳入"门槛"，例如能源部门	随着纳入行业增多而增加

碳交易体系	气　体	行业/活动	门　槛	数　量
Australia-CPM	CO_2、CH_4、N_2O、PFCs	固定能源行业、运输业、工业制造业、废弃物及逃逸气体	2.5万吨当量CO_2	覆盖GHG约382Mt，占总排放的67%
RGGI	CO_2	电力行业	装机容量达25MW的化石燃料发电厂	覆盖电厂200家左右，占全行业95%的CO_2排放
Tokyo-CAT	CO_2	工业和商业（包括建筑物）	年度燃料、热量和电力消费总量达1 500千升石油当量	年度GHG排放约13Mt，占东京都排放约20%
California-CAT	CO_2、CH_4、N_2O、HFCs、PFCs、SF_6、NF_3及其他氟化物	电力和工业，Phase Ⅱ后增加天然气、燃油、液化石油气等燃料供应商	2.5万吨当量CO_2	第一期覆盖GHG约160Mt；第二、三期覆盖GHG约395Mt，占总排放约85%

资料来源：作者根据相关材料自行编制。

（二）配额总量

设定配额总量最基本的因素是减排目标和基准排放量，此外还会参考其他因素对总量进行调整。

减排目标一般是在综合考虑排放趋势、减排意愿、减排潜力、减排现状、经济影响、政治压力等情况的基础上，再经过相关利益集团博弈的结果。不过，最初的减排目标一般是管辖区域内整体减排目标，而碳交易体系往往作为所在区域整体减排措施之一，其减排目标只是整体减排目标的组成部分，因此需要对整体减排目标进行分解。减排目标的分解可能会经历多个层次，包括阶段之间、国家之间、覆盖排放源与非覆盖排放源之间等。欧盟减排目标的分解最为复杂，最初的减排目标是在欧盟层面设定的，随后经过几个层面的分解，并最终设定EU-ETS的减排目标。第一个层面是不同阶段的分解，例如2008～2012年减排目标是相比1990年的水平下降8%，2013～2020年的减排目标是相比1990年的水平下降 20%。第二个层面是成员国之间的分解，例如，2013~2020 年各成员国承担的目标从 10% 至 49% 不等。第三个层面是 EU-ETS 覆盖排放源和非覆盖排放源的分解，例如，2013~2020 年覆盖行业需减排 21%，而未覆盖行业需减排 10%，此时 EU-ETS 第三期的减排目标最终确定为相比 2005 年水平下降 21%。其他碳排放权交体系易减排目标的分解相对简单，RGGI 只涉及电力行业，其分解主要是不同阶段之间；Tokyo-CAT 和 California-CAT 则在不同行业之间和阶段之间分解。分解的依据并不统一，例如 EU-ETS 第一、二期主要根据覆盖行业和非覆盖行业排放比例分解，第三期按照边际减排成本相等的原则分解，Tokyo-CAT 则根据正常情境下 2020 年 CO_2 排放量估计值的比例进行分解。

基准排放量往往以覆盖排放源的某个历史排放量为基础，再综合考虑人口增长、经济增长、强制减排量、自愿减排量、新排放源的加入和旧排放源的退出等因素，基准排放量刨去减排目标就可以得到配额总量（见表 2.20）。例如，RGGI 第一期的减排目标是保持在 2009 年水平，基准排放量的依据是以 2000~2004 年二氧化碳历史数据估算的 2009 年排放量，即 2000~2004 年历史年度平均排放量的 104%，最终每年度的配额总量为 1.881 亿短吨；RGGI 第二期目标是下降 10%，基准排放量则根据核证后的实际数据进行了调整，配额总量采取年度递减的方式，即 2015 年总量为 0.91 亿短吨，随后每年下降 2.5%。上述这种设定方法的优点在于配额总量具有很强确定性，然而其缺点也非常明显：第一，初期数据质量往往不高，导致基准排放量不准确，容易出现配额过量的情况；第二，阶段内配额总量确定后往往难以调整，从而失去了灵活性，遇到较大的经济波动就可能出现配额过量或不足的问题。

表 2.20 碳交易体系配额总量比较

碳交易体系	阶段目标	配额总量
EU-ETS	第一期：低于 BAU 期望值 第二期：相比 2005 年减排 6.5% 第三期：相比 2005 年减排 21%	第一期：年度总量为 2 298Mt 第二期：年度总量为 2 083Mt 第三期：初始为 2 039Mt，随后每年递减 37.4Mt
Australia-CPM	固定价格阶段：没有设定 浮动价格阶段：至少保证 2020 年相比 2005 减排 5%	固定价格阶段：没有设定 浮动价格阶段：尚未确定
RGGI	第一期：保持在 2009 年的水平 第二期：较 2009 年水平降低 10%	第一期：年度总量为 1.881 亿短吨 第二期：初始总量为 0.91 亿短吨，随后每年下降 2.5%

碳交易体系	阶段目标	配额总量
Tokyo-CAT	第一期：相比基年减排 6% 第二期：相比基年减排 17%	表现为排放源的减排任务，Phase I 各类排放源的减排任务是相比基年减排 6% 或 8%
California-CAT	第一期：每年度下降 2% 第二、三期：每年度下降 3%	第一期：2013 年为 162.8Mt，2014 年为 159.7Mt 第二、三期：初始为 394.5Mt，随后每年递减约 12Mt

资料来源：作者根据相关材料自行编制。

（三）配额分配及管理

配额分配的方式包括无偿和有偿两种，从现行的碳交易体系来看，多数同时采用这两种方式。表 2.21 对六个碳交易体系的分配方案进行了对比，其中 Tokyo-CAT 全部是无偿分配，其特色在于并不向排放源直接分配配额，而是基于其历史排放量计算出允许排放的量，当实际排放量低于允许排放量时东京都政府将向其发放超额信用；RGGI 几乎所有配额都是有偿分配，其中约 90% 是通过拍卖的方式分配；其他分配方案则灵活采用这两种方式，而且总体呈现两个特点：一是无偿分配的比例在逐渐缩小；二是不同行业或不同碳强度的排放源采用不同的分配方案。此外，这些分配方案还针对一些情况制定了特殊规定：EU-ETS 第三期电力行业配额 100% 拍卖，不过为照顾部分东欧国家，允许这些国家向电力行业免费分配部分配额；NZ-ETS 中造林活动并不是一种抵销项目，而是可以直接赚取配额（NZU）；Australia-CPM 除了通过就业与竞争力项目获得一定数量的免费碳单位，符合条件的发电机组还可以通过能源安全项目获得额外配额支持；RGGI 则在总量之外专门设立了额外的早期减排配额，用于奖励早期减排活动；Tokyo-CAT 则对减排表现优异者进行奖励，降低其承担的减排任务，也即扩大了其允许的排放量；California-CAT 规定未纳入企业如果使用自愿可持续电力，则可以申请撤销相应的配额。

表 2.21　　　　　　　　　　**碳交易体系分配方案比较**

碳交易体系	内　容	特殊规定	免费分配的方法
EU-ETS	第一期：免费分配不低于95% 第二期：免费分配不低于90% 第三期：拍卖比例不低于50%，并逐步提高该比例，其中电力行业100%拍卖 2027年全部行业100%拍卖	第三期允许部分东欧国家向电力行业发放免费配额	第一、二期：主要根据历史排放分配，航空业：基准线法 第三期：52种产品基准线和燃料、热值及生产过程基准线
NZ-ETS	林业、渔业、工业、农业可获得免费配额，此外以25新元每吨出售配额	造林活动可赚取配额	渔业：历史法 林业：每公顷60或39单位 工业：基准线法，并根据不同援助比例调整
Australia-CPM	根据单位碳排放强度确定的碳泄漏行业可获得免费配额，以固定价格出售或拍卖	符合要求的电力机组可获得免费配额	基准线法，并根据不同援助比例调整
RGGI	各州的拍卖比例从57%至99%不等，总体的比例约为90%	设立额外的早期减排配额	
Tokyo-CAT	完全免费分配	减排表现优异者可扩大允许排放量	基于历史排放量计算允许的排放量，当实际排放量低于允许排放量时发放超额信用
California-CAT	电网企业：免费获得配额，再委托政府拍卖 碳泄漏行业：可获得免费配额初期拍卖比例约为10%，随后逐步增加	未纳入企业如果使用自愿可持续电力，则可以申请撤销相应的配额	电网企业：按历史排放确定行业总量，再按企业市场份额分配 碳泄漏行业：产品基准线和能源基准线，并根据不同援助比例调整

资料来源：作者根据相关材料自行编制。

低碳经济转型下的中国碳排放权交易体系

　　无偿分配方式中，最具代表性的方法是历史法（"祖父法则"）和基准线法。历史法以企业的历史排放数据为依据进行分配，并参考其他因素进行调整。EU-ETS 第一、二期，绝大部分成员国采用历史法进行分配，例如，奥地利采用1998～2001 年的排放均值数据作为"分配基础"，免费配额在"分配基础"上再乘以设施的多项减排潜力因子计算得出，包括过程排放、燃料碳强度、热电联产奖励、区域供热奖励、废弃物供热奖励等①。Tokyo-CAT 也采用历史法，其基年排放量指 2002～2007 年间任何连续三年排放的平均值，免费配额为基年排放量扣除减排任务。此外，California-CAT 电网企业的配额也采用历史法。而基准线法的计算方法是，免费配额等于产量（产值或投入量）乘以基准线值，并参考援助比例等因素调整。设定基准线的方法包括：第一，"最佳实践"法，选择单位产品的某个实际排放值为基准，例如，NZ-ETS 和 Australia-CPM 的基准为单位排放量的平均值，EU-ETS 第三期制定的 52 种产品基准线为行业前 10% 设施的单位排放量；第二，"最优可获得技术"法，根据最优可得技术确定基准线，例如 Australia-CPM 新纳入免费分配行业的基准就采用该方法；第三，通用型基准，主要依据单位燃料或热值的碳排放，这主要针对难以制定产品基准线的行业。例如，EU-ETS 第三期制定的燃料基准线、热值基准线和生产过程基准线，还有 California-CAT 制定的能源基准线。有偿分配方式中最常见的方法是拍卖，表 2.22 对比了一些现行的拍卖规定。此外，固定价格出售也是常用的方法，最典型的是 Australia-CPM 的固定价格阶段。

表 2.22　　　　　　　　　　　碳交易体系配额拍卖规则比较

碳交易体系	拍卖形式	价格干预	清算价格	拍卖频率	最小单位
EU-ETS	单回合，封闭竞价	明显低于二级市场价格将取消拍卖	投标以价格降序排列，当投标量达到拍卖量时排序结束，此时价格为清算价；若投标量小于拍卖量时，拍卖取消	周	500 单位
Australia-CPM	顺序升钟	设定价格上限	竞拍量超过拍卖数量时结束，所有竞拍者以上一轮最高价结算	季度	1～1 000 单位

① 齐绍洲，王班班. 碳交易初始配额分配：模式与方法的比较研究 [J]. 武汉大学学报（哲学社会科学版），2013（5）：22.

续表

碳交易体系	拍卖形式	价格干预	清算价格	拍卖频率	最小单位
RGGI	单回合，封闭竞价	设定保留价格	投标以价格降序排列，当投标量达到拍卖量时排序结束，此时价格为清算价	季度	1 000 单位
California-CAT	单回合，封闭竞价	设定保留价格	投标以价格降序排列，当投标量达到拍卖量时排序结束，此时价格为清算价	季度	1 000 单位

资料来源：作者根据相关材料自行编制。

配额管理的重要内容是配额储存和借贷的规定，就先行的碳交易体系来看，一般允许配额储存而不允许借贷。具体而言，EU-ETS 除第一期外允许配额跨期储存；Australia-CPM 固定价格阶段的配额不能储存，而浮动价格阶段拍卖获得的配额可以储存，而且企业可以借用下一有效年份的碳单位来履行责任，但是不得超过本年度履约责任的 5%；Tokyo-CAT 的超额信用可以储存至下一阶段使用，但是不能再储存到第三个阶段；California-CAT 的配额可以永久储存，不过企业所持有配额不得超过一定的持有上限，也不可预借未来配额来履约。

（四）灵活机制及履约机制

抵销机制是碳交易体系中常见的灵活机制，其规定主要涉及两个方面：一是质量限制，主要规定何种类型的抵销信用符合要求；二是数量限制，主要规定抵销信用允许使用的上限，表 2.23 总结比较了六个抵销机制。此外还有一些特殊的规定，例如，Tokyo-CAT 规定抵销信用只能跨期储存一次，即抵销信用在其第三阶段失效。又如，California-CAT 抵销机制的特殊规定是购买者责任制度，即如果抵销信用无效，那么购买者而非项目所有者需承担替换责任。

表 2.23　　　　　　　　　碳交易体系抵销机制比较

碳交易体系	质量限制	数量限制
EU-ETS	第一期仅允许京都机制下 CER，第二期增加了 ERU，禁止核电、水电及林地项目 第三期只认可最不发达国家的 CER、ERU	第一、二期限制由各成员国自行决定，平均而言使用上限为排放量的 13.4% 第三期不能超过减排量的 50%

碳交易体系	质量限制	数量限制
NZ-ETS	京都机制下 CER、ERU、RUM，禁止核项目，2012.12 起禁止 HFC$_{-23}$、N$_2$O、水电等	没有限制
Australia-CPM	固定价格阶段：碳农业倡议下 ACCU 浮动价格阶段：增加京都机制下 CER、ERU、RUM，禁止核电、CHF$_3$、N$_2$O、水电项目，还包括其他许可的国际排放单位	固定价格阶段，ACCU 数量不能超过排放量的 5% 浮动价格阶段，ACCU 数量不受限制，国际排放单位不超过排放量的 50%，京都信用不超过 12.5%
RGGI	第一期限于五种项目：废弃物 CH$_4$ 项目、输配电装置 SF$_6$ 项目、植树造林项目、建筑能效项目、农业 CH$_4$ 项目 第二期增加了森林项目	不能超过减排总量的 3.3% 价格过高时比例可提升至 5% 或 10%，第二期取消该例外
Tokyo-CAT	中小型设施碳信用、可再生能源碳信用、非东京都碳信用、埼玉县碳信用	整体而言没有限制，不过非东京都碳信用不得超过减排义务的 1/3
California-CAT	一般抵销信用：美国森林项目、城市森林项目、牲畜项目、臭氧消耗物质项目 其他抵销信用：早期行动信用和行业信用	抵销信用不得超过排放量的 8%，其中行业信用的使用上限在第一期为 2.5%，在第二、三期为 5%

资料来源：作者根据相关材料自行编制。

　　另一种灵活机制是链接机制，即碳交易体系间达成协议，允许使用对方的配额或信用履约。现行碳交易体系对链接机制多持积极态度，不过实施起来颇为复杂，需要在减排目标、免费配额、MRV 制度、市场监督等方面进行协调。因此，制度相似的碳交易体系建立链接相对容易。目前，California-CAT 与魁北克省总量控制与交易计划、Tokyo-CAT 与埼玉县总量控制与交易计划已经达成了双向链接协议，这两组碳交易体系在制度上高度相似，例如，California-CAT 与魁北克省总量控制与交易计划都是在 WCI 同步设计的。EU-ETS 与 Australia-CPM 也达成了协议，不过双方在制度上差异较大，需要通过协调做出调整。因此双方约定从单向链接开始逐步建立双向链接，为建立单向链接，Australia-CPM 取消了价格下限，并加强了对京都信用的限制；而为建立双向链接，双方还需要在 MRV 制度、第三方配额或信用的类型及数量、抵销机制、碳泄漏相关条款、市场监管等方面进行政策协调。

覆盖的排放源具有递交排放报告和上缴配额的义务，未完成相关义务将面临处罚，表2.24对六个碳交易体系的履约机制进行了对比。

表2.24　　　　　　　　　碳交易体系履约机制比较

碳交易体系	履约期	履约内容	惩　　罚
EU-ETS	1年	每年度递交核查报告 按时上缴配额或信用	未按时履约面临罚款，并补缴所缺配额，第一期每吨罚40欧元，第二期每吨罚100欧元
NZ-ETS	1年	递交年度自评报告 固定能源、交通、工业过程等部门"排二缴一"	未按时履约将处以每吨30新元的罚款，并补缴所缺配额
Australia-CPM	1年	每年度递交报告 固定价格阶段每年度先上缴全年预计排放的75%，第二次上缴剩余部分；浮动价格阶段一次上缴	未按时履约面临处罚，固定价格阶段每吨处以固定碳价格1.3倍的罚款，在自由价格阶段每吨处以年均碳价格的2倍的罚款
RGGI	3年	每期结束后履约，第二期起每年需持有排放量50%以上的配额	未按时履约需上缴所缺部分4倍的配额，且不得使用抵销信用
Tokyo-CAT	5年	每年度递交核查报告 每期结束后次年为调整期，排放源需在该年度末完成履约	未按时履约需补交所缺数量1.3倍的履约工具，若仍未执行可加大处罚力度
California-CAT	3年	每年度递交核查报告 每年需为至少30%的排放履约，剩余部分在该履约期结束后补足	未按时履约需上缴所缺部分4倍的配额，30后仍未上缴可处罚款，还可暂停或限制持有账户

资料来源：作者根据相关材料自行编制。

（五）市场及价格机制

在碳交易体系下，配额和信用的交易市场逐步发展起来，不过由于目前有限的链接，各碳交易体系相对比较独立。碳交易体系的一级市场由政府组织的初始配额拍卖或固定价格出售构成；二级市场主要由覆盖排放源之间的配额和信用的交易组成,除了控排企业外,其他市场参与者还包括交易中介机构、金融服务机构以及投资机构等,而交易产品除了现货外,还发展出了期货、期权等衍生金融工具。目前,EU-ETS 是最大的碳市场,占据了世界碳交易的绝大部分;同时它也是最发达的碳市场,已经发展出碳金融业,为碳市场提供了便利和流动性,也为低碳投资提供了资金支持。Tokyo-CAT 碳交易非常不活跃,主要原因在于排放源不仅免费获得配额,而且有很长的履约期,因此交易的需求不是很强。NZ-ETS 碳市场最大的特点是京都单位占据了相当比例,因为配额的来源主要是有限的免费配额和 25 新元每吨出售的配额,因此没有使用上限的京都单位是不错的选择。而 Australia-CPM、RGGI 以及 California-CAT 一级市场相对更为活跃,这主要是因为政府的拍卖或出售的配额占据了相当比例,二级市场的价格与一级市场保持高度一致。

碳价格的形成方式大致包括三种:第一,市场决定价格,如 EU-ETS 第一、二期;第二,政府固定价格,例如,NZ-ETS 以固定价格出售配额,Australia-CPM 在固定价格阶段也是如此;第三,政府设定价格上限或下限,例如,Australia-CPM 在浮动价格阶段前三年规定价格上限,RGGI 和 California-CAT 在拍卖中设定的保留价格。此外,为了避免价格过高或过低,一些碳交易体系还设计了价格调控机制。EU-ETS 第三期设立了应对碳价波动的机制,当配额价格连续 6 个月超过前两年欧盟碳市场平均价格的 3 倍时,欧委会可以批准成员国拍卖未来配额或新进入者储备中剩余的配额。RGGI 在第一期设计了价格触发机制,即当碳价格达到触发价格时,抵销信用的使用比例将提高;而在第二期,为了更有效地调控价格,用价格控制储备机制取代了价格触发机制,即在配额总量外设定固定数量的配额,并在碳价超过一定水平时出售。Tokyo-CAT 的价格调控机制与 RGGI 第一期类似,即当价格过度波动时,政府将扩大现有履约工具的供给,如该措施仍不能阻止交易价格的过度波动,则将考虑增加履约工具的类别。California-CAT 则建立与 RGGI 第二期相似的配额价格控制储备,不过该储备是配额总量的一部分,并将按三档固定价格出售。

三、对中国的启示

我国在"十二五"规划中明确提出要"积极应对全球气候变化,逐步建立碳排放权交易市场"。随后国家发改委决定在七省市开展碳交易试点,并逐步建立国内碳交易市场。通过对国外六种碳交易体系的对比研究,可以从中得出一些对我国开展碳交易试点有益的启示。

(一) 整体设计方面

第一，在碳交易试点阶段，制度设计应尽可能简单但注重基本能力建设。碳交易体系是一个复杂的政策工具，国外碳交易体系在初期也是问题不断。因此，试点工作不必要求一步到位，制度设计应尽可能简单。具体而言，覆盖范围可集中于大型排放源，总量设定应明确但不必苛求精确，配额分配的参考因素不宜过多。同时，在这一阶段应该侧重基本能力建设，首先是完备的监测、报告与核查制度，只有准确的排放数据才能确保碳交易的公平；其次是可靠的注册登记系统，这是碳交易体系正常运行的基础；最后是便捷的交易系统，以此保证配额的流动性和碳市场的繁荣。

第二，在试点向全国过渡的阶段，应提前布局以协调好国家和地方的关系。在七省市同时开展试点有利于积累更多经验，摸索出适合我国的碳交易体系。但是，七省市试点极可能形成七个不同的体系，在总量、分配、MRV、抵偿机制等方面存在差异，进而成为相互分割的市场。根据 EU-ETS 经验，成员国较大的自由裁量权存在明显缺陷。因此，在试点向全国过渡的阶段，就应该提前布局以协调好国家和地方的关系。具体办法是，首先根据试点情况，制定国家层面的制度框架或指南，引导试点趋向统一，在条件成熟后，再制定统一的规范。

第三，在碳交易体系整个建设过程中，应定期进行评估以图不断完善。碳交易体系的建设并非一蹴而就，需要根据实践经验不断的改进完善。虽然有欧盟等国外经验可供借鉴，但是国内外毕竟存在着巨大的差异，因此定期评估非常重要。首先，通过定期评估能够发现碳交易存在的问题，并有利于及时形成解决方法。其次，可以利用定期评估来逐步完善试点制度建设，包括优化覆盖范围、改进分配模式、加强监督管理等。最后，定期评估为随后的阶段指明了方向，为碳交易体系发出明确的信号。

第四，应同时制定其他减排措施，与碳交易体系相互配合和补充。节能减排领域存在着多种政策工具，包括碳交易体系、补贴、排放标准、能源效率证书、碳税等，这些政策工具有着不同的优点和适用范围。其中，碳交易体系的适用范围有限，需要其他减排措施的配合。不过，不同政策工具之间可能会相互补充也可能会相互矛盾，因此政府部门在同时采取几种政策工具时应考虑其相互作用，尽量协调一致形成合力。

(二) 具体制度设计方面

第一，合理设定配额总量。确定合适的总量对于我国碳交易试点是一个巨大的挑战，这一方面源于历史数据的缺失，另一方面是未来经济增长速度的不确定。目前，我国企业多数没有完整的排放数据，只能从能耗数据换算成排放数据，这必然存在较大偏差。因此，在设计总量机制时，应充分考虑总量过多或过少的对策。一种办法是从严控制总量以确保配额的稀缺性，同时采取措施避免碳价过高拖累经济发展，比如建立价格的安全阀，即碳价超过一定水平时允许政府临时增发配额，或扩大项目信用的使用比例。

第二，防止项目信用泛滥。我国已经出台了《中国温室气体自愿减排交易活动管理办法》，多数试点省市也允许企业使用自愿减排产生的项目信用抵销排放。然而根据欧盟的经验，项目信用很容易出现泛滥的情况。因此，可以考虑只允许获得配额数量少于实际排放量的企业使用项目信用，而且允许使用的项目信用数量应该严格限制在实际排放量和获得配额数量差额的一半以下。

第三，处理好新入和退出规则。在数据不理想的情况下，预计我国碳交易试点对既有设施会以"祖父法则"的方式免费分配配额，这就需要同时处理好新入和退出的分配规则。由于新入者不存在沉淀成本的问题，应该特别鼓励其采用低碳技术，至少不能低于行业的平均水平。因此，对于新入者可以选择基准法的方式分配配额，基准可以定为所在行业既有设施的平均水平。对于退出者，为了避免继续运行无效率的设施，可以考虑采用"转让规则"，允许老设施关闭时将配额转让给新设施。

第四，碳排放核算应尽快建立统一标准。目前，我国缺乏统一的企业或设施碳排放核算标准，各试点省市需自行制定核算标准，并建立相应的 MRV 制度。这不仅造成重复建设，而且不同省市的核算不具有可比性。因此，应尽快建立统一的碳排放核算标准，具体可分三步走：第一步，协调试点省市的数据统计口径；第二步，制定核算框架和 MRV 指南；第三步，建立统一的核算标准和 MRV 制度。

碳交易体系总量设置与行业选择

根据国际碳交易体系的经验，碳交易体系的活跃度与碳交易体系总量设置、行业选择存在紧密联系。碳交易体系的总量设置与行业选择是一项基础性的工作，其合理性决定了碳交易体系未来成功与否。确定碳交易体系的总量与行业选择体现着政府对碳交易体系在地区与行业减排活动中的目标要求和定位，既要考虑控排企业减排成本的有效性和技术可行性，又要使之对减排目标的实现与地区经济结构调整优化做出贡献，还要平衡经济增长和节能减排。一旦确定了碳交易体系总量与覆盖的行业，就可以估算出碳交易体系的总量约束目标与其在地区减排任务中的贡献度。而且，碳交易体系参与主体的特点也在一定程度上决定了采取何种分配制度和 MRV 方法。本章将集中对我国碳交易体系的总量设置和行业选择展开研究。

第一节　比较研究与经验借鉴

理论上，碳交易体系覆盖行业的范围越广，就越能够充分挖掘低成本减排的机会。覆盖行业范围越广意味着碳交易体系总量设置越大，总量的设置又直接体现碳交易体系的减排效果，过于宽松的总量设置意味着碳交易体系没有担负起应有的减排责任。同时，总量又决定着市场上排放配额的稀缺程度，直接决定了配额供求关系从而影响碳价格水平，影响控排企业的履约成本、碳资产管理和减排努力，这在很大程度上决定了碳交易体系能否有效发挥节能减排和优化产业结构、促进绿色低碳发展的功能。但在现实实践中，碳交易体系建设往往需要考虑更多的实际因素，特别是竞争力、碳泄漏、转移排放、管理成本、交易成本等因素，尤其是在碳交易体系建立初期，需要谨慎划定行业、企业范围。在这方面，已有碳交易体系的经验值得总结与借鉴。

一、世界主要碳交易体系总量与行业选择比较

表 3.1 比较了目前世界主要碳交易体系总量设置类型与交易量。

表 3.1　　　　　世界主要碳交易体系总量与行业选择比较

地区排放总量	碳交易体系总量的设置与类型
欧盟碳交易体系（EU-ETS） 排放量：4 611.6MtCO$_2$e（2012）	类型：绝对量 自 2013 年起到 2020 年每年减少 1.74%，相当于 2.04 MtCO$_2$e，2021～2028 年每年减少 2.2%
加拿大魁北克省碳交易体系 排放量：78.3 MtCO$_2$e（2012） MEU：million emission units	类型：绝对量 2013 年：23.20MEU 2014 年：23.20MEU 2015 年：65.30MEU 2016 年：63.19MEU 2017 年：61.08MEU 2018 年：58.96MEU 2019 年：56.85MEU 2020 年：54.74MEU
日本琦玉县碳交易体系 排放量：38.5MtCO$_2$e（2012）	类型：绝对量 2012～2014 年：每年减少 8% 或 6% 2015～2019 年：每年减少 15% 或 13%
日本东京都碳交易体系 排放量：69.6MtCO$_2$e（2012）	类型：绝对量 2012～2014 年：每年减少 8% 或 6% 2015～2019 年：每年减少 17% 或 15%
哈萨克斯坦碳交易体系 排放量：284MtCO$_2$e（2012）	类型：绝对量 2013 年：147MtCO$_2$ + 20.6MtCO$_2$ 预留 2014 年：155.4MtCO$_2$ 2015 年：153MtCO$_2$

地区排放总量	碳交易体系总量的设置与类型
韩国碳交易体系 排放量：697.7MtCO$_2$e（2012）	类型：绝对量 2015 年：573MtCO$_2$e 2016 年：562MtCO$_2$e 2017 年：551MtCO$_2$e 另外三年还有 89MtCO$_2$e 的预留
新西兰碳交易体系 排放量：76MtCO$_2$e（2012）	类型：拍卖 + 免费分配
瑞士碳交易体系 排放量：51MtCO$_2$e（2012）	类型：绝对量 2013 年：5.63MtCO$_2$e 2020 年：4.9MtCO$_2$e 每年减少 1.74%
美国加州碳交易体系 排放量：458.68MtCO$_2$e（2012）	类型：绝对量 2013 ~ 2014 年：162.8/159.7MtCO$_2$e 2015 ~ 2017 年：394.5/38.4/370.4MtCO$_2$e 2018 ~ 2020 年：358.3/346.3/334.2MtCO$_2$e
美国地区温室气体减排倡议（RGGI） 排放量：454.5MtCO$_2$e（2012）	类型：绝对量 2009 ~ 2014：149.7MtCO$_2$；2015 年起每年减少 2.5%，直到 2018 年

数据来源：https：//icapcarbonaction.com/about-emissions-trading/cap-setting.

二、碳交易体系总量设置和行业选择的比较与经验

从已经启动的国外碳交易体系来看，在总量与行业选择上有许多经验值得总结与借鉴，根据表3.1的比较可以总结如下。

第一，从纳入的温室气体种类来看，并没有统一的模式，都是结合本国、本地区的特征和政策目标来确定。比如 EU-ETS 是分阶段覆盖，其中第一、二阶段仅覆盖 CO$_2$，覆盖的 CO$_2$ 排放量仅占全社会排放量的45%左右，第三阶段才覆盖 CO$_2$、N$_2$O、PFC；日本东京都的 ETS 和美国 RGGI 均只覆盖 CO$_2$；而新西兰的 NZ-ETS 和美国的 WCI 则将六种温室气体全部纳入。

第二，从覆盖率即碳交易体系控制的排放量占全社会排放量的比例来看，所

有市场的覆盖率都在 40% 以上，且都设置为碳排放的绝对量。这一方面反映碳交易体系并不能覆盖全社会的排放量，只是从符合一定条件的行业和企业开始；另一方面覆盖率也不能太低，从而有利于达到控制温室气体排放目标，同时控排行业和企业或排放设施数量足够多、减排成本差异足够明显，才可以通过市场化手段，以更低的成本达到节能减排的目的。

根据第二章国际经验比较分析，在行业选择上大致可以总结为以下两点：

第一，在政府主导下，划定碳交易体系包含的行业、企业范围或纳入强制减排企业的门槛，设定排放总量上限，再设置等量的排放配额，并分配给市场主体。但是出于减排的目的，设定的排放配额数量必然小于市场主体的自然排放水平并且每年按照一定的比例递减，从而迫使市场主体开展减排活动。而碳交易体系覆盖的行业、企业范围与排放配额总量的设置直接影响和决定了碳交易体系的发展方向。

第二，从纳入碳交易体系的行业来看，均是基于本国和本地区的产业特点来设计。几乎所有的市场首先将电力行业和工业制造行业纳入交易体系，因为这些行业是主要的温室气体排放源，只是不同的市场纳入企业的门槛不一样。

三、国际经验对我国的启示

上述国际经验对我国碳交易体系的总量设定和行业选择有多方面的启示。

（一）对总量设定的启示

总结和比较国外碳交易体系总量设定的经验，结合我国的国情，我国碳交易体系总量的设定应该采用基于碳强度下降目标的基本思路与步骤。碳交易体系配额总量不宜低于全社会碳排放总量的 40%。总量的设置应该平衡经济增长和节能减排，平衡地区之间的差异，平衡碳交易体系总供给和总需求。坚持总量刚性、结构柔性的原则，即碳交易体系配额总量从紧，但在结构上把总量分为企业初始配额、政府预留配额和企业新增预留配额三个部分，三部分的比例可以根据需要互相调整，期末多余的政府预留和新增预留可以取消。作为发展中国家，我国的碳排放仍未达峰，这就意味着即使我们的总量在几年内保持不变，但相对于不断增长的碳排放量，不变的总量仍然相当于越来越紧。

我国已经向世界承诺，到 2020 年单位 GDP 碳排放相对 2005 年下降 40% ~ 45%，碳交易体系必然要与其他减排政策搭配才能确保全国和各省减排目标的顺利实现，因此，无论是试点省市的碳交易体系还是未来的全国碳交易体系，2020 年之前各年排放总量的设定都应该以此碳强度下降目标作为出发点。依据碳强度下降目标预测碳交易体系总量需要分三步，具体分析参见第二节的理论基础部分。

第一步，依据"基准情景（BAU）"（或者称为"照常排放"情景）的设计原则对我国未来经济增长进行预测，并根据 BAU 情景下期初碳强度与期末经济总量换算出 BAU 情境下的碳排放总量；并根据减排目标，测算出我国到某一时期末的碳排放总量；算出两者之间的差值。例如，以我国 2020 年比 2005 年碳强度下降 40% ~ 45% 的目标进行测算。

第二步，根据碳交易体系的减排目标，分别测算 BAU 情景下和减排目标情景下纳入碳交易体系的所有排放主体的总排放量，并计算出两者的差值。根据第一步和第二步的这两个差值计算碳交易体系对全社会减排量的贡献度。

第三步，依据前两步结果测算出碳交易体系的总量占全国碳排放总量的比例（简称"挂钩"）。在具体"挂钩"方式上，可根据碳交易体系的成熟程度、企业竞争力受到影响的大小以及转移排放等进行灵活设置。不过设置过程要充分透明，以利于碳交易体系的稳定发展。这种把"相对减排"转换为"绝对减排"的做法与 EU-ETS 等"基于历史时期的绝对排放量设定未来碳交易体系排放配额总量"的做法不同，更适合我国当前的情况，因为在我国协调好经济增长与碳减排的关系比单纯控制碳排放更重要。

（二）对行业选择的启示

由于我国碳排放数据统计工作基础薄弱，我国建立碳交易体系之初不可能走类似新西兰等的全覆盖的路线，中国碳交易体系初期只能划定有限范围的行业和企业。

1. 选择对碳价格反应较为敏感的行业

经济社会中的低成本减排机会往往主要存在于部分行业中，找出这些行业，建立有限规模碳交易体系，就能有效降低减排总成本。一般而言，对碳价格反应敏感的行业往往存在较多低成本减排机会。美国环保署曾利用模型模拟各部门进入碳交易体系后的反应，结果表明，如果把电力、交通、制造业等部门同时纳入碳交易体系，电力部门对碳价格反应最敏感，减排量最大，而交通部门反应最迟钝。因此，美国在 2010 年提出以电力部门为主建立碳交易体系的方案。

2. 选择竞争力强的行业

竞争力强的行业才能承受因为控排而增加的成本。另外，非国际竞争行业优先，因为不容易削弱本国企业的出口竞争能力，这也是为什么基本上所有碳交易体系都将电力行业作为首选行业的重要原因之一。反过来讲，如果将国际竞争激烈的行业纳入控排，需要对其采取特别保护措施，这也是国际惯例。

3. 根据减排成本进行选择

所有的碳排放权交易都会从减排成本相对低廉的行业优先开始。另外，如果控排行业是单一行业，还要注意同一行业内不同企业之间减排成本的差异。因为不同企业之间减排成本的差异是交易的前提。如果碳交易体系能够尽量覆盖减排成本差异较大的不同企业，则能最大限度地降低整体减排成本。

4. 根据减排潜力进行选择

国外碳交易体系基本上都是从减排潜力大的行业开始。一是因为减排效果更显著；二是因为这些行业往往排放量大，带来配额的流通量大，减排潜力大又带来实际减排量和配额的交易量大。

5. 选择 MRV 基础好的行业

从 MRV 基础较好的行业开始，一方面好的数据基础可以为碳交易体系总量预测和配额计算与分配提供基础数据保障，使碳交易体系总量与配额更接近实际，保证碳交易体系运行初期的效率与公平；另一方面，MRV 基础好的行业中，企业的节能减排意识和碳资产管理基础能力更强，可以更好地参与碳交易体系，并产生更好的示范效应。

6. 控制管理成本，企业抓大放小

为保证碳交易体系正常运转，需要政府部门、企业及第三方机构付出大量管理成本。将某些排放量很小的部门或者零散的小排放源纳入碳交易体系，所付出的边际管理成本很可能大于边际减排收益。以欧盟为例，相比大型设施经营者约 0.01 欧元/tCO_2 的管理成本，小型设施经营者的成本高达 0.5~3 欧元/tCO_2；所以，第一、第二阶段 EU-ETS 涵盖了单机容量在 20MW 的机组，但是第三阶段允许成员国剔除年排放量小于 2.5 万 tCO_2e 的机组。

针对我国目前所处的经济发展阶段及调整经济结构的需要，我国碳交易体系的覆盖范围还应该特别考虑以下三点：

（1）选择产能过剩的行业；

（2）选择具有良好技术储备的行业；

（3）应考虑将金融行业强制纳入。

第二节　总量设置理论分析

一、碳交易体系总量设置的理论逻辑

为了后文行文的方便，首先需要对一些符号的具体含义给出说明，国家层面

105

的三种总排放量分别假设如下：

Q_n^0 表示一段时期开始时全国碳排放总量；

Q_n^t 表示一段时期结束时全国碳排放总量；

Q_{nBAU}^t 表示一段时期结束时在 BAU 情景下的全国碳排放总量，BAU 情景表示现在的政策未来依然有效，不会有新的政策出台，维持当前碳生产力水平的未来碳排放量；

这里 0 表示一段时期的开始时间，t 表示一段时期的结束时间，n 表示全国范围，BAU 表示在 BAU 情景下。那么，三种总排放量之间有如下定量关系。

$$Q_n^t = CI_n^t \times GDP_n^t \tag{3.1}$$

$$Q_n^t = CI_n^0 \times (1 - r_{nCI}) \times GDP_n^0 (1 + r_{nGDP}) \tag{3.2}$$

$$Q_n^t = CI_n^0 \times GDP_n^0 \times (1 - r_{nCI}) \times (1 + r_{nGDP}) \tag{3.3}$$

$$Q_{nBAU}^t = CI_n^0 \times GDP_n^0 \times (1 + r_{nGDP}) = Q_n^0 \times (1 + r_{nGDP}) \tag{3.4}$$

$$Q_n^t = Q_{nBAU}^t \times (1 - r_{nCI}) \tag{3.5}$$

其中 CI 表示碳强度，r_{nCI} 表示碳强度的下降率，r_{nGDP} 表示 GDP 的增长率，取值都为非负值。三者的具体关系如图 3.1 所示。

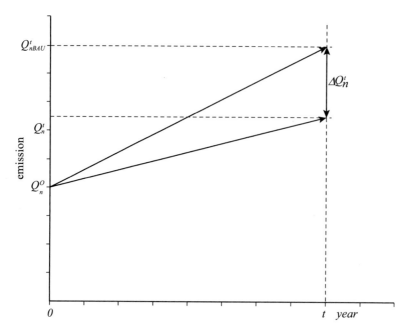

图 3.1　三种国家层面碳排放总量间的关系

根据式（3.5），我们有：

$$\Delta Q_n^t = Q_{nBAU}^t - Q_n^t = Q_{nBAU}^t - Q_{nBAU}^t \times (1 - r_{nCI}) = Q_{nBAU}^t \times r_{nCI} \tag{3.6}$$

碳强度的下降率取决于两个因素：一个是国内自身节能减排与经济转型的环境与动力；另一个是国际上碳减排的责任与义务。

根据相同的理论，碳交易体系总量也可以分为三种排放量：Q_m^0、Q_m^t 与 Q_{mBAU}^t，其中 Q_m^0 表示一段时期开始时碳交易体系覆盖的所有排放主体的碳排放量的总和，Q_m^t 表示一段时期结束时碳交易体系覆盖的所有排放主体的碳排放量的总和，Q_{mBAN}^t 表示在 BAU 情景下一段时间结束时碳交易体系覆盖的所有排放主体的碳排放量的总和。那么同样有：

$$Q_m^t = CI_m^0 \times (1 - r_{mCI}) \times AL_m^0 (1 + r_{ma}) \tag{3.7}$$

此处 CI_m^0 表示纳入碳交易体系的排放主体的整体排放效率水平，而 AL_m^0 表示纳入碳交易体系的排放主体的整体活动水平或者经济产出水平。r_{mCI} 表示碳交易体系排放效率水平的改善，r_{ma} 表示纳入碳交易体系的排放主体经济产出水平的提升率。值得注意的是，r_{mCI} 与 r_{ma} 之间有很大的相关性，而 r_{ma} 是基础数据。那么，我们有如下定量关系：

$$Q_{mBAU}^t = CI_m^0 \times AL_m^0 \times (1 + r_{ma}) \tag{3.8}$$

$$Q_{mBAU}^t = CI_m^0 \times AL_m^t \tag{3.9}$$

$$Q_{mBAU}^t = Q_m^0 \times (1 + r_{ma}) \tag{3.10}$$

碳交易体系中三种排放间的关系如图 3.2 所示。

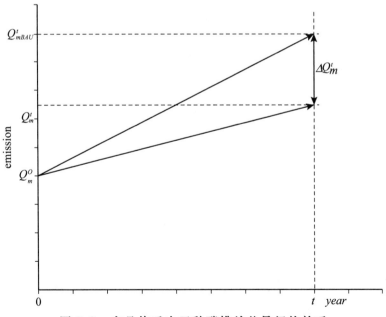

图 3.2　交易体系中三种碳排放总量间的关系

同样地，我们有：

$$\Delta Q_m^t = Q_{mBAU}^t - Q_m^t = Q_{mBAU}^t - Q_{mBAU}^t \times (1 - r_{mCI}) = Q_{mBAU}^t \times r_{mCI} \qquad (3.11)$$

那么，碳交易体系的减排贡献率可以表示为：

$$\delta = \frac{\Delta Q_m^t}{\Delta Q_n^t} = \frac{Q_{mBAU}^t}{Q_{nBAU}^t} \times \frac{r_{mCI}}{r_{nCI}} = \xi_{BAU}^t \times \frac{r_{mCI}}{r_{nCI}} \qquad (3.12)$$

这里 ξ_{BAU}^t 表示碳交易体系的覆盖范围或碳交易体系的总量占全国碳排放总量的比例。那么有：

$$\xi_{BAU}^t = \delta \times \frac{r_{nCI}}{r_{mCI}} \qquad (3.13)$$

通过式（3.13）可知，影响碳交易体系总量设置与覆盖范围的主要有三个因素：δ 表示为一个政策目标，政府期望通过碳交易体系实现多大的减排贡献，这在我国目前的政策设计中并没有明确给出，后文我们将给出一些假设进一步分析。r_{nCI} 表国家碳强度下降目标，目前设定为到 2020 年碳排放强度比 2005 年下降 40% ~ 45%。r_{mCI} 表示纳入碳交易体系的所有排放主体的碳效率的改善水平，这与配额分配的松紧有密切的关系。

由于交易总量的设置与行业选择间存在着密切的联系，需要进一步将覆盖范围分解到各个行业中，具体分析如下：

$$\Delta Q_m^t = Q_{mBAU}^t \times r_{mCI} = \sum_{j=1}^{n} q_{BAU}^j \times r_{CI}^j \qquad (3.14)$$

于是有：

$$r_{mCI} = \sum_{j=1}^{n} \frac{q_{BAU}^j}{Q_{mBAU}^t} \times r_{CI}^j = \sum_{j=1}^{n} \epsilon_{BAU}^j \times r_{CI}^j \qquad (3.15)$$

这里 q_{BAU}^j 表示纳入碳交易体系的行业 j 在 BAU 情景下到时期末 t 的总排放量，ϵ_{BAU}^j 表示行业 j 的排放量占碳交易体系排放总量的比例。r_{CI}^j 表示行业 j 在 BAU 情景下到时期末 t 的碳排放效率的提升率，这主要取决于配额分配在不同行业的松紧程度。那么，可以发现碳交易体系的行业选择，纳入碳交易体系的总量设置决定了配额分配在各个行业的松紧程度，反之，各行业配额分配的松紧也决定着覆盖范围及总量的设置。但是碳交易体系总量的设置具有一定的不确定性，这是因为：

$$Q_m^t = Q_m^0 \times (1 + r_{ma}) \times (1 - r_{mCI}) \qquad (3.16)$$

其中，Q_m^0 取决于纳入碳交易体系主体的数据质量或 MRV 的基础质量；r_{ma} 是未来的经济预期，这不仅受到国内外市场的影响，还受到国家相关政策的影响；r_{mCI} 是减排力度，是由配额的松紧程度决定，但是松紧程度又受到经济形势的影响，是一个相对概念，而非绝对概念。在经济形势好的时候，各主体产量增加，配额分配偏紧会起到约束作用，促进生产主体的减排行为。但是，在经济形势不好的时候，各生产主体会减产甚至停产以应对经济冲击，这时生产主体的配额宽松，导致配额供应过剩，并不会对企业的减排行为产生影响。

因此，后文的讨论将在一定假设基础上进行定量分析，以期能对我国碳交易体系的总量设置与行业选择有一个较为明确的量化分析。

二、碳交易体系总量设置的理论模型

根据上一节对碳交易体系总量的设置与行业选择的理论基础分析，并为了研究的可行性，这里我们对碳交易体系总量设置与行业选择的优化目标进行简化，主要保障三大优化目标：减排贡献率最大化、减排成本最小化（或者说由于减排引起的宏观经济损失最小化）、碳市场交易活跃度最大化。那么，基本的思路就是在三个目标之间寻找一个妥协解，使得该妥协解的效率损失最小。

（一）目标函数

根据上述理论，基本模型如下：

$$minD = (Z_{GDP} - Z_{GDP}^*)^2 + (Z_{emi} - Z_{emi}^*)^2 + (Z_{act} - Z_{act}^*)^2 \tag{3.17}$$

其中，D 表示欧几里得空间距离，代表效率损失度量。Z_{GDP}、Z_{emi}、Z_{act} 分别表示减排成本总量或因减排引起的经济损失、碳交易体系的总量以及碳市场交易的活跃度。而 Z_{GDP}^*、Z_{emi}^*、Z_{act}^* 分别表示减排成本、碳交易体系总量及市场交易活跃度的最优值或者理想值。

（二）约束条件

约束条件主要分为一般均衡约束、非负约束与能耗总量约束。一般均衡约束是指每个行业或部门的产出和进口之和必须等于最终消费加上其他部门的中间需求，并且计划年份最终需求不应低于 2007 年（投入—产出表年份）的最终需求，这与许多研究的设置是一致的（Hsu & Chou，2000；杨浩彦，2000；Chen，2001；范英，2012）；非负约束是要求模型的解是有意义的；能耗总量约束是根据国家推出的能源消费总量控制计划进行设置。

一般均衡约束：

$$F = (I - A + M)X \geqslant F_{2007}$$

非负约束：

$$Z_{GDP} \geqslant 0，Z_{emi} \geqslant 0，Z_{act} \geqslant 0，X_i \geqslant 0 (i = 1，2，\cdots，n)$$

109

能耗总量约束：

$$\sum_{i=1}^{n} r_i \cdot X_i \leq E_m$$

这里 F 为计划年份的各行业或部门最终使用需求量（$n \times 1$ 的矩阵）；I 为单位矩阵；A 为 $n \times n$ 的中间投入系数矩阵；M 为 $n \times n$ 的进口系数对角阵；X 表示 n 个部门的产出向量（即 $n \times 1$ 的矩阵）；F_{2007} 为2007年各部门的最终使用需求向量（$n \times 1$ 的矩阵）[①]；r_i 为第 i 个部门的能耗系数，E_m 为能耗最大量。

根据上述理论模型中的三个目标值，分别是减排量最大、减排成本最小和市场活跃度最优。模型求解的基本思路是在三个最优目标值之间通过计算机模拟与仿真，找到最优的妥协解，使得妥协解的效率损失最小。

（三）求解方法与步骤

第一步，根据我国到2020年减排目标情景测算我国未来碳排放总量及各行业的碳排放总量；第二步，测算各个行业的减排成本；第三步，确定碳市场的最优活跃度。碳市场活跃度取决于减排成本的差异度，理论上差异越大交易就会越活跃，而减排成本趋同，则交易活动会减少。因此市场活跃度可使用减排成本的离差度来表征，即减排成本的方差。而后根据式（3.17）利用计算机进行碳交易体系不同减排贡献度的仿真与模拟。

第三节　我国 2020 年与 2030 年碳排放情景分析

一、我国 2020 年二氧化碳排放情景分析

（一）国内外研究结果比较

随着中国成为世界碳排放第一大国，针对中国未来的碳排放，众多研究机构开展了深入的研究，我们选择6家国内外著名研究机构的研究成果进行比较，在此基础上确定我国最优的减排量，并提出我国未来碳排放量最适的可能范围。

[①] 目前最新的投入—产出表为2007年的，因此只能用2007年的数据作为参照年。

我们选择的 6 家研究机构包括中国国家发展改革委能源研究所（Energy Research Institute，ERI）、国际能源署（International Energy Agency，IEA）、美国劳伦斯-伯克利国家实验室（Ernest Orlando Lawrence Berkeley National Laboratory，LBNL）、英国丁铎尔气候变化研究中心（Tyndall Center for Climate Change Research，Tyndall）、麦肯锡公司（McKinsey & Company，McKinsey）、联合国发展计划署（United Nations Development Program，UNDP）。这 6 家研究机构根据不同的情景假设，分析了中国未来不同的碳排放情景。6 家机构的研究方法和情景假设各有特点，较为集中地代表了该领域预测碳排放总量的主流研究方法和情景假设，但研究结果并不完全一致。这些研究既丰富了人们对中国未来碳排放趋势的理解，能更好地把握中国未来碳排放的趋势；同时，由于研究结果之间较大的差异性，使人们认识到中国未来碳排放的不确定性。通过比较各个研究结果的异同，可以为我国设定碳交易体系总量和覆盖范围提供重要依据。表 3.2 总结比较了这 6 家研究机构的研究方法、情景假设和研究结果。

表 3.2　　　　　　　各研究机构的方法、情景与结果比较

研究机构	研究方法	情景设置	研究结果（CO_2e）
ERI	混合方法：自上而下的动态 CGE 模型（包含 20 个部门），自下而上的 IPAC-AIM 模型	节能情景：2005～2050 年年均增长速度 7.5%，代表经济发展研究中较高的经济发展速度区间。高消费模式，全球投资，关注环境，但是先污染后治理，技术投入大，技术进步快速。2040 年左右达峰，排放量约为 127 亿吨	2005 年：约 53 亿吨 2020 年：约 100 亿吨 2050 年：约 120 亿吨
		低碳情景：考虑中国的可持续发展，能源安全，经济竞争力，所能实现的低碳发展情景。充分考虑节能、可再生能源发展、核电发展，同时对碳捕获与储存（CCS）技术有所利用。在中国经济充分发展情况下对低碳经济发展有一定的投入。2050 年以前不会出现峰值，但是自 2020 年以后碳排放增长缓慢	2005 年：约 53 亿吨 2020 年：约 78 亿吨 2050 年：约 87 亿吨
		强化低碳情景：全球一致减排，实现较低温室气体浓度目标，主要减排技术进一步得到开发，成本下降更快，中国对低碳经济投入更大，CCS 的利用得到大规模发展。2030 年左右达峰，其排放量约为 82 亿吨	2005 年：约 53 亿吨 2020 年：约 75 亿吨 2050 年：约 51 亿吨

研究机构	研究方法	情景设置	研究结果（CO_2e）
IEA	自下而上的数学模型，包含6个供应和需求模块；24个国家和地区，中国是其中的一个	基线情景：情景期内不出台新的能源和气候变化政策。2050年以前不会出现峰值，且碳排放保持较高的增长	2010年：约69亿吨
			2020年：约96亿吨
			2030年：约116亿吨
		蓝图情景：假设2050年全球碳排放减少到当前水平的一半，在这样的目标下，以成本最低来选择各种低碳技术的使用程度。2020年左右出现峰值，其排放量约为84亿吨	2010年：约66.3亿吨
			2020年：约84亿吨
			2030年：约71亿吨
LBNL	自下而上，以技术和终端使用为基础的核算模型，包含5个终端用能部门，10个供应侧和加工转换部门	持续改善情景：单位GDP能耗持续下降，达到工业化国家的水平。2030~2035年间达峰，其排放量约为120亿吨	2005年：约58亿吨
			2020年：约100亿吨
			2050年：约112亿吨
		加速改善情景：采取更积极的行动，在近期和中期内，各子部门逐渐采取当前可获得的最佳技术，一段时间后全部使用。2030年左右达峰，排放量约为117亿吨	2005年：约58亿吨
			2020年：约100亿吨
			2050年：约107亿吨
		有CCS的持续改善情景：煤电行业大量采用CCS，2050年碳捕获量达5亿吨二氧化碳。2030年达峰，排放量约为97亿吨	2005年：约58亿吨
			2020年：约96亿吨
			2050年：约73.5亿吨
Tyndall	回望：根据累计碳排放预算和两个中期路径	S1：全球450ppm目标下，依据2050年人均排放趋同的原则，1990~2100年累积碳排放预算为70GtC，2020年前参照ERI路径2，2020年达到碳排放峰值，排放量约为62亿吨	2005年：约53亿吨
			2020年：约62亿吨
			2050年：约18亿吨
		S2：全球450ppm目标下，按照2050年单位GDP碳耗趋同的原则，1990~2100年累积碳排放预算为111GtC，2030年前参照ERI路径2，2030年达到碳排放峰值，其排放量约为70亿吨	2005年：约53亿吨
			2020年：约62亿吨
			2050年：约42亿吨

研究机构	研究方法	情景设置	研究结果（CO_2e）
Tyndall	回望：根据累计碳排放预算和两个中期路径	S3：全球450ppm目标下，大致依据2050年人均排放趋同的原则，2020年前参照IEA路径3，2020年达到碳排放峰值。由于2020年前碳排放巨大，基本不可实现70GtC预算，将其累积碳排放预算扩大为90GtC	2005年：约53亿吨
			2020年：约87亿吨
			2050年：约29亿吨
		S4：全球450ppm目标下，按照2050年GDP碳耗趋同的原则，1990～2100年累积碳排放预算为111GtC，2030年前参照IEA路径3，2030年达到碳排放峰值，排放量约为93亿吨	2005年：约53亿吨
			2020年：约87亿吨
			2050年：约22亿吨
McKinsey	自下而上：以减排潜力和成本为基础，对10个工业部门的排放进行分析	基线情景：考虑所有现行的政府提高能效的政策、清洁能源目标，以及环保项目，相对应的成本和收益都已系统性地纳入基准情景的GDP增长假设中，并且中国在2030年不显著增加水泥、基础化工材料、钢铁等高能耗原材料产品的出口；中国在未来的二三十年时间稳步提升其工业品质量及工业流程能源效率，并广泛考虑一系列成熟并经证明行之有效的技术	2005年：68亿吨
			2020年：没有给出
			2030年：145亿吨
		减排情景：在基准情景的基础上，进一步提高能源效率、采用分解非碳温室气体以及碳捕获和储存技术、投资清洁能源和扩大碳汇。这二三十年没有任何重大的技术革命，而是着眼于那些已经被人们较好地掌握，且具备商业化应用前景的减排措施。但是气候变化政策框架或燃料价格变动等可能造成的突发影响不在考虑范围之内	2005年：68亿吨
			2020年：没有给出
			2030年：78亿吨

续表

研究机构	研究方法	情景设置	研究结果（CO_2e）
UNDP	自下而上：PECE 技术选择模型	参考情景：施加一定的额外政策，但不考虑强制性的减排措施。2050 年前不会达峰，且碳排放增长较快	2005 年：约 58 亿吨
			2020 年：约 112 亿吨
			2050 年：约 160 亿吨
		控排情景：进一步采取多种政策，实现产业结构和能源结构转变，2050 年以前不会出现峰值，但碳排放增长缓慢	2005 年：约 58 亿吨
			2020 年：约 80 亿吨
			2050 年：约 92 亿吨
		减排情景：把 2030 年定为峰值年，排放量约为 88 亿吨，并力争在 2050 年实现最大减排量	2005 年：约 58 亿吨
			2020 年：约 80 亿吨
			2050 年：约 58 亿吨

资料来源：根据李惠民、齐晔，2013；姜克隽、胡秀莲等，2012；Mckinsey & Company，2011；Berkeley lab，2011；IEA，2012；Tyndall，2011。由作者整理。

从情景比较的角度来看，各研究情景存在明显的差别。除 ERI 低碳情景外，其余情景均出现了碳排放峰值。其中，ERI 强化低碳情景，LBNL 加速改善情景和有 CCS 的持续改善情景，Tyndall S2 和 S4 减排情景，碳排放峰值年均出现在2030～2035 年左右；其排放峰值分别为 82 亿吨、97 亿吨、117 亿吨、93 亿吨、88 亿吨。TyndallS1 与 S3 以及 IEA 蓝图情景，由于设定了严格的全球减排目标，排放峰值在 2020 年即出现，其排放峰值分别为 63 亿吨、88 亿吨、84 亿吨。McKinsey 只给出了 2030 年的排放量，从其数值来看，2030 年基线情景下排放量与 IEA 基线情景和 ERI 节能情景相当，由于其减排情景描述的是最大的技术减排潜力，该情景下的碳排放量远小于其他研究，仅略高于 Tyndall S1。随着时间的推移，比较情景较基准情景的减排量逐步增大。2010 年，各研究机构的比较情景较基准情景的最大减排量仅为 8 亿吨；2030 年，最大减排量达 50 亿吨，接近中国 2005 年的年排放量；2050 年最大减排量更高达 110 亿吨。这充分说明，采取有效的减排措施，可以大大降低中国的碳排放量，从而为世界的碳减排做出巨大贡献。

不同研究机构在不同情景下的碳排放量具有不同的趋势。ERI 节能情景下，碳排放量在 2010～2040 年保持增长，2040～2050 年出现下降趋势；LBNL 持续改善情景下，中国在 2030 年左右即出现碳排放峰值，之后缓慢下降；IEA 基线情景，碳排放量保持持续增长，2050 年之前不会出现碳排放峰值。2030 年，ERI、IEA、LBNL 各基准情景下的碳排放量基本相当，但之后出现了较大差异。

通过以上研究结果的比较，可以看出在 2020 年以前我国碳排放都将以较快的速度持续增长，除非设定严格的减排目标并严格执行，我国在 2020 年才有可能达到峰值。在 2020 年我国碳排放的区间范围为 62 亿~120 亿吨，可见 2020 年我国碳排放的不确定性非常大，不同的发展路径排放量也有较大差别。

（二）我国 2020 年二氧化碳减排目标分析

2009 年 11 月 25 日，在哥本哈根气候大会上中国政府承诺，到 2020 年我国单位国内生产总值 CO_2 排放比 2005 年下降 40%~45%。这一承诺，不仅表明了中国政府应对气候变化的态度，也对我国 2020 年二氧化碳减排总量给出了具体目标设置。

1. 对 40%~45% 目标的剖析

对这个承诺目标我们首先需要明确两点：

一是此承诺所指的二氧化碳排放特指化石能源消耗引起的排放和水泥、钢铁、建材等生产过程的排放，但不包括土地利用转换引起的排放，也不包括生态建设的（固碳）二氧化碳负排放。

二是 GDP 计量必须是 2005 年的不变价格，不能是名义 GDP（即要排除通胀因素），同时只能以人民币为计量单位，不能以美元为计量单位（即要排除汇率变动因素）。在这样的前提下，我们可以根据不同的情景设置，计算出到 2020 年我国 CO_2 的排放总量。

2. 我国二氧化碳排放强度现状分析

根据《中国统计年鉴》2015 年统计数据，我国 2005~2014 年的 GDP（按 2005 年不变价格计算）总量从 18.49 万亿元增加到 42.81 万亿元，见图 3.3。

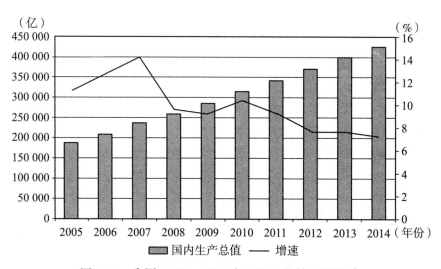

图 3.3　我国 2005~2014 年 GDP 总量与增长率　*115*

2005～2014 年，我国碳排放强度连年下降，平均复合下降率为 4.61%，2010 年碳强度比 2005 年下降了 21.27%，基本完成国家"十一五"制定的战略目标，而 2014 年碳强度比 2005 年下降了 33.4%，如图 3.4 所示。

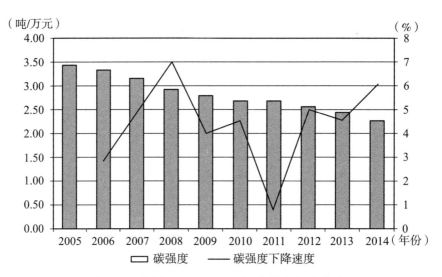

图 3.4　我国 2005～2014 年碳强度与变化率

3. 情景分析

表 3.3 给出了 6 家研究机构对我国 GDP 增速的预测与判断，这可为我们的情景设置提供参考与依据。

表 3.3　　　　　　　　　6 家研究机构 GDP 增速设置比较　　　　单位：%

时间范围	ERI	IEA1	LBNL	Tyndall2				McKinsey	UNDP
				S1	S2	S3	S4		
2010～2020 年	8.38	6.58	7.76	5.77	5.91	4.98	4.87	8.20	6.60
2020～2030 年	7.11	4.40	5.85	4.30	5.90	4.89	4.74	6.50	5.50
2030～2040 年	4.98	3.80	4.09	3.79	5.62	5.26	3.24	—	4.50
2040～2050 年	3.60	3.80	2.82	3.28	4.03	4.19	3.74	—	3.50

表 3.3 中 6 家研究机构对我国 GDP 增速在 2010～2020 年期间的设置在 4.87%～8.38%，并且我国经济增长已经进入"新常态"，2014 年经济增速为 7.4%。因此，我们假定到 2020 年之前，我国 GDP 的平均增长率低、中、高三种情景较为合理的设置分别为 5.5%、6.5% 和 7.5%，则 2020 年相对 2005 年的不变 GDP 将分别为 53.74 万亿元、59.05 万亿元和 64.84 万亿元。根据美国橡树

岭国家实验室数据库（CDIAC）、欧盟全球大气排放数据库（EDGAR）及利用表3.2 的碳排放计算结果[①]，2005 年我国通过化石能源燃烧和水泥生产排放的 CO_2 总量为 53 亿 ~58.11 亿吨，本书选择橡树岭的数据 56.87 亿吨进行核算。则 2005 年我国碳排放强度为 56.87/18.49 = 3.06 吨 CO_2/万元（RMB）。以 2005 年的排放强度为基准，我国 2020 年的碳排放强度目标比 2005 年下降 40% ~45%，那么，到 2020 年碳强度目标为：

$$2020 \text{ 年碳强度} = 2005 \text{ 年碳强度} \times (1 - \text{减排目标幅度}) \qquad (3.18)$$

此处"减排目标幅度"分别为 40% 或 45%，那么 2020 年碳强度将分别降低到 1.683（3.06 × 0.55）至 1.836（3.06 × 0.6）吨 CO_2/万元（RMB），可排放的 CO_2 总量则增加到 90.44（1.683 × 53.74）至 119.05（1.836 × 64.84）亿吨。我们同时可得到不同经济增速的 BAU 情景下到 2020 年我国的碳排放总量分比为 164.44（53.74 × 3.06）亿吨、180.72（59.05 × 3.06）亿吨与 198.41（64.84 × 3.06）亿吨。以联合国公布的预测人口计算，该年我国的人均碳排放量将从 2005 年的 4.28 吨 CO_2 增加到 6.36（90.44/14.21）至 7.68（109.13/14.21）吨 CO_2（详见表 3.4）。

表 3.4　　　　　　　　2020 年我国二氧化碳排放量估算

GDP 平均增速	减排目标	2020 年 GDP 总量（万亿元）	BAU 情景下排放量（亿吨）	2020 年人均 GDP（万元）	2020 年碳排放总量（亿吨）	ΔQ_n^{2020}（亿吨）	2020 年人均年排放量（吨 CO_2）
5.5%	40%	53.74	164.44	3.78	98.67	65.77	6.94
	45%				90.44	74	6.36
6.5%	40%	59.05	180.72	4.15	108.42	72.3	7.63
	45%				99.38	81.34	6.99
7.5%	40%	64.84	198.41	4.56	119.05	79.36	8.38
	45%				109.13	89.28	7.68

我国政府在 2009 年哥本哈根气候大会上曾明确承诺：我们将坚定不移地为实现、甚至超过这个目标而努力。这就可以理解为 40% ~45% 的相对减排是我国的最低目标，未来我国总的减排量可能更高。

4. 2020 年碳排放总量设定

虽然国际上 6 家研究机构对 2020 年我国碳排放的预测存在较大的差异，其

---

① 此处碳排放数据包括了化石燃料燃烧与水泥生产过程产生的二氧化碳排放。

关键因素是对 2010 年到 2020 年的 GDP 增速设置存在较大差异，从而导致碳排放量存在较大差异。如果从碳强度的角度进行比较，则呈现出一定的规律性。从基准情景来看，2020 年较 2005 年，UNDP、IEA、LBNL、ERI 的研究结果分别下降 30%、40%、43%、47% 左右。碳排放强度下降水平接近于中国政府提出的"2020 年碳排放强度较 2005 年下降 40%~45%"的政策目标。

从上述研究的比较情景来看，2020 年较 2005 年，IEA 蓝图情景、LBNL 加速改善情景、UNDP 控排情景、UNDP 减排情景分别下降 48%、48%、50% 与 50% 左右。由此比较可知，按照我国政府提出的到 2020 年比 2005 年碳排放强度下降 40%~45% 是最佳的碳排放总量区间。未来 5 年，中国 GDP 的增速基本应稳定在 6.5%~7.5%，综合考虑我国的各种实际情况，到 2020 年我国碳排放总量的最佳区间应为 99 亿~119 亿吨。

二、我国 2030 年碳排放峰值量分析

2014 年 11 月 12 日，中美在北京发布应对气候变化的联合声明。中方首次正式提出 2030 年左右中国碳排放有望达到峰值，并计划到 2030 年将非化石能源在一次能源中的比重提升到 20%。虽然我国提出的达峰时间为 2030 年，但是达峰时的二氧化碳排放量却没有给出。

（一）我国碳排放总量现状分析

根据美国橡树岭国家实验室数据库（CDIAC）、欧盟全球大气排放数据库（EDGAR）及利用表 3.2 的碳排放计算结果，可得我国 2005~2014 年二氧化碳排放量从 2005 年的约 56.87 亿吨上涨到 2014 年的 97 亿吨，具体见图 3.5。

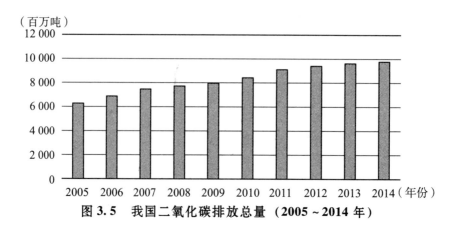

图 3.5　我国二氧化碳排放总量（2005~2014 年）

由图 3.5 可知，我国 2013～2014 年二氧化碳排放量约为 97 亿吨，这表明未来我国达峰时二氧化碳排放量将超过 100 亿吨，在 2030 年之前，我国应积极采取减排措施来压缩二氧化碳的增长空间。

（二）我国 2030 年达峰情景比较分析

根据前文各个研究机构研究结果的比较，其中 ERI 强化低碳情景，LBNL 加速改善情景和有 CCS 的持续改善情景，Tyndall S2 和 S4 减排情景，碳排放峰值年均出现在 2030～2035 年左右；其排放峰值分别为 82 亿吨、97 亿吨、117 亿吨、93 亿吨、88 亿吨。由于我国 2014 年二氧化碳排放约达 97 亿吨，可以看出，相关研究对我国到 2030 年的二氧化碳排放量整体上偏少，仅有 LBNL 加速改善情景与 CCS 的持续改善情景还存在可能，而其他情景已经不能较好地刻画我国 2030 年的碳排放路径。由于我国经济发展已经进入到"新常态"，经济增速将在未来保持中高速水平，预计到 2030 年将从目前的 7% 降到 5% 左右（见表 3.2），这与 LBNL 对我国经济增速的假设比较接近。因此，可以预测到 2030 年我国二氧化碳达峰时的排放量将达到 120 亿吨左右。

第四节 我国工业行业二氧化碳减排成本核算

一、二氧化碳减排成本方法学简述

在现有文献中，二氧化碳减排成本（carbon abatement/mitigation /reduction cost）有不同的表述方式，其内涵也不相同。常见的表达有边际减排成本（marginal abatement cost，MAC）、平均减排成本（average abatement cost）与影子价格（shadow price）。

其中，边际成本是指在一定产量水平下，每单位新增的产量（销量）带来的总成本（包括不变成本和可变成本）的增量。二氧化碳可视为一种非期望产出（undesirable output），其边际减排成本即是指在一定生产水平下，每减少一单位碳排放带来的产出的减少量或投入的增加量。边际减排成本可以反映一种或一类减排技术的减排潜力，根据其绘制的边际减排成本曲线（marginal abatement cost curve，MACC）能够直观地反映出某个减排目标或政策的相关成本。二氧化碳的平均减排成本的推导很简单，首先对 MACC 积分推导出短期减排总成本，然后除以减排量即可得到。影子价格是指在生产消耗、产品价格等已知条件固定的情况下，对资源合理配置和优化组合后，某种资源增加一单位所能带来的边际收益。作为一种非期望产出，二氧化碳的影子价格表示每减少一单位碳排放导致的收益或产出的减少量，可用于估计 MAC。当样本数据越微观时，二氧化碳的影子价格越接近真实的 MAC。

研究二氧化碳减排成本的方法大致可以分为三类：一是事后统计，对减排措施实施后的成本情况进行调查，获得相关数据，测算不同减排措施成本；二是事前估计，利用宏观经济模型（如 LEAP 模型、CGE 模型、MARKAL-MACRO 模型、多目标规划模型），研究不同经济发展或技术情境下减排成本问题，但这种方法对数据的要求较高；三是在减排成本与减排量之间建立回归方程进行参数估计。

目前，一个相对来说更新，运用也更广泛的方法是采用产出距离函数估计减排成本。产出距离函数把生产过程中的"期望产出"和"非期望产出"都考虑到模型中。"非期望产出"例如二氧化碳、二氧化硫等，是"期望产出"的某种副产品。通过估计谢泼德距离函数（Shephard distance function，SDF）刻画环境生产技术并利用对偶理论得到非期望产出的影子价格。二氧化碳的影子价格可以反映在给定经济和技术条件下，边际碳减排导致的期望产出的损失（边际减排成本）。而方向性距离函数（directional distance function，DDF）相对谢泼德距离函数而言，能够奖励企业期望产出增长和非期望产出减少，更符合碳减排政策和低碳经济的发展要求。此类模型可分为参数和非参数模型。参数方法要预先设定距离函数的函数形式，但计算影子价格时较为方便；非参数方法基于数据包络分析（data envelopment analysis，DEA），在形式上相对更加灵活。

综上所述，后文我们将采用方向性距离函数通过非参数的数据包络分析计算各行业的二氧化碳的影子价格，并视作二氧化碳的边际减排成本。

二、减排成本的理论模型

（一）环境技术

工业生产会排放温室气体、废气、废水及固体废弃物等污染物，这种不受欢迎的副产品，被称为"坏"产品，而正常的产出则称之为"好"产品。包括"坏"产品在内的产出与投入之间的技术结构关系，被称为环境技术。环境技术与传统的投入产出技术结构不同，在投入一定的情况下，减少环境污染排放需要投入净化设备，相应地会减少"好"产品生产的投入，导致"好"产品减少。污染物与"好"产品的这种特性被称为联合弱可处置性，即"好"产品在一定的技术条件下具有同比例增减特性，且"坏"产品是"好"产品生产不可避免的副产品。为了描述方便，我们先引入一些符号。

令 $y = (y_1, y_2, \cdots, y_m) \in R_+^m$ 表示期望产出向量，如 GDP、工业增加值等，$b = (b_1, b_2, \cdots, b_n) \in R_+^n$ 表示非期望产出向量，如温室气体、二氧化硫等，$x = (x_1, x_2, \cdots, x_m) \in R_+^m$ 表示技术条件不变情况下的投入向量，如资本存量、能源消费量、劳动力投入等。此外，由一个凸的有界闭集 $P(x)$ 来表示所有可能产出的集合，记为：

$$P(x) = \{(y, b) \in R_+^{m+n} : x \text{ 能生产} (y, b)\}$$

代表环境技术的可能产出集合 $P(x)$ 具有如下性质：

1. 当 $x = 0$ 时，则有 $y = 0$；

2. 投入是强可处置性的，即如果投入增加了，产出不会减少。也就是说，如果有 $x' \leq x$，那么 $P(x') \subseteq P(x)$；

3. 期望产出具有强可处置性，即如果 $(y, b) \in P(x)$ 且 $y' \leq y$，则有

$$(y', b) \in P(x)$$

4. 期望产出与非期望产出满足联合弱可处置性，即工厂同等比例地同时缩减期望产出与非期望产出是可能的，也就是说，如果 $(y, b) \in P(x)$，并且 $0 \leq \theta \leq 1$，那么 $(\theta y, \theta b) \in P(x)$。

5. 期望产出满足强可处置性，即对"好"产品产出量的减少没有限制，即可以在其他条件不变的情况下降低"好"产品的产出量。如果 $(y, b) \in P(x)$，并且 $(y_0, b) \leq (y, b)$，那么 $(y_0, b) \in P(x)$。

（二）方向性环境生产前沿函数

环境技术是衡量环境技术效率的基础，环境技术实质上给出了环境产出的可能边界，即给定投入 x 下，最大产出、最小污染的集合。基于环境生产前沿，可以测度环境技术效率。衡量环境技术效率，有两种思路：第一种思路是给定参考技术和污染物 b 条件下，计算期望产出的实际产量与最大产量之间的比率。这种衡量环境技术效率的方法经常会招致批评，特别是在环境污染严重时期，因为公众的愿望往往是在工业快速增长的同时减少污染排放。为此，提出了衡量环境技术效率的第二种思路：既要求产出增长，又要求污染减少。这就是方向性环境距离函数。方向性环境距离函数值测度了在给定方向、投入和技术结构下，期望产出扩大和非期望产出缩减的可能性大小。这与传统的产出距离函数的含义不同。

令 $g = (g_y, g_b)$ 为方向性向量，并且 $g \neq 0$，根据以上性质，环境方向性距离函数定义为：

$$\overrightarrow{D}_0(x, y, b; g_y, g_b) = \max\{\beta : (y + \beta g_y, b - \beta g_b) \in P(x)\}$$

该产出距离函数满足"传递性"，即：

$$\overrightarrow{D}_0(x, y + \alpha g_y, b - \alpha g_b; g_y, g_b) = \overrightarrow{D}_0(x, y, b; g_y, g_b) - \alpha, \alpha \in R$$

从某种意义上来说，产出距离函数的值，可以反映出企业的生产效率。如果

$$\overrightarrow{D}_0(x, y, b; g_y, g_b) = 0,$$

可以说这个企业在 $(g_y, -g_b)$ 方向上是有效率的，如果 $\overrightarrow{D}_0$ 大于零，则可说明企业在该方向上存在一定程度的无效率。

该方向距离函数可采用参数估计与非参数估计两种方法进行估计。本研究将根据李等（Lee et al., 2002）和金子等（Kaneko et al., 2009）的设定，采用非参数估计方法，因为此方法不需要任何前期假设，且对数据的要求不高。本研究用来估算环境方向性距离函数的分段线性生产技术和线性规划问题设定为：

$$\overrightarrow{D}_0(x_i, y_i, b_i; y_i, -b_i) = \max_{\beta, \lambda} \beta$$

$$\text{s. t} \quad (1) Y\lambda \geq (1 + \beta) y_i;$$
$$(2) B\lambda \leq (1 - \beta) b_i;$$
$$(3) x\lambda \leq x_i;$$
$$(4) I^T \lambda \leq 1, \beta, \lambda \geq 0$$

其中，X、Y 和 B 代表所有决策单位的投入矩阵和好、坏产出矩阵；I 为单位列向量；λ 为强度列向量，表示 1 个单位的资源在多大程度上被用来投入生产，即把前沿内决策单位映射到该生产前沿之上的权重。李等（2002）比较了选择不同的方向向量对计算结果的影响，金子等（2010）在研究中选择了 $(g_y = y, g_b = b)$，在本研究中为了方便比较不同行业在保持经济产值不减少的前提下，通过减少碳排放来衡量各个行业的边际减排成本。我们将方向性向量定义为：

$$g = (g_y, g_b) = (0, b)$$

（三）二氧化碳影子价格

非期望产出，例如二氧化碳等温室气体，通常没有市场价格。博伊德等（Boyd et al., 1996）和李等（2002）提出了利用基于 DEA（数据包络分析）的方向距离函数测度非期望产出经济价值的方法，并把计算结果作为非期望产出的影子价格或边际减排成本。

令 $P = (p_1, p_2, \cdots, p_m)$ 表示期望产出的价格向量，$Q = (q_1, q_2, \cdots, q_n)$

表示非期望产出的价格向量，$W = (w_1, w_2, \cdots, w_k)$ 表示投入的向量，则收益函数可定义为：

$$\pi(W, P, Q) = \max_{x, y, b} \{Py^T - Wx^T - Qb^T : (y, b) \in P(x)\} \tag{3.19}$$

$\pi(W, P, Q)$ 表示给定投入可能得到的最大收益。显而易见，非期望产出对收益函数存在负向的影响，这也就意味着减少非期望产出是有成本的。

对于生产前沿而言，每一种产出总是落在生产前沿线上或生产前沿线形成的凸闭集中，因此有：

$$\vec{D}_0(x, y, b; g_y, g_b) \geq 0$$

换句话说，$(y, b) \in P(x)$ 与 $\vec{D}_0(x, y, b; g_y, g_b) \geq 0$ 是等价的。我们可定义收益函数为：

$$\pi(W, P, Q) = \max_{x, y, b} \{Py^T - Wx^T - Qb^T : \vec{D}_0(x, y, b; g_y, g_b) \geq 0\} \tag{3.20}$$

如果 $(y, b) \in P(x)$，则有：

$$(y + \beta g_y, b - \beta g_b) = \{(y + \vec{D}_0(x, y, b; g_y, g_b) \cdot g_y, \\ b - \vec{D}_0(x, y, b; g_y, g_b) \cdot g_b \in P(x)\} \tag{3.21}$$

式（3.21）说明，如果产出向量是可能的，那么沿着方向变量 g，消除无效生产也是可能的。即，如果 $(y, b) \in P(x)$，则有 $(y + \beta g_y, b - \beta g_b) \in P(x)$。

因此，收益函数可被改写为：

$$\pi(W, P, Q) \geq (P - Q)(y + \vec{D}_0(x, y, b; g_y, g_b) \cdot g_y, \\ b - \vec{D}_0(x, y, b; g_y, g_b) \cdot g_b)^T - Wx \tag{3.22}$$

或者

$$\pi(W, P, Q) \geq (Py - Wx - Qb) + P\vec{D}_0(x, y, b; g_y, g_b) \cdot g_y + \\ Q\vec{D}_0(x, y, b; g_y, g_b) \cdot g_b \tag{3.23}$$

由式（3.23）可知，$\pi(W, P, Q)$ 是可能获得的最大的收益。而额外获得收益由两部分组成，$P\vec{D}_0(x, y, b; g_y, g_b) \cdot g_y$ 是由增加期望产出获得的直接收益，$Q\vec{D}_0(x, y, b; g_y, g_b) \cdot g_b$ 为减少非期望产出获得的间接收益。如果生产效率沿方向向量移动到生产前沿，产出将是有效的，式（3.23）可写为：

$$\vec{D}_0(x, y, b; g_y, g_b) \leq \frac{\pi(W, P, Q) - (Py - Wx - Qb)}{Pg_y + Qg_b}$$

进一步有：

$$\vec{D}_0(x, y, b; g_y, g_b) = \min_{P, Q} \left\{ \frac{\pi(W, P, Q) - (Py - Wx - Qb)}{Pg_y + Qg_b} \right\}$$

根据包络定理，二氧化碳影子价格模型为：

$$\frac{\partial \vec{D}_0(x, y, b; g_y, g_b)}{\partial y} = \frac{-P}{Pg_y + Qg_b} \leq 0$$

$$\frac{\partial \vec{D}_0(x, y, b; g_y, g_b)}{\partial b} = \frac{-Q}{Pg_y + Qg_b} \geqslant 0$$

因此，如果期望产出 m，p_m 给定，则非期望产出 j 可按下式计算：

$$q_j = -p_m \left(\frac{\partial \vec{D}_0(x, y, b; g_y, g_b) \cdot \partial y_m}{\partial b_j \cdot \partial \vec{D}_0(x, y, b; g_y, g_b)} \right) \times \frac{\sigma_b}{\sigma_y}, \quad j = 1, \cdots, J \qquad (3.24)$$

其中，(y_m, b_j) 是一个无效率行业沿着方向向量在生产前沿面上的对应点。根据法勒等（Fare et al., 2005），距离函数对非期望产出及期望产出偏导数的比值表示在生产前沿面上两种产出的边际替代率，即要减少非期望产出，所需放弃的期望产出量。本书期望产出是行业 GDP（$p = 1$），非期望产出就是行业碳排放，式（3.24）计算结果的经济意义就是边际减排量所对应的行业 GDP 产出减少量，也就是经济意义上的边际减排成本。无效率因子 σ_b，σ_y 定义如下：

$$\sigma_b = \frac{1}{1 - \vec{D}_0(x, y, b; g_y, g_b)\left(\dfrac{g_b}{b_j}\right)}$$

$$\sigma_y = \frac{1}{1 - \vec{D}_0(x, y, b; g_y, g_b)\left(\dfrac{g_y}{y_m}\right)}$$

需要说明的是，以上方法计算出的边际减排成本是依据研究期内各行业现有生产技术构成的生产前沿面，并未考虑未来技术进步或者具体减排措施的效果，仅是从距离函数所代表的生产理论角度评价减少碳排放带来的经济损失。同时我们的研究期到 2020 年之前，各行业节能技术保持现有水平也较为合理。因此，在后文中我们假设各行业减排成本保持不变。

三、工业行业减排成本测算

在工业行业层面，我国各工业行业需要资本存量和劳动作为投入，并且同时消耗一次能源进行生产，在产出 GDP 的同时，也会引起二氧化碳的排放。因此，我们选择各个工业行业的能源、劳动力和工业中间投入品作为投入变量，期望产出与非期望产出分别为工业总产值与各行业二氧化碳排放。所有价值变量如工业、资本存量和工业中间投入的单位为亿元，并且都平减为 2005 年为基年的可比价序列。工业二氧化碳、从业人员和能源消耗量的单位分别为万吨、万人和万吨标准煤，具体变量说明见表 3.5。

表 3.5   **投入产出变量描述表**

分　类	变　量	说　明
	煤　炭	煤炭消费量
	石　油	石油类产品消费量
投入变量	天然气	天然气消费量
	劳动力	从业人员与劳动报酬
	资　本	资本存量（永续存盘法）
产出变量	工业总产值	各行业总产值
	二氧化碳排放量	使用 IPCC 方法核算

其中能源消费数据来自相应年份《中国能源统计年鉴》中分行业的能源平衡表，劳动从业人员与劳动报酬来自《中国统计年鉴》。各行业二氧化碳排放主要根据各行业能源消费量进行核算。

根据行业分类，工业又可分为 40 个大类行业，按照 2006~2013 年《中国能源统计年鉴》分行业能源平衡表中各行业能源消费量进行二氧化碳排放核算，其中二氧化碳排放（直接排放）前十的工业行业排放总和占全国工业行业排放总量的比重维持在 90% 以上（详见表 3.6）。二氧化碳排放在前十位的工业行业保持不变，分别为电力、热力生产和供应业、石油加工、炼焦和核燃料加工业、黑色金属冶炼和压延加工业、煤炭开采和洗选业、非金属矿物制品业、化学原料和化学制品制造业、有色金属冶炼和压延加工业、造纸和纸制品业、石油和天然气开采业以及农副食品加工业。可以预见到 2015 年这种格局将会基本保持不变。但是，随着我国汽车工业进一步的快速发展，未来交通设备制造业的排放量会逐渐上升，进入前十大排放行业。因此，碳交易体系行业、企业的选取应主要集中在前十大行业，以及未来 2~3 年发展迅速的行业。

本研究根据前述理论模型式（3.20）~式（3.24），利用数学工具包 lingo-lindo 进行求解，具体计算结果详见表 3.7。

表 3.7 比较了本研究自己核算与陈诗一（2010）的二氧化碳影子价格，可以看出，总体上本研究的计算结果高于陈诗一的计算结果，并且在 2013 年我国对两位数工业行业进行了部分调整。我们核算结果较高的原因符合逻辑，因为陈诗一使用的数据截至 2008 年，而我们使用的数据截至 2013 年，减排成本上升是一个自然的结果，这也从侧面反映出了我国 2008~2013 年间节能减排做出的贡献，随着减排压力的增大，未来各行业减排成本会逐渐升高。但是，也有一些行业减

表 3.6　工业行业 CO$_2$ 排放量

单位：万吨

行业	2005 年	2006 年	2007 年	2008 年	2009 年	2010 年	2011 年	2012 年
合　计	503 193.87	554 118.73	594 884.20	618 069.56	653 994.05	700 926.11	764 658.75	792 971.76
煤炭开采和洗选业	27 452.94	29 453.14	33 284.02	34 587.88	38 207.29	43 643.69	46 468.56	49 406.30
石油和天然气开采业	6 597.33	5 920.86	6 210.79	6 731.01	6 846.61	6 942.35	6 800.66	6 730.18
黑色金属矿采选业	264.06	273.06	289.37	343.43	316.52	418.69	398.77	378.76
有色金属矿采选业	211.92	218.33	214.18	181.09	178.28	188.64	205.25	210.92
非金属矿采选业	1 259.71	1 215.57	1 308.64	1 140.11	1 260.08	1 158.25	1 204.89	1 178.56
开采辅助活动	0.00	0.00	0.00	0.00	0.00	0.00	0.00	602.11
其他采矿业	3.95	4.12	4.59	2.62	4.47	5.03	0.00	3.60
农副食品加工业	2 626.79	2 737.10	2 938.17	3 101.65	3 163.71	3 218.46	3 260.47	3 335.17
食品制造业	1 862.16	1 952.31	2 014.43	2 063.18	2 020.63	2 338.92	2 325.29	2 573.05
酒、饮料和精制茶制造业	1 594.06	1 633.72	1 642.40	1 634.51	1 564.89	1 528.21	1 560.40	1 461.38
烟草制品业	260.25	268.26	239.87	187.00	179.12	164.09	222.95	156.16
纺织服装、服饰业	448.99	489.88	503.26	436.93	419.03	447.01	409.10	448.87
皮革、毛皮、羽毛及其制品和制鞋业	198.70	208.85	202.88	162.50	163.03	142.39	132.07	153.51
木材加工和木、竹、藤、棕、草制品业	825.35	867.79	860.72	833.40	839.44	821.47	825.99	800.63
家具制造业	62.53	65.12	63.73	71.57	65.48	71.41	75.77	78.91
造纸和纸制品业	6 486.02	7 210.28	7 205.09	7 287.47	7 564.54	8 091.43	8 456.14	8 604.75

续表

行 业	2005 年	2006 年	2007 年	2008 年	2009 年	2010 年	2011 年	2012 年
印刷和记录媒介复制业	90.08	94.18	92.84	88.10	85.53	100.81	78.40	81.59
文教、工美、体育和娱乐用品制造业	39.64	41.18	40.20	34.64	35.69	40.49	33.83	85.99
石油加工、炼焦和核燃料加工业	116 163.61	130 399.21	139 136.42	144 568.42	154 613.73	173 574.44	183 900.54	198 841.78
化学原料和化学制品制造业	34 957.23	36 004.34	38 173.25	41 097.64	40 606.21	40 974.37	46 659.72	48 117.04
医药制造业	1 312.64	1 400.04	1 350.33	1 390.20	1 363.44	1 411.51	1 541.03	1 639.47
化学纤维制造业	1 568.90	1 605.82	1 714.29	1 468.71	1 416.85	1 118.32	1 236.51	1 364.62
橡胶和塑料制品业	1 383.98	1 436.73	1 425.60	1 488.54	1 591.16	1 724.32	1 617.52	1 612.54
非金属矿物制品业	38 269.78	39 535.78	39 097.77	44 382.54	45 700.53	45 179.41	48 499.77	48 214.19
黑色金属冶炼和压延加工业	40 291.99	42 689.47	43 286.69	45 779.58	50 385.44	53 561.19	57 029.76	57 739.59
有色金属冶炼和压延加工业	4 768.15	5 202.49	5 610.25	6 346.44	5 956.91	10 954.68	12 023.99	12 630.92
金属制品业	650.38	658.87	648.20	689.64	684.35	673.63	635.31	835.98
通用设备制造业	814.36	877.44	854.01	941.07	931.83	958.98	931.56	663.09
专用设备制造业	1 101.33	1 157.53	1 152.17	1 141.78	1 186.83	1 310.53	1 209.88	952.36
汽车制造业	1 736.03	1 801.05	1 813.61	1 824.37	1 855.71	1 888.26	1 904.70	1 391.05
铁路、船舶、航空航天和其他运输设备制造业	0.00	0.00	0.00	0.00	0.00	0.00	0.00	677.17
电气机械和器材制造业	352.64	369.75	368.04	388.87	787.01	577.78	1 094.48	1 053.47

续表

行　业	2005 年	2006 年	2007 年	2008 年	2009 年	2010 年	2011 年	2012 年
计算机、通信和其他电子设备制造业	396. 60	403. 44	416. 77	485. 23	453. 88	484. 80	448. 09	610. 68
仪器仪表制造业	48. 38	50. 52	49. 85	55. 51	55. 17	59. 60	52. 37	69. 45
其他制造业	1 061. 66	1 054. 65	980. 45	926. 80	862. 72	895. 34	872. 09	1 030. 57
废弃资源综合利用业	13. 33	13. 74	13. 66	17. 96	19. 50	24. 59	27. 47	31. 46
金属制品、机械和设备修理业	0. 00	0. 00	0. 00	0. 00	0. 00	0. 00	0. 00	33. 59
电力、热力生产和供应业	200 485. 34	228 530. 59	253 114. 65	258 972. 24	275 466. 27	288 439. 34	326 049. 23	332 890. 10
燃气生产和供应业	2 637. 15	2 920. 77	3 085. 67	2 355. 26	2 476. 52	2 700. 01	2 081. 09	2 224. 09
水的生产和供应业	73. 52	76. 91	74. 89	68. 35	55. 95	129. 61	85. 68	123. 82

资料来源：根据 2006～2013 年的《中国能源统计年鉴》，并经计算所得。

表3.7　　　　　　　我国工业分行业二氧化碳平均影子价格

单位：万元/吨二氧化碳

工业两位数行业	影子价格		工业两位数行业	影子价格	
	Ⅰ	Ⅱ		Ⅰ	Ⅱ
煤炭采选业	0.02	0.038	医药制造业	0.77	1.07
石油和天然气开采业	0.04	0.05	化学纤维制造业	0.15	0.26
黑色金属采选业	0.65	0.68	橡胶制品业	0.85	—
有色金属矿采选业	1.19	1.31	塑料制品业	3.80	—
非金属矿采选业	0.36	0.47	橡胶和塑料制品业	—	2.78
木材及竹材采运业	0.23	0.37	非金属矿物制品业	0.10	0.13
农副食品加工业	0.74	0.92	黑色金属冶炼及压延加工业	0.09	0.11
食品制造业	0.40	0.53	有色金属冶炼及压延加工业	0.42	0.54
饮料制造业	0.41	0.64	金属制品业	2.92	3.44
烟草加工业	1.92	2.57	通用设备制造业	3.13	4.11
纺织业	0.89		专用设备制造业	1.30	1.97
服装业	3.91	—	交通运输设备制造业	1.95	—
纺织服装、服饰业	—	2.69	汽车制造业	—	1.17
皮羽制品业	3.86	3.73	铁路、船舶、航空航天和其他运输设备制造业	—	7.19
木材加工业	0.74	1.21	电气机械及器材制造业	8.79	9.23
家具制造业	5.82	5.49	计算机、电子与通信设备制造业	22.01	30.74
造纸及纸制品业	0.20	0.24	仪器仪表制造业	16.21	18.45
印刷业	5.46	5.91	电力热力生产和供应业	0.01	0.01
文教体育用品制造业	11.03	10.56	燃气生产和供应业	0.02	0.02
石油加工及炼焦业	0.01	0.01	水的生产和供应业	0.69	1.07
废弃资源综合利用业	—	3.12	化学原料及化学制品制造业	0.12	0.16
金属制品、机械和设备修理业	—	12.81	其他工业	2.68	2.98

注：Ⅰ表示陈诗一：《工业二氧化碳的影子价格——参数化和非参数化方法》，载《世界经济》2010年第8期中的结果。Ⅱ表示本研究自己计算的结果。

排成本保持不变,比如电力、燃气生产等行业,这说明这几个行业碳排放效率水平基本保持不变,这与我们实地调研的结果是一致的。尤其是电力行业,由于我国实现价格管制,并没有反映其市场应有的价值。而对于调整的行业,我们在此也给出了减排成本的估计。

第五节　我国碳交易体系行业选择相关因素分析

根据国际碳交易体系的经验,结合我国行业二氧化碳排放现状、行业减排成本的比较、各行业清洁技术发展与潜力展望以及我国产能过剩行业分布现状,我国碳交易体系行业选择应考虑节能潜力大、技术有相应储备、对碳价格敏感度高、排放量大、管理成本相对小的一些行业。下面针对以上几个方面进行具体分析。

一、节能减排技术与潜力

(一) 电力生产与供应行业

2050 年前,全国主要的碳排放依然来自于火力发电部门。煤炭与天然气仍然是发电的重要燃料。改进化石燃料发电效率是降低二氧化碳排放的重要手段,二氧化碳捕获与封存也必不可少,而电力部门通过这些技术升级与燃料替代,可有 50% ~75% 的减排潜力(IEA,2010),详见表 3.8。

表 3.8　　　　　　　　　化石燃料发电技术减排潜力

技　术	2020	2030	2050
联合循环(天然气)	★★	★★★	★★★★★
超超临界循环(USCSC)	★★★	★★★★★	★★★★★
先进蒸汽循环(煤)	★	★★	★★★
整体气化联合循环(煤)IGCC		★	★★★
CCS + IGCC		★★	★★★★

注:星号的数量代表减排潜力的大小,数量越多表示减排的潜力越大。

资料来源:IEA, Energy technology perspectives: Scenarios and Strategies to 2050, IEA, 2008.

（二）钢铁

作为钢铁产业大国，我国在钢铁节能减排技术上有技术储备的基础。短期内可从以下几个方面开展行业减排努力，钢铁减排技术主要是变长流程炼钢为短流程炼钢，关键是建立有效的废钢铁回收渠道。另外，开展热轧与冷轧连轧技术，具体减排潜力见表3.9。

表3.9 钢铁节能减排技术潜力

技术/工艺	可行最低排放量（t/t）	减排潜力（%）
液体生铁	1.16	20～26
液钢（电弧炉）	0.28	24～33
热　轧	0.05	55～62
冷　轧	0	98

数据来源：Energy technology perspectives：Scenarios and strategies to 2050，IEA，2008.

从中长期来看，喷吹塑料和喷煤技术、TRT余热发电、干法熄焦技术、熔融还原技术等，将对钢铁行业二氧化碳减排产生巨大贡献，详见表3.10。

表3.10 钢铁清洁生产技术节能减排潜力比较　　　　　　单位：%

技　术	2020年	2030年	2050年
喷煤技术	5	7	10
废塑料喷吹技术	50	75	90
熔融还原技术	0～5	10～15	10～19
直接浇铸技术	80	90	90

数据来源：Energy technology perspectives：Scenarios and strategies to 2050，IEA，2008.

（三）水泥

水泥产业最主要的节能减排技术为提高能效水平和水泥熟料替代技术。目前，我国湿窑仍然占相当大的比例，短期内，水泥行业减排技术为普及干窑技术，各种水泥窑炉技术能效水平见图3.6。

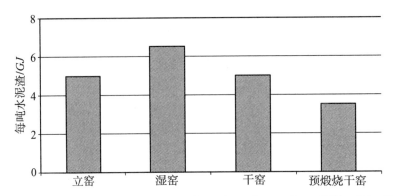

资料来源：Energy technology perspectives：Scenarios and strategies to 2050，IEA，2008.

图 3.6 水泥窑炉技术能效比较

水泥熟料的消费量直接决定了水泥行业的排放量，不同的水泥熟料替代技术将带来不同的减排效果，具体见表 3.11。

水泥类型	波特兰水泥	粉煤灰水泥	高炉水泥	活性矿渣水泥
熟　料	95	75	30	—
粉煤灰	—	25	—	45
高炉渣	—	—	65	—
合成渣	—	—	—	45
水玻璃	—	—	—	10
石　膏	5	—	5	—

表 3.11　　　　不同水泥品种的成分　　　单位：%

数据来源：Gielen, D. J., 1997, Technology Characterisation for Ceramic and Inorganic Material; Input data for Wester European MARKAL, Energy Research Centre of the Netherlards, Petten, ECN-C-97-064, http://www. energytransition. info/matter/publications/material. html.

目前，我国应积极推进熟料替代技术，由于我国为钢铁生产大国，可优先考虑高炉水泥技术的普及。

（四）化工

由于化工行业产品多，技术环节多，技术多样化。本研究仅以化学工业最为基础的氨的清洁生产技术为例。氨生产主要为煤气化，相较于世界通用的天然气重整，减排潜力巨大。具体潜力评价见表 3.12。

132

表 3.12　　　　　　　　氨水生产装置的潜力评价　　　　　　　　单位：%

技术/工艺	潜力评价
重整装置技术改造	10～15
重整装置现代化	20～25
低压合成	90
氢回收	10
改进控制过程	30～50
工艺综合	20～25

数据来源：Rafiqul, I., 2005, Energy Efficiency Improvements in Ammonia Production—Perspectives and Uncertainties, Energy, Vol. 30, pp. 2487-2504.

另外，在化学工业中，分离工艺是能耗最大的工艺步骤之一。分离工艺消耗的能源是化工总能耗的40%，离子膜技术到2050年的普及将带来整个化学工业20%左右的节能效果。

二、工业行业产能过剩分析

党的十八大报告中指出：要化解产能过剩矛盾，就要"尊重规律、分业施策、多管齐下、标本兼治"。要"消化一批、转移一批、整合一批、淘汰一批"。经济学意义上的"产能过剩"是一个总量概念。其产能指现有生产能力、在建生产能力和拟建生产能力的总和。生产能力的总和大于消费能力的总和，即称之为产能过剩。

欧美等国家一般用产能利用率或设备利用率作为产能是否过剩的评价指标。设备利用率的正常值在79%～83%，超过90%则认为产能不够，有超设备能力发挥现象。若设备开工低于79%，则说明可能存在产能过剩的现象。我国通常认为产量（需求量）/有效产能比值在80%～95%是正常状态；超过95%，属超负荷运行；小于80%，则属产能过剩。

2012年，我国工业制成品的产能利用率为80.1%。我国的落后产能占到15%～20%，需要加快淘汰，部分行业产能严重过剩。钢铁、有色、水泥、煤化工、平板玻璃、造船、风电设备、多晶硅等生产能力都是过剩的。产能过剩影响效率、影响投资，如果发展下去会影响经济的稳定，潜伏着危机和风险，因此要把化解部分产业产能严重过剩作为调整产业结构的重要任务[①]。2013年，工业和

①　http://politics.people.com.cn/n/2013/0222/c70731-20560911.html.

信息化部下达了 19 个工业行业淘汰落后产能的目标任务，其中涉及过剩行业水泥 7 345 万吨、平板玻璃 2 250 万重量箱、炼钢 781 万吨、电解铝 27.3 万吨，这些目标的顺利完成，将确保 2014 年提前一年完成"十二五"淘汰落后目标。表 3.13 给出了我国主要工业行业 2012 年产能利用率状况。

表 3.13   2012 年我国主要工业行业产能利用率状况

行　业	2012 年产量	2012 年产能利用率（%）
钢　铁	7.31（粗钢，亿吨）	74.9
水　泥	30（亿吨）	72.7
平板玻璃	10.4（亿重量箱）	68.3
合成氨	5 459（万吨）	81
尿　素	2 770（万吨）	85
磷　肥	1 707（万吨）	78
炼　油	46 791（万吨）	81
纯　碱	2 404（万吨）	83
电　石	1 869.3（万吨）	53.8
烧　碱	2 698.6（万吨）	72.2
PVC	1 317.8（万吨）	56.3
甲　醇	3 129（万吨）	60.2
电解铝	2 765（万吨）	72
焦　炭	4.4（亿吨）	75

数据来源：工业与信息化部.2012 年工业经济运行报告.

三、行业碳排放量比较

根据表 3.6 所示，其中二氧化碳排放（直接排放）前十位的工业行业排放总和占全国工业行业排放总量的 90% 以上，且前十位的工业行业保持不变。他们分别为电力、热力生产和供应业、石油加工、炼焦和核燃料加工业、黑色金属冶炼和压延加工业、煤炭开采和洗选业、非金属矿物制品业、化学原料和化学制品制造业、有色金属冶炼和压延加工业、造纸和纸制品业、石油和天然气开采业以及农副食品加工业。见图 3.7，2011 年与 2012 年前十位大行业占全国碳排放的比重。

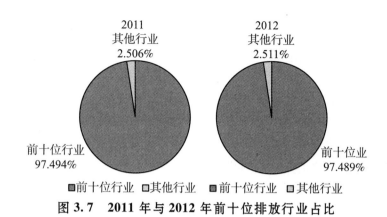

图 3.7　2011 年与 2012 年前十位排放行业占比

四、边际减排成本的比较

通过行业边际减排成本（影子价格）分析，可以发现各工业行业边际减排成本的差异性较大，这可有效地促进碳交易体系的活跃度。碳排放量排在前十位行业的边际减排成本如图 3.8 所示。从图中可以看出前十位行业存在明显的差异性，因此，首批纳入碳交易体系的企业从这些行业中选取，有利于碳交易体系建设与提高碳交易体系的活跃度。

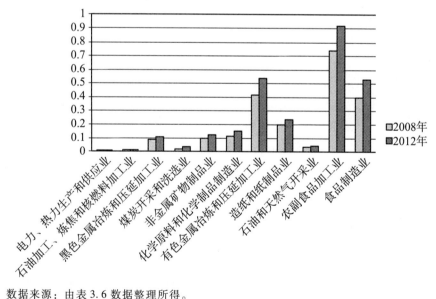

数据来源：由表 3.6 数据整理所得。

图 3.8　2008 年与 2012 年排放前十位行业减排成本比较

五、小结

通过上述四个方面的分析，我国在建立碳交易体系初期应选择电力、热力生产和供应业、石油加工、炼焦和核燃料加工业、黑色金属冶炼和压延加工业、煤炭开采和洗选业、非金属矿物制品业、化学原料和化学制品制造业、有色金属冶炼和压延加工业、造纸和纸制品业、石油和天然气开采业以及农副食品加工业这 10 个行业作为行业选择的备选。这从管理成本、市场交易活跃度及减排潜力都能够得到保证，并且对 40 个行业的减排成本的排序可以发现，这前 10 个行业的减排成本也是最小的，从而可以保证碳交易体系以最小成本促进减排。

第六节　我国碳交易体系总量设置

根据第二节第一部分理论基础与模型，本节尝试定量地分析我国碳交易体系合理的总量设置。由式（3.13）可知，影响总量设置的有碳交易体系的政策设计目标 δ、配额分配的松紧度 r_{mCI} 以及我国节能减排目标的完成程度 r_{nCI}。为了集中所研究的问题，这里我们首先假设 $r_{mCI} = r_{nCI}$，那么，碳交易体系的总量设置就完全由政策设计目标决定，因此，后文我们将在不同的总量上进行讨论，以模拟不同的政策目标下，最优的行业分布，并在不同的政策目标下找到最优的政策目标，从而设定我国碳交易体系的总量。根据美国橡树岭排放数据库（CDIAC）、欧盟全球大气排放数据库（EDGAR）与表 3.6 计算结果，我国工业行业化石能源消费的碳排放占全国碳排放的 75% ~ 78%，这意味着，如果仅选择工业行业纳入碳交易体系，那么，碳交易体系的减排贡献度最大为 78%，但这一比例在未来会有变化。

一、碳市场活跃度最优值核算

表 3.6 给出了我国 2005 ~ 2012 年分行业碳排放总量，容易发现碳排放量排在前十位的行业占全国工业行业化石能源消费碳排放总量的 90% 左右，而占全国总排放的 70% 以上。并且行业基本保持稳定。为了讨论的简便化，仅以前十位行业为研究对象，因此，需要对各行业比重进行归一化比重的处理。碳排放量

前十位行业减排成本、所占比重见表 3.14。

表 3.14　　碳排放量前十位行业排放总量比重及减排成本

行　　业	减排成本（万元/吨）	实际所占比重（%）	归一化后所占比重（%）
电力、热力生产和供应业	0.01	41.92	43.43
石油加工、炼焦和核燃料加工业	0.01	24.63	25.52
黑色金属冶炼和压延加工业	0.11	7.46	7.73
煤炭开采和洗选业	0.038	6.18	6.40
非金属矿物制品业	0.13	6.29	6.52
化学原料和化学制品制造业	0.16	6.01	6.22
有色金属冶炼和压延加工业	0.54	1.58	1.63
造纸和纸制品业	0.24	1.12	1.16
石油和天然气开采业	0.05	0.91	0.94
农副食品加工业	0.92	0.44	0.45
合　　计		96.52	100

注："减排成本"由表 3.7 整理所得，"所占比重"为该行业占表 3.6 中 40 个工业行业 2010 年、2011 年与 2012 年三年的平均值比重，"归一化所占比重"是指前十位中的每个行业占前十位行业排放总量的比例。

后文我们将在前 10 个行业中挑选不同的行业作为碳交易体系覆盖的行业，从而形成不同的覆盖率（碳交易体系覆盖行业形成的碳排放总量占 40 个工业行业碳排放总量的比例），然后测算不同覆盖率下的减排成本方差最大值，亦即最优值，具体算法如下：

$$\max D(COST) = \sum_{i=1}^{10} p_i (COST_i - (\sum p_i COST_i))^2$$

$$\text{s. t.} \sum_{i=1}^{10} p_i = 1$$

$$p_i \leqslant \frac{R_i}{B}$$

这里，$B \in \{30\%, 40\%, \cdots, 100\%\}$，$R_i$ 表示 10 个行业的归一化比重（见表 3.14），具体计算结果见表 3.15。

表 3.15 不同行业覆盖范围下减排成本的方差最大值及各行业的比重

行业覆盖范围 *（%）	电力、热力生产和供应业（%）	石油加工、炼焦和核燃料加工业（%）	黑色金属冶炼和压延加工业（%）	煤炭开采和洗选业（%）	非金属矿物制品业（%）	化学原料和化学制品制造业（%）	有色金属冶炼和压延加工业（%）	造纸和纸制品业（%）	石油和天然气开采业（%）	农副食品加工业（%）	方差最大值
30	22.84	0	0	0	0	3.92	1.63	1.16	0	0.45	0.0171
35	25.54	0	0	0	0	6.22	1.63	1.16	0	0.45	0.0151
40	30.54	0	0	0	0	6.22	1.63	1.16	0	0.45	0.0135
45	34.17	0	0	0	1.37	6.22	1.63	1.16	0	0.45	0.0123
50	30.57	6.12	0	0	3.85	6.22	1.63	1.16	0	0.45	0.0112
55	32	7.15	0	0	6.39	6.22	1.63	1.16	0	0.45	0.0104
60	39.52	4.5	0	0	6.52	6.22	1.63	1.16	0	0.45	0.0096
65	41.51	6.12	1.39	0	6.52	6.22	1.63	1.16	0	0.45	0.0091
70	25.07	25.01	3.94	0	6.52	6.22	1.63	1.16	0	0.45	0.0085
75	26.86	25.52	6.64	0	6.52	6.22	1.63	1.16	0	0.45	0.0081
80	40.36	15.93	7.73	0	6.52	6.22	1.63	1.16	0	0.45	0.0076
85	35.77	25.52	7.73	0	6.52	6.22	1.63	1.16	0	0.45	0.0073
90	40.77	25.52	7.73	0	6.52	6.22	1.63	1.16	0	0.45	0.0070
95	43.43	25.52	7.73	2.43	6.52	6.22	1.63	1.16	0	0.45	0.0063
100	43.43	25.52	7.73	6.4	6.52	6.22	1.63	1.16	0.94	0.45	0.0063

* 碳交易体系总量占 40 个工业行业排放总量的比例。

通过表 3.15 可以看出的一般规律是：随着碳交易体系总量占工业总排放量的比例从 30% 增加到 100%，并伴随着行业覆盖范围的扩大，减排成本的方差最大值却在不断减小。这说明总量越大，要保持市场的活跃度就必须增加行业的覆盖范围，在理论上才能保持碳市场的活跃度。同时，还应注意到，为了保持市场活跃度，在总量设置较小时，仅需覆盖较少的行业。例如，在总量设置为 40% 时，仅需要覆盖 5 个行业，即可保持市场的最优活跃度。

二、减排成本最小值核算

减排成本的最优值确定可使用条件极值求解,分别在设定减排目标条件下与不设定减排目标条件下进行求解,两最优解之间的差值为减排成本最小值。下面我们使用相对简便的方式设定减排成本的最优值。假设碳交易体系的总量设置为全国 40 个工业行业碳排放总量的 40%,由于碳排放量可以是分布在前 10 位行业的任意组合,由于前 10 位行业的减排成本不同,从而导致总体的减排成本的不同。具体算法如下:

$$\min Z_{GDP}^{*}(P) = \sum c_i \times R_i \times TE$$
$$约束条件: R_i \leqslant A_i, \sum R_i = P \tag{3.25}$$

其中, $P \in (0, 100]$ 表示总量设置的比例,根据国际经验,总量设置的比例通常要占碳排放总量的 40% 以上。c_i 表示第 i 个行业的减排成本,R_i 表示第 i 个行业所占的比例,A_i 表示第 i 个行业所占的比例的上限,$i \in \{1, 2, \cdots, 10\}$,例如,$A_1 = 43.43\%$。$TE$ 表示碳排放总量,这里表示前 10 位行业的总排放量,不同总量设置比例下减排成本最小值及各行业的比例具体数值见表 3.16。

表 3.16　　　　　2012 年前十位行业占 40 个工业行业
碳排放量的比例及减排成本

比例 (%)	电力、热力生产和供应业 (%)	石油加工、炼焦和核燃料加工业 (%)	黑色金属冶炼和压延加工业 (%)	煤炭开采和洗选业 (%)	非金属矿物制品业 (%)	化学原料和化学制品制造业 (%)	有色金属冶炼和压延加工业 (%)	造纸和纸制品业 (%)	石油和天然气开采业 (%)	农副食品加工业 (%)	减排成本最小值
30	30	0	0	0	0	0	0	0	0	0	0.003TE
35	35	0	0	0	0	0	0	0	0	0	0.0035TE
40	40	0	0	0	0	0	0	0	0	0	0.004TE
45	43.43	1.57	0	0	0	0	0	0	0	0	0.0045TE
50	43.43	6.57	0	0	0	0	0	0	0	0	0.005TE
55	43.43	11.57	0	0	0	0	0	0	0	0	0.0055TE
60	43.43	16.57	0	0	0	0	0	0	0	0	0.006TE
65	43.43	21.57	0	0	0	0	0	0	0	0	0.0065TE

比例（%）	电力、热力生产和供应业（%）	石油加工、炼焦和核燃料加工业（%）	黑色金属冶炼和压延加工业（%）	煤炭开采和洗选业（%）	非金属矿物制品业（%）	化学原料和化学制品制造业（%）	有色金属冶炼和压延加工业（%）	造纸和纸制品业（%）	石油和天然气开采业（%）	农副食品加工业（%）	减排成本最小值
70	43.43	25.52	0	1.05	0	0	0	0	0	0	0.00729TE
75	43.43	25.52	0	6.05	0	0	0	0	0	0	0.00919TE
80	43.43	25.52	3.71	6.4	0	0	0	0	0.94	0	0.01388TE
85	43.43	25.52	7.73	6.4	0.98	0	0	0	0.94	0	0.01957TE
90	43.43	25.52	7.73	6.4	5.98	0	0	0	0.94	0	0.02607TE
95	43.43	25.52	7.73	6.4	6.52	4.46	0	0	0.94	0	0.03391TE
100	43.43	25.52	7.73	6.4	6.52	6.22	1.63	1.16	0.94	0.45	0.05245TE

三、总量设置

根据第二节的理论模型与表 3.16 和表 3.17 给出的不同的总量比例的方差最大值与减排成本的最小值，这里为了计算的方便，我们假设碳排放总量 TE 为 1，这样的设置不会影响计算结果。那么，不同的碳交易体系总量占 40 个工业行业总排放量的比例的效率损失见表 3.17 和图 3.9。

表 3.17　　　　　　　　　　不同覆盖比例的效率最优值

占比（%）	效率损失值
30	0.00030141
35	0.00024026
40	0.00019825
45	0.00017154
50	0.00015044
55	0.00013841
60	0.00012816
65	0.00012506
70	0.000125452
75	0.00015014

续表

占比（%）	效率损失值
80	0.000250359
85	0.000436431
90	0.000728853
95	0.001189714
100	0.002791112

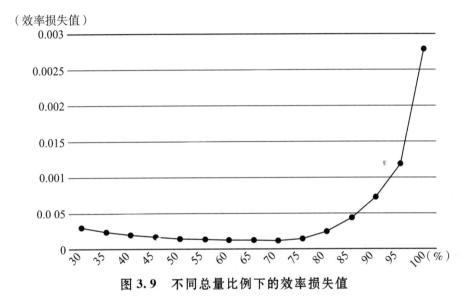

图 3.9　不同总量比例下的效率损失值

根据表 3.17 和图 3.9 可知，最小效率损失值的总量比例为 70% ~ 75% 的范围，因为我们算的仅仅是前十位工业行业排放，不包含生活领域的排放，而全部工业排放约占全社会排放的 75% ~ 78%，前十位又占工业的 96.5%。所以，我国建设全国碳交易体系，在总量设置上较为理想的比例是将全社会碳排放总量的 45% ~ 50% 纳入碳交易体系是效率最高的。随着低碳转型、技术进步、结构调整和碳交易体系建设的深入与完善，可对总量与覆盖范围出适当的调整，以促进碳交易体系的进一步繁荣。

综上所述，我国碳交易体系建立初期，碳交易体系的减排贡献度应设置为 45% ~ 50% 作为政策目标。那么，碳交易体系建立初期，在主要考虑工业行业企业情况下，纳入工业行业碳排放的 70% ~ 75%、全社会碳排放的 45% ~ 50% 作为碳交易体系的总量是最优的，即约为 50 亿吨。

第四章

碳交易体系的初始配额分配

随着工业化和城市化的快速推进，我国的能源消费快速增长，二氧化碳排放量也随之急剧增加，使得我国政府面临的来自国际应对气候变化的压力也越来越大。2009年底，我国政府承诺到2020年，单位国内生产总值 CO_2 排放量比2005年下降40%~45%，并将之作为约束性指标纳入国民经济和社会发展中长期规划。为了实现该减排目标，我国各省区市必然承担一定的减排任务。碳交易体系把二氧化碳排放配额定义成为一种商品，因为其稀缺属性而获得了价值。然而客观上，因为我国各省区市在人口数量、人均收入、经济规模及其结构、能源资源禀赋、能源消费总量及其构成、能源强度等方面存在较大的差异，所以各省区市完成减排任务的成本和由此产生的社会经济影响也将会有所不同。

因此，碳排放配额在"时间—空间"上的分配方法和分配结果涉及区域间收入分配，即区域间公平问题。如何用科学的方法来分配各省区市的减排任务是本章要研讨的问题。第一节主要讨论我国各省区市二氧化碳排放现状、演化趋势及其主要驱动因素；第二节详细描述基于区域公平优先的我国省级区域碳排放配额分配框架与初始排放配额分配方案；第三节在总结本章研究结论的基础之上提出我们的政策建议。

第一节 我国各省区市节能减排潜力及其影响因素分析

142　　为了科学的分配我国各地区的碳排放配额，政策制定者需要客观地评估我国

各省区市 CO_2 等温室气体的排放现状和基本特征，全面细致地分析我国各省区市 CO_2 排放潜力及其主要影响因素，从而有针对性地分配排放配额，更为有效地实施 CO_2 等温室气体的减排战略。

一、估算分省 CO_2 排放量

参照 IPCC(2006)[①] 以及国家气候变化对策协调小组办公室和国家发改委能源研究所（2007）[②] 的方法，我们估算了我国 30 个省级行政区[③] 1995 ~ 2010 年的 CO_2 排放量。我们不但估算了化石能源燃烧的 CO_2 排放量，而且也估算了水泥生产过程的 CO_2 排放量。我们的估算将能源消费细分为煤炭消费、石油消费（更进一步细分为汽油、煤油、柴油、燃料油）和天然气消费。所有化石燃料消费数据皆取自历年《中国能源统计年鉴》中地区能源平衡表，水泥生产数据来自国泰安金融数据库。

化石能源燃烧的 CO_2 排放量具体计算公式如下：

$$EC = \sum_{i=1}^{6} EC_i = \sum_{i=1}^{6} E_i \times EF_i \qquad (4.1)$$

其中，EC 表示估算的各类能源消费的 CO_2 排放总量；i 表示能源消费种类，包括煤炭、汽油、煤油、柴油、燃料油和天然气共 6 种；E_i 是分省各种能源的消费总量；EF_i 是 CO_2 排放系数。水泥生产过程排放的 CO_2 计算公式如下：

$$CC = Q \times EF_{cement} \qquad (4.2)$$

其中，CC 表示水泥生产过程中 CO_2 排放总量，Q 表示水泥生产总量，而 EF_{cement} 则是水泥生产的 CO_2 排放系数。表 4.1 列出了各类排放源的 CO_2 排放系数。

表 4.1 CO_2 排放系数

排放源	化石燃料燃烧						工业生产过程
	煤 炭	汽 油	煤 油	柴 油	燃料油	天然气	水 泥
CO_2 排放系数	1.776	3.045	3.174	3.150	3.064	2.167	0.527

数据来源：IPCC（2006）及国家气候变化对策协调小组办公室和国家发改委能源研究所（2007）。

---

① Intergovernmental Panel on Climate Change. IPCC Guidelines for National Greenhouse Gas Inventories 2006 [D]. Available at www.ipcc.ch.

② 国家气候变化对策协调小组办公室，国家发改委能源研究所. 中国温室气体清单研究 [M]. 北京：中国环境科学出版社，2007.

③ 基于统计方法的不同或数据不可获得等理由，本面板数据库不包括港、澳、台和西藏地区数据。

表 4.2 显示了 1995~2010 年我国各省区奇数年份 CO_2 排放量。

表 4.2　　　1995~2010 奇数年份我国各省区市 CO_2 排放量计算　单位：亿吨

年份	1995	1997	1999	2001	2003	2005	2007	2009
东部地区								
北京	0.67	0.68	0.70	0.73	0.77	0.93	1.07	1.12
天津	0.51	0.49	0.51	0.58	0.64	0.85	1.00	1.18
河北	2.05	2.23	2.25	2.51	3.29	4.55	5.16	5.81
辽宁	1.94	2.06	1.70	1.92	2.16	2.72	3.32	3.81
上海	0.90	0.96	0.99	1.11	1.25	1.52	1.77	1.86
江苏	1.89	1.87	1.93	2.03	2.52	3.95	4.70	5.55
浙江	1.06	1.18	1.23	1.46	1.84	2.59	3.33	3.65
福建	0.45	0.47	0.56	0.59	0.86	1.26	1.42	1.74
山东	2.05	2.06	2.17	2.40	3.29	5.62	6.68	8.01
广东	1.63	1.66	1.84	2.09	2.61	3.34	4.03	4.58
海南	0.06	0.08	0.10	0.15	0.22	0.23	0.27	0.34
中部地区								
安徽	1.03	1.17	1.16	1.33	1.58	1.66	2.07	2.55
山西	1.53	1.58	1.52	1.91	2.55	2.71	3.26	3.41
江西	0.58	0.53	0.52	0.58	0.77	1.03	1.24	1.47
吉林	0.91	0.95	0.82	0.87	1.01	1.39	1.67	1.83
河南	1.59	1.64	1.67	1.92	2.21	3.20	4.37	5.12
湖北	1.19	1.34	1.35	1.39	1.67	2.02	2.49	3.03
湖南	1.15	1.01	0.83	0.94	1.14	1.91	2.34	2.97
黑龙江	1.15	1.26	1.17	1.14	1.24	1.47	1.73	1.87
西部地区								
广西	0.57	0.53	0.55	0.59	0.71	1.03	1.29	1.58
内蒙古	0.77	0.94	0.93	1.12	1.46	2.42	3.35	4.42
重庆	0.53	0.59	0.57	0.65	0.64	0.83	0.81	1.01
四川	1.24	1.37	1.32	1.25	1.78	1.96	2.02	2.54
贵州	0.65	0.76	0.81	0.88	1.16	1.51	1.77	1.94
云南	0.53	0.66	0.61	0.67	0.95	1.43	1.74	2.05
陕西	0.73	0.75	0.64	0.72	0.89	1.26	1.51	1.84
甘肃	0.53	0.51	0.52	0.57	0.69	0.84	0.98	1.09
青海	0.09	0.11	0.13	0.14	0.18	0.21	0.27	0.32
宁夏	0.18	0.20	0.20	0.21	0.38	0.55	0.67	0.86

续表

年　份	1995	1997	1999	2001	2003	2005	2007	2009
新　疆	0.56	0.61	0.61	0.68	0.77	0.96	1.21	1.40
东部地区	13.21	13.74	13.98	15.57	19.45	27.56	32.75	37.64
中部地区	9.13	9.48	9.04	10.08	12.17	15.39	19.17	22.26
西部地区	6.38	7.03	6.89	7.48	9.61	13.00	15.62	19.05
全　国	28.72	30.25	29.91	33.13	41.23	55.95	67.54	78.96

注：全国总量不包含西藏、香港、澳门、台湾地区数据。

从二氧化碳排放总量来看，我国由化石能源燃烧和水泥生产过程产生的 CO_2 排放量由 1995 年的 28.72 亿吨增长到 2009 年的 78.96 亿吨，年均增长率为 7.49%，低于同期我国国内生产总值（GDP）的增长速度。我国 GDP 由 1995 年的 60 793.7 亿元人民币（合 7 280 亿美元）增长到 2009 年的 340 506.9 亿元人民币（折合 49 847.3 亿美元），如不考虑价格因素，GDP 年均增长率按人民币计算为 13.1%，按美元计算为 14.7%。

从地区层面来看，如图 4.1 所示，由于我国地区之间经济发展水平不平衡，各地区之间的能源消耗和水泥消耗也不平衡，从而导致各地区之间 CO_2 排放量也不平衡。拿人均 CO_2 排放指标比较，东部地区人均 CO_2 排放量最高，中西部地区则要小得多。但是，拿年均增长速度指标做比较，1995～2009 年西部地区 CO_2 排放量年均 8.13% 的增长速度高于东部地区的 7.77% 和中部地区 6.57% 的增长

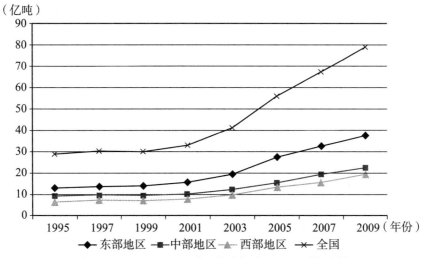

图 4.1　1995～2009 年我国分地区 CO_2 排放量

速度。这主要与我国实施了西部大开发战略有关。为了加快西部地区社会经济发展，优先安排了一些重大建设项目，也加强了该地区的基础设施建设，因而也加速了该地区的 CO_2 排放。

从省级层面来看，山东、河北、江苏、河南属排放大省。但是从人均 CO_2 排放量指标来看，从 1995 年至 2009 年，我国所有省区市的人均 CO_2 排放量都有较大幅度的提高，但是各省区市的增长速度差异较大。1995 年，人均排放量最小的海南省排放不到 1 吨，最大的天津市也才 5 吨左右，而到 2009 年，人均碳排放最少的四川省排放也超过 3 吨，人均碳排放最大的内蒙古自治区则超过 15 吨，而且同期所有省区市的人均排放量都翻了一倍以上。从年均增长率来看，各省区市的差异较大，但多数省区市的年均增长率都超过了全国年平均增长率7.49%，其中有河北、江苏、浙江、福建、山东、海南、河南、内蒙古、贵州、云南、青海、宁夏。尤其是内蒙古自治区和宁夏自治区的增长最快，均超过了 10% 。

从二氧化碳排放来源来看，煤炭燃烧是我国 CO_2 排放的最主要来源，石油消费次之，这和我国的能源消费结构密不可分。另外，水泥生产过程中的 CO_2 排放量也不可忽视。尤其是"十一五"以来，我国房地产市场、基础设施建设突飞猛进，我国水泥产量一直保持较高的增长速度，2010 年水泥产量 18.8 亿吨，占全球水泥产量的 60% 左右，相比 2005 年产量增长了 76% 。其排放量基本和石油消费排放量相当。

二、我国各省区市二氧化碳排放潜力及其主要影响因素

依据茅阳一恒等式（卡亚，Kaya，1990）可知[1]：

$$二氧化碳排放 = 人口数 \times 人均 GDP \times \frac{能源需求}{GDP} \times \frac{二氧化碳排放}{能源需求} \quad (4.3)$$

由式（4.3）可知，影响二氧化碳排放的主要因素有人口数量、人均 GDP 水平、单位 GDP 的能源消耗和能源供给结构。

记：

GDP_PC 为人均 GDP 水平；POP 为人口数量；EN 为能源消费量；EI 为单位 GDP 的能源消费量，即能源强度；EM 为二氧化碳排放量；EC 为能源消费的综合碳排放系数；t 为时间变量；

---

[1] Kaya Yoichi. Impact of Carbon Dioxide Emission on GNP Growth：Interpretation of Proposed Scenarios［R］. Paper presented to the IPCC energy and industry subgroup, response strategies working group, 1990.

有：

$$GDP\_PC(t) = \frac{GDP(t)}{POP(t)}$$

$$EI(t) = \frac{EN(t)}{GDP(t)} \qquad (4.4)$$

$$EC = \frac{EM(t)}{EN(t)}$$

$$EM(t) = POP(t) \times \frac{GDP(t)}{POP(t)} \times \frac{EN(t)}{GDP(t)} \times \frac{EM(t)}{EN(t)} \qquad (4.5)$$

$$= POP(t) \times GDP\_PC(t) \times EI(t) \times EC(t)$$

对上式两边同时取对数，然后对时间求各变量的一阶导数，得到：

$$\frac{\dot{EM}(t)}{EM} = \frac{\dot{POP}(t)}{POP} + \frac{\dot{GDP\_PC}(t)}{GDP\_PC} + \frac{\dot{EI}(t)}{EI} + \frac{\dot{EC}(t)}{EC} \qquad (4.6)$$

即，二氧化碳排放量的变化率可以由人口数量变化率、人均 GDP 水平变化率、能源强度变化率和能源消费的综合碳排放水平变化率来解释。

（一）人口变动因素

基于 1995～2010 年我国各省能源环境经济数据实证分析可知，人口变化对大多数省区市碳排放增长的影响不大，只有北京、上海、广东三地区，人口变动对碳排放变化的贡献率大于 33%。尤其是北京，同期年均人口增长速率达 2.4%，而二氧化碳排放年均增长速率为 3.7%，连年的人口数量激增可以解释 65% 左右的二氧化碳排放的增长速率。人口数量的增加必然会提高电力消费规模和石油消费总量，因此，我国政治、经济中心近 15 年来人才集聚发展了地区经济的同时，也拉高了该地区的能源消费及其相应的二氧化碳排放量。

（二）人均 GDP 变化因素

从实证分析可知，我国各省区碳排放增长主要受经济发展因素驱动。东部沿海地区人均 GDP 大致是中西部地区人均 GDP 的 3 倍，虽然东部地区人口只有中西部人口总数的 63% 左右，但是二氧化碳排放量东部是中西部之和的 90% 左右。其中，北京、天津、上海、重庆、辽宁、四川、河北、山西、陕西、甘肃、内蒙古等地人均 GDP 变化对碳排放增长贡献率超过 100%。一方面，人均收入的提高，必然会提高人们的生活消费水平，如电力消费、石油消费和住房消费水平。我国 2001 年人均电力消费只有 1 158 千瓦时，2010 年增加到 2 942 千瓦时/人；我国人均石油消费由 2001 年的 0.18 吨/人增加到 0.338 吨/人；1995～2010 年我国人均农村住宅面积增长 50%、人均城镇住宅面积翻了一番、人均公共建筑面积增长了 30%。另一方面，人均收入水平的提高不仅需要相当的经济生产规模来支撑，同时也拉动了相关行业的投资与生产，比如电力、石油化工、水泥、玻璃、钢铁等行业。进一步实证分析显示，我国人均 CO_2 排放量与人均 GDP 之间呈现倒 U 型关系，与重工业比重、煤炭消费比重、城市化水平之间存在正向变动关系。从短期影响来看，重工业比重、煤炭消费比重和城市化水平每上升 1%，将分别导致人均 CO_2 排放量上升约 0.38%、0.06% 和 0.23%。长期的影响比短期影响要稍大一些，重工业比重、煤炭消费比重和城市化水平每上升 1%，将分别导致人均 CO_2 排放量上升约 0.57%、0.09% 和 0.43%。因此，现阶段，我国经济发展水平的提高是碳排放量增长的主要因素。

（三）能源强度因素

能源强度的降低，实质上就是技术进步的体现。我国 1995～2010 年多数地区能源强度的变化率为负数，即我国大部分地区能源效率普遍得到了提高，反映出我国在开展节能减排、提高能源利用效率方面取得了一定效果。另外，我国地区间的能源强度差距相当大。以 2007 年为例，能源强度最高（高于 3.0 吨标煤/万元地区生产总值）的地区有宁夏、青海、贵州；能源强度最低的地区（低于 0.9 吨标煤/万元地区生产总值）有北京、广东、浙江、上海、江苏。能源强度最高的地区是最低地区的约 4.5 倍。

（四）能源结构（优化）因素

实证分析显示，我国大多数省区市能源消费的综合碳排放水平仍然出现增长态势。虽然近年来，我国可再生能源在能源供应中的比重正在增长。2011 年我国水电、核电和风电消费达 27 840 万吨标煤，占能源消费总量的 8.0%，但是我国以煤炭为主的能源供给结构没有发生实质性的改善；另一方面，因为我国能源消费总量规模太大，即使我们近年来力推发展风能、太阳能、地热能等新能源，但是，由于工业化、城市化进程的推进，新能源开发根本满足不了能源需求绝对增量，导致多数地区能源供给综合碳排放水平不降反升，这对我国部分地区未来节能减碳目标的完成构成挑战。

第二节　区域公平优先的我国省级区域碳排放配额分配方案

排放配额交易机制（ETS）最大的优点在于其相对高的经济效率，即能以最低的全社会经济成本实现减排目标，而且理论上，初始配额的分配不影响交易系统总体的经济效率。从欧盟排放交易体系的设计来看，碳排放权初始分配有国家间分配与国内分配两个层次。国家间分配由各国政府通过与欧委会的谈判来完成，国内分配则一般由政府管制机构基于一定的计算模型与协商过程来确定。本章主要研讨国内省级间碳排放权初始分配问题。由于我国各省区市的经济发展水平、能源禀赋结构、居民生活水平和 CO_2 排放量等差别较大，因而减排配额不能简单地平均分配，必须兼顾各种因素。

一、初始配额分配原则

应对气候变化国际谈判过程中，针对排放配额分配问题，基本上考虑了公平性原则、可行性原则和效率优先原则，这三大原则已经成为国际碳排放分配谈判的基础。对于我国国内各省区市排放配额的分配，这三个基本原则同等重要，也是本研究方案的根本点。

1. 公平性原则：人人都有发展的权利，获得高生活水平的权利和 CO_2 排放权利。

2. 可行性原则：需要考虑各省区市经济水平，减排的资金投入能力和公众生活水平的受影响程度。

3. 效率性原则：目标分解要体现各省区市同等的减排努力，即体现各省区市排放控制的技术和减排潜力。

国际气候谈判中，公平性问题历来是争论的焦点。就单一国家而言，区域间碳排放配额分配虽然少了政治因素带来的复杂性，但是区域间社会经济发展的差异、资源禀赋的差异依然存在，区域间公平性问题必然需要在碳排放配额的分配方案中体现出来。一种观点认为，各个地区的现状就可以是一个适当的基准，即各地区排放量应该冻结在现有水平。或者，把现有排放量作为减排的基础，各地区按相同的比率来降低排放水平。批评者认为该观点没有体现区域间公平，为什么可以赋予上海人 4 倍于江西人的二氧化碳排放配额（仅仅因为 2005 年上海人均二氧化碳排放是江西的约 4 倍）？更多专家建议，排放配额的分配应该参考人口分配，而不是按现有排放量分配。

二、公平优先的碳排放配额分配框架

如图 4.2 所示，公平优先的碳排放配额分配模块包括目标转换模块、指标变量集模块、统一的计量经济模型、调整模块和省级区域能源—环境—经济面板数据库。

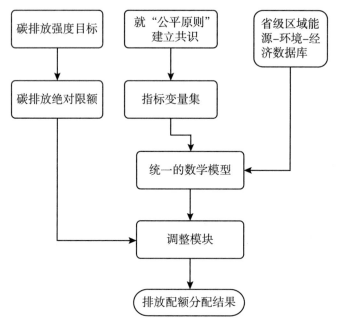

图 4.2   公平优先的我国二氧化碳排放配额分配框架

（一）目标转换模块

为应对气候变化，2009 年哥本哈根峰会期间，中国政府主动承诺"2020 年中国的单位 GDP 二氧化碳排放比 2005 年下降 40% ～ 45%"。中国政府制定的碳强度目标属于自愿行动的承诺，符合中国当前的国情和社会经济发展阶段的特点。与绝对减排量指标不同，碳强度减排是一个相对减排指标，碳排放强度目标并不限制排放量，即允许处于重化工业阶段的我国短期内二氧化碳排放总量继续增长。然而，市场中能交易的是二氧化碳排放量。绝对的二氧化碳排放总量目标（Cap）不仅对市场监管而言更具有可操作性，而且能给予市场中参与交易的主体更明确的信号，以便安排投资、生产决策，以及选择何种方式实现节能减排目标等。

因此，本分配框架设计首先需要把碳排放强度目标转换为碳排放绝对配额，如式（4.7）所示：

$$ECO_{21} = GDP_1 \times CI_1 = GDP_0 \times (1 + \alpha)^T \times CI_0 \times (1 - \gamma) \tag{4.7}$$

式中：脚标"0"代表基年，脚标"1"代表目标年；ECO_2 代表二氧化碳排放量；GDP 代表国内生产总值（下同）；CI 代表碳排放强度；α 代表经济增长率；γ 代表碳强度减排目标；T 代表履约期的年数。

（二）体现区域公平的指标变量集模块

本分配框架体现公平性的指标变量都建立在人均法的基础上。包括人均国内生产总值、人均二氧化碳排放量、人均可再生能源资源拥有量。

（三）统一的计量经济预测模型

本分配框架体现区域公平的另一方面是采用统一的计量经济预测模型生成出各地区未来的排放路径。该预测模型建立在一系列预测模型的基础上，通过样本内拟合标准和样本外预测标准进行模型选择，以确定最优的预测模型（蔡圣华等，2012）。选择后的模型如下：

$$\ln(per\_CO_2)_{i,t} = \hat{\alpha} + \hat{\beta}_1 \ln(per\_GDP)^2_{i,t} + \hat{\beta}_2 \ln(per\_GDP)_{i,t} + \hat{\beta}_3 \ln(ratio\_heavy)_{i,t}$$
$$+ \hat{\beta}_4 \ln(tech)_{i,t} + \hat{\beta}_5 \ln(energy\_int\,en)_{i,t} + \eta_i \qquad (4.8)$$
$$\ln(per\_GDP)_{i,t} = TREND((1995, (per\_GDP)_{i,1995}) \sim$$
$$(2010, (per\_GDP)_{i,2010}); t)$$
$$\ln(ratio\_heavy)_{i,t} = TREND((1995, (ratio\_heavy)_{i,1995}) \sim$$
$$(2010, (ratio\_heavy)_{i,2010}); t)$$
$$\ln(tech)_{i,t} = TREND((1995, (tech)_{i,1995}) \sim (2010, (tech)_{i,2010}); t)$$
$$\ln(energy\_int\,en)_{i,t} = TREND((1995, (energy\_int\,en)_{i,1995}) \sim$$
$$(2010, (energy\_int\,en)_{i,2010}); t) \qquad (4.9)$$

方程组变量说明如下：

1. 人均收入（以 per_GDP 表示）。大量研究指出，人均 CO_2 排放量和人均收入之间存在非线性关系，其基本思想是，在不同的收入阶段，人们对环境的要求有所不同，低收入阶段时，人们更关注物质生活，对环境的要求不高，而随着收入的提高，人们很可能转而更关注环境质量，因此，两者之间很可能存在倒 U 型关系。这一理论也被称为环境库兹涅兹曲线（Environmental Kuznets Curve, EKC）假说。借鉴以往研究，本书以人均 GDP 作为人均收入指标，在回归方程中同时加入人均 GDP 的一次项和二次项，并取对数形式。分省 GDP 及人口数据可以从各省历年统计年鉴获得，为保证可比性，本书将各年名义 GDP 转换为以 1995 年为基期的实际值。

2. 产业结构（以 $ratio\_heavy$ 表示）。因为重工业往往是高耗能产业，同样的经济产出其能耗要相对高得多。本研究采用重工业生产总值占工业生产总值的比重作为产业结构的代理变量。

3. 技术进步（分别以 $tech$ 和 $energy\_inten$ 表示）。至今仍没有单一指标能量化技术进步。我们分别用能源强度（*energy_inten*）指标来刻画各省级区域能源经济结构和技术进步程度的差异性，用技术（*tech*）指标来刻画技术进步的总体趋势和技术变革给各区域带来的共同影响。

（四） 调整模块

设计本模块的目的是为决策者、专家提供一个参与决策的接口，并为模型误差、数据质量欠佳的情况提供一个修正机制。也就是说，决策者可以把专家们对区域能源环境经济发展的判断和未来区域发展规划中的国家意识等融入到本分配安排中去。另外，模型存在误差。基于趋势外推的预测模型都存在模型误差，均以"历史可以重演"为基础。再者，数据存在质量问题。我们在建立省级能源环境经济面板数据的时候，发现地方能源统计合计始终大于全国总量，导致二氧化碳排放估算也存在部分之和大于总体的问题，而且这种差距越来越大。比如：2010 年地方能源消费总量合计高出全国能源总量约 21.8%，而 2001 年地方能源消费总量合计仅仅高出全国能源总量约 1.5%。有效的能源统计体系和准确的能源经济数据是二氧化碳排放预测的基础，数据的好坏直接决定了预测模型是否可信，分配方案是否可参考。

本研究模拟运行时的调整计算步序如图 4.3。基于上述原因，各省区市二氧化碳排放预测值加总大于全国二氧化碳排放目标值，为此，我们非等额调整各省区市人均二氧化碳排放配额，让计算机自动计算寻优。我们根据人均二氧化碳排放量的高低把地区分为三组：高排放组包括北京、上海、天津、山西、内蒙古、宁夏；低排放组包括海南、四川、重庆、广西、江西、湖南、云南、安徽；其他地区为中排放组。对于低排放地区，微增量是一个单位，如 0.01（吨/人）；对于中排放地区，微增量定义为两个单位，即 0.02（吨/人）；对于高排放地区，微增量为三个单位，即 0.03（吨/人），如此循环计算直至全国目标与地方预测之和平衡。应该指出，虽然这样的调整差额并不大，但其目的就是为了让人均排放高的地区的设定目标多降一点，让人均排放低的地区的设定目标少减一点，把地区公平性再次纳入初始排放配额中来。目前，我国地区间人均碳排放差距很大，人均排放高的地区（如山西）是人均排放低的地区（如广西）的约 6 倍，为体现国内碳排放配额的公平原则，理想的目标是未来各地区人均碳排放趋同，除了过渡期的长短设计是个问题，非等额调整有利于加速各地区人均碳排放趋同。

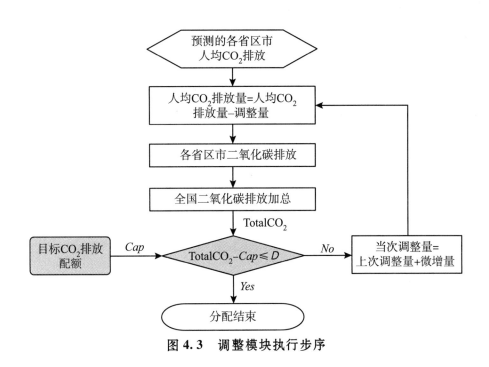

图 4.3　调整模块执行步序

三、分配方案与讨论

（一）模型估计结果

从表4.3的回归结果可以看出，模型中，人均二氧化碳排放 $\ln(per\_CO_2)$ 与人均国内生产总值 $\ln(per\_GDP)$ 之间的非线性关系是显著的，而且二次项系数为负，说明人均 GDP 和人均 CO_2 排放量之间确实呈现出倒 U 型关系。另外，人均二氧化碳排放 $\ln(per\_CO_2)$ 与重工业比重 $\ln(ratio\_heavy)$ 的关系也符合我们建模时的判断，重工业比重越高人均 CO_2 排放越大。各省区能源强度 $\ln(energy\_inten)$ 与人均 CO_2 排放 $\ln(per\_CO_2)$ 的关系也很明显：能源效率越高，能源强度越小，人均 CO_2 排放强度越小。技术整体趋势项 $\ln(tech)$ 的系数在 5% 水平显著，这说明全社会的技术进步，或外生技术变革确实对人均 CO_2 的排放量有重要影响，其系数符号为负则进一步显示，随着时间推移和技术扩散，全社会技术进步倾向于减少人均 CO_2 的排放量。

表 4.3   模型估计结果

被解释变量	解释变量		
$\ln(per\_CO_2)$	$\ln(per\_GDP)$	$\ln(per\_GDP)^2$	$\ln(ratio\_heavy)$
	0.972 ***	− 0.016 *	0.168 **
	(0.028)	(0.008)	(0.080)
	$\ln(tech)$	$\ln(energy\_inten)$	
	− 0.032 **	**0.870 ****	
	(0.015)	**(0.044)**	

注: (1) *** 表示 1% 水平显著, ** 表示 5% 水平显著, * 表示 10% 水平显著; (2) 圆括号中的数值为标准误差。

(二) 模型假设、分配结果与讨论

重要的模型假设包括: 未来全国国内生产总值 GDP 的年均增长速率: 2011 ~ 2015 年为 7.5%, 2016 ~ 2020 年为 6.0%。各省区市生产总值年均增长速率取各自过去 15 年年均增长速率的平均趋势。各省区市人口预测参考了刘钦普 (2009)[①] 的研究成果。计算机模拟分配结果见表 4.4。

表 4.4   计算机模拟分配结果

地 区	2005 年人口数 (万人)	2005 年人均 CO_2 排放 (吨/人)	2005 年 CO_2 排放总量 (万吨)	2020 年人口数预测 (万人)	2020 年人均 CO_2 排放 (吨/人)	2020 年 CO_2 排放总量 (万吨)	配额增量分配绝对量 (万吨)	配额增量分配比例 (%)
北 京	1 538	7.66	11 778	1 741	10.17	17 706	5 928	1.45
天 津	1 043	8.18	8 533	1 288	9.56	12 313	3 780	0.92
河 北	6 851	6.50	44 521	7 519	8.48	63 763	19 242	4.71
山 西	3 355	6.83	22 900	3 776	7.62	28 773	5 873	1.44
内蒙古	2 386	7.75	18 484	2 780	8.59	23 880	5 396	1.32
辽 宁	4 221	6.38	26 933	4 764	8.03	38 239	11 306	2.77
吉 林	2 716	4.60	12 507	3 219	6.53	21 021	8 514	2.08
黑龙江	3 820	3.42	13 052	4 340	4.81	20 894	7 842	1.92

① 刘钦普. 时空回归模型在中国各省区人口预测中的应用 [J]. 南京师大学报 (自然科学版), 2009, 32 (3).

地区	2005年人口数（万人）	2005年人均CO_2排放（吨/人）	2005年CO_2排放总量（万吨）	2020年人口数预测（万人）	2020年人均CO_2排放（吨/人）	2020年CO_2排放总量（万吨）	配额增量分配绝对量（万吨）	配额增量分配比例（%）
上　海	1 778	9.51	16 901	1 960	12.48	24 461	7 560	1.85
江　苏	7 475	5.15	38 460	8 221	7.01	57 662	19 202	4.70
浙　江	4 898	5.99	29 361	5 247	10.06	52 772	23 411	5.73
安　徽	6 120	2.53	15 512	7 078	3.76	26 634	11 122	2.72
福　建	3 535	4.06	14 353	3 963	8.81	34 934	20 581	5.03
江　西	4 311	2.33	10 048	4 785	4.14	19 806	9 758	2.39
山　东	9 248	5.68	52 533	10 072	7.56	76 118	23 585	5.77
河　南	9 380	3.07	28 815	10 649	4.15	44 174	15 359	3.76
湖　北	5 710	3.81	21 728	6 706	6.69	44 876	23 148	5.66
湖　南	6 326	3.44	21 743	7 403	5.71	42 263	20 520	5.02
广　东	9 194	4.54	41 742	8 741	9.06	79 211	37 469	9.17
广　西	4 660	2.46	11 459	5 438	5.53	30 060	18 601	4.55
海　南	828	2.55	2 114	1 066	5.44	5 795	3 681	0.90
川　渝	11 010	2.76	30 374	13 199	5.55	73 208	42 834	10.48
贵　州	3 730	3.53	13 174	4 366	5.39	23 538	10 364	2.54
云　南	4 450	3.34	14 870	4 906	7.10	34 831	19 961	4.88
陕　西	3 720	3.25	12 091	4 189	4.90	20 539	8 448	2.07
甘　肃	2 594	3.55	9 201	3 013	6.97	20 999	11 798	2.89
青　海	543	5.47	2 970	768	8.93	6 858	3 888	0.95
宁　夏	596	8.42	5 019	815	9.72	7 922	2 903	0.71
新　疆	2 010	4.72	9 481	2 265	7.16	16 219	6 738	1.65
全　国	128 046	4.38	560 657	144 277	6.72	969 469	408 812	100.00

注：（1）2020年各地区人口预测数据参考刘钦普（2009）；（2）研究中全国没有包括西藏自治区、香港特区、台湾地区、澳门特区数据。

就模拟分配结果来看：

1. 全国层面，到2020年我国二氧化碳排放总量绝对值还要增加约40亿吨。这主要是由我国现阶段所处的发展阶段所决定的。我国目前正处于工业化、城镇化、信息化快速推进阶段，还不可能放弃经济增长速度来减少能源消费和二氧化碳排放。因此，从模型设定上，首先，我们假定未来全国国内生产总值 GDP 的年均增长速率"十二五"为 7.5%，"十三五"为 6.0%；其次，2020 年前我国人口数量仍然处于增长阶段，模型设定 2005 年的 12.8 亿增长到 2020 年的 14.4 亿；再次，工业化进程的快速推进，将引致第二产业能源消费迅速增长，尤其是支持城镇化过程中的基础设施建设所需的钢铁、水泥、玻璃等高耗能产业快速发展也成为能源消费增长的主要原因；最后，城镇化也将引致终端能源需求增加。城镇化一方面意味着城市人口的增长，另一方面城市人口对住房、家电、交通、商品能源等需求也会增加，导致对终端能源需求的增加，基本上一个城市人口的能源消费与 3.5 个农村人口的能源消费相当。限于我国能源资源禀赋结构和能源结构优化推进速度等方面的原因，2020 年前我国能源消费的增长必然会带来二氧化碳排放的增加。

2. 我国 2005 年人均二氧化碳排放 4.38 吨/人，已经与世界年人均碳排放持平。模型结果显示 2020 年我国人均二氧化碳排放将达到 6.72 吨/人。虽然低于 OECD 国家的平均水平，但是已大大超过国际平均水平，考虑到目前我国碳排放总量已位于世界首位的现实，届时我国将站在全球应对气候变化的风口浪尖，处于被动境地。

3. 省区市级层面，从我国省级区域能源环境经济面板数据来看，我国区域碳排放和人均碳排放表现为东部高于中部，中部高于西部，但是从单位区域生产总值的碳排放强度来看，中西部地区明显高于东部地区。因为决定省级区域碳强度的主要因素是能源结构和产业结构，中西部地区高能耗产业占工业比重较高是中西部碳排放强度高的主要原因。

第三节　研究结论与建议

虽然自 2011 年起我国人均 GDP 已达到 4 000 美元（2011 年人均 GDP 为 35 181 元人民币），但是中长期我国人均 GDP 将仍然处于上升阶段。目前我国采取更严格的政策来控制人口增长或大幅度牺牲经济发展速度来降低能源消费以应对气候变化是不现实的，因此，只有降低能源强度和降低能源供给结构的碳排放量才是控制二氧化碳排放的有效途径。也就是说，我国节能减碳策略总方向是"节流"与"开源"。节流，就是依靠科技进步提高物理意义上的能源使用效率和依靠制度创新降低经济意义上的能源强度。建立碳交易体系就是一种机制创新，理应成为我国应对气候变化政策组合中的一部分。开源，即大力发展核电、水电、风电、太阳能发电、非常规天然气等清洁能源，改善能源供给结构以降低单位能源消费的二氧化碳排放强度。相比碳税、规制、标准等环境政策工具，碳交易体系具有独特的优势：能够给市场主体提供节能减排策略选择上的"柔性"。市场主体可以选择技术改造以提高能源利用效率达到节能减碳的目的，或选择投资清洁能源项目以规避市场碳排放配额的价格风险，或选择从市场中购买碳排放配额，等等。

首先，不同于国际碳排放权分配讨价还价过程中所涉及的国际政治与南北方博弈，国内碳交易体系对共生于同一经济系统内的不同地区、不同人群的影响是不同的。实施碳配额交易计划首先不能扩大地区间社会经济差距；其次，要确保受到该体系影响的地区仍有分享经济发展的机会和红利。中西部地区首先要保持经济增长和充分就业，然后才是承担力所能及的减排任务。基于区域发展现实和区域公平的角度，我国碳排放配额分配不得不考虑我国各省区市间经济发展水平、可再生资源禀赋、能源利用效率水平差距较大的事实，因地制宜地设定各省区市节能减碳目标和设计低碳发展策略。东部地区社会经济基础较好、技术进步程度较高，但人口密集、资源匮乏，应着力于发展技术和资金密集型产业，应当在我国应对气候变化中承担主要责任；中西部地区经济技术条件落后但资源丰富，应根据各自地区的资源禀赋和产业基础，在促进资源、环境与经济协调发展的前提下，必须提高资源利用效率，提高优势资源生产加工增值比重，降低各地区单位产值能耗和碳排放强度。

第五章

区域层面的配额分配（分配到企业）

配额分配机制是碳交易体系设计中的关键环节。配额分配（allowances allocation）是指被纳入碳交易体系的企业获得配额的方法。在"总量控制与交易"的模式下，配额分配机制是指将与碳排放总量相对应的排放权配额分配到各个参与主体的规则。配额分配的模式可以分为拍卖和免费分配两大类，而后者又包括历史法、基准线法等不同的分配方法。然而，配额分配的模式和方法不能仅仅孤立地讨论，它与配额总量的设定和结构、配额跨期交易的设计（预借和储存）都有密切的关系。因此，本章首先从配额总量与结构的设计入手（第一节），在此基础上讨论初始配额分配的不同模式与方法（第二节），最后，在不同的配额跨期交易情境下比较不同配额分配模式的影响和效果（第三节）。

第一节　配额总量设定与结构

一、碳交易体系的配额总量设定

在"总量控制与交易"的排放权交易体系下，"总量"（cap）可谓是交易的前提。从环境经济学的经典理论来看，排放权交易是实现成本最小化减排的数量控制手段（quantity control），碳排放总量正是给碳交易体系设置的数量约束（韦茨曼，Weitzman，1974）①。

排放权交易的思想渊源来自科斯对负外部性问题的创造性建议，即通过明晰产权的方式使外部性问题内部化（科斯，Coase，1960）②。在科斯理论的影响下，有学者提出人为创造附加市场的方式来明晰产权（米德，Meade，1972；阿罗，Arrow，1969）③④，进而演化为排放权交易。配额的总量控制就是创造配额市场稀缺性的关键，它决定了配额的供给约束，在配额总量小于企业实际排放的前提下，使得配额具有价格，而将温室气体排放的外部性问题内部化。因此，可以说配额总量的设定是碳交易体系的关键，是碳交易体系价格的重要影响因素，也是配额分配的起点。

碳交易体系配额总量的确定一般遵循几个步骤，首先需要根据减排目标、经济发展目标等确定碳交易体系所在区域的排放总量，这部分属第四章讨论范畴，本章不再赘述。随后，根据碳交易体系的覆盖范围和减排目标确定碳交易体系的配额总量。最后，设计碳交易体系的总量结构，为政府的市场调控和新进企业预留配额。

（一）配额总量确定的环境经济学理论

正如第一章所述，市场化手段的排放控制并不是要完全禁止排放，而是要选择一个社会最优的排放量，使得减少排放带来的边际社会成本和边际社会收益（或增加排放带来的边际社会损失）相等。

在第一章图 1.6 中，如果不存在不确定性，社会边际减排成本曲线和边际损害方程都是已知的，最优减排水平 Q^* 就应该是碳交易体系的配额总量。如果减排量小于 Q^*，此时多减排一个单位付出的成本小于带来的收益，社会还有继续减排的动力；如果减排量大于 Q^*，而多减排一个单位付出的成本将会超过减排带来的收益，社会不再有减排的动力。

然而现实中，政策制定者对最优减排量的决策可能受到几个方面的不确定性的冲击。第一是社会边际损害函数的不确定性，第二是边际减排成本曲线的不确定性，第三是对未来碳排放预测的不确定性。

首先讨论社会边际损害函数存在不确定性的情况，这意味着 MDF 曲线的位

---

① Weitzman, W. *Prices vs. Quantities* [J]. *The Review of Economic Studies*, 1974, 41 (4): 477 –491.

② Coase, R. *The Problem of Social Cost* [J]. *Journal of Law and Economics*, 1960 (3): 1 –44.

③ Meade, J. E. *The Theory of Labour-managed Firms and of Profit Sharing* [J]. *Economic Journal*, 1972 (82): 402 –28.

④ Arrow, J. K. The Organization of Economic Activity: *Issues Pertinent to the Choice of Market versus Non-market Allocation, in The Analysis and Evaluation of Public Expenditures*: The PPB System, Vol. 1, Joint Economic Committee, 91st US Congress, 1st Session [C]. Washington, DC: US Government Printing Office, 1969.

置不能被准确预测。假设社会边际损害成本存在不确定性，q 是减排量，u 是表征不确定性的随机变量：

$$MDF(q, u)$$

同时社会边际减排成本曲线是确定的：

$$MAC(q)$$

决策者要选择一个减排水平 Q_s 使得预期的福利最大化，即消费者和生产者剩余最大化：

$$E\int_0^{Q_s} [MDF(q, u) - MAC(q)] \mathrm{d}q$$

其一阶条件可以得出：

$$E\, MDF(Q_s^*, u) = MAC(Q_s^*)$$

假设 MDF 和 MCC 都是线性的

$$MDF = a - bq + u \quad 且\ E(u) = 0$$
$$MAC = \alpha + \beta q$$

由于排放权价格是由社会边际减排成本 MAC 决定的，所以可以求出减排量和排放权价格的最优解：

$$Q_s^* = \frac{a - \alpha}{b + \beta} \quad P^* = \alpha + \frac{\beta(a - \alpha)}{b + \beta}$$

因此，预期的福利增进（EWG）仅仅取决于系数 a、α、b 和 β，与随机干扰项 u 无关。并且最优的减排水平和 MDF 不存在不确定性时的最优减排水平是相等的。即社会边际损害函数存在不确定性时，并不影响社会最优的减排量。

第二种情况再假设 MDF 是确定已知，但 MAC 存在不确定性的情况。此时：

$$MAC(q, \varepsilon)$$

同理可知，最优减排量并不会受到不确定性的影响，但由于排放权价格仅受到 MAC 的影响，因此最优排放权价格将受到 MAC 不确定性的影响。

第三种情况是对未来碳排放量预测的不确定性，这种不确定性会导致实际减排量的不确定。假设未来碳排放量将受到经济发展、技术水平、产业结构、城市化进程等因素的影响，政策制定者根据现有信息选择最优减排量，但任何模型都无法完全准确的预测未来，在这种情况下，即便是 MDF 和 MAC 不存在不确定性，也可能因为对未来碳排放趋势预测的不准确而导致预估的最优减排量与最终实现的最优减排量不一致。

假设政策制定者根据经济增长、技术进步、经济结构等因素（X）可以预估在不存在碳交易体系情况下的未来排放量（BAU 情景）E^*，但最终实现的排放量 E^r 还受不确定因素 φ 的影响：

$$E^r = E(X, \varphi) = E^* + \varphi$$

假设政策制定者事前决定的最优减排量为 Q^*，由此对应的最优的排放总量为 $C^* - E^* - Q^*$，然而实际减排量为：

$$Q^r = Q^* + \varphi = \frac{a - \alpha}{b + \beta} + \varphi$$

则其对应的排放权价格为：

$$p^r = MAC(Q^* + \varphi) = \alpha + \frac{\beta(a - \alpha)}{b + \beta} + \beta\varphi$$

不确定性对排放权价格的影响取决于社会边际减排成本曲线的斜率。

现实中，政策制定者最可能面临的情况是由于不确定的技术冲击而导致的 MAC 曲线的不确定性，附加由于经济增速、结构调整等不确定性而导致的实际减排量的不确定性。如果经济体同时受到了减排技术冲击和正向的经济增长冲击，例如由未预测到的减排技术带来减排成本曲线下移，而同时经济增长速度又快于预期。此时：

$$Q^r = Q^* + \varphi$$
$$p^r = MAC(Q^* + \varphi) + \varepsilon = \alpha + \beta Q^* + \beta\varphi + \varepsilon$$

此时 $\varepsilon < 0$，而 $\varphi > 0$，因此，如果 $\varphi = (\varepsilon - \alpha)/(\beta + b)$，依然可以达到社会最优的减排量和其对应的排放权价格（见图 5.1）。

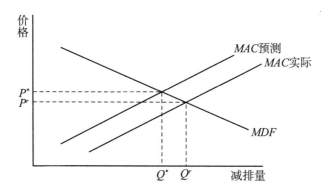

图 5.1 不确定条件下的社会减排量和排放权价格

由于排放配额的价格主要是由 MAC 曲线决定的，因此在政策制定时，决策者往往是从社会边际减排成本的角度进行考虑，一方面预测 BAU 情景的排放量，另一方面选择合适的减排量水平从而使减排成本（反映为排放权配额的价格）在社会可接受的区间。

（二）碳交易体系配额总量的决定因素

在确定区域碳排放总量目标的基础之上，如何将排放总量目标划分到碳交易体系和非碳交易体系是本节重点考察的问题。划分到碳交易体系的排放目标即碳交易体系的配额总量。本节将在分析 EU-ETS 三个阶段总量设定方法的基础上总结出碳交易体系配额总量的影响因素，并提出中国确定区域碳交易体系配额总量的方法建议。

1. 碳交易体系的配额总量主要由其覆盖范围决定

确定了纳入企业的门槛和范围之后，即可以确定纳入企业的碳排放占该区域整体碳排放量的比重。在较短的年限中，一个地区的经济增长趋势和产业结构是相对稳定的，纳入碳交易体系的行业和企业碳排放占区域碳排放总量的比重也相对稳定，在这种情况下甚至可以直接通过这一比重来确定碳交易体系的配额总量。EU-ETS 第一阶段和第二阶段在欧盟委员会层面确定了纳入设施的门槛后，再将总量设定的权限下放给各成员国，各成员国 ETS 的配额总量很大程度是由纳入设施的排放占比来决定的。爱尔兰在 EU-ETS 第一阶段则直接通过行业碳排放占 ETS 碳排放的比重来确定纳入碳交易体系不同行业的配额总量[1]。

2. 碳交易体系的配额总量受纳入碳交易行业的增长趋势影响

若要在更长的时间范围内确定碳交易体系的总量，或者某一地区正处在产业结构的调整阶段，确定配额总量时还需要考虑纳入碳交易行业的增长趋势。英国在 EU-ETS 第一阶段确定总量时根据所有被纳入 ETS 的行业（除了发电厂）的预估排放进行配额分配，预估产能时考虑了行业的自然增长因素[2]。奥地利的配额分配公式中也考虑了行业正常经营时的增长趋势，并通过在行业历史排放数据的基础上乘以调整因子的方法来将该因素纳入考虑[3]。

3. 碳交易体系的配额总量受纳入碳交易行业的减排目标影响

若在区域层面或国家层面对纳入碳交易体系的行业提出了特别的减排目标，那么在设定总量时还需确保行业能完成其减排目标。欧盟委员会在 2008 年时确定了欧盟成员国到 2020 年需在 1990 年排放量的基础上减排 20%，其中 EU-ETS 覆盖的行业需在 2005 年排放量的基础上减排 21%，非 EU-ETS 覆盖的行业需较 2005 年减排大约 10%。在行业间不同减排目标的要求下，EU-ETS 第三阶段欧盟委员会将欧盟整体的碳排放总量分解为 ETS 配额总量和非 ETS 排放总量（见图 5.2），并确定了 EU-ETS 总量在第三阶段以每年 1.74% 的速度递减。

---

[1] 详见爱尔兰在 EU-ETS 第一阶段的国家分配计划，来自欧盟委员会网站：http：//ec. europa. eu/clima/policies/ets/pre2013/nap/documentation_en. htm。

[2] 详见英国在 EU-ETS 第一、二阶段的国家分配计划，来自欧盟委员会网站：http：//ec. europa. eu/clima/policies/ets/pre2013/nap/documentation_en. htm。

[3] 详见奥地利在 EU-ETS 第一、二阶段的国家分配计划，来自欧盟委员会网站：http：//ec. europa. eu/clima/policies/ets/pre2013/nap/documentation_en. htm。

低碳经济转型下的中国碳排放权交易体系

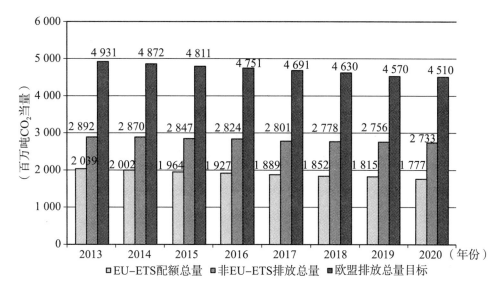

资料来源：由欧盟委员会网站（http：//ec. europa. eu/clima/policies/g-gas/index_en. htm）
公布的数据整理。

图 5.2　2013～2020 年 EU-ETS、非 EU-ETS 和欧盟排放总量目标

4. 区域碳交易体系的配额总量还受到政治决定的影响

在分级政府的行政体制下，如果政治决定是自上而下的，那么区域的减排目标和配额总量一般直接由中央政府确定，如中国"十二五"各省区市的碳强度下降目标，是由国家发改委统一制定和下达的，这一碳强度目标将直接影响区域的碳排放目标。若政治决定相对下放至下一级政府，那么最终的配额总量目标很可能是地方政府和中央政府协商的结果。典型的案例是 EU-ETS 第一阶段和第二阶段。欧盟委员会在这两个阶段将 ETS 制度设计和管理的权限很大程度下放至各个成员国，由各成员国上报各自的国家分配计划（简称 NAP，内含设定的总量和分配方法），再由欧委会批复。欧委会最终批准的配额总量一般都比各成员国最初提交申请的总量略紧一些（见表 2.2）。

（三）中国碳交易体系的配额总量确定方法

1. 中国碳交易体系的配额总量确定时应考虑的因素

中国在确定碳交易体系配额总量时可以借鉴欧盟等国的经验。然而，在上述影响因素的基础之上，中国还需结合自身发展的阶段特征、规划目标和其他实际国情来制定配额总量目标，在保证经济发展的前提下实现有效的节能减排。针对中国的实际情况，在制定区域性的配额总量时应充分考虑以下因素：

第一，要充分考虑国家、区域和行业的碳强度和能源强度降低目标，利用碳交易体系这一政策工具有效地控制排放量的增长。2009 年 11 月，中国政府宣布到 2020 年，我国单位 GDP 二氧化碳排放量比 2005 年下降 40% ~ 45%。在中国的"十二五"规划中也明确提出了"十二五"期间碳强度下降 17%，能源强度下降 16% 的目标。在此基础上，2011 年 12 月 1 日国务院印发《"十二五"控制温室气体排放工作方案》，将碳强度下降目标分解至国内 31 个省区市（不包括港澳台地区）（见表 5.1）。与此同时，在国家层面乃至各省区市层面，各行业的"十二五"规划中也明确提出了重点行业碳强度的下降目标（见表 5.2）。

表 5.1　　　　　"十二五"各地区碳强度和能源强度下降目标

地　区	碳强度下降目标（%）	能源强度下降目标（%）	地　区	碳强度下降目标（%）	能源强度下降目标（%）
全　国	17	16	河　南	17	16
北　京	18	17	湖　北	17	16
天　津	19	18	湖　南	17	16
河　北	18	17	广　东	19.5	18
山　西	17	16	广　西	16	15
内蒙古	16	15	海　南	11	10
辽　宁	18	17	重　庆	17	16
吉　林	17	16	四　川	17.5	16
黑龙江	16	16	贵　州	16	15
上　海	19	18	云　南	16.5	15
江　苏	19	18	西　藏	10	10
浙　江	19	18	陕　西	17	16
安　徽	17	16	甘　肃	16	15
福　建	17.5	16	青　海	10	10
江　西	17	16	宁　夏	16	15
山　东	18	17	新　疆	11	10

注：此表数据不包括港澳台地区。

资料来源：国务院."十二五"控制温室气体排放工作方案（国发〔2011〕41 号），2011 - 12 - 1.

表5.2　　　　　"十二五"全国重点工业行业碳强度和能源强度下降目标

行　业	碳强度下降目标（%）	能源强度下降目标（%）
钢　铁	18	18
有色金属	18	18
石化和化工	—	20
建　材	—	18～20
水　泥	17	—
平板玻璃	18	—
电　力	11.4%（年均2.4%）	—

资料来源：作者根据《钢铁行业"十二五"发展规划》《有色金属工业"十二五"规划》《石化和化学工业"十二五"发展规划》《建材工业"十二五"发展规划》《电力行业"十二五"规划》《工业节能"十二五"规划》等整理。

注：钢铁、有色金属、石化和化工、建材行业的碳强度（能源强度）指行业单位增加值二氧化碳排放（能源消耗），电力行业碳强度指单位发电量二氧化碳排放，且电力行业规划中仅写明年均下降目标为2.4%，表中数字为作者折算。

第二，要充分考虑国家、区域和行业的经济增长目标和新增投资目标，利用碳交易体系这一政策工具在减排成本方面的优势，在保证经济增长的同时实现节能减排。与发达国家和地区的碳交易体系不同，中国尚处在经济快速发展的阶段，经济增速快，第二产业占比高，人均收入水平还有待提高，中国的碳交易体系并不能仅仅实现节能减排这一单一目标，而是要创造经济发展和节能减排的双赢结果。从这一原则出发，中国碳交易体系的配额总量应同时考虑规划中的GDP增速目标、投资增速目标和碳强度下降目标，配额总量势必呈上升趋势，并不能像发达国家碳交易体系的配额总量一样呈递减趋势。配额总量所控制的应该是在一定经济增速目标下的碳排放量，这与我国设定的单位GDP碳排放下降目标是一致的。因此，碳排放配额总量增加，但增速要慢于GDP的增速。

第三，要充分考虑国家和区域的产业结构调整目标和技术进步等因素。近年来，我国产业结构调整的总体方向是鼓励第三产业比重提高，第二产业比重降低，从而利用第三产业的发展实现更高的经济附加值，吸收更多的就业。不同产业部门的碳排放有较大的差别。第二产业中的工业行业，特别是重化工业虽然为中国的工业生产总值做出了很大贡献，但也是碳排放较大的部门。因此我国产业结构调整的方向与节能减排的目标有很强的一致性。随着第二产业比重的降低，未来的区域碳排放量应该比维持现有产业结构条件下的碳排放量小。

根据国内 31 个省区市公布的"十二五"GDP 增速目标（见表 5.3）和国家要求的碳强度下降目标，可以初步折算出为了保证各省区市的经济增长空间，2011～2015 五年间碳排放需要增加的幅度（见图 5.3）。即便要实现碳强度的下降，为了保证经济增长，全国（不包括港澳台地区）及各省区市"十二五"期间碳排放依然需要较大的增长空间，经济增速规划越快的省区市碳排放增长率也越高，如吉林、海南、西藏、甘肃四省区若要实现规划的经济增速和碳强度目标，碳排放在 2011～2015 年还需增长 40% 以上。

表 5.3　　全国及各省区市"十二五"规划年均 GDP 增速目标

地　区	GDP 增速目标	地　区	GDP 增速目标	地　区	GDP 增速目标
全　国	7	浙　江	9	重　庆	13.5
北　京	8	安　徽	10	四　川	12
天　津	12	福　建	12	贵　州	13
河　北	9	江　西	11	云　南	10
山　西	12	山　东	9	西　藏	12
内蒙古	13	河　南	9	陕　西	12
辽　宁	11	湖　北	10	甘　肃	12
吉　林	15.2	湖　南	10	青　海	12
黑龙江	11.6	广　东	8	宁　夏	12
上　海	8	广　西	10	新　疆	10
江　苏	10	海　南	13		

注：此表数据不包括港澳台地区。
资料来源：作者根据各省区市"十二五"发展规划整理。

第四，总量预测时还需考虑技术进步的因素。技术进步可以是一种自发的趋势，即随着时间推移，区域的碳生产率将提高，即使是一般性的技术进步也往往能促使碳强度降低。同时，企业出于节省成本的考虑而研发或引进的节能减排的专门技术更能促使碳强度降低。除此以外，碳交易体系将为碳排放权定价，相对于企业而言等同于提高了其能源的价格（成本），在这种情况下还有可能发生诱发的技术进步（induced technological progress），即由于某种生产要素价格提高，从而使技术进步的方向更偏向于节约该生产要素。因此，在技术进步的条件下，碳排放配额总量将比不考虑技术进步的情况而言更小一些。

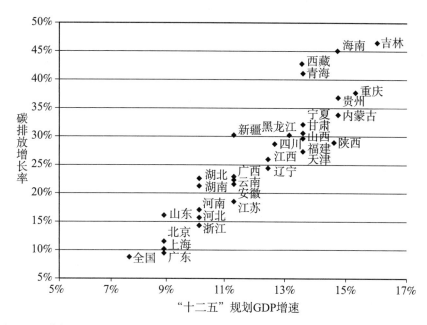

注：此图数据不包括港澳台地区。

资料来源：图中数据为作者根据全国及各省区市"十二五"发展规划公布的数据计算所得。

图5.3　全国及各省区市"十二五"期间碳排放趋势

2. 配额总量的确定

在充分考虑上述因素的基础上，中国区域配额总量的确定可以遵循如下步骤：

第一，建立碳排放总量预测模型，预测区域碳排放总量。可以通过建立"自下而上"或"自上而下"的预测模型，在不同的经济增长速度、减排技术水平、产业结构、人口规模等假设下模拟不同情景的碳排放趋势供决策者参考。全社会配额总量的预测方法并不是本章讨论的重点（详见第三章），在此不做赘述。

第二，根据覆盖范围和减排成本按一定比例折算碳交易体系的配额总量。一种最直接的方法是根据覆盖范围内企业碳排放占全社会碳排放的比例来直接进行折算，即用预测的全社会碳排放乘以该比例作为碳交易体系的配额总量。对于确定较短年份的配额总量来说，这种方法有一定的可取性，因为纳入碳交易体系的行业和企业的发展趋势在较短的年限中是一定的。然而，这种折算方法也存在一定争议。一方面，虽然碳交易体系覆盖的行业根据不同地区的产业结构而有所差异，但是对于全国很大一部分省区市来说，工业行业始终是碳排放大户，我国的规划中工业的增长速度一般也快于全社会的 GDP 增速。从这一角度来看，被碳交易体系覆盖的企业，其排放总量可能增速更快。另一方面，碳交易体系可以用更少的成本实现更多的减排，因此，覆盖范围内的行业企业应该承担更多的减排

167

义务，即配额总量的增速应该慢于行业内全部企业整体的碳排放增速。

在确定碳交易体系配额总量时，是否需要在覆盖的碳排放比例的基础上进行调整，我们认为这是个仁者见仁、智者见智的问题。一是虽然不同行业的减排目标和经济增长目标有所不同，但是在建立总量预测模型时就已经考虑了这些差异，因此在折算比例时不用重复考虑。二是虽然碳交易体系在理论上能实现更低成本的减排，但是在一个区域碳交易体系运行之前，设计者通常无法准确判断碳交易体系成本节约程度的精确数值。若要求配额总量略紧于碳交易体系的覆盖范围，在向下调整折算比例时可能只是较主观的取一些经验数值。我们认为，中国经济发展速度较快，预测未来碳排放趋势的不确定因素较多，因此应分较短的年份预测碳排放总量并确定配额总量，在有限的时间段内，通过碳交易体系覆盖的碳排放比例来折算配额总量是一种简单、直观、可行的方法。

二、配额总量的结构

中国尚处在经济高速增长的阶段，碳排放的配额总量呈上升趋势。与此同时，配额的总量也可划分不同的结构，可在其中区分给既有企业、既有设施的配额，为新增产能预留的配额和为政府预留的配额。通过合理设计配额结构，一方面，有助于增加碳交易体系供给的灵活性，我们称之为"总量刚性、结构柔性"的设计，有助于降低碳价格的波动；另一方面，这一设计有助于实现区域节能减排的结构性目标，进一步保证经济增长和新增投资的质量，并能使政府更有效地实现对碳交易体系的调控。

（一）配额总量结构的作用

通过对配额总量结构的合理设计，可以使配额总量的供给更具有灵活性，降低碳价格的波动，并能使碳交易体系总量实现更加丰富的目标，一方面可以控制既有设施、老旧设施的排放，另一方面又能保证经济增长的空间，鼓励应用清洁技术的新增投资。此外，政府也可通过预留部分配额对碳交易体系实施有效的调控。

1. 增加碳交易体系供给的灵活性，降低碳价格波动

碳价格的波动受到碳交易体系供给价格弹性的影响。当碳交易体系供给刚性时，碳价格的波动也较大，当碳交易体系供给弹性较大时，碳价格的波动较小

（范克豪泽和赫伯恩，Fankauser & Hepburn，2010）[①]。以下通过线性的碳交易体系供给和需求函数来进行分析。假设碳交易体系上配额的需求和供给都是等弹性的。需求函数是：

$$\log Q_d = \gamma_d - \varepsilon_d \log P$$

其中 P 是配额价格，ε_d 是需求弹性，γ_d 是需求函数的参数。

配额的供给取决于政策，假设供给函数是如下形式：

$$\log Q_s = \gamma_s - \varepsilon_s \log P$$

ε_s 是供给弹性，γ_s 是供给函数的参数。当供给是无限弹性，即 $\varepsilon_s = \infty$ 时，等同于一个纯粹的碳税政策。当供给完全无弹性，即 $\varepsilon_s = \infty$ 时，等同于一个纯粹的碳交易体系。供给价格弹性取中间数值时表示一个混合的政策。

市场出清的配额价格是：

$$P = \exp\left(\frac{\gamma_d - \gamma_s}{\varepsilon_d + \varepsilon_s} \right)$$

如果需求的不确定性满足正态分布：$\gamma_d \sim N(\overline{\gamma}_d,\ \sigma_\alpha^2)$；

另外，$\varphi = (\overline{\gamma}_d - \gamma_s)/(\varepsilon_d + \varepsilon_s)$，$\varphi$ 也服从正态分布：

$$\varphi \sim N\left\{ \left(\frac{\overline{\gamma}_d - \gamma_s}{\varepsilon_d + \varepsilon_s} \right),\ \left(\frac{\sigma_\alpha}{\varepsilon_d + \varepsilon_s} \right)^2 \right\}$$

由此可以推出 $P = \exp(\varphi)$ 服从对数正态分布，其方差是：

$$var(P) = \left[2 \exp\left(\frac{\sigma_\alpha}{\varepsilon_d + \varepsilon_s} \right) - 1 \right] \exp\left[2\left(\frac{\overline{\gamma}_d - \gamma_s}{\varepsilon_d + \varepsilon_s} \right) + \left(\frac{\sigma_\alpha}{\varepsilon_d + \varepsilon_s} \right)^2 \right]$$

$$\frac{\partial var(P)}{\partial \varepsilon_s} = - \left[2\sigma_\alpha \left(\frac{1}{\varepsilon_d + \varepsilon_s} \right)^{-2} \exp\left(\frac{\sigma_\alpha}{\varepsilon_d + \varepsilon_s} \right) \right] \exp\left[\left(\frac{\overline{\gamma}_d - \gamma_s}{\varepsilon_d + \varepsilon_s} \right) + \left(\frac{\sigma_\alpha}{\varepsilon_d + \varepsilon_s} \right)^2 \right]$$

$$- \left[2 \exp\left(\frac{\sigma_\alpha}{\varepsilon_d + \varepsilon_s} \right) - 1 \right] \left[2\left(\frac{1}{\varepsilon_d + \varepsilon_s} \right)^{-2} \left[(\overline{\gamma}_d - \gamma_s) + \left(\frac{\sigma_\alpha}{\varepsilon_d + \varepsilon_s} \right) \right] \right] < 0$$

从上式可以看出，碳价格的方差随着供给价格弹性的提高而降低，因此，如果政策制定者能够提高碳交易体系供给的灵活性，那么碳价格的波动会随之下降。

尽管碳交易和碳税在政策设计上有较大的不同，一个地区一旦决定用碳交易体系的政策手段实现减排目标并开始相应的政策设计，那么一般而言就很难再从碳交易体系转变为碳税政策。碳交易体系和碳税的混合政策在现实中也较少见。然而，碳交易体系虽然要求有刚性的总量（cap）才能创造市场的稀缺性，但也同样可以在设计中为刚性的总量引入柔性的调整机制，为经济的不确定性波动设置灵活的总量调节机制，从而降低碳价格的波动。中国经济尚处于快速增长的阶

---

① Frankhauser, S., C. Hepburn. Designing Carbon Markets. Part I: Carbon Markets in Time ［J］. *Energy Policy*. 2010 （38）：4363 - 4370.

段，与此同时，经济发展也面临着产业结构、能源结构和对外贸易结构的调整，未来经济增长的速度和空间存在一定的不确定性。与此相对应，未来的碳排放也可能受到无法预测的技术变迁、经济增速变化、能源结构转型的影响而偏离预估的轨道。针对这一情况，我们可以对总量的结构进行设计，通过把总量划分为不同的部分，对确定性强的部分进行刚性设置，对碳排放增长趋势等不确定性强的部分设计总量的灵活调节机制，同时设置配额的蓄水池以调节碳价格的异常波动，是实现这一目标的重要手段之一。这种"总量刚性、结构柔性"的设计方案可以在碳排放权交易的政策框架下极大地提高碳交易体系供给的灵活性，从而减少碳价格的波动性。

2. 控制既有企业、既有设施的排放

碳交易体系设计时就被纳入的企业和设施可以称之为既有企业、既有设施，它们构成了碳交易体系的主体排放源，配额总量中的绝大部分也将分配给既有企业的既有设施。然而，这部分排放具有一定的特点：一是排放量比较稳定，较少出现大幅度的增加。一般而言，设备在达产以后就会维持在其设计产能的一定比例下进行生产，除非出现市场需求的大幅下滑，否则设备的产量不会大幅消减，此外，一个设备的产量也不可能超越其设计产能，因此总体而言，对于既有企业的既有设施而言，产量在一定范围内是稳定的，从而其碳排放也是相对稳定的。二是纳入的部分设施可能较老旧，其单位产品碳排放相比较新的设备来说也较高，部分较新的设施也可能随着时间的推移不再处于技术的前沿。由于既有企业、既有设施的碳排放具有上述特点，配额总量中既有企业的既有设施部分应该起到有效控制这部分排放增长的作用，甚至应该适当从紧发放，从而创造配额的稀缺性，并引导企业淘汰老旧设施。

3. 确保经济增长空间，鼓励应用清洁技术的新增投资，并控制不确定性风险

"十二五"期间中国仍然保持了较高经济增长速度，GDP 会维持不低于 7% 的增速，投资增长率还会高于这个增长速度。从区域层面来看，绝大部分省区市的"十二五"规划增速都高于全国的增速，中西部地区尤甚。从微观的角度来看，经济较快增长有两个主要表现：一是新投资成立企业；二是既有企业会扩张生产，投资新建大量新项目、生产线和生产设备。企业出于经济效率的考虑，这些新项目一般又具有生产效率高、单位产品能耗低的特点，相对应的即是单位产品碳排放低的特征。因此，在碳交易体系的配额总量中应为新增产能预留充足的配额，这样一方面可以保证我国的经济增长空间，另一方面也鼓励了处于技术前沿的新增投资，促进企业应用清洁技术。与此同时，2015 年以来中国经济逐渐进入"新常态"，未来GDP 增长速度将适度放缓，这给碳交易体系总量的预测带来一定的不确定性风险。由于新增预留配额期末未发放的部分将予以注销，其亦有助于控制不确定性风险。

经济较快增长与未来增速的不确定性使得与之相对应的碳排放量预测的难度较大，这是中国碳交易体系有别于发达国家碳交易体系最重要的部分，因此，对新增产能预留配额的设计是我国碳交易体系最具特色的部分之一。

4. 使政府实现有效的碳交易体系调控

碳交易体系的配额总量中还可以预留部分配额供政府对碳交易体系实施调控。政府调控碳交易体系可以有两种途径：一种是价格调控。如果碳价格出现剧烈波动，政府可以通过政策手段来限制这种波动，例如制定价格的上限和（或）下限等措施。更有效的一种措施是政府在配额市场进行类似中央银行的公开市场操作，在配额价格过高时卖出配额，价格过低时买入配额。这就需要政府手中能够掌控一部分的配额和资金。政府可以在配额总量中预留一部分，并再将其中一定数量的配额进行拍卖，从而获得可供调控碳交易体系的资源。

另一种调控是制度层面的，即政府需要动用一定的资源鼓励企业投资清洁技术，或者补贴没有纳入碳交易体系但受到碳交易体系冲击的群体。然而，在启动碳交易体系时，政府往往没有充足的资金来支持这种调控，因此国际上碳交易体系的惯用做法是由政府预留部分配额并进行拍卖，从而获得相应的拍卖收入。对拍卖收入的用途进行严格而明确的限定和要求，从而达到在制度层面调控碳交易体系的作用。

（二） 配额总量结构的设计

将配额总量划分为不同的组成部分，并对每个部分的数量、比例和增长趋势进行不同的设计，可以针对碳交易体系中不同主体的特征量体裁衣，使配额总量实现更丰富的功能。

1. 配额总量的结构划分

碳交易体系的配额总量可以根据其要实现的功能划分成不同的部分。EU-ETS第一、二阶段中，不少成员国在配额总量中预留一部分给新增产能和政府拍卖，就体现了总量的结构。例如，爱尔兰在 EU-ETS 第一阶段一共有 66 960 000 单位的配额，其中 1.534% 的配额预留给新增设施，或是预留给因产能提高而需要更新配额分配量的既有设施，预留配额全部免费分配。0.077% 的配额由爱尔兰环保局（EPA）预留进行拍卖，拍卖收入用作碳交易体系管理的行政开支。剩余部分的配额全部免费分配给被纳入 ETS 的既有设施。英国也为新进入者预留一定比例的配额，第一阶段这一比例为 6.3%。奥地利为新进入者预留了 1% 的配额，并遵循先到先得的原则对新进入者进行免费分配。

根据上文分析和欧盟的经验，本书建议中国全国碳交易体系的配额总量可以划分为如下三个部分：

第一，既有企业、既有设施部分（以下简称"既有配额"）。既有配额是指分配给碳交易体系运行之初纳入碳交易体系企业（既有企业）已经投产运行的项目、生产线和生产设施（既有设施）。

第二，新增企业、新增设施、产能增加预留部分（以下简称"新增预留配额"）。新增预留配额指的是在配额总量中预留一部分给达到纳入碳交易体系标准的新增企业，或是已经纳入碳交易体系的既有企业新投产的新项目、新生产线或新生产设施（新增设施），抑或是已经纳入碳交易体系的既有企业的既有设施经过重大改造而明显提高的生产能力（产能增加）。

第三，政府预留部分（以下简称"政府预留配额"）。政府预留配额指的是政府在配额总量中预留的用于碳交易体系调控的部分配额。

2. 配额总量结构中不同部分的关系和趋势

对配额总量中不同部分的比重和趋势分别进行设计，可以使配额总量针对不同的对象实现不同的功能。

（1）既有配额将分配给纳入碳交易体系企业的既有设施，这部分排放如前文所述，在一定的年限范围内较为稳定，不会出现大幅度的增加。同时，这部分排放源中也包括一部分老旧设施，不应分配过于宽松的配额鼓励其发展。因此，既有配额这部分可以若干年内保持一个适度从紧的水平，甚至呈小幅下降的趋势，这可以根据碳交易体系所在区域的产业结构和其覆盖范围来决定。如果从全国层面设计碳交易体系的覆盖行业，工业行业尤其是重化工业和能源生产行业应是纳入碳交易体系的重点行业。对于中西部地区来说，这些行业还将保持一段时间的增长，对行业内既有设施的配额总量保持在一定水平不变即可控制其排放增长，也与区域内产业结构的调整趋势和目标相一致。而对于东部发达省区市来说，产业结构调整的目标总体而言是要限制并逐步淘汰高耗能、高污染的行业，因此对这些行业分配的既有配额可以逐年递减。

（2）政府预留配额是碳交易体系的政府主管部门预留以调控碳交易体系的部分。政府手中一方面需要预留相对充足的配额对碳交易体系进行调控，另一方面也不能预留过多的配额，防止挤占企业的排放空间并增加政府的寻租风险。因此，政府预留配额可以保持在碳交易体系配额总量的一个固定比例。EU-ETS第一、二阶段中成员国政府预留的配额比例一般都比较低，但对于中国碳交易体系运行之初可能产生的风险，建议政府预留配额总量的3%～5%用于调控市场，但是必须严格限制政府预留配额的用途。同时，政府手中每年未使用完的部分应予以注销，防止政府预留配额逐年积累膨胀。

（3）新增预留配额将分配给符合纳入标准的新企业和既有企业的新增产能。中国尚处在经济高速增长的阶段，新增预留配额的设计至关重要，应保证给新增产能充足的排放空间，并鼓励运用清洁技术的新增投资。可以将配额总量中扣除既有配额和政府预留配额后全部的剩余都预留给既有企业的新增产能，并额外预留一部分给符合参加碳交易体系的新增企业。这样，新增预留配额不论是从绝对量还是从比例而言，都是逐年上升的。为新企业和新增产能预留充足的配额，一方面是因为经济的增量绝大部分是由新增投资拉动的，另一方面是新企业、新项目需要通过更为严格的环评和能评，而且企业出于自身经济绩效的考虑，新项目往往也更具有产品单耗低（相应碳排放也更低）的特点。鼓励新投资的同时也能鼓励碳生产率更高的企业和生产设备对老旧设备的替换。当然，新增预留配额每年没有用完的部分也应予以注销。

下面用一个例子来说明既有配额、新增预留配额和政府配额三部分的比例关系及趋势关系。根据图5.4计算的各省"十二五"规划下需要的碳排放增长空间，东部省份在"十二五"期间碳排放还需要增加10%左右，中西部省份则需要增加20%~30%。在此我们假设东部省份碳排放总量每年增加2.4%，"十二五"期间共增加10%，中西部省份碳排放量每年增加4.7%，"十二五"期间共增加20%，并假设碳交易体系的配额总量根据其覆盖范围按比例折算，从而配额总量的增长速度与碳排放总量增速保持一致。碳交易体系第一年既有配额略微从紧发放，占碳交易体系配额总量的90%，对于东部省份来说，既有配额每年递减1%，中西部省份既有配额每年保持不变。政府预留配额为配额总量的5%。此外，每年配额总量中全部剩余的部分均为新增预留配额。假设配额总量为100，东部和中西部省份配额的结构及趋势分别见图5.4和图5.5。

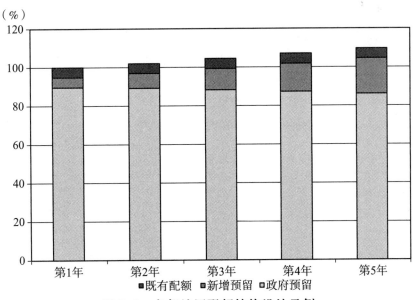

图5.4 东部地区配额结构设计示例

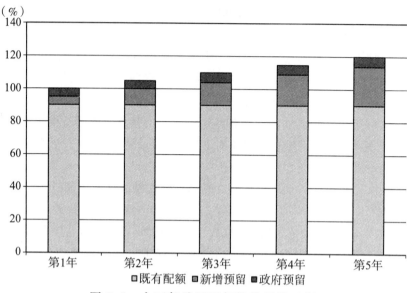

图 5.5　中西部地区配额结构设计示例

3. 新增预留配额在中国碳交易体系中的灵活应用

如前文所述，新增预留配额主要有两方面的作用：一是可以为经济增长预留空间；二是在未来碳排放增速不确定性较大的情况下，适度控制总量预测偏差的风险。这也正是中国经济步入"新常态"之后碳交易体系总量设定面临的两大挑战。从我国已经运行的 7 个试点配额分配方案来看，除重庆之外的试点碳交易体系均为新增排放预留了配额，其中湖北、广东两省预留比例分别高达 22% 和 9% 左右，深圳预留 2%，北京、上海、天津未在官方文件中明确指明预留比例（见表 5.4）。新增预留配额并非中国碳交易体系的独创，EU-ETS 中各成员国也有类似的设计，但一般预留比例较小，仅为 1% 左右。我国设定了 2030 年碳排放达峰目标，意味着碳排放未来还将持续增长，与经济增长相适应的相对较大比例的新增预留配额可以作为中国碳交易体系的总量灵活措施之一。

表 5.4　中国 7 个碳交易试点的新增预留配额比例及事后调节措施

试　　点	新增预留配额比例	配额事后调节机制
湖　　北	约 22%	对发电企业根据其实际发电量进行事后调节；对所有企业，如果其实际排放量与初始配额之差超过了 20% 或 20 万吨则实行事后调节
广　　东	9.8%（包括政府预留配额部分）	若企业申请配额变更，则次年配额可根据实际情况予以调整

试　点	新增预留配额比例	配额事后调节机制
北　京	未明确指明比例	若企业申请配额变更，则次年配额可根据实际情况予以调整
上　海	未明确指明比例	对采用标杆法分配的企业，期末根据其实际活动水平进行事后调节
深　圳	2%	根据企业实际活动水平进行事后调节；事后补充配额不能超过初始配额的10%
天　津	未明确指明比例	对火电企业和热电联产企业采用根据实际活动水平进行事后调节；其他企业可根据实际情况申请调节
重　庆	—	如果经核查的排放量超过企业报告排放量的8%，则实施调节

资料来源：作者根据各试点配额分配方案整理。

为了平衡经济增长和节能减排目标，实现可持续发展，新增预留配额的分配应遵循以下几个原则：

（1）新增预留配额同样受总量约束。若新增预留部分不受约束，则仅强调了增长而忽略了碳减排目标。因此，在本节设计的总量结构方案中，碳交易体系参与者的排放量首先被总量（cap）所框定，可以称之为"大帽子"，其预测综合考虑了经济增长、减排目标、产业及能源结构、技术水平等多种因素；既有设施配额保持不变甚至紧缩，可以称之为"小帽子"；新增预留和政府预留则为"大帽子"和"小帽子"之差。可以看出，决定新增预留体量和增速的主要是"大帽子"，其已反映了经济增长和节能减排的双重目标。这一设计有助于省区市实现可持续发展。

（2）为控制"新常态"下碳排放的预测偏差，新增预留配额中未发放的部分期末予以注销。从国际排放权交易体系的经验来看，总量预测往往具有过高估计的倾向。中国经济进入"新常态"以后，若实际经济增速低于预测总量时预期的GDP增速，则有可能如EU-ETS第二期一样造成配额过剩、价格下跌的情况。而新增预留配额则可以起到"缓冲带"的作用。若期末核查后，新增配额的实际需求小于预留，则需将剩余部分注销，以免冲击市场或者影响下一期市场中的配额供给。

（3）新增预留配额的分配适用于事后调节配额，或采用预分配和事后调节相结合的分配方法。对新建设施、原设施扩建等产能扩张带来的排放增加，可以在期末核查后根据其实际排放量或活动水平，从新增预留配额中予以追加；反之，若产能减少导致碳排放下降，则应在设施完成履约义务后，收缴相应配额返还新增预留中。在发达国家的 ETS 中，一般仅产能变化调整配额，而不对产量变化调整配额。而我国的 7 个碳交易试点则对产量变化也实行调整，最典型的措施是标杆法分配时，期初根据企业上一年的活动水平进行预分配，期末再根据企业的实际活动水平对初始配额进行修正（见表 5.4）。这一应用方式较适应我国经济较快增长的国情。此外，由于中国碳交易试点的配额分配是基于企业层面而非设施层面，这样的调节措施也可以简化数据监测报告和核查的难度。

（4）为了避免"鞭打快牛"，对有条件的行业新增配额应采用标杆法分配，同时增强新增预留配额激励清洁投资的作用。因此，尽管中国碳交易试点可以允许一部分新增产能或产量导致的碳排放增加，但必须引导新建项目和改建项目采用更清洁的技术。

（5）新增产能需进行设施层面的分配。若要对新增产能的配额进行更精确的测算，则需要进行设施层面的配额分配，在企业层面难以区分出新增产能和新增产量带来的碳排放增加。因此，若要更好地发挥新增预留配额的作用，则要求我国碳交易体系的配额核算和 MRV 体系尽量精确到设施层面。

三、结论和政策建议

碳交易体系的配额总量是碳交易体系设计的关键环节之一。中国区域碳交易体系的配额总量既要能够反应减排目标，创造配额市场的稀缺性，又要能够确保经济增长，并要协调产业结构调整、技术进步、政府调控等多方面的目标。因此，一方面中国区域碳交易体系的配额总量是上升的，另一方面又可以通过设计配额总量的结构及不同部分的比例和趋势关系，来同时协调控制排放、保证增长和政府调控的多重目的。本节特别对我国碳交易体系的总量结构方案进行了设计，在配额总量之下划分出既有设施配额、新增预留配额和政府预留配额三个部分。对既有设施配额从严管理而控制现有设施的碳排放量；政府预留配额为总量中的一定比例，为政府调节市场所用；新增预留配额则可以反映我国平衡经济增长和节能减排，实现可持续发展的目标。因此，我们建议中国碳交易体系的总量设计中，可以结合我国国情和经济"新常态"的发展趋势，充分发挥新增预留配额的作用。

第二节　初始配额分配的模式和方法

　　将碳交易体系的配额总量分配给不同的参与主体就需要设计初始配额分配的具体方法。配额分配（allowances allocation）是指被纳入碳交易体系的企业获得配额的方法。在"总量控制与交易"的交易模式下，配额分配机制是指将与碳排放总量相对应的排放权配额分配到各个参与主体的规则。

一、配额分配方法和影响的综述

　　配额分配实为一种产权的分配，即将碳排放的权利分配给排放者。根据科斯第一定理，在交易成本为零的条件下，初始产权的分配并不会影响市场均衡的最终结果，市场均衡会达到帕累托最优。韦茨曼在排放权交易的经典论文中发现，当交易费用为零且不存在信息不对称和不确定性的理想条件下，排放配额的价格应该等于企业的边际减排成本。然而，现实中交易费用并不为零，初始产权的分配状况会导致不同效率的资源配置（韦茨曼，1974）。博伦斯坦（Borenstein）等对电力市场的研究发现，初始配额分配会很大程度地影响排放权市场的效率（博伦斯坦等，2002）[①]；费尔（Fehr）对英国电力行业的二氧化硫排放权交易的研究也得出了一致的结论（费尔，1993）[②]。

　　从经济效率的角度看，拍卖是初始配额分配较好的手段，可以利用市场机制"发现"企业的需求和配额的价格。然而，多数排放权交易体系在初期出于可行性的考虑，都倾向于将大部分配额免费分配给企业，从而减少企业的抵触情绪，鼓励企业参与和适应碳交易体系，随后再逐步扩大拍卖的比例。在配额的免费分配方法中，又有两种最常见的分配方式：一是基于历史排放数据的"祖父法则"；二是基于最优减排绩效的"基准线法"（benchmarking）。前者以企业温室气体排放的历史数据为依据分配配额，后者根据企业单位产品碳排放的相对效率制定基准线，用企业产品的产量乘以基准线作为基础配额。

　　针对碳交易体系的理论研究发现，不同的分配方法对企业行为和市场效率将产生不同的影响。麦肯齐（Mackenzie）等建立模型比较了在动态配额市场的条

---

　　① Borenstein, S., J. Bushnell, F. Wolak. *Measuring Market Inefficiencies in California's Restructured Wholesale electricity Market.* The American Economic Review［J］. 2002, 92（5）：1376 – 1450.

　　② Fehr, NHM von der. *Tradable Emission Rights and Strategic Implication.* Environmental and Resource Economics［J］. 1993, 3（2）：129 – 151.

件下，不同的分配机制对最优结果的影响。研究发现，采用企业的历史产出数据作为依据来分配配额不能达到市场最优，采用历史排放数据为依据只能在封闭的配额市场中达到最优。该研究还认为要采用产出和排放以外的"外部因素"，如公司的雇员人数、社会责任绩效等数据作为配额分配的依据（麦肯齐等，2008）[①]。斯特纳（Sterner）等发现，对企业进行免费分配时，下一期的配额如果能基于企业上一期的表现来进行分配，则有助于激励企业的策略行动（斯特纳等，2008）[②]。魏斯哈尔（Weishaar）认为，在静态封闭经济的条件下，各种配额分配机制对市场效率的影响是一致的，但是在开放的动态经济中，企业成本的考虑至关重要，因此免费分配比拍卖更优，而免费分配方案中，基于绩效的方案比基于历史数据的祖父法则要更合适（魏斯哈尔，2007）[③]。恩格尔曼（Gagelmann）考察了"祖父法则"和"基准线法"对碳交易体系流动性、碳价格波动和企业投资的影响。研究发现，"基准线法"相比"祖父法则"更能激发排放交易体系第一年的流动性，从而通过企业的预期效应影响今后碳交易体系的发展，包括市场的波动性（恩格尔曼，2008）[④]。

如何公平、有效地将碳排放权配额分配给各个排放主体？不同的分配方案有何利弊，对碳交易体系将产生何种影响？这些都是碳交易体系设计时需要重点考虑的问题。本书首先将比较拍卖、免费分配等配额分配模式的优缺点，随后将针对不同的免费分配方法展开分析，比较其分配量和适用条件。在分析中将结合中国的实际情况，并在本节的第四部分提出对中国碳交易体系配额分配的政策建议。

二、配额分配的模式和比较

（一）配额分配的模式：拍卖、免费分配和混合模式

配额分配一般有几种模式：一是拍卖，即政府通过拍卖的形式让企业有偿地获得配额，政府不需要事前决定每一家企业应该获得的配额量，拍卖的价格和各

① Mackenzie I., N. Hanley, T. Kornienko. The Optimal Initial Allocation of Pollution Permits: A Relative Performance Approach [J]. *Environment and Resource Economics*. 2008, 39（3）: 265 – 282.

② Sterner, T., Adrian M.. Output and Abatement Effects of Allocation Readjustment in Permit Trade [J]. *Climate Change*. 2008, 86（1 – 2）: 33 – 49.

③ Weishaar, S. CO_2 Emission Allowance Allocation Mechanisms, Allocative Efficiency and the Environment: A Static and Dynamic Perspective [J]. *European Journal of Law Economic*. 2007, 24（1）: 29 – 70.

④ Gagelmann Frank. The Influence of the Allocation Method on Market Liquidity [J]. *Volatility and Firms' Investment Decisions. Emissions Trading*. 2008, Part A: 69 – 88.

个企业的配额分配过程由市场自发形成。二是免费分配，即政府将碳排放总量通过一定的计算方法免费分配给企业。然而从国际经验来看，大部分碳交易体系都没有采取纯粹的拍卖或纯粹的免费分配，而是采用配额分配的第三种模式即"混合模式"的居多，混合模式既可以随时间逐步提高拍卖的比例，即"渐进混合模式"，也可以针对不同行业采用不同的分配方法，本书称之为"行业混合模式"。

从现行的碳交易体系来看，不同国家和地区的分配模式各有侧重，如欧盟碳交易体系的设计在初期免费分配的比重很大，东京都碳交易体系也采取的是以免费分配为主的配额分配模式。与此相对，美国东北部区域温室气体计划（RGGI）则更侧重于拍卖，虽然规定的拍卖比例为 25%，不算太高，但事实上约有 90% 的配额每季度进行区域性的拍卖（佩尔丹等，Perdan et al.，2011）[①]。

"渐进混合模式"的典型案例是欧盟碳交易体系。EU-ETS 第三阶段进行了重大的改革，其中主要的转变之一就是大幅度提高拍卖比例，并加速向全部拍卖过渡。在 2013 年开始的第三阶段中，欧盟委员会统一规定至少 50% 的配额要进行拍卖，到 2020 年电力行业将实现全部拍卖，2027 年全部行业将实现 100% 拍卖（熊灵、齐绍洲，2012）[②]。而新西兰碳交易体系（NZ-ETS）、澳大利亚的碳价格机制（CPM）和美国加州碳交易体系则具有明显的行业混合特征。新西兰对不同行业的配额分配采取不同的方法。NZ-ETS 对能源行业和交通运输业采取控制上游排放的方式，对燃料供应商、发电厂、电力和热力的直接生产者不给予免费配额，因为他们可以把成本转嫁给下游的消费者；对工业采用免费分配，以补偿碳密集型企业可能受到的国际竞争冲击；对林业业主和渔业免费发放配额，以补偿 ETS 带来的成本。澳大利亚的碳价格机制与此类似，对大部分行业进行配额的拍卖，但对一些碳密集型行业和容易受国际竞争影响的行业给予免费的配额。对电力行业采取一次性补偿的免费配额分配。加州碳交易体系根据碳泄露风险性区分了高风险行业、中风险行业和低风险行业，高风险行业的企业可以较长时间获得免费配额，且免费配额比重高，低风险行业则相反。

（二）配额分配模式的比较

1. 拍卖

拍卖的模式具有显而易见的优点。首先，从经济理论上来说，碳交易体系设计的初衷就是将温室气体排放的外部影响内部化，而配额只有 100% 拍卖才能完

---

① Perdan, S., A. Azapagic. Carbon Trading: Current Schemes and Future Developments [J]. *Energy Policy.* 2011 (39): 6040 – 6050.

② 熊灵，齐绍洲. 欧盟碳交易体系的结构缺陷、制度变革及其影响 [J]. 欧洲研究，2012 (1): 51 – 64.

全实现内部化。其次，如果采用拍卖的形式进行配额分配，政府就不需要事前制定复杂的测算公式，而由企业通过市场决定各自所需的配额量，这样也可以有效避免企业的寻租行为。最后，拍卖可以避免企业通过免费配额获得大笔"意外之财"，或者可以认为是将排放大户获得的"意外之财"转换为政府的拍卖收入。而拍卖收入则可以用来投资发展清洁技术，或是支持企业的节能改造项目。例如RGGI规定拍卖收益必须用于"战略性能源行动"（strategic energy initiatives），EU-ETS规定配额竞价拍卖所得的收入应当用于降低温室气体排放、开发可再生能源以及其他节能减排的项目和措施。澳大利亚碳价格机制还通过减税和转移支付的方式将所得的一部分收入用来援助受影响的家庭（AU, 2011）[①]。

然而，拍卖也存在一定的问题，其中最大的顾虑就是拍卖会导致企业负担过重，从而产生对碳交易体系的抵触情绪。企业生产过程中不可避免地要排放温室气体，如果在碳交易体系建设的初期就要求企业购买全部的排放权，可能会对企业造成过重的负担。因此，从拍卖比例较大的碳交易体系来看，主要都是针对容易转嫁成本的上游行业进行拍卖。例如RGGI之所以能够对大部分配额进行拍卖，是因为其只覆盖电力行业，EU-ETS第三阶段对电力行业进行100%拍卖；而NZ-ETS为了控制交通运输业，对上游的燃料供应商不提供免费配额。当然，若成本不能完全向消费者转嫁，免费分配模式对企业依然会更有吸引力。有研究表明假若RGGI体系下成本不能完全转嫁，那么采用免费配额分配模式企业的资产价值会上升，而采用拍卖的分配模式，其中半数企业的资产价值会下降（博特拉等，Burtraw et al., 2006）[②]。

2. 免费分配

对配额进行免费分配则可以避免上述问题。如果对企业实行完全免费分配，则企业只有在排放超过配额量的时候才需要从市场购买，如果企业可以有效地实现减排，还可以通过出售配额获得额外的收益，这将在碳交易体系建设初期极大增强对企业的吸引力。因此，国际上大多数碳交易体系在运行初期都对大部分配额采取了免费分配。

对于存在碳泄露风险的行业来说，免费分配也是一种较好的解决方式。碳泄露是指碳交易体系导致企业成本增加，从而与来自碳交易体系之外的同行业企业相比，出现竞争力削弱、消费和生产发生转移的情况。对于这些企业来说，免费分配可以有效降低企业的成本。因此，EU-ETS第三阶段、NZ-ETS、澳大利亚碳

---

① AU. Clean Energy Act 2011, No.131 ［R］.（http：//www.comlaw.gov.au/Details/C2012C00579），AU, 2011.

② Burtraw D., D. Kahn, K. Palmer. CO_2 Allowance Allocation in the Regional Greenhouse Gas Initiative and the Effect on Electricity Investors ［J］. *Electricity Journal*. 2006，19（2）：79－90.

价格机制都对具有碳泄露风险的行业进行免费分配。

免费分配也会使碳交易体系的设计和运行产生一些难题。一是政府必须事前制定一套免费分配的计算方法，这是一个艰难的过程。在制定的过程中，一方面需要进行大量的前期研究和数据搜集；另一方面，由于不同的计算方法对不同类型的企业影响各有利弊，还需要对不同企业的利益诉求进行协调。二是由于信息不对称，没有一套免费配额的计算方法是绝对完美的，尤其是在碳交易体系运行之后，企业可能会增加节能减排的研发，产生"引致的技术进步"（induced technological progress），从而导致配额的相对超发，影响碳交易体系中配额的价格。三是企业也可以从出售配额中获得"意外之财"（韦德曼等，Woerdman et al.，2009）①，这是 EU-ETS 初期免费分配配额产生的较有争议的后果。部分企业一方面将成本转嫁给消费者，另一方面又出售配额牟利。例如，欧盟最大的碳排放企业之一，德国的莱茵集团（RWE）仅在 EU-ETS 的头三年就赚取了高达 64 亿美元的"意外之财"（格尔等，Goeree et al.，2010）②。

3. 混合模式

国际上不少碳交易体系均采用渐进混合或行业混合的模式进行配额分配。渐进混合模式在体系建立的初期对全部配额或绝大部分配额进行免费分配，以减少企业的抵触情绪。在碳交易体系运行一段时间以后，逐步提高拍卖的比例，向完全拍卖过渡。渐进混合模式既可以在初期鼓励企业更多参与碳交易体系，又可以逐步实现碳交易体系设计的经济学初衷。行业混合模式则充分考虑了不同行业的特征，对容易转嫁成本的行业采用拍卖或有偿分配的方式，对碳密集型和容易受竞争力影响的行业则采用免费分配的方式予以补偿，鼓励其参与碳交易体系。两种混合模式都是可行性较强的折中模式。

三、配额免费分配的方法与比较

（一）免费分配的方法：历史法和基准线法

免费配额分配方式中，最具代表性的就是历史法和基准线法。历史法以企业过去的碳排放数据为依据进行分配，一般选取过去 3 ~ 5 年的均值来减小产值波动带来的影响。历史法对数据要求较为简单，操作容易，但也带来了一些问题。

① Woerdman, E. et al. Energy Prices and Emissions Trading: Windfall Profits from Grandfathering? [J]. *European Journal of Law and Economics.* 2009 (28): 185 – 202.

② Goeree, Jacob et al. An Experimental Study of Auctions Versus Grandfathering to Assign Pollution Permits [J]. *Journal of the European Economic Association*, 2010 (8): 514 – 525.

它假设企业的碳排放会一直按照过去的轨迹进行下去，从而忽略了两个方面的因素：一是在碳交易体系开始之前企业已经采取的减排行动；二是在碳交易体系开始之后，企业还有可能在市场机制的影响下改变行为，进一步进行减排。因此，历史法可能会"鞭打快牛"，也不利于激励企业今后对节能减排技术的研发和引进。大部分碳交易体系在初期采用历史法作为免费分配方法。在 EU-ETS 第一、二阶段中，绝大部分成员国采用历史法进行分配。东京都碳交易体系（Tokyo-ETS）也以历史排放为依据进行配额分配（见表 5.5）。

表 5.5　　　　　　　　配额分配模式的比较

模式	案例	内容	评价
拍卖	• RGGI	• 90% 的配额每季度进行区域性的拍卖	• 碳排放外部性完全内部化 • 政府无需制定测算公式 • 避免企业获得意外之财 • 政府获得收益 • 增加企业负担
免费分配	• EU-ETS Phase I& II	• 拍卖比例不得高于 5%	• 增强对企业的吸引力 • 补偿有碳泄露风险的行业 • 政府需制定测算公式 • 过度分配的风险 • 排放大户易获得意外之财
	• Tokyo-ETS	• 完全免费分配	
渐进混合	• EU-ETS Phase I－III	• Phase I& II：拍卖比例不高于 5% • Phase III：拍卖比例不低于 50% • 2020 年电力行业 100% 拍卖 • 2027 年全部行业 100% 拍卖	• 初期减少企业的抵触情绪 • 逐步实现完全拍卖
行业混合	• NZ-ETS	• 林业、渔业、工业：免费分配 • 能源行业、交通运输业（上游）：有偿获取配额	• 上游行业的配额须有偿获取，避免企业获得意外之财 • 对碳密集型和易于受国际竞争影响的行业进行免费分配，降低企业成本
	• Australia-CPM	• 工业、电力：免费分配 • 其他行业：拍卖	
	• California-CAT	• 电力企业：免费配额，但必须将其拍卖 • 大型工业设施：碳泄漏高风险行业的企业可较长时间获得免费配额，比重较高；低风险行业相反	• 电力企业获得配额并拍卖可迅速启动交易，收益必须支持清洁项目 • 降低部分行业的碳泄漏风险

低碳经济转型下的中国碳排放权交易体系

为了改进历史法的缺陷，可以对上述方法进行扩展，以企业的历史碳排放为基础配额，并通过在其后乘以多项调整因子将多种因素考虑在内，如前期减排奖励、减排潜力、对清洁技术的鼓励、行业增长趋势等。例如在 EU-ETS 第一和第二阶段中，欧盟成员国奥地利的分配计划就是典型的多因素法。在设施层面的分配，奥地利主要考虑的是设施的历史排放，并称之为"分配基础"（allocation base），采用 1998~2001 年的排放均值数据。但在"分配基础"之上则进一步乘以设施的多项减排潜力因子（PF），包括过程排放、燃料碳强度、热电联产奖励、区域供热奖励、废弃物供热奖励等①。但总体而言，这种"多因素法"也属于历史法的变种，企业获得的绝大部分配额还是取决于过去的排放，对企业减排绩效的考虑非常有限。

基准线法的分配思路则完全不同，减排绩效越好的企业通过配额分配获得收益就越大。典型的基准线法基于"最佳实践"（Best Practice）的原则，基本思路是将不同企业（设施）同种产品的单位产品碳排放由小到大进行排序，选择其中前 10% 位作为基准线（也可以选取前 30% 或行业平均值，这个比例并不是固定的）。每个企业（设施）获得的配额等于其产量乘以基准线值。因此，单位产品碳排放低于基准线的企业（设施）将获得超额的配额，可以在市场上出售；而单位产品碳排放高于基准线的企业（设施）获得的配额不足，将成为买家，从而形成对减排绩效好的企业的奖励（见图 5.6）。EU-ETS 第三阶段开始就将对免费配额的部分推行基于"最佳实践"的基准线分配方法。加州碳交易体系的免费配额也是基于这种基准线法，基准线值等于不同企业单位产品碳排放平均值的 90%。

然而，基于"最佳实践"的基准线法对数据的要求比较复杂。只有当产品划分到比较细致的程度时，单位产品碳排放才具有可比性，而同一家企业（或同一个设施）并不只是生产一种产品，基准线法要求企业（设施）能将不同产品的碳排放分别计量和报告。当行业的产品分类非常复杂时，制定基准线也非常困难。例如化工行业有上千种产品，一般只能对其中主要的几种中间产品和最终产品制定基准线。EU-ETS 第三阶段，欧盟委员会制定了 52 种产品基准线，还为少数不能采用产品基准线的设施制定了燃料基准线、热值基准线和生产过程基准线。

---

① 见奥地利国家分配计划：AT（2004）. *Federal Ministry of Agriculture, Forestry, Environment and Water Management*, 2004, *National Allocation Plan for Austria pursuant to Art. 11 of the EZG. 31 March*, 2004.

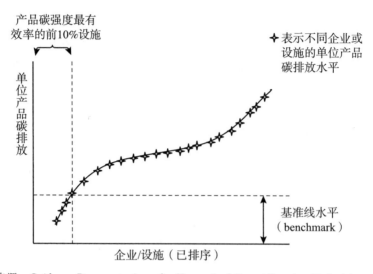

资料来源：Guidance Document n1 on the Harmonized Free Allocation Methodology for the Post 2012（European Commission，2011）。

图 5.6　EU-ETS 第三阶段基准线法的配额分配思路

另一种相对简化的基准线分配方法基于"最佳可获得技术"（best available technology）的原则，即根据企业（设施）可获得的最优技术确定单位产品（产值）基准线。此方法需要的数据比基于"最佳实践"原则的基准线法要少，但所制定的基准线值也不如后者精确。EU-ETS 第一阶段和第二阶段对新进入者的配额分配就是基于"最佳可获得技术"的基准线法。从第二阶段起，欧盟委员会也鼓励有条件的国家在部分易实施的行业，如电力行业尝试基准线法的配额分配，但大多还是基于"最佳可获得技术"确定的基准线值。

此外，新西兰的 NZ-ETS 和澳大利亚的碳价格机制中对部分行业的分配方法也可以视为简化的基准线法。例如 NZ-ETS 对林业分配配额的规定是若森林业主在 2002 年 11 月 1 日之前购买森林，则按照每英亩 60NZUs 获得配额；在其后购买森林的按照每英亩 39NZUs 获得配额。对工业行业的分配则基于单位产值的碳强度：对适度碳密集型行业，以行业单位产值碳强度的 60% 为基准线获得配额；对高碳密集型行业，以行业单位产值碳强度的 90% 为基准线获得配额。澳大利亚对易受国际竞争影响的行业和"碳密集"的工业行业用免费分配配额进行援助，规定也与 NZ-ETS 类似：免费分配的数量按分配基准乘以一定援助比例计算得出，分配基准是行业内所有企业的单位产品排放量的平均水平，援助比例则根据单位利润排放的规模分为三档。

除此之外，还有学者提出基于产出和排放数据进行免费分配的混合方法（波琳热和兰格，Böhringer & Lange，2005）①，而基于产出的分配方法其实质是基准线法。也有学者提出在历史法的基础上，针对企业的碳强度在行业中的表现情况予以一定比例的减排奖励（李坚明、许纭蓉，2009）②，这种减排奖励的处理方法与基准线方法非常类似，因此该方案实际上是历史法和基准线法的混合，本书将这类方法称为"历史基准线混合法"，即将用历史法决定的配额和用基准线法决定的配额按照一定比例进行加权，既可以考虑企业的历史排放，又可以给企业一定的减排激励。但这类方法目前仅限于学术界讨论。

（二）配额免费分配方法的比较：分配量的比较

同一个企业通过不同的分配方法获得的配额有所不同。历史法强调企业的历史排放，基准线方法对单位产品碳强度低的企业进行奖励，而历史基准线混合法则融合了历史法和基准线法的因素。本节将通过公式推导比较历史法、基准线法和历史基准线混合法三种方法对单个企业的配额分配量。

1. 假设

行业的总量限额为 C；企业 i 的碳排放为 x_i，$i = 1, 2, \cdots, n$；企业的产量为 q_i。企业获得的基础配额为 a_i。如果行业内每个企业获得的配额加总超过行业的总量限额，即当 $\sum a_i > C$ 时，需要给每个企业的基础配额乘以一个总量调整因子 $T = C / \sum a_i$。企业获得最终配额为 A_i。为了简化分析，假设仅考虑一年的数据，因此可以省略时间下标 t。

2. 无总量因子的情景

当不存在行业总量限额时，或企业获得的基础配额加总未超过总量限额时，企业获得的最终配额就等于基础配额，不需要乘以总量调整因子。

（1）历史法。

采用历史法时企业 i 获得的配额为企业的历史碳排放：

$$A_i^G = x_i$$

（2）基准线法。

采用基准线法时企业 i 获得的配额为企业的产值与行业基准线值的乘积：

$$A_i^B = bq_i$$

其中 b 为行业基准线，假设采用第 j 个企业的单位产品碳排放为基准线

① Böhringer, C., A. Lange. On the Design of Optimal Grandfathering Schemes for Emission Allowances [J]. European Economic Review. 2005（49）：2041 – 2055.

② 李坚明，许纭蓉. 产业排放权核配机制与先期减量诱因鼓励第四届应用经济学术研讨会 [R]. 中兴大学，台湾台中，2009.

值，则：

$$b = x_j / q_j$$

（3）历史基准线混合法。

采用历史基准线混合法时企业 i 获得的配额为历史法和基准线法的加权：

$$A_i^C = w_1 \cdot x_i + w_2 \cdot bq_i$$

其中 w_1、w_2 分别为历史法和基准线法配额所占的权重，且 $w_1 + w_2 = 1$。

3. 有总量因子的情景

当存在行业总量限额，且企业获得基础配额加总超过了该限额时，企业获得的最终配额需要在基础配额上乘以一个总量因子。

（1）历史法。

采用历史法时企业 i 获得的基础配额为 $a_i^G = x_i$，总量因子为 $T = C / \sum a_i^G = C / \sum x_i$，所以，企业 i 获得的最终配额为：

$$A_i^G = a_i^G \cdot T = \frac{x_i}{\sum x_i} \cdot C$$

最终配额取决于企业碳排放在行业总碳排放中的占比。

（2）基准线法。

采用基准线法时，企业 i 获得的基础配额为 $a_i^B = bq_i$，总量因子为 $T = C / \sum a_i^B = C / \sum bq_i$，所以，企业 i 获得的最终配额为：

$$A_i^B = a_i^B \cdot T = bq_i \cdot \frac{C}{b \sum q_i} = \frac{q_i}{\sum q_i} \cdot C$$

最终配额取决于企业产量在行业总产量中的占比。

（3）历史基准线混合法。

采用历史和基准线的混合方法时，企业 i 获得的基础配额为 $a_i^C = w_1 \cdot x_i + w_2 \cdot bq_i$，总量因子为 $T = C / \sum a_i^C = [C/(w_1 \sum x_i + w_2 b \sum q_i)]$，所以，企业 i 获得的最终配额为：

$$A_i^C = a_i^C \cdot T = \frac{A_i^G}{1 + 1/\rho} + \frac{A_i^B}{1 + \rho}$$

其中 $\rho = (w_1/w_2) \cdot (\bar{b}/b)$，而 $\bar{b} = \sum x_i / \sum q_i$ 为行业平均产品碳强度。

下面分几种情况进行讨论：

①当 $w_1 = w_2 = 1/2$。

若 $b = \bar{b} = \sum x_i / \sum q_i$，则 $\rho = 1$，此时企业 i 获得的最终配额为 $A_i^C = (1/2) \cdot (A_i^G + A_i^B)$。

若 $b < \bar{b}$，则 $\rho = \bar{b}/b > 1$，此时 $A_i^C/(1+1/\rho) > A_i^B/(1+\rho)$，因此企业 i 获得的最终配额 A_i^C 更加接近历史法获得的配额 A_i^G。

若 $b > \bar{b}$，则 $\rho = \bar{b}/b < 1$，此时 $A_i^C/(1+1/\rho) < A_i^B/(1+\rho)$，因此企业 i 获得的最终配额 A_i^C 更加接近基准线法获得的配额 A_i^B。

②$w_1 \neq w_2$。

若 $b < (w_1/w_2) \cdot \bar{b}$，则 $\rho > 1$，因此企业 i 获得的最终配额 A_i^C 更加接近采用历史法获得的配额 A_i^G。

若 $b > (w_1/w_2) \cdot \bar{b}$，则 $\rho < 1$，因此企业 i 获得的最终配额 A_i^C 更加接近采用基准线法获得的配额 A_i^B。

4. 分配量比较的总结

通过上述分析可以得出以下结论：

第一，如果不存在行业总量限额，或者存在限额，但企业获得的基础配额加总没有超过该限额，那么历史法分配量取决于企业的历史碳排放，排放量越大的企业获得的配额越多，并没有考虑企业的前期减排绩效；基准线分配量取决于企业的产量和行业基准线值，如果企业的单位产品碳强度优于行业基准线值，则企业获得的配额将超出所需，形成对企业前期减排的奖励；而历史基准线混合法的分配量是两者的加权。

第二，如果存在行业总量限额，并且企业获得的基础配额加总超过了该限额，那么历史法分配量取决于企业碳排放在行业碳排放总量中的占比；基准线法分配量取决于企业产量在行业总产量中的占比，与基准线的具体取值没有关系。

第三，如果存在行业总量限额，并且企业获得的基础配额加总超过了该限额，那么历史基准线混合法分配量取决于行业基准线、行业平均产品碳强度和权重。如果赋予历史法分配量和基准线法分配量的权重相等，那么当行业基准线值小于行业平均产品碳强度时，分配量更接近于历史法分配量；当行业基准线值大于行业平均产品碳强度时，分配量更接近于基准线法分配量；当两者相等时，历史法分配量和基准线法分配量各占一半。如果赋予历史法分配量和基准线法分配量的权重不相等，则分配量取决于行业基准线、行业平均产品碳强度和权重三者之间的比较。

（三）配额免费分配方法的比较：适用条件的比较

数学公式推算勾画了不同分配方法下分配量的基本特征。然而，现实中配额分配方案需要考虑更复杂的因素。第一，配额分配需要考虑时间跨度，不同基年（baseline year）的选择对配额分配量和企业的激励会产生不同的影响。第二，现实中企业生产多种产品，因此在制定基准线时面临复杂的产品划分问题。第三，碳交易体系建设初期，如果企业的参与成本过高会导致抵触情绪；第四，要考虑数据的可得性和方法的可操作性，因此配额分配方案需要简洁透明。因此，下文将分析各种分配方案是否对企业减排进行激励、是否考虑部分企业的融资状况、新旧企业的分配方案是否保持一致，数据要求和复杂程度，并总结它们各自的适用条件（见表5.6）。

表 5.6 配额免费分配方法的比较

模 式	案 例	内 容	减排奖励	新企业一致性	复杂程度	考虑企业融资状况	适用阶段
历史法	• EU-ETS Phase I& II	• 主要根据设施的历史排放分配	否	否	简单	是	适合碳交易体系初期采用
	• Tokyo-ETS	• 根据建筑物的历史排放进行分配					
多因素法	• 奥地利（EU-ETS Phase I& II）	• 历史排放为基础 • 乘以多项减排潜力调整因子	部分	否	适度	部分	适合碳交易体系初期采用
基准线法	• EU-ETS Phase III	• 52种产品基准线 • 燃料基准线 • 热值基准线 • 生产过程基准线	是	是	制定过程复杂，分配过程简单	否	在碳交易体系运行一段时间后，分行业、分阶段由易到难推进
	• California-CAT	• 工业设施基准线值等于单位产品碳排放平均水平的90%					
	• NZ-ETS	• 林业：每英亩60NZUs或39NZUs • 工业：行业产值碳强度的一定比例					
	• Australia-CPM	• 工业：行业平均产品碳强度的一定比例					

模 式	案 例	内 容	适用条件				
			减排奖励	新企业一致性	复杂程度	考虑企业融资状况	适用阶段
历史基准线混合法	● 学术设计和讨论		部分	否	较复杂	部分	适合碳交易体系运行一段时间以后采用

1. 历史法

历史法对数据的要求最为简单，仅考虑企业的历史排放量。同时，由于不需要设置基准线，也不需要计算各种复杂的调整因子，历史法的可操作性很强。在存在总量限额的情况下，历史法的实质就是按照企业碳排放的占比进行分配，因此可以用按比例分配的形式首先把总量限额分配到行业，再分配到企业，具有统一性。这也正是欧盟一些成员国在第一阶段和第二阶段时采用的方案。

历史法也存在一些令人诟病的缺陷，其中最突出是"鞭打快牛"的问题。如果企业采用清洁技术减少了碳排放，那么用历史法衡量它所获得配额反而更少，对这些已经在减排方面付出努力的企业有失公平，而那些没有采用清洁技术的高排放企业反而获得了更多的配额可供出售。从长期来看，历史法不利于激励企业研发、引进和采纳先进的清洁技术。

然而，中国的情况略微特殊。国有大型企业往往具有一定的垄断优势，掌握了一定的先进技术，融资渠道也相对更多。与此相反，一些民营企业和规模相对较小的企业容易遇到"融资难"的情况，进行清洁改造有可能面临更高的成本。因此，历史法在一定程度上可以使这些企业减少参与碳交易体系的成本。

运用历史法进行配额分配时，基年的选择十分重要。首先，由于企业的生产活动存在波动，因此只选取一年的数据不合适，最好选择过去三到五年碳排放量的均值。一些国家允许去掉其中碳排放量最低的年份，从而排除了由于外部经济冲击引起的临时性减产。其次，对于不同的履约期，固定基准年更适用于发达国家，而对于发展中国家而言滚动基准年更为现实。对发达国家来说，配额分配时最好选择相同的基年。例如，EU-ETS 第二阶段就建议成员国不要采用第一阶段的历史数据分配配额，否则在第一阶段进行碳减排的企业反而获得更少的配额，如果企业有这样的预期，就不利于企业第二阶段的减排行为①。对于欧盟国家的企业来说，采用较早的碳排放数据影响不大，因为欧盟国家的经济增长率较低，企业的生产规模比较稳定。然而，中国尚处于经济高速增长的阶段，企业的扩张速度较快，固定采用较早的基年数据作为配额分配的依据显然不合适。因此，对于发展中国家而言，滚动基年显得尤为重要，采用最近几年的碳排放数据作为历史法分配的依据才能反映发展中国家快速增长的实际情况。当然，这种情况下不可避免地会带来"鞭打快牛"的问题，这也是历史法带来的"两难"。

除此之外，历史法并不适用于新成立企业和新增设施。新企业、新设施并没有历史数据，因此需要设计额外的分配规则，从而使得新设施和既有设施之间的分配方案不统一，这是历史法的另一个缺憾。

综上所述，历史法比较适合在碳交易体系的初期采用，从而避免复杂的数据收集，也为部分企业减少了参与碳交易体系的成本，给企业更长的缓冲和适应期。然而，历史法不利于激励企业采取减排行动，因此不适合长期使用。

2. 基准线法

采用基准线方法进行配额分配时，企业获得的配额等于企业不同产品的产量分别乘以这些产品的基准线再进行加总。当企业的产品碳强度优于基准线时，它获得的配额就将多于所需，成为配额市场的卖家，从而可以对减排绩效好的企业给予一定的奖励。也正因为如此，基准线法鼓励企业研发、引进和采纳清洁技术，企业的产品碳强度越低，从配额分配中获得的奖励额度就越大。

基准线方法也可以很好地运用到新企业、新设施的分配中。由于不同产品的基准线值已经事先确定，因此可以将新企业、新设施稳定生产后的产量或预估产量与基准线值相乘，确定配额数量。分配方法可以在既有设施和新企业、新设施之间保持统一。

然而，基准线方法对数据质量要求非常高，制定过程复杂。基准线方法要求企业之间的产品碳强度具有可比性，而产品具有异质性，同一个行业中的产品也具有相当复杂的分类。因此，如何划分产品需要大量的数据和经验的支持。尤其是化工行业、汽车制造业、有色金属行业等，产品种类繁多，不同产品之间碳强度的可比性弱，制定产品基准线非常复杂。

此外，基准线法的制定和分配要求企业能把生产不同产品产生的碳排放区分开，如 EU-ETS 第三阶段就根据产品类型定义了"子设施"（sub-installation）

---

① Grubb, M., C. Azar, M. Persson. Allowance Allocation in the European Emissions Trading System: A Commentary [J]. *Climate Policy*, 2005, 5（1）：127 - 136.

低碳经济转型下的中国碳排放权交易体系

（EC，2011）①，而大部分企业都没有办法将生产过程中不同产品的能耗和排放区分开来，难以满足基准线法的数据要求，培育企业建立一套详细的碳计量体系需要一定的时间。因此，EU-ETS 也是在经历了前两个阶段的准备之后，才在第三阶段推行基准线方法，但在第二阶段中，已经鼓励成员国在电力行业、新设施上采用基准线方法。

因此，基准线法的可操作性可以从两个方面来看。基准线的制定过程非常复杂，对数据要求细致，在碳交易体系建立初期往往较难实现。然而，一旦不同产品的基准线确定下来，这种方法操作起来又比较简便，只需要将企业不同产品的产量乘以对应的基准线即可，而且对新企业、新设施也可以采用相同的算法。

此外，正如在历史法中所述，虽然基准线法可以对碳强度低的企业进行一定的奖励，但在中国的现实下，碳强度相对高的企业有可能也同时面临着融资难、经营绩效差的境况，如果再进一步提高这些企业的减排成本而缺乏相应的融资配套政策的话，对这些企业的良性发展不利。

综上所述，基准线法可以对节能减排绩效较好的企业进行一定的奖励，鼓励企业采用清洁技术。但是基准线法需要的数据种类较为复杂，要求企业有完善的碳计量体系，因此不适合在碳交易体系建设的初期就大举推广。建立碳交易体系时可以在运行中不断完善收集数据，并分行业、分阶段、由易到难地推进基准线方法的运用。

3. 历史基准线混合法

如上文所述，考虑到中国的实际情况，国有大型企业往往掌握了较丰富的技术资源和融资机会，而民营企业、中小企业则容易面临"融资难"的困境，无力从事清洁技术的研发、引进和改造，碳交易体系有可能会给部分企业带来较重的负担。基准线法侧重于对行业"排头兵"的奖励，而历史法侧重于对相对弱势企业的保护。在中国的现实下，过于强调任意一方面都有失偏颇。

历史基准线混合法是一种折中的方法，可以将两种类型的企业共同考虑在内。将企业通过历史法获得的配额数量和通过基准线法获得的配额数量进行加权，企业最终获得的配额数量将介于两种方法之间。既给减排绩效好的企业一定的奖励，部分避免了"鞭打快牛"的问题，又给资金不充裕的企业留有余地。

中国还处于经济快速增长的时期，发展碳交易体系有助于利用市场化手段实现节能减排，促进经济增长方式的转变，但在体系设计时要尽可能减小其对经济增长的不利影响。在鼓励节能减排和促进经济增长的双重要求下，历史基准线混

① EC. Guidance Document n°1 on the Harmonized Free Allocation Methodology for the EU-ETS post 2012, General Guidance to the Allocation Methodology ［R］. http：//ec. europa. eu/clima/policies/ets/benchmarking/docs/gd1_general_guidance_en. pdf, 2011.

合法值得考虑。但是，历史基准线混合法对数据的需求等同于基准线法，依然无法避免在碳交易体系建设初期，由于复杂的数据要求而带来的操作性困难。

（四）配额分配的创新方法：减小历史法"鞭打快牛"问题的可行方案

如上所述，标杆法尽管有利于奖励先进，但其对数据要求高，适用的行业范围有限，在碳交易体系初期，相当一部分免费配额要采用历史法进行分配。历史法容易造成"鞭打快牛"的问题，尤其是在实践中，由于中国经济的快速发展，企业每年的碳排放变化较大，采用固定基准年的历史法分配容易脱离企业实际，滚动基准年，即文献中讨论的更新基准年（updating）的历史法分配更易于被企业和政策制定者接受。而滚动基准年意味着上一年付出更大减排努力的企业下一年将获得更少的配额，对企业节能减排产生消极的激励。

对此，我们介绍台湾学者李坚明提出的两种方案以减少历史法"鞭打快牛"的问题。

1. 多因素法（李坚明、许纭蓉，2009）[①]

一种方法是在历史法的基础上加入多重系数，特别是先期减排奖励配额，减少历史法"鞭打快牛"的问题。参照李坚明、许纭蓉（2009）提出的多因素法，企业获得的配额在历史排放的基础配额基础上，还将考虑减排潜力（取决于能源结构）、行业增长趋势、总量调整因子，此外还将根据企业能效水平和前期的减排努力，发放一定比例的减排奖励。

具体而言，配额分配方案将考虑如下因素：

第一，基础排放（emission base，BA）——企业的基础排放规模。

基础年企业的碳排放量，或近五年企业碳排放的均值，体现企业碳排放的基本规模。

第二，减排奖励（reduction bonus，BO）——对企业已有减排绩效的奖励。

根据企业近三年在节能减排方面取得的成效而进行一定的奖励。

第三，调整系数——针对企业的能源结构、行业的增长速度、碳排放配额总量、存量设施比例进行调整，包括：

潜力因子（potential factor，P）：根据企业在生产中的制成排放和不同燃料排放进行调整，主要是对化石燃料的使用进行一定惩罚，从而鼓励企业更多地使用非化石能源。

---

① 李坚明，许纭蓉. 产业排放权核配机制与先期减量诱因鼓励 [R]. 第四届应用经济学术研讨会. 中兴大学，台湾台中，2009.

增长因子（growth factor, G）：不同的行业具有不同的增长速度，也处在产业生命周期的不同阶段，因此配额分配中需要考虑行业的增长特征。

总量因子（total factor, T）：确保分配给企业的配额加总不超过配额总量。

$$A = (\mu BA + (1 - \mu) BO) * P * G * T$$

其中：

A 为企业获得的配额量；

μ 为基础排放在配额中的占比，$1 - \mu$ 为减排奖励在配额中的占比；

BA 为基础排放；

BO 为减排奖励，此方案中为"减排强度绩效"；

P 为潜力因子；

G 为增长因子；

T 为总量因子；

该方法的重点在于设计减排奖励配额。可采用单位产品碳强度的方法计算企业近三年的减排强度绩效，并取近三年平均值，具体为：

$$BO = \frac{1}{3} \sum_{t-3}^{t} E_{it} \times r_i$$

其中 r_i 为企业 i 的配额红利，取决于标准化的企业单位产品碳排放强度绩效（z_i）。

$$z_i = \frac{CI_i - b}{sd}$$

其中 CI_i 为企业 i 近三年平均的单位产品碳强度，b 为行业碳强度标准；sd 为标准差，n 为该行业参与碳交易体系的企业数量。

此外，也可参照上海碳交易试点的做法，采用碳交易试点开始之前一定时间段内纳入企业核证的节能量作为奖励配额的依据，将其折算成碳排放并按一定的折扣比例进行发放。

2. 基于滚动基准年的历史法内生配额分配方法（李坚明、张明如，2015）[1]

该方法对滚动基准年的历史法配额分配进行了重新设计，使其同时满足公平性、效率性和环境有效性。

具体而言，厂商所获得的配额为：

$$A_0^{it} = \mu \alpha_0^{it} \bar{e}_0^i + (1 - \mu) \frac{1}{k} \sum_{l=1}^{k} \alpha_1^{it, t-l} (e^{i, t-l}) e^{i, t-l}$$

μ 为历史法固定基准年配额占比，$1 - \mu$ 则为更新基准年的配额占比。其中，

---

① 李坚明，张明如. 考虑产业先期行动诱因之排放权核配制度设计之研究 [J]. 应用经济论丛（台湾），R&R，2015.

e_0^i 为固定基准年排放量，$e^{i, t-l}$ 为更新基准年排放量，α_0^{it} 为固定基准年分配系数，$\alpha_1^{it, t-l}(e^{i, t-l})$ 即为本方法最关键的内生配额分配函数，它意味着若企业上一年的排放有所减少，则分配系数增大，对企业进行奖励，若企业上一年排放增加，则分配系数减小，对企业进行惩罚。通过修正波琳热和兰格（2005）及罗森达尔（Rosendahl，2008）模型并对企业进行利润最大化求解，可得如下等式：

$$-\frac{\partial c^{it}}{\partial e^{it}} = \sigma_t^* - \frac{(1-\mu)}{k} \sum_{l=1}^{k} \frac{1}{(1+\delta)^l} \sigma_{t+l}^* \alpha_1^{it, t+l}(e^{i, t+l})(1 + \varepsilon_{\alpha e}^{it+l})$$

其中，σ_{t+l}^* 与 $\alpha_1^{it+l, t}$ 分别为 $t+l$（$l = 1, 2, \cdots, k$）期社会最适的排放权均衡价格与核配率。此最优解表示企业最适排放（或防治）水准，决定于边际减排成本等于排放权净收益。$\varepsilon_{\alpha e}^{i, t+l} = \frac{\partial \alpha_1^{it, t+l}}{\partial e^{i, t+l}} \frac{e^{i, t+l}}{\alpha_1^{it, t+l}}$（$\varepsilon_{\alpha e}^{i, t+l} < 0$，$l = 1, 2, \cdots, k$），称 $\varepsilon_{\alpha e}^{i, t+l}$ 为"防治诱因弹性"（elasticity of abatement incentive）。并可证明：$\varepsilon_{\alpha e}^{i, t+l} \leqslant -1$ 是提高配额分配的公平性（考虑先期减排努力）、效率性（成本有效性）及环境有效性的必要条件。如果配额分配设计符合 $\varepsilon_{\alpha e}^{i, t+l} = -1$，则是达到公平性、效率性及环境有效性的充分条件。

四、结论和政策建议

配额分配是碳交易体系中的重要环节，分配的模式和方法将影响碳交易体系的运行效率。本节首先比较了配额分配的几种不同模式——拍卖、免费分配和混合模式——各自的优缺点，随后考察了免费分配的不同方式，包括历史法、基准线法和两者的混合，并从分配量和适用条件两方面进行了分析和比较。从配额分配的模式来看，拍卖虽然能够将温室气体排放造成的外部性完全内部化，也不需要政府事前制定复杂的分配公式，但在碳交易体系运行的初期容易给企业造成过重负担，影响参与者的积极性。因此除了美国的区域性碳交易体系外，国际上大部分碳交易体系在初期都选择了以免费分配为主，逐步提高拍卖比例的渐进混合模式，或根据行业特征分别选择拍卖或免费分配的行业混合模式。但对于存在碳泄露风险的行业来说，免费分配仍然是避免损害这些行业竞争力的主要手段。从配额的免费分配方法来看，历史法需要的数据简单，因此大多数碳交易体系在初期采用这种分配方法。然而，历史法也容易造成"鞭打快牛"的问题。基准线法则可以有效地激励节能减排绩效好的企业，但制定基准线时需要的数据量大，所以也不利于在碳交易体系建立初期采用。

中国已经计划 2016 年启动全国统一的碳交易体系，国际现行的配额分配模式和方法值得借鉴。在配额分配的模式选择上，由于我国开展碳交易的经验不足，部分企业对碳交易体系缺乏了解，为了增强企业参与的积极性，建议在全国碳交易体系初期采用以免费分配为主的模式，并逐渐提高拍卖的比例，向完全拍卖过渡。为了部分解决"鞭打快牛"的问题，可以在历史排放量的基础上对节能减排绩效较好的企业给予一定的奖励。同时，为了避免免费分配造成的配额过量问题，可以考虑设置略紧的总量，或者在初始分配时由政府预留一部分配额，若配额价格过高，再由政府进行公开市场操作向市场投放部分配额。

在配额免费分配的方法选择上，建议在交易体系运行的初期采用以历史法为主的分配方法。一是考虑到基准线法需要的数据量过于复杂，体系初期很难制定；二是考虑到中国的实际情况，民营企业、中小企业容易面临"融资难"的困境，无力从事清洁技术的研发、引进和改造，碳交易体系运行初期不宜对这些企业造成太重的负担。在采用历史法分配时仍需注意以下几点：第一，要将企业的节能减排绩效包括在内，可以利用一些数据获得较为容易的指标来衡量企业的前期减排行动，如过去若干年的碳强度下降率等，或者采用李坚明、张明如（2015）设计的内生历史法配额分配方法。第二，考虑到中国正处在高速发展阶段的事实，历史法分配数据的基年最好能滚动，以采用企业最近年份的排放数据。第三，在进行历史法分配的阶段就要着手收集制定基准线需要的数据，在碳交易体系运行一段时间后分行业逐步转为用基准线法对免费部分的配额进行分配。

第三节　配额的储存与预借

有效的碳交易体系可以用最小的减排成本实现一定的碳排放总量目标。碳交易不仅包括空间维度，即同一时期内配额在不同的主体之间实现交易，也包括时间维度，即碳排放权配额在不同时期之间的交易。配额的跨期交易（intertemporal trading）包括配额的储存（banking）和预借（borrowing）。储存指的是企业当期没有使用完的配额可以存至下一期使用，预借指的是企业可以预借下一期的配额供当期使用。企业在跨期交易决策时选择各期最优排放量，配额的跨期交易有助于企业和社会实现跨期减排成本的最小化。

同时，企业在当期进行配额交易和跨期交易决策时，也会受到配额分配方法的影响。如果配额是拍卖的，或是配额分配方法考虑的因素相对碳交易体系和其时间跨度而言是外生的（本书称之为"外生分配"），则企业跨期交易决策与未来的配额无关。但如果企业当期获得的配额与上一期的排放量挂钩（历史法分配）或产量挂钩（基准线法分配），那么企业当期多排放，下一期就能获得更多的配额，这种配额分配方法就会影响企业跨期交易的决策。

政府设立碳交易体系的目的旨在以最小的减排成本实现一定的减排目标。这种减排目标既包括长期目标，也包括短期目标。在配额跨期交易的前提下，减排的长期目标可以得到保证，但每一期的排放量有可能和减排的短期目标有所偏离，而政府对这种偏离的容忍存在一定限度，因此在碳交易体系设计时，政府可能会对配额的预借和储存，尤其是配额预借，施加一定的限制。同时，政府将从市场效率和可行性等角度设计配额分配方案，当配额分配的方法对企业配额跨期交易行为产生影响时，配额分配方法就有可能影响政府短期减排目标的实现。因此，研究不同配额分配方法对碳交易体系跨期交易的影响就显得尤为重要。

一、配额跨期交易概述

一般认为，允许配额储存具有诸多优点，这也是目前大部分碳交易体系都允许配额储存的原因（范克豪泽和赫伯恩，2010）。首先，允许配额储存有助于降低配额价格的波动，一方面使当期配额的价格可以反映更长时间范围内的经济活动，而非仅仅由当前的事件所决定，另一方面也避免了一个履约期临近结束时配额价格崩盘的风险。其次，可以激励企业尽早减排。如果企业未来的减排成本高于当前的减排成本，那么企业就有动力在当期进行更多的减排，将配额储存到未来适用。最后，允许配额储存有助于提高碳排放配额作为资产的价值，从而使配额市场的交易更加活跃，而中间商更多地参与有助于降低交易成本、促进价格发现。

配额的预借尽管也有助于为碳交易体系提供跨期灵活性并降低价格波动，然而如果不对预借施加一定的限制，其缺陷也非常明显，尤其是难以避免逆向选择和道德风险。

大部分现行的碳交易体系都允许配额的储存。EU-ETS 第一阶段允许配额储存至下一年，但不允许第一阶段的配额储存至第二阶段，但第二阶段的配额可以储存至第三阶段。在配额的预借方面，EU-ETS 虽然并未规定配额可以预借，但事实上其当年的配额分配在每年 2 月完成，而企业 4 月才需要上缴配额抵消上一年的排放，企业完全可以"借用"当年的配额抵消上一年的排放，只要保证在一个阶段最后一年结束的时候上缴两年的配额即可。即便是碳交易体系每年的配额分配在履约之后，配额实质上也可以预借，只是预借的成本非常高，等于违约罚款。在碳交易体系中，企业如果未能履约，则需要缴纳远高于配额市场价格的罚款，并补交配额，相当于企业以罚款的价格从未来预借配额到当年使用，罚款的价格暗含了未来配额"贴现"到当年价值的贴现率。特罗蒂尼翁和埃勒曼（Trotignon & Ellerman，2008）通过分析欧盟交易日志（CITL）2005~2007年的配额分配和履约数据发现，在EU-ETS第一阶段，有很明显的证据表明企业有预借配额的行为[1]。阿尔贝罗拉和谢瓦利尔（Alberola and Chevallier，2009）发现EU-ETS第一阶段配额禁止跨期储存的规定使得第一阶段的交易体系未能提供一个有效的价格信号[2]。

针对配额跨期交易的理论研究涉及配额储存和预借对配额价格变化、碳排放轨迹、社会福利等的影响。一些研究侧重在配额跨期交易条件下企业碳交易体系参与者的行为。鲁宾（Rubin，1996）、克林和鲁宾（Kling and Rubin，1997）发现当允许预借时，配额价格将会随着时间上升，变化率等于利率（贴现率），企业的碳排放轨迹也将随着时间下降；当企业没有动力预借，或者企业愿意预借但预借不被允许时，配额价格的变化率将低于贴现率，企业碳排放轨迹将有可能上升[3]。斯肯纳施（Schennach，2000）在美国二氧化硫交易体系设定的情景下分析了只允许储存、不允许预借的配额交易市场，发现在这种情况下企业会在某个阶段先储存配额，随后的阶段则用尽全部分配到的配额。在引入不确定性后，预期价格上升的轨迹会低于贴现率[4]。（纽厄尔等，Newell et al.，2005）认为储存和预借为企业提供了跨期套利的机会，在这种情况下当期配额价格和预期的下期配额价格之比等于贴现率和跨期交易比率的乘积[5]。什莱赫坦（Slechten，2010）进一步考虑了减排投资的影响，认为投资的长期效应使得在跨期交易体系下存在新的效应：一是第一阶段的投资既有额外的收益（带来第二阶段的减排），也有额外的成本（第二阶段进一步减排的机会降低）。允许跨期交易可能会使第一阶段的减排投资减少，因为长期减排投资被跨期交易所替代了[6]。谢瓦利尔（Cheval-

---

① Trotignon R., A. D. *Ellerman. Compliance Behavior in the EU-ETS*: *Cross Border Trading*, Banking and Borrowing. CEEPR Working Paper, 2008.

② Alberola E., J., *Chevallier, Banking and Borrowing in the EU-ETS*: *An Econometric Appraisal of the* 2005 – 2007 *Intertemporal Market*. Workping Paper, 2009.

③ Rubin, J., A Model of Intertemporal Emission Trading, Banking, and Borrowing. *Journal of Environmental Economics and Management*. 1996 (31): 269 – 286.

Kling, C., J. Rubin., Bankable Permits for the Control of Environmental Pollution. *Journal of Public Economics*. 1997, (64): 101 – 115.

④ Schennach, S. M. The Economics of Pollution Permit Banking in the Context of Title IV of the 1990 Clean Air Act Amendments. *Journal of Environmental Economics and Management*. 2000 (40): 189 – 210.

⑤ Newell R., W. Pizer, J. Zhang. Managing Permit Markets to Stabilize Prices, *Environmental and Resource Economics*. 2005, (31): 133 – 157.

⑥ Slechten, A. Intertemporal Links in Cap-and-trade Schemes, *Journal of Environmental Economics and Management*. 2010, 66 (2): 319 – 336.

lier，2011）研究了在跨期交易的条件下风险增加对企业的影响，发现风险增加会改变企业的配额储存策略，该变量取决于企业生产函数对排污量的三阶偏导数[1]。

　　另一部分研究侧重跨期交易的社会福利效应、效率和分配效应等。费尔等（Fell et al.，2012）得出了允许配额储存可以降低价格波动和预期减排成本的条件，并用美国气候政策的数据进行了模拟，发现允许配额储存每年可以使福利增进10亿美元[2]。冯和赵（Feng & Zhao，2006）区分了配额储存的三种效应：外部性效应、信息效应和配额总量效应。如果配额总量保持不变，即配额总量效应为零，那么若信息效应可以超过外部性效应，储存就能带来福利增进[3]。博塞蒂等（Bosetti et al.，2008）认为配额储存增进福利，降低减排成本，并提高短期的温室气体减排量[4]。利尔德（Leard，2013）认为配额储存带来的环境红利有两个条件：一是排放的边际损害增长速度小于贴现率，二是企业短期储存配额供将来使用。研究模拟了美国实施联邦温室气体总量控制和交易体系的情景，配额储存可以使环境红利每年增加3.5亿美元现值。但若对预借不施加约束，那么环境红利将有可能全部被抵消[5]。

　　现有研究对配额储存和预借对企业行为和社会福利的影响已展开了翔实的研究。然而，少有模型考虑了企业分配配额的不同方法对配额跨期交易的影响。本节将在配额储存和预借的条件下进一步考虑不同配额分配方法对配额价格变化和碳排放轨迹的影响。本节将在鲁宾（1996）、克林和鲁宾（1997）和谢瓦利尔（2012）[6] 理论模型的基础上，首先分析配额储存和预借几种情景，并考察在拍卖、历史法和基准线法等不同配额分配方法下配额价格和碳排放的轨迹，借此讨论配额储存和预借的优劣，以及配合不同配额分配方法的最优设计组合。

　　① Chevallier J.，J. Etner，P. Jouvet. Bankable Emission Permits under Uncertainty and Optimal Risk-management Rules [J]. *Research in Economics*，2011（65）：P332 - 339.

　　② Fell，H.，I. A. MacKenzie，W. A. Pizer. Prices versus Quantities versus Bankae Quantities [J]. *Resource and Energy Economics*，2012（34）：607 - 623.

　　③ Feng，H.，J. Zhao，Alternative Intertemporal Permit Trading Regimes with Stochastic Abatement Costs [J]. *Resource and Energy Economics*，2006（28）：24 - 40.

　　④ Bosetti，V.，C. Carraro，E. Massetti. *Banking Permits：Economic Efficiency and Distributional Effects*. Working Paper，2008.

　　⑤ Leard，B. The Welfare Effects of Allowance Banking in Emissions Trading Programs [J]. *Environmental and Resource Economics*，2013（55）：175 - 197.

　　⑥ Chevallier，J. Banking and Borrowing in the EU-ETS：A Review of Economic Modelling，Current Provisions and Prospects for Future Design [J]. *Journal of Economic Surveys*，2012，26（1）：157 - 176.

二、配额跨期交易模型

(一) 模型设定

假设在政府建立的一个碳交易体系中有 N 个参与企业。政府设定每个时期的碳交易体系总量目标 $\overline{E}(t)$，并将其分配给 N 个参与企业。

$$\sum_{i=1}^{N} \overline{e}_i(t) = \overline{E}(t) \qquad (5.1)$$

$\overline{e}_i(t)$ 为企业 i 第 t 期获得的配额。到了期末，企业需要上缴与其实际排放量相等的配额以履约。企业是追求成本最小化的实体并存在异质性。为了履约，可以在市场上购买配额，或者从未来预借配额，而若企业的配额有余，可以在市场上出售，或储存至下一期使用。

$\overline{e}_i(t)$ 可以是外生于整个交易期的，如采用拍卖或外生分配的方法，企业第 t 期获得的配额与其排放量没有关系。$\overline{e}_i(t)$ 也可以取决于企业的排放或产量（在一定的技术水平下，产量也与排放挂钩）。

设定 $B_i(t)$ 为配额储存，$B_i(t) > 0$ 表示储存，$B_i(t) < 0$ 表示预借，配额储存的变化等于每一期企业获得的配额 $\overline{e}_i(t)$ 减去企业这一期的排放量 $e_i(t)$，再加上（减去）企业在市场上购买（出售）的配额 $x_i(t)$：

$$\dot{B}_i(t) = \overline{e}_i(t) - e_i(t) + x_i(t) \qquad (5.2)$$
$$B_i(0) = 0$$

企业的减排成本函数为 $C_i(e_i(t))$，它是 $e_i(t)$ 的减函数和凸函数，即 $C_i'(e_i(t)) < 0$，$C_i''(e_i(t)) > 0$，并且 $C_i(e_i(0)) = 0$。企业的边际减排成本 (MAC) 可以记作 $-C_i'(e_i(t)) > 0$。假设厂商是完全竞争的价格接受者，在静态均衡条件下，企业会调整其排放水平直至边际减排成本和配额价格相等：

$$P(t) = -C_i'(e_i(t)) \qquad (5.3)$$

(二) 企业减排成本最小化问题

企业选择排放水平和买卖配额的数量以最小化其贴现的减排成本。在只允许配额储存的情况下，企业成本最小化问题的目标函数 J_i^* 和约束条件如下：

$$J_i^* = \min_{y_i, e_i} \int_0^T e^{-rt} C_i [e_i(t) + P(t)x_i(t)] \mathrm{d}t$$

$$\text{s. t.} \quad \dot{B}_i = \overline{e}_i(t) - e_i(t) + x_i(t)$$

$$B_i(0) = 0, \ B_i(t) \geqslant 0$$

$$e_i(t) \geqslant 0$$

现值的汉密尔顿方程为:

$$H_i = e^{-rt}[C_i(e_i) + P(t)x_i(t)] + \lambda_i[(\bar{e}_i - e_i) + x_i]$$

最优化问题求解的必要条件是:

$$\dot{B}_i(t) = \frac{\partial H}{\partial \lambda_i} = \bar{e}_i(t) - e_i(t) + x_i(t) \tag{5.4}$$

$$\dot{\lambda}(t) = -\frac{\partial H}{\partial B_i(t)} = \phi, \ B \geqslant 0, \ \phi_i \geqslant 0, \ \phi_i B_i = 0 \tag{5.5}$$

$$\frac{\partial H}{\partial e_i} = e^{-rt}C_i'(e_i) - \lambda_i \geqslant 0, \ e_i \geqslant 0, \ e_i\frac{\partial H}{\partial e_i} = 0 \tag{5.6}$$

$$\frac{\partial H}{\partial x_i} = e^{-rt}P(t) + \lambda(t) = 0 \tag{5.7}$$

$$B_i(T) \geqslant 0, \ -\lambda_i(T) \geqslant 0, \ B_i(T)\lambda_i(T) = 0 \tag{5.8}$$

仅允许配额储存的情况下,从以上一阶条件我们可以得出如下结论:

1. 式(5.4)表明,配额储存的变化等于分配给企业的配额减去企业的排放,再加上企业购买的配额。

2. 由式(5.5),如果企业的配额储存为正,且允许预借,那么企业再多储存一个单位的配额,其边际价值为一个负的常数。如果企业有意愿预借,但预借不被允许,那么企业多增加一单位配额储存,其边际价值是下降的。

3. 由式(5.6)和式(5.7)可以得出,企业购买或出售配额,使得企业配额储存中单位配额的边际成本等于其价格,即 $P = -C_i'(e_i)$。

4. 式(5.8)说明在最后一期,所有的配额均要注销,因此如果此时交易系统中仍有储存的配额,那么这些配额的价值其实为零。

5. 配额价格的变化轨迹符合霍特林规则(Hotelling's Rule)。将(5.7)对时间求导可得:

$$\frac{\dot{P}}{P} = r - \frac{e^{rt}\phi}{P} \tag{5.9}$$

其中 ϕ_i 表示的是对配额储存的非负约束。式(5.9)是配额价格变化百分比的表达式。可以看出,如果允许企业从未来预借配额,即 $\phi_i = 0$,此时 $\dot{P}/P = r$,即配额价格上升速率将等于持有其他资产的回报率(贴现率 r),配额价格的路径符合霍特林规则,即可耗竭资源的价格随着时间上升的百分比等于贴现率。如果企业意愿预借配额,但配额的预借不被允许,那么 $\phi > 0$,配额价格随时间上升的速率要小于贴现率。

三、不同配额分配方法对配额跨期交易的影响

如果配额分配被视为外生的，那么政府依照一定方法每年分配给企业 $\bar{e}_i$ 单位的配额，这种分配方法并不基于企业自身的排放（或与排放挂钩的产量）等内生因素。例如，企业根据某些交易体系以外的因素确定配额，或政府根据企业在参加碳交易之前的历史排放或产量进行配额分配，并在整个交易期内不再改变。此外，如果政府对配额完全进行拍卖，那么等同于 $\bar{e}_i = 0$。然而，如果在交易期内配额分配将基于企业历史排放或产量每个阶段进行更新，那么就会影响企业的跨期交易行为。

（一） 配额拍卖和外生分配对配额跨期交易的影响

如果配额完全拍卖，或者配额外生分配时，模型设定时企业获得的配额量 $\bar{e}_i(t)$ 为外生。

在允许配额储存和预借时，企业会调整不同时期的排放量，从而使跨期的减排成本最小化。由式（5.6）可知，企业会选择其排放量使得边际减排成本和配额储存的边际价值相等，即 $e^{rt}C'_i(e_i) - \lambda_i = 0$。如果将等式对时间求导，并利用等式 $\dot{\lambda} = \phi_i$，可以得出排放量 $e_i(t)$ 随时间变化轨迹的表达式：

$$\dot{e}_i = \frac{rC'_i(e_i)}{C''_i(e_i)} + \frac{e^{rt}\phi_i}{C''_i(e_i)} \qquad (5.10)$$

根据对减排成本函数的假设，上式右边第一项为负，第二项可以为正，也可以为零。以下分三种情况讨论：

1. 企业意愿预借，同时预借也被允许的情况

当企业意愿预借，而且预借被允许的情况下，$\phi = 0$，等式右边第二项为零，此时排放量的变化仅由第一项决定：

$$\dot{e}_i = \frac{rC'_i(e_i)}{C''_i(e_i)} < 0$$

即当允许预借时，排放量将随着时间下降，企业意愿在较早的阶段进行更多的排放，并预借配额履约，在较晚的阶段进行减排并补充配额。

2. 企业有预借意愿，但预借不被允许的情况

第二种情况是企业没有预借意愿，或企业有预借的意愿，但预借不被允许。由于企业会将未来的成本折现，因此如果配额价格增长的速度小于贴现率，或配额价格保持不变，甚至随时间下降，企业都有预借的意愿，因为在均衡时，配额

价格等于边际减排成本。根据上文讨论，企业有预借意愿的前提是配额总量保持不变，或者至少不会逐年从紧。然而，此时若排放权交易体系不允许企业预借，那么企业每年的排放量只能等于发放给其的配额。我们假设配额总量不随时间变化，此时企业每年的排放量也不随时间变化，即 $\dot{e}_i = 0$，带入式（5.10）可以得出 ϕ 的经济解释。这时，$C_i'(e_i) = -e^{rt}\phi/r$，又因为 $P(t) = -C_i'(e_i)$，所以有：

$$\phi(t) = re^{-rt}P(t), \quad 当 \ \dot{e}_i = 0$$

因此，对企业配额储存的非负限制 $\phi(t)$ 是不允许企业预借时企业的隐含成本，可以看作是企业愿意为一个售价等于配额价格贴现的永久年金进行的定期支付。

3. 企业仅有储存意愿的情况

另一种情况是企业没有预借配额的意愿，仅有储存的意愿，这时排放量会随时间上升。即式（5.10）右边第二项为正，且绝对值超过第一项。这种情况下，政府发放的配额总量一定一年比一年紧。因为根据前面的推导，在允许配额预借的情况下，企业会选择每一期最优的排放量，使得边际减排成本的现价相等。由于边际减排成本的未来值和现价之间存在一个贴现率，如果企业意愿储存，即 $\sum_{i=1}^{N} B_i > 0$，那就说明企业预期未来的边际减排成本（未折现）上升的速度比贴现率还要快，这一情况只有可能在减排量逐年增加的情况下发生，也就是说政府发放的配额总量逐年递减，$\sum_{i=1}^{N} \dot{e}_i < 0$。

（二）历史法配额分配对配额跨期交易的影响

历史法配额分配指的是政府通过企业的历史排放数据来确定企业当期的排放，并根据企业当期的排放来确定企业的排放配额。同时，政府每年设定配额总量 $E(t)$，以保证每年分配给企业的配额加总等于总量。如果所有企业 t 期的排放量加总超过了 $t+1$ 期的配额总量，那么对所有企业的配额进行同比例缩减，因此，在历史法之下企业 i 获得的配额相当于配额总量乘以企业 i 排放占所有企业排放的比例。

$$\bar{e}_i(t) = E(t)e_i(t) \Big/ \sum e_i(t) \tag{5.11}$$

在一阶条件中，仅式（5.6）受到了影响，即历史法分配配额会影响到企业对碳排放水平的跨期选择，进而影响企业碳排放的轨迹。

$$\frac{\partial H}{\partial e_i} = e_i^{-rt}C_i'(e_i(t)) + \lambda_i\left[\frac{E(t)}{\sum e_i(t)}\left(1 - \frac{e_i(t)}{\sum e_i(t)}\right) - 1\right] = 0 \tag{5.12}$$

将式（5.12）对时间求导并忽略趋近于 0 的项，可以得到企业的排放路径：

$$\dot{e}_{ig} = \frac{rC_i'(e_i)}{C_i''(e_i)} + \frac{e^{rt}\phi_i}{C_i''(e_i)}\left[\frac{E(t)}{\sum e_i(t)}\left(1 - \frac{e_i(t)}{\sum e_i(t)}\right) - 1\right] \tag{5.13}$$

下面依然分三种情况讨论历史法配额分配碳排放趋势和配额跨期交易的影响：

1. 企业意愿预借，同时预借也被允许的情况

根据前文的分析，此时 $\phi = 0$，并且，此时，式（5.12）的第二项为零，和配额完全拍卖或外生分配的情况完全相同。

2. 企业意愿预借，但预借不被允许的情况

当企业意愿预借时，$\phi \neq 0$，企业同样也倾向于在每一期将政府分配的配额全部用完。在此我们可以在预借不被允许或企业仅意愿储存的情境下将历史法下的排放路径和外生分配的情况进行比较。

定理 1：令外生分配下企业的排放为 $(e_1^*, e_2^*, \cdots, e_n^*)$，历史法分配下企业的排放为 $(e_1^{**}, e_2^{**}, \cdots, e_n^{**})$，那么存在非排放最多或排放最少的企业 n，当 $e_i^*(0) \geqslant e_n^*(0)$ 时，$e_i^{**}(t) \geqslant e_n^{**}(t)$；当 $e_i^*(0) \leqslant e_n^*(0)$ 时，$e_i^{**}(t) \leqslant e_n^{**}(t)$，$t \in (0, T)$。

证明：

对于任意两个企业 j，i，假设 $e_j^* > e_i^*$，当 $e_i^{**}(t) > e_i^*(t)$ 时，令 $\eta_i = -\left[(E / \sum e_i^*)(1 - e_i^* / \sum e_i^*) - 1\right]$，

那么：

$$-C_i'(e_i^{**}) = \eta_i P^{**}$$

当 $e_j > e_i$ 时，$\eta_j < \eta_i$，由于 $C_i''(e_i) > 0$，故：

$$P^{**}\eta_j < P^{**}\eta_i < P^*$$

故 $e_j^{**}(0) > e_j^*(0)$。同时，由于排放的微分方程 $\dot{e}_i = rC_i'(e_i)/C_i''(e_i)$ 是自治的，所以在整个交易周期 T 内 $e_j^{**}(t) > e_j^*(t)$。

定理 1 说明，在整个交易周期中，排放量大于一定数值的企业，历史法分配的情况下将比外生分配进行更多的排放；而排放量小于一定数值的企业，历史法分配的情况下将比外生分配进行更少的排放。历史法奖励排放量大的企业。

3. 企业仅意愿储存的情况

当企业仅意愿储存时，排放量的轨迹依然由式（5.13）决定，但要保证 $\dot{e}_{ig} > 0$。然而，在历史法分配配额的情况下，企业一般较少有储存意愿。可以看出，当 $E \leqslant \sum e_i$ 的时候，等式右边第二项为负，企业没有储存意愿，只有配额总量比企业排放加总更宽松时，企业才可能有储存意愿。

（三） 基准线法配额分配对配额跨期交易的影响

基准线法分配配额是指，对产品制定一个基准线 b，并根据企业的产量进行分配，分配的配额等于企业的产量乘以基准线。如果企业用这种方法计算的配额加总超过了政府当期设置的配额总量，则要同比例进行缩减，这相当于在设立一个基准线 b 使得所有企业的碳排放量加总不超过配额总量。

假定企业生产每单位产品排放二氧化碳 h_i 单位，为了方便起见，令 $\beta_i = 1/h_i$，那么企业获得的配额为：

$$\bar{e}_i = \frac{be_i}{h_i} = b\beta_i e_i \qquad (5.14)$$

假定 t 时刻的配额总量为 $E(t)$，则有：

$$E = \sum_{i=1}^{N} \bar{e}_i = \sum_{i=1}^{N} b\beta_i e_i \qquad (5.15)$$

由式（5.15）可以得到：

$$b = \frac{E}{\sum \beta_i e_i} \qquad (5.16)$$

即为了保证企业配额加总不超过配额总量，基准线等于所有企业平均的单位产品碳排放。

在一阶条件中，仅式（5.6）受到了影响：

$$\frac{\partial H}{\partial e_i} = e_i^{-rt} C_i'(e_i) + \lambda_i \left[b\beta_i \left(1 - \frac{\beta_i e_i}{\sum \beta_i e_i} \right) - 1 \right] = 0 \qquad (5.17)$$

将式（5.17）对时间求导并忽略趋近于 0 的项，可得到基准线分配下企业的排放路径：

$$\dot{e}_{ib} = \frac{rC_i'(e_i)}{C_i''(e_i)} + \frac{e^{rt}\phi_i}{C_i''(e_i)} \left[b\beta_i \left(1 - \frac{\beta_i e_i}{\sum \beta_i e_i} \right) - 1 \right] \qquad (5.18)$$

下面依然分三种情况讨论基准线法配额分配碳排放趋势和配额跨期交易的影响：

1. 企业意愿预借，同时预借也被允许的情况

根据前文的分析，此时 $\phi = 0$，并且此时，式（5.12）的第二项为零，和配额完全拍卖或外生分配的情况完全相同。

2. 企业意愿预借，但预借不被允许的情况

当企业意愿预借时，$\phi \neq 0$，企业同样也倾向于在每一期将政府分配的配额全部用完。在此我们可以对在预借不被允许或企业仅意愿储存的情境下基准线法下的排放路径和外生分配的情况进行比较。

定理 2：令外生分配下企业的排放为 $(e_1^*, e_2^*, \cdots, e_n^*)$，基准线分配下企业的排放为 $(e_1^{***}, e_2^{***}, \cdots, e_n^{***})$，假定若 $\beta_i e_i > \beta_j e_j$，则 $\beta_i > \beta_j$，那么存在非排放最多或排放最少的企业 n，当 $\beta_i e_i^*(0) \geqslant \beta_n e_n^*(0)$ 时，$e_n^{**}(t) \geqslant e_n^{**}(t)$；当 $\beta_i e_i^*(0) \leqslant \beta_n e_n^*(0)$ 时，$e_i^{**}(t) \leqslant e_n^{**}(t)$，$t \in (0, T)$。

证明：

对于任意两个企业 j，i，假设 $\beta_j e_j^*(0) > \beta_i e_i^*(0)$，当 $e_i^{***}(t) > e_i^*(t)$ 时，令 $\epsilon_i = -[b\beta_i(1 - \beta_i e_i^* / \sum \beta_i e_i^*) - 1]$，

那么：

$$-C_i'(e_i^{***}) = \epsilon_i P^{***}$$

当 $\beta_j e_j > \beta_i e_i$ 时，$\epsilon_j < \epsilon_i$，由于 $C_i''(e_i) > 0$，故：

$$P^{***}\epsilon_j < P^{***}\epsilon_i < P^*$$

故 $e_j^{***}(0) > e_j^*(0)$。同时，由于排放的微分方程 $\dot{e}_i = rC_i'(e_i)/C_i''(e_i)$ 是自治的，所以在整个交易周期 T 内 $e_j^{***}(t) > e_j^*(t)$。

定理 2 说明，在整个交易周期中，若产量越大的企业减排技术水平越先进，则产量大于一定数值的企业，基准法分配的情况下将比外生分配进行更多的排放；而产量小于一定数值的企业，历史法分配的情况下将比外生分配进行更少的排放。历史法奖励产量大、减排技术先进的企业。

3. 企业仅意愿储存的情况

当企业仅意愿储存时，排放量的轨迹依然由式（5.13）决定，但要保证 $\dot{e}_{ig} > 0$。然而其排放量上升的速率与外生分配情景的上升速率孰大孰小较难比较。在此讨论企业单位产品碳排放水平对储存意愿和排放轨迹的影响。假设企业 i 的单位产品碳排放等于平均水平，即 $b\beta_i = 1$，那么式（5.18）等式右边第二项为负，企业没有储存意愿。只有 $b\beta_i \gg 1$ 时，即企业的单位产品碳排放水平远优于（即低于）平均水平时，企业才有储蓄意愿。企业节能减排技术水平越先进，越倾向于在当期多进行减排，未来时期增加排放，企业节能减排技术水平越落后，越倾向于推迟减排。

四、结论和政策含义

本节在配额跨期分配模型的基础上，引入了不同的配额分配方法，包括配额拍卖（或采用外生因素分配）、历史法配额免费分配和基准线法配额免费分配。通过研究并对比三种配额分配模式下允许企业预借、不允许预借和企业仅有储存意愿几种不同情况，分析了这些情境下企业的跨期交易情况。

如果配额完全拍卖，或者配额由交易期限以外的外生因素决定，那么企业的跨期交易行为符合鲁宾（1997）建立的标准的配额跨期交易模型。当政府的配额总量不随时间变化，甚至每年放松，那么企业将意愿预借。如果预借被允许，企业的碳排放量随着时间下降，说明企业会从未来预借配额以供当期消费，从而使跨期的减排成本最小化。如果预借不被允许，那么企业每年的排放量将正好等于其获得的配额，企业要为不允许预借付出额外代价。如果政府的配额总量逐年从紧，那么企业预期未来的减排成本更高，因此企业只有储存意愿，碳排放量会逐年增加。

当采用历史法分配配额时，企业下一期的获得的配额与当期排放挂钩。在这种情况下，如果允许企业预借，那么企业的排放路径和拍卖或外生分配的情况完全相同，碳排放量也会随着时间下降，说明企业会从未来预借配额以供当期消费，从而使跨期的减排成本最小化。如果企业有预借意愿但预借不被允许，那么企业的排放量正好等于当期配额，但对于不同类型的企业，排放路径有所不同。排放量大的企业在这种情况下各期排放量都大于拍卖的情景，排放量小的企业则相反。此外，采用历史法分配时，除非配额总量比排放总量更宽松，否则企业难以出现储存意愿，因为企业只要当期多排放，下期就能获得更多的配额。

当采用基准线法分配配额时，企业下一期获得的配额等于当期产量乘以单位产品碳排放的基准线。在这种情况下，如果允许企业预借，那么企业的排放路径和拍卖、历史法的情况也完全相同。如果企业有预借意愿但预借不被允许，那么企业的排放量正好等于当期配额，则产量高、减排技术先进的企业在这种情况下各期排放量都大于拍卖的情景，产量小、减排技术落后的企业则相反。同时，在基准线法分配配额时，企业的节能技术水平越先进，越有可能出现储蓄意愿，企业节能减排技术水平越落后，越倾向于推迟减排。

通过模型分析可以发现以下几点重要的结论：

第一，当允许配额预借时，采用拍卖（或外生分配）、历史法、基准线法分配配额不会对企业的排放路径产生影响。企业的碳排放量随着时间下降，倾向于从未来预借配额以供当期使用并推迟减排。

第二，若不允许企业预借，历史法分配配额会奖励高排放企业。相对拍卖的情形，高排放企业在各期都会增加排放。此外，企业欠缺储存意愿，不利于鼓励高排放企业减排。

第三，若不允许企业预借，基准线分配时，企业的单位产品碳排放越低，其优势越明显。相对拍卖情景，高产量、减排技术水平先进的企业在各期都可以增加排放。此外，减排技术水平先进的企业在早期更容易出现储存意愿，有利于进一步减排。但采用历史法分配时，就不能体现这种激励机制。

第四，当不允许企业预借配额时，将出现企业间排放差距扩大的"马太效应"。尽管在这种情况下，企业倾向于在各期都用完所有的配额，企业总排放等于配额总量，然而企业之间的排放量差异较之拍卖的情景会拉大，高排放的企业或高产量的企业排放量会更大，反之亦然。

在本书模型结论的基础上，可以得出以下几点政策建议：

第一，在条件成熟的情况下，应允许配额的预借。允许配额预借时，企业的排放路径并不会出现扭曲，不同配额分配方法对企业的排放路径也不会产生影响，有助于企业实现跨期减排成本最小化。若政府更看重各期减排目标的实现而不允许配额预借，则企业需要为不允许预借支付一定的成本。

第二，若政府更强调各期减排目标的实现，配额分配时应尽量采用拍卖的方式，或采用交易期限以外的外生因素进行分配。例如，采用交易期开始前的排放水平（历史法）或产量（基准线法）为依据进行配额分配，并在交易期内维持企业的配额不变。这样可以避免历史法和基准线法分配时造成的"马太效应"。

第三，如果政府出于可行性考虑，只能在历史法和基准线法配额分配中进行选择，那么建议采用基准线法进行配额分配，因为它对企业有正面的激励。基准线法有利于奖励产量大且节能技术水平先进的企业，并且有利于促进这些企业尽早开展减排。

第六章

碳交易体系交易机制

碳排放权交易机制是一种金融手段和政策强制相结合、赏罚分明和市场机制双管齐下的减排机制，通过规范化的市场交易行为，在边际减排成本不同的企业（组织）之间形成碳排放权的交换，使得参与主体能以更低的成本实现减排目的。有效的碳排放权交易规则是实现碳排放总量控制目标和配额资源有效配置的基础保障，而完善的碳排放权定价机制能够激励企业（组织）积极主动的对减排技术进行投资升级改造。因此，本章首先以我国7个碳交易试点的交易规则为基础分析交易规则中的基本要素，然后分析碳排放权定价机制。

第一节　碳排放权交易规则

碳排放权交易规则是碳交易体系平稳有效运行的重要保障，交易规则的基本要素包括：交易市场、交易方式、信息披露、交易监管及风险管理等。本节首先总结归纳我国目前已经在运行中的7个碳交易试点的交易规则[①]，然后根据我国实际情况，针对全国性碳交易体系提出相应的建议。

---

① 交易规则资料来源于7个碳交易试点省市的交易所（中心）公布的交易细则文件。

一、中国碳交易试点的交易机制

截至目前，中国 7 个碳交易试点省市的交易都已正式启动。各个碳交易所均根据本地区碳交易体系的实际，制定了相应的交易规则。以下将对碳交易试点省市的交易规则中各基本要素进行逐一比较分析。

（一）交易市场

交易市场一般包括交易平台、交易参与者和交易品种。

1. 交易平台

我国碳交易试点省市均指定了各自唯一的交易平台。它们分别为深圳排放权交易所、上海环境能源交易所、北京环境交易所、广州碳排放权交易所和天津排放权交易所、湖北碳排放权交易中心和重庆碳排放权交易中心。这些交易所（中心）的共同特点都是依托本地区产权交易平台，并联合其他投资方共同筹资建立。如湖北省碳排放权交易中心是由武汉光谷联合产权交易所有限公司牵头，联合武汉钢铁（集团）公司、大冶有色金属集团控股有限公司、湖北省农业生产资料集团有限公司等机构共同组建；北京环境交易所是由北京产权交易所有限公司、中海油新能源投资有限责任公司、中国国电集团公司、中国光大投资管理公司、中国石化集团资产经营管理有限公司、中国节能环保集团公司、鞍钢集团公司发起成立。

2. 交易参与者

7 个碳交易试点平台一般以交易所会员形式来规范交易的参与者。如湖北省碳排放权交易中心规定市场参与人只能是该中心会员，具体包括：控排企业，在国家自愿减排交易登记簿登记备案、拥有自愿减排量的法人机构，经相关行政主管部门批准进行碳排放权储备、投放活动的机构，自愿在本中心进行交易活动，且经本中心审查的其他会员。北京环境交易所设定的会员主要包括：履约机构和非履约机构，其中非履约机构仅限企业法人和其他经济组织，并要求其注册资本在 300 万元人民币以上。根据各交易所的会员资格细则文件，不同试点省市对于个人参与碳交易体系的态度不一。湖北省碳交易体系允许个人自由参与交易，并没有设置资产规模要求；天津碳交易体系也允许个人参与交易，但不仅对参与者年龄有所限制，而且明确规定其金融资产不低于 30 万元人民币；重庆碳交易体系个人金融资产门槛设为 10 万元人民币，且风险承受能力和风险偏好测试分数加总不得低于 37 分①；北京碳交易体系则完全禁止个人参与。

3. 交易标的及交易时间

交易品种均为各试点省市的碳排放配额和经国家自愿减排交易登记簿登记备案的核证自愿减排量。广东、湖北、深圳和重庆碳交易体系规定标的物的单位以"吨二氧化碳当量（tCO_2e）"计，其余试点地区则以"吨二氧化碳（tCO_2）"为单位；碳交易体系交易价格的最小波动幅度基本都设置为 0.01 元/吨，但北京和上海碳交易体系除外，其价格最小波动设置为 0.1 元/吨；除天津碳交易体系规定的最低交易单位为 10 吨外，其他试点均是以 1 吨为最小交易单位。

交易时间都分为上午和下午两个交易时段，上午交易时间各试点地区保持一致，都是 9：30～11：30，下午交易时间则不尽相同。北京、天津、深圳和湖北均规定下午交易时间为 13：00～15：00，广东和重庆为 13：30～15：30，上海则为 13：00～14：00。与此同时，北京和上海对公开交易时间和协议转让交易时间进行了区别设置。北京碳交易体系的协议转让时间是上午 9：30～12：00，下午 13：30～16：00，上海碳交易体系仅安排下午的 14：00～15：00 为协议转让交易时段。

（二）交易方式

交易方式普遍采用公开交易和协议转让相结合的交易模式。

1. 公开交易

公开交易指交易参与人通过交易所系统向交易主机发送申报/报价指令，并按"价格优先，时间优先"的原则达成交易。各试点地区的具体交易细则有明显的差异。

（1）湖北试点。湖北碳市场的公开交易称为协商议价转让，是指在交易中心规定的交易时段内，卖方将标的物通过交易系统申报卖出，买方通过交易系统申报买入，交易中心将交易申报排序后进行揭示，按规定的协商议价成交原则依次转让。采用的是非连续交易方式。每个交易时段分为申报时段、议价时段和揭示时段，每个交易时段为 5 分钟；申报时段为 4 分钟，议价时段和揭示时段为 1 分钟。市场参与人向交易系统申报交易的标的、价格、数量等。交易时段内，交易所实时揭示 5 个最高买入价与 5 个最低卖出价；议价截止后，交易中心揭示成交信息。议价区间的最高价格为前日终止价×（1＋议价幅度比例），最低价格为前日终止价×（1－议价幅度比例），议价幅度比例设定为 10%。日终止价为该标的

---

① 这里是指自然人投资者经《投资者风险承受能力与风险偏好测试》后，风险承受能力测试评分与风险偏好测试评分之和超过 37 分。

物当日最后 10 个交易时段的价格加权平均值；最后 10 个交易时段无成交的，按
当日最后一笔交易的成交价作为当日终止价；当日无交易的，按前一交易日终止
价作为当日终止价。

（2）北京试点。北京碳市场的公开交易进一步分为整体竞价交易、部分竞价
交易和定价交易三种方式。其中整体交易方式下，只能由一个应价方与申报方达
成交易，每笔申报数量须一次性全部成交，如不能全部成交，交易不能达成；部
分交易方式下，可以由一个或一个以上应价方与申报方达成交易，允许部分成
交；定价交易方式下，可以由一个或一个以上应价方与申报方以申报方的申报价
格达成交易，允许部分成交。

（3）深圳试点。深圳碳市场的公开交易称为现货交易。现货交易是指交易参
与人采用限价委托申报的方式进行申报的交易方式。交易所设置的涨跌幅度限制
为前一交易日收盘价 ±10%。

（4）广东试点。广东碳市场的公开交易分为挂牌竞价、挂牌点选和单向竞
价。其中挂牌竞价是指交易参与人通过广碳所交易系统进行买卖申报，交易系统
在规定的时间段内对买卖申报进行一次性单向配对的交易方式。挂牌点选交易是
指交易参与人提交卖出或买入挂单申报，意向受让方或出让方通过查看实时挂单
标的列表，点选意向挂单，提交买入或卖出申报，完成交易的交易方式；单向竞
价交易是指出让方在开盘价 ±10% 的价格区间内向系统提交卖出挂单申报，确定
需要转让标的数量、底价和保留价，经审核后由意向受让方在自由竞价和限时竞
价时间内，通过网络进行自主竞价的交易方式。当日开盘价为挂牌点选交易方式
前一交易日的收盘价，收盘价为挂牌点选最后 10 笔成交的加权平均价，当日成
交不足 10 笔的，以当日所有成交的加权平均价为收盘价。当日不能产生收盘价
或无成交的，以前一交易日收盘价为收盘价。

（5）上海试点。上海碳市场的公开交易称为挂牌交易，是指在规定的时间
内，会员或客户通过交易系统进行买卖申报，交易系统对买卖申报进行单向逐笔
配对的公开竞价交易方式。碳排放权交易实行涨跌幅限制制度，涨跌幅比例为上
一个交易日收盘价的 30%，收盘价为当日最后 5 笔成交的加权平均价。当日成交
不足 5 笔的，以当日所有成交的加权平均价为收盘价；当日无成交的，以上一个
交易日的收盘价为当日收盘价。

（6）天津试点。天津碳市场的公开交易称为网络现货交易。网络现货交易是
指交易者通过交易所交易系统对碳配额产品进行交易申报，经匹配后生成电子交
易合同，持有电子交易合同的交易者可根据申报实现实物交收的交易方式。交易
所实行涨跌幅限制制度，涨跌幅比例为 10%。

（7）重庆试点。重庆碳市场的公开交易属于协议交易中的意向申报和定价申

报。其中意向申报指令包括交易品种代码、买卖方向、交易价格、交易数量和交易账号等内容；定价申报指令包括交易品种代码、买卖方向、交易价格、交易数量、交易账号等内容。合意的对手方通过交易系统发出成交指令，按指定的价格与定价申报全部或部分成交，交易系统按时间优先顺序进行成交确认。定价申报未成交部分可以撤销。这两种交易指令均可设定有效期，最长为 20 个交易日。交易所实行涨跌幅限制制度，涨跌幅比例为 20%。涨跌幅基准价为前日交易均价，前日交易均价为有成交的上一交易日的交易量加权平均价。

2. 协议转让

协议转让是指交易双方直接进行碳排放配额买卖磋商的交易方式，一般适用于大宗交易。北京、深圳均规定单笔交易量超过 1 万吨的交易须通过协议转让方式进行，广东、上海的协议转让交易的门槛设为 10 万吨，而天津将协议转让交易的门槛大幅提高为 20 万吨，湖北和重庆则未对协议转让设置门槛值。此外，深圳和广东还对协议转让交易的价格涨跌幅度做出限制，分别为 30% 和 10%。

湖北碳市场的协议转让称为定价转让，是指卖方将标的物以某一固定价格在交易系统发布转让信息，在挂牌期限内，接受意向买方买入申报，挂牌期截止后，根据卖方确定的价格优先或者数量优先的原则达成交易。挂牌期截止时，全部意向买方申报总量未超过卖方挂牌总量的，按申报总量成交，未成交部分由卖方撤回；意向买方申报总量超过卖方总量的部分则不予成交。

重庆碳市场的协议转让交易是指协议交易中的成交申报指令交易。成交申报指令包括交易品种代码、买卖方向、交易价格、交易数量、对手方交易账号和约定号等内容。

3. 其他交易方式

除上述两种常见的交易方式外，还存在电子竞价和拍卖交易的方式。

深圳碳市场所采用的电子竞价是指交易委托人将其持有的碳排放权通过交易所交易系统公开挂牌出让，或者在其资金额度内通过交易所系统公开挂牌受让，一经挂牌即形成有效委托合同。当出现两家以上（含）的意向方时，须通过电子竞价交易系统进行报价交易。

天津碳市场则采用的是拍卖交易，该交易方式指交易标的以整体为单位进行挂牌转让，在设定的一个交易周期内，多个意向受让方（不少于 2 人）对同一标的物按照拍卖规则及加价幅度出价，直至交易结束，最终按照"价格优先，时间优先"原则确定最终受让方的交易方式。

（三）信息披露

信息披露制度是碳交易体系赖以建立和发展的基础，完善的信息披露制度有利于激发市场参与者的积极性，增强对碳交易体系信心，更有利于发挥碳交易体系促进控排企业实现减排的作用。目前，各碳交易试点的交易所对信息披露都做出了相关规定。一般来说，交易规则中规定的信息披露包括交易信息和成交情况信息。

1. 交易信息

交易信息分为每个交易日的行情、报价和成交等信息。行情信息包括交易品种名称、交易品种代码、前日交易均价、当日最高价、当日最低价、当日累计成交数量、当日累计成交金额等。报价信息包括交易品种名称、交易品种代码、申报类型、买卖方向、买卖数量、买卖价格以及报价联系人和联系方式等。成交信息包括交易品种名称、交易品种代码、成交量、成交价。

2. 成交情况信息

交易所会编制反映市场成交情况的各类日报表、周报表、月报表和年报表。

（四）交易监管及风险管理

1. 交易监督

交易监督一般分为事项监督和交易行为监督。

（1）事项监督。事项监督包括涉嫌内幕交易、操纵市场等违法违规行为；权益买卖的时间、数量、方式等受到法律、行政法规、部门规章和规范性文件及交易所业务规则等相关规定限制的行为；可能影响交易价格或者交易量的异常交易行为；交易所认为需要重点监控的其他事项。

（2）交易行为监督。交易行为监督包括：可能对交易价格产生重大影响的信息披露前，大量买入或者卖出相关权益；大量或者频繁进行互为对手方的交易，涉嫌关联交易或市场操纵；频繁申报或频繁撤销申报，影响交易价格或其他交易参与人的交易决定；巨额申报，影响交易价格或明显偏离市场成交价格；大量或者频繁进行高买低卖交易；交易所认为需要重点监控的其他异常交易行为。

（3）处置措施。针对上述重点监控事项中情节严重的行为，交易所可以视情况采取的措施包括：口头或书面警告；要求相关方提交书面承诺；约见谈话；限制相关交易账户；冻结相关交易账户；上报主管部门处理。

湖北省碳排放权交易中心还对异常价格波动做出更为细致的规定。具体包括连续 3 个交易日日终止价均达到日议价区间限制最高或最低价格的，交易中心有权于第 4 个交易日 9：30～10：30 对该标的物暂停交易，并发布警示公告；对连续 20 个交易日（D1～D20）内累计有 6 个交易日终止价均达到日议价区间最高价，且当日终止价较连续 20 个交易日的第 1 个交易日（D1）终止价涨幅达到或超过 30% 的，交易中心对该标的物进行特殊处理；连续 20 个交易日内累计 6 个交易日终止价均达到日议价区间最低价，且当日终止价较连续 20 个交易日的第 1 个交易日终止价跌幅达到或超过 30% 的，交易中心对该标的物进行特殊处理。特殊处理期为 20 个交易日。特殊处理的标的物在其名称前用 " ＊ " 加以标注，其议价幅度比例调整为 1%。如特殊处理期结束当日的终止价较连续 20 个交易日的第 1 个交易日终止价涨幅达到或超过 10% 的，继续进行特殊处理；否则，从特殊处理之日起第 21 个交易日取消特殊处理；如特殊处理期结束当日的终止价较连续 20 个交易日的第 1 个交易日终止价跌幅达到或超过 10% 的，继续进行特殊处理；否则，从特殊处理之日起第 21 个交易日取消特殊处理[1]。

2. 风险管理

为有效控制碳交易风险，防范违规交易行为，保障正常的市场秩序，在交易规则中一般会设置风险管理条款。主要的风险管理条款包括交易所实行全额交易资金制度、涨跌幅限制制度、大户报告制度、最大持有量限制制度、风险警示制度、风险准备金制度和稽查制度。

第一，全额交易资金是指在碳排放权交易中，交易者按碳配额产品全额价款缴纳资金，用于保证电子交易合同的履行。

第二，交易会员或者客户持有量达到交易所规定的最大持有量报告标准或者被交易所指定必须报告的，交易会员或者客户应当向交易所报告。客户未报告的，交易会员应当向交易所报告。

第三，交易所认为必要的，可以分别或同时采取要求报告情况、谈话提醒、书面警示、公开谴责、发布风险警示公告等措施中的一种或多种，以警示和化解风险。

第四，交易所实行风险准备金制度。风险准备金按照月度净手续费收入总额的一定比例按月计提，风险准备金应当单独核算、专户管理。当风险准备金达到注册资本时，经交易所监管部门批准后可以不再提取。风险准备金的动用应当经交易所董事会批准，报交易所监管部门备案后，按规定用途和程序进行。

第五，交易所实行稽查制度。根据交易所的各项规章制度，交易所对交易者、指定结算银行及其工作人员等的业务活动进行监督和检查。

二、全国性碳市场交易规则的建议

我国 7 个碳交易试点省市均根据地区性特征，制定了碳交易体系的交易规则，全国性碳市场的交易规则应在充分参考地区性交易规则基础上，兼顾全国的

---

[1] 资料来源于《湖北省碳排放权交易中心碳排放权交易规则》。

整体性特征，以保证碳市场价格的平稳性和交易的流动性，充分发挥碳市场引导节能减排和促进低碳经济转型的作用。

（一）设立统一的碳交易平台并保持其独立性

目前各试点省市的碳交易平台都是采取地方产权交易平台联合其他投资方共同建立的模式，其他投资方中甚至包括一些控排企业，因此这种模式虽然能够在短期内有效解决注册资金短缺问题，但是交易平台的公平性和独立性受到质疑。

首先，全国性碳交易平台要保证其公平性、透明性和独立性，应该是国家统一筹建的非盈利性机构，并由国家碳交易主管部门直接管理，国家发改委作为应对气候变化和温室气体减排的主管部门，主导碳交易体系的法规制定、配额分配、平台建设和市场监管，权责对应原则要求包括碳现货远期在内的碳交易体系建设应在国家发改委的领导下进行，多头监管不仅将造成管理效率低下，流程冗余复杂，还将对不同层次间的市场对接造成阻碍，进而影响碳交易体系的完整性，妨碍市场的高效运行。

其次，筹建全国性交易平台时，需要考虑现有7个碳交易平台的具体情况，使得交易平台能够平稳有效地从区域性平台向全国性平台过渡，国家级交易机构的选择建议摒弃"行政选择"的方式，而是采用"市场形成"优胜劣汰的方式，七个试点通过市场竞争产生。

最后，要充分发挥现有的7个交易平台向周边省区辐射的作用，成为全国统一碳交易平台的分支机构，同时履行好交易平台、创新平台、服务平台和监管平台的作用。

（二）全国性碳市场应采取"前紧后松"的模式

全国性碳市场应逐步降低入市门槛，允许市场各类参与者进入市场。目前，各试点地区基本都规定控排企业和满足一定条件的其他机构组织能够参与碳市场交易，然而自然人的参与受到不同程度限制甚至禁止（湖北除外）。理论上来说，市场参与者的多样性是保证市场的流动性，发挥碳市场作用的关键因素，个人投资者和机构的参与可以在交易市场上为控排企业提供直接的减排资金。同时专业的自然人和机构通过对市场和政策的研究，在市场上进行操作，可以引导市场的良性发展。最终市场结果反映并反馈政府政策的合理性，促进政府修正并制定合理的政策。但是，当前我国的企业和个人对碳交易普遍认识不足，因此，全国性碳市场运行初期，对于新兴碳金融机构发展，国家应当在税收、审批等方面给予优惠政策，推动人民银行完善绿色投融资政策，形成支持低碳产业相关领域发展的长效机制，打通企业碳资产融资渠道，以此来鼓励机构参与，尤其是金融投资机构，条件成熟时，还可引入国际投资者的参与。同时设置个人参与门槛，此门槛可包括个人金融资产规模、投资经验和风险承受水平等方面内容，随着市场运行，企业和个人碳交易的参与意识不断提高，可以不断降低参与门槛。

（三）全国性交易平台交易品种应具备可比性

7 个区域碳交易试点中交易标的都是本地区的排放配额，并且交易单位、最低交易数量和最小价格波动幅度均存在差别。而作为全国性的交易标的应当保持可比性，考虑到未来碳交易体系会逐步将 CO_2 以外的其他温室气体纳入到交易体系中，建议全国性碳市场的交易单位以"吨二氧化碳当量（tCO_2e）"计，最小波动幅度基本设置为 0.01 元/吨。为了方便企业履约并降低履约成本，可将最小交易单位定为 1 吨，从而和企业履约的最小单位保持一致。

（四）交易方式应采用公开交易和协议转让相结合的模式

国务院 38 号文件中明确了一条政策红线："除依法设立的证券交易所或国务院有关部门批准从事金融产品交易的交易场所外，任何交易所均不得将任何权益拆分为均等份额公开发行，包括艺术品权益、林业的权益、有价证券的权益，不得采取集中竞价、做市商等集中交易方式进行交易，不得将权益进行标准化持续挂牌交易。任何投资者买入后卖出或者卖出后买入同一交易品种的时间间隔不得少于 5 个工作日，除法律、法规规定外，权益持有人累计不得超过 200 人。"不论是国际还是国内资本市场体系，远期、连续交易方式并非证券、期货交易特有或独占。银行间外汇市场的人民币外汇货币掉期交易、上海黄金交易所的黄金（T＋D）等政策性、专业性较强的市场均采用远期、连续交易方式，因此，各试点地区碳交易所设计的交易方式受到极不合理的限制，严重影响了碳交易体系的健康发展，也不利于未来全国统一碳交易体系的建设。例如湖北碳交易采取的是非连续交易方式，这样必然影响市场交易的公平与公正，市场价格很容易被操纵。全国性碳市场交易方式应在符合国家相关法律文件的基础上，应当解除 37 号、38 号文件对碳市场交易方式不合理的束缚。此外，未来我国碳交易体系纳入的控排企业体量大，市场其他参与者资金量差异也将十分明显，在兼顾市场交易的平稳性和流动性的情况下，全国性碳市场应同时设立协议转让交易（大宗交易）市场。与此同时，参考我国证券市场发展经验，全国性碳市场的协议转让的价格应限定一定的幅度，可以参考签订协议当日前 N 个交易日的加权平均价或者交易日当天的成交价格，同时设置涨跌幅，防止价格过度波动导致的市场系统性风险。在分别设置公开交易和大宗交易的价格波动幅度时，必须考虑公开交易市场和大宗交易市场的连通性，避免大宗交易市场对公开交易市场负向冲击。

（五）交易监督和风险管理条款的设置应保持合理性和科学性

交易监督包括事项监督和交易行为监督，全国性交易规则中的交易监督可以在充分借鉴我国证券市场相关经验教训基础上，考虑各区域碳交易试点的交易监督实践，设置相应条款，其中对于涉及核心监督范畴的内容应当以量化方式明确出来。比如湖北碳市场对异常价格波动各种情况及其处理措施都设置了相应的条款。风险管理条款可借鉴上海、天津等地设计的规则，包括但不限于全额交易资金制度、涨跌幅限制制度、大户报告制度、最大持有量限制制度、风险警示制度、风险准备金制度和稽查制度。

（六）制定完善的信息披露制度保障市场公开透明

碳市场信息披露制度根本目的在于保护市场参与者的合法权益和优化资源配置。信息披露越充分越有利于市场资源自由而有效率的流动，也有利于投资人了解市场并参与市场，最终实现碳交易体系服务于全国减排的目的。因此，应从如下两个方面建立信息披露制度：一是以保障市场参与者利益为中心来制定信息披露规则；二是以真实、准确、完整、及时、公平等为基本原则来制定详细的信息披露细则。目前上海环境能源交易所和重庆碳排放权交易中心均出台了专门的《碳排放权交易信息管理办法》，明确了信息披露的具体内容和相应的监督管理措施，可供国家借鉴；在实际运行中，湖北由于市场信息透明，吸引了大量的市场投资人，这也是湖北碳交易全国领先的重要因素。

（七）交易规则的制定应考虑开放性和灵活性

国家在7个地区开展碳交易试点，目的在于探索利用市场化手段实现减排目标，为建立全国性碳市场积累经验，因此，全国性碳市场的交易规则要在吸取试点地区的交易规则经验的基础上，保证其兼容性和完整性，以利于地区性碳市场向全国性碳市场的顺利过渡。此外，全球许多国家和地区都在积极筹建碳交易体系，包括已经运行的 EU-ETS、东京都碳交易体系、加州碳交易体系等，我国制定碳市场交易规则时，应考虑与国际碳市场链接因素，这样不仅有利于增加中国在碳排放权国际定价中的话语权，而且有利于吸引国际投资者的资金和先进的减排技术进入国内碳市场。

（八）交易规则的制定应同时兼顾现货市场和期货市场特征

从国际经验来看，开展碳排放权期货以及衍生品交易，一方面有利于碳交易企业规避风险，套期保值，使碳交易的双方可以通过比对期货价格与现货价格之间的差别，对各自期货合约和现货合约进行调整，预先进行套期保值，以规避现货价格风险。另一方面也可优化碳资源的配置，稳定碳交易体系的发展。基于期货市场产生的价格更具真实性、超前性和权威性，碳交易体系管理部门可以依据来自期货市场的价格、交易量等信息对未来的碳交易价格进行准确的预测，提高资源配置效率。

第二节　碳排放权交易定价机制

引入碳交易体系后，碳价格必然会成为包括减排企业、投资者、政府管理部门以及学者各方高度关注的焦点。碳交易体系为减排企业带来了影响其短期和长期运营的额外成本，了解和掌握碳价格的趋势及其背后的驱动力，是减排企业获得长期成本效率的重要战略因素。同时，碳交易体系作为一种市场导向的政策工具，其成功与否就在于其能否产生正确反映市场基本因素的价格信号，因而了解碳价格的影响因素并掌握管理碳价格的运行机制，对市场管理部门来说也非常重要。

然而，欧盟碳交易体系（EU-ETS）第一阶段排放配额价格的走势让市场参与者和经济学家们感到异常迷惑。2006 年 4 月以前，欧盟碳市场价格长期处于20 欧元以上水平，并一度超过 30 欧元，然而 2006 年 4 月以后碳价格急速下降一半，随后四个月稳定在 15 欧元左右，之后至 2007 年中逐步下跌为 0。对于碳价格的驱动因素，很多学者以欧盟排放配额为例从不同角度进行了探讨（曼萨内特－巴塔列尔等，Mansanet-Bataller et al.，2007；阿尔韦罗拉等，Alberola et al.，2008；谢瓦利尔 Chevallier，2009；安特曼，Hintermann，2010；布雷丁和穆克雷，Bredin and Muckley，2011；克雷蒂等，Creti et al.，2012；阿托拉等，Aatola et al.，2013；卢茨等，Lutz et al.，2013）。下文首先对碳价格的影响因素进行系统分析，然后对碳价格的管理机制进行深入剖析，最后就中国碳交易体系的定价机制提出若干建议。

一、碳价格的影响因素

一般来讲，和其他商品市场一样，碳排放权的价格由供求双方的相互作用驱动,同时受到其他一些因素的影响,包括制度政策、市场结构等①。但是,碳排放权又有非常特殊的非标准商品特征,企业并不需要实际拥有配额才能生产,而只需在年度履约时有足够的配额与核定的碳排放相匹配即可。从供给方面来看,碳排放权配额的分配由各地政府或者国家统一决定,总量的松紧以及有关配额使用的制度规定对碳价格的预期和形成具有重要影响。从需求方面来看,碳排放权配额的使用是预期二氧化碳排放量的函数,而二氧化碳排放水平又取决于诸多因素,包括能源价格(如石油、天然气、煤炭)、气候条件(如气温、降雨量和风速)以及未预料到的能源需求波动。另外,对碳排放权配额的需求还受到经济增长和金融市场好坏的影响。

(一) 制度决定因素

最难以把握的碳价格影响因素就是所谓"市场情绪",也就是和未来制度政策的不确定性相关的因素,这些因素对投者资的预期和他们的风险战略制定非常重要。最有可能影响碳排放权价格的两种制度决定因素:一是排放差额因素,即核实排放量与分配配额之间的差异;二是禁止跨期储存带来的效应。另外,抵消机制也会通过冲击供给而影响碳价格。

1. 排放差额因素

有关总量限制严格性的制度决定,会通过初始配额分配来影响碳价格的形成。此类制度决定因素对碳排放权价格影响的最好例证在 2006 年 EU-ETS 的走势中表露无遗。2006 年 4 月,欧盟委员会发布的首份欧盟整体水平核实排放量报告对碳价格带来了极大影响,数天内价格极速下降了 50%。此次碳价格结构性变化背后的主要原因就在于分配配额与实际排放的比值,因为所有设施都必须上缴配额并提交相关排放信息,经过评估后就会发现碳交易体系存在过度供给或者过度分配的现象(埃勒曼和布赫纳,Buchner,2008)②。由于欧盟在 2005~2007 年的第一阶段分配了过多的配额,市场参与者就会理性地将该信息整合进碳排放权配额的价格信号中,从而导致碳价格大幅度的波动。而在 2006 年 10 月,当欧盟委员会宣布第二阶段要实施更严格的国家分配计划(NAPs)后,市场又普遍认为 2008~2012 年配额会越来越稀缺,第二阶段的碳价格立刻上涨并稳定在 20 欧元左右。

---

① 这方面较早的理论文献是克里斯蒂安森等(Christiansen et al.,2005),该文提出 EU-ETS 的价格决定因素可能包括:政策管理问题、市场基本因素(包括排放与限量比值)、燃料转换的作用、气象情况和生产水平。

② Ellerman,A. D.,Buchner,B. K. Over-Allocation or Abatement? A Preliminary Analysis of the EU-ETS Based on the 2005-06 Emissions Data. *Environmental and Resource Economics*,2008,(41):267-287.

2. 跨期储存限制

另一个重要的制度决定因素是有关跨期储存借贷的规定。储存工具使得产业运营商拥有一种灵活的跨期方法以平滑跨期排放，比如当边际减排成本低的时候可以多减排少使用配额，以便将来边际减排成本高的时候多使用，从而能够起到平抑价格波动的作用。在欧盟碳交易体系中，2006 年 10 月欧盟决定禁止第一阶段（2005 ~ 2007）任何储存或者借贷的配额转移至第二阶段（2008 ~ 2012），储存工具成为牺牲品，结果导致在 2007 年 12 月 31 日拥有的任何剩余配额，到 2008 年 1 月 1 日就变得毫无价值。之所以做出该决定，主要是因为欧盟不想将碳交易体系热身期间的市场设计缺陷带入《京都议定书》的承诺期（阿尔贝罗拉和谢瓦利尔，2009）[①]。但是，禁止跨期储存会限制和弱化减排政策的效果（费尔和摩根斯顿，Morgenstern，2009）[②]。从那时到第一阶段期末，欧盟碳交易体系上二氧化碳现货和在第一阶段有效的期货价格在 2007 年 12 月价格趋于 0。

3. 抵消机制

除了分配给企业的配额外，抵消机制允许企业可用于履约的 CER（在中国为 CCER）和 ERU 的比例对市场的供给会形成很大的冲击和影响。EU-ETS 第一、二阶段的配额过剩，除了超发配额、经济衰退等原因，对抵消机制中的 CER 和 ERU 用于履约的比例不作限制也是导致其碳价格低迷的重要制度原因。因此，欧盟在第三期制度改革中对可用于履约的 CER 和 ERU 做了明确的、严格的比例限制。中国的 7 个试点充分吸取了欧盟的教训，都对可用于履约的 CCER 比例进行明确的规定，最高不超过初始配额的 10%。

（二）能源价格和天气条件

短期内的减排行为和对配额的需求，主要是受到能源需求、能源价格和天气条件（温度、降雨量和风速）非预期波动的影响。

1. 石油、天然气和煤炭价格的影响

传统化石能源包括石油、天然气、煤炭等的价格，是碳排放配额需求最重要的驱动因素。曼萨内特 - 巴塔列尔等（2007）[③] 和阿尔韦罗拉等（2008）[④] 最先

① Alberola, E., Chevallier, J. European Carbon Prices and Banking Restrictions: Evidence from Phase I (2005 - 2007). *The Energy Journal*, 2009, 30（3）: 51 - 80.

② Fell, H., Morgenstern, R. D. Alternative approaches to cost containment in a cap-and-trade system. *Resources for the Future Discussion Paper*, 2009, 09 - 14, Washington, DC.

③ Mansanet-Bataller, M., Pardo, A., & Valor, E. CO$_2$ Prices, Energy and Weather. *The Energy Journal*, 2007（28）: 73 - 92.

④ Alberola, E., Chevallier, J., Chèze, B. Price Drivers and Structural Breaks in European Carbon Prices 2005 - 07. *Energy Policy*, 2008, 36（2）: 787 - 797.

实证分析了能源市场和碳交易体系价格的关系。基于第一阶段的现货和期货价格数据，曼萨内特－巴塔列尔等（2007）发现 EU-ETS 的排放配额（EUA）价格与化石燃料（如石油、天然气和煤炭）的使用密切关联；而使用扩展的数据，阿尔韦罗拉等（2008）也证明能源价格预测误差是 EUA 价格变化的基本驱动因素，但其认为能源和碳价格之间的关系可能是多样的，这取决于不同时期制度变化的重要影响。班恩和费齐（Bunn & Fezzi，2009）[1] 对英国的电力、天然气和碳价格的多边关系定量研究发现，天然气价格影响碳价格，天然气和碳价格共同决定电价。对 EU-ETS 第二阶段的实证研究，布雷丁和穆克雷（2011）[2] 及克雷蒂等（2012）[3] 都发现了碳价与能源价格之间存在协整关系。

2. 电力热力生产商的燃料转化行为

电力热力生产商是碳交易体系的主要参与者，往往占据碳排放的很大比重。很显然，电力热力生产商的生产和减排行为取决于天然气、煤炭的绝对和相对价格。从这个角度来说，电力和热力生产由高碳能源（如煤炭）转向低碳能源（如天然气）的边际燃料转换成本构成碳价格的另一种重要决定因素。一般来讲，与其他部门相比而言，电力部门从煤炭转换到天然气的减排成本最低，短期内大量地减碳主要依赖于电力和热力生产商的燃料转化行为。实证上，开普勒（Keppler）和曼萨内特－巴塔列尔（2010）[4] 的研究表明煤炭和天然气之间的价差以及电价对碳价格确实有影响。克雷蒂等（2012）则通过构造专门的煤炭和天然气之间转换价格作为解释变量，发现其与石油价格、证券价格共同构成 EU-ETS 第二阶段碳价格的长期决定因素。

3. 温度和极端天气的影响

碳价格也会受到突如其来的气候变化的影响，包括温度、降雨和大风。比如，寒冬（或者酷暑）会增加对取暖（或者制冷）的用电需求。阿尔韦罗拉等（2008）的研究表明，极端（且意料之外的）温度事件在统计上对碳价格的变化有显著影响。此外，降雨量、风速和日照时间也会直接影响水力、风力和太阳能这些清洁能源发电的比重。总之，这些因素综合起来可以说明为什么天气被广泛地认为对碳价格的形成起到重要作用。

---

① Bunn，D. W.，Fezzi，C. Structural interactions of European carbon trading and energy prices. *Journal of Energy Markets*，2009，2（4）：53 – 69.

② Bredin，D.，Muckley，C. An emerging equilibrium in the EU emissions trading scheme. *Energy Economics*，2011，（33）：353 – 362.

③ Creti，A.，Jouvet P. A.，Mignon V. Carbon price drivers：Phase I versus Phase II equilibrium？Energy Economics，2012，（34）：327 – 334.

④ Keppler，J. H.，Mansanet-Bataller，M. Causalities between CO_2，electricity，and other energy variables during phase I and phase II of the EU-ETS. *Energy Policy*，2010，38（7）：3329 – 3341.

（三）宏观经济和金融市场震荡

1. 工业生产

当工业生产增长时，往往伴随着二氧化碳排放的增加，因而生产商需要更多的碳排放配额来满足其实际排放。当其他条件不变时，这就会导致碳价格的上涨。基于 2005～2007 年全球经济环境特征和 EU-ETS 部门工业生产的变化，阿尔韦罗拉等（2009）[①] 做了严谨的计量研究，以期找出从生产到环境条件对碳价格的潜在影响。研究结果显示，在能源、钢铁和造纸部门以及德国、英国、西班牙、波兰四国，经济活动水平的波动是碳价收益水平的关键决定因素。基于一个关于电力需求、碳价格和能源价格的反事实情景，德克莱尔等（Declercq et al.，2011）[②] 就经济衰退对 2008～2009 年欧洲电力部门二氧化碳排放的影响进行了探究。模拟显示，该期间的经济衰退可能使得欧洲电力部门少排放了 1.5 亿吨。

2. 宏观经济和金融市场指数

目前已有一些文献发现碳交易体系与宏观经济和金融市场相关指数之间的计量关联。奥本多弗（Oberndorfer，2009）[③] 从股票市场的角度对该问题进行了研究，发现碳价格变化与最重要的欧洲电力公司股票收益率正相关，尤其是在 2006 年早期碳交易体系震荡阶段。谢瓦利尔（2011）[④] 利用包含宏观经济、金融和商品指数在内的大数据集，评估了国际冲击对碳交易体系现价和期货价格的传递，发现碳价格对来自全球经济指数的外部性衰退冲击的反应倾向于负面。

（四）市场结构和企业行为

1. 市场支配力

在碳交易体系上，配额的价格很有可能并不是由有效市场中的价格接受者之间的互动决定，而是由具有支配力的参与者追求其利益最大化来决定。如果支配企业影响碳价格的能力随时间变化，那么很有可能出现碳价格脱离上述基本因素的现象。在 EU-ETS 中，庞大的电力生产商已经展现了市场支配力的巨大潜力。

---

① Alberola, E., Chevallier, J., Chèze, B. Emissions Compliances and Carbon Prices under the EU-ETS: A Country Specific Analysis of Industrial Sectors. *Journal of Policy Modeling*, 2009, 31（3）: 446–462.

② Declercq, B., Delarue, E., & D'haeseleer, W. Impact of the economic recession on the European power sector's CO_2 emissions. *Energy Policy*, 2011,（39）: 1677–1686.

③ Oberndorfer, U. EU Emission Allowances and the stock market: Evidence from the electricity industry. *Ecological Economics*, 2009（68）: 1116–1126.

④ Chevallier, J. Macroeconomics, finance, commodities: Interactions with carbon markets in a data-rich model. Economic Modelling, 2011, 28（1–2）: 557–567.

由于获得免费分配以及强大的成本转移能力，他们已经从欧盟碳交易体系最初的配额高价中获取了巨大的利益（格拉布和诺伊霍夫，Grubb & Neuhoff，2006）[1]。由于电力和热力生产商是碳排放配额的净需求者，因而他们会利用市场支配力来压制而不是推涨碳价格。然而，安特曼（2009a）[2] 证明：如果将产出和配额市场的相互影响纳入考虑，那么只要免费配额分配超过了某一特定门槛值，即使是净配额需求者也会发现抬高配额价格是有利可图的。英国和德国的市场数据显示，电力生产商确实获得了超过这种门槛值的免费配额。

2. 企业的套期保值行为

不管是由于被锁定在长期合约中而无法进行短期减排，还是因为排放只是随机产出的函数，致使企业在市场初期无法有效地控制碳排放，企业都必须对遭遇惩罚的可能性进行套期保值。如果总量控制最终是有约束力的，那么任一个额外的配额都能使企业减少遭受惩罚的负担，但是也会带来不必要的开支。这就意味着，在履约期结束时，配额价格要么等于未履约的惩罚金，要么在配额不允许储存时就等于零。如果企业将排放视为随机的，那么配额价格就不与任何形式的减排成本相关，而是未履约惩罚金的贴现值与实施约束性总量控制概率的乘积（切斯尼和塔斯基尼，Chesney & Taschini，2008）[3]。安特曼（2009b）[4] 通过建立一个此类模型并进行估计发现，欧盟碳交易体系的数据与模型拟合非常好。

二、碳价格的管理机制

碳排放权交易机制设计的基础理念就是排放不能超过给定的水平（总量控制），然而对于什么样的碳价格能确保此目的事前并不清楚，因此市场碳价格有可能会显著的偏离先前预期。如果潜在的排放趋势低于目标值，或者减排成本很低，那么碳价格就会大大低于预期，甚至为零。相反，如果潜在的排放增长强于预期目标值，或者减排成本很高，那么碳价格可能会远远高于预期。尽管大部分国家都优先选择了 ETS 这类数量控制措施，但是政府和企业仍然偏向采取一定程度的碳价格控制，希望碳价格处于一个适宜的区间，在获得足够减排的同时也避

---

① Grubb, M., Neuhoff, K., Allocation and competitiveness in the EU emissions trading scheme: policy overview, *Climate Policy*, 2006, (6): 7 – 30.

② Hintermann, B. Market power and windfall profits in emission permit markets, *CEPE Working Paper*, 2009a, No. 62, ETHZ, Zurich.

③ Chesney, M., Taschini, L. The Endogenous Price Dynamics of the Emission Allowances: An Application to CO2 Option Pricing, *Swiss Finance Institute Research Paper*, 2008, No. 08 – 02, Zurich.

④ Hintermann, B. (2009b). An options pricing approach to CO2 allowances in the EU-ETS, *CEPE Working Paper*, 2009b, No. 64, ETHZ, Zurich.

免了过高的成本。此类碳交易体系价格管理的手段包括固定碳价格、价格安全阀机制以及可变配额供给。

（一） 固定碳价格机制

固定碳价格机制实际上相当于碳税，但是使用的是配额价格的制度基础，这使得该机制可以很容易转换为市场价格交易机制，也可以实现配额的免费分配。在固定碳价格机制中，排放者有义务为他们的排放清偿配额，但是并不是以拍卖的形式或者按市场价格购买，而是从政府手中以先前决定的（固定的）价格来购买。固定碳价格机制中没有配额的总量上限，政府根据排放者的需求售卖相应数量的配额，通常不允许将配额储存至未来期间使用。

通过固定碳价格机制实施完全价格控制的优点在于其经济效应的最大可预测性，比如对消费价格和排放者履约成本的影响。这有助于企业更好地调校不依赖于市场价格的现金支出，有助于企业在实施前更好地预期可能的政策效应。

澳大利亚的碳价体系就始于一个固定价格机制，在 2012 年 7 月 1 日至 2015 年 6 月 30 日的三年内，政府确定的碳价格将从每吨二氧化碳当量 23 澳元逐渐上升到每吨二氧化碳当量 25.4 澳元，在此价格上政府可以售出无限量的配额[①]。固定碳价格机制打破了澳大利亚政府和绿党之间谈判的僵局，使得其对财政收入和价格水平的影响更可预测，也为真正的市场交易赢得了更多的准备时间。

（二） 价格安全阀机制

对碳排放控制的数量和价格工具可以综合在一起，最经典的方式就是将碳交易体系价格限制在一个给定的最低价和最高价区间，也就是所谓的"价格安全阀"或"价格圈"（约特索，Jotzo，2011）[②]。碳价格安全阀是一种价格稳定器政策，一旦配额价格出人意料地高涨或者下跌时就会发挥作用。从净收益的角度来看，带有价格安全阀的总量控制与交易机制都明显优于单纯的价格控制机制或者数量控制机制 （费尔和摩根斯顿，2009）。

1. 最高限价机制

最高限价机制源于控制温室气体排放成本和收益的不确定性，为了应对出乎意料的成本上升，总量控制与交易机制中可以引入该安全阀。当受约束的排放变

[①] Australian Government, *Securing a clean energy future: The Australian government's climate change plan*, Department of Climate Change and Energy Efficiency, 2011, Canberra.

[②] Jotzo, F., *Carbon Pricing that Builds Consensus and Reduces Australia's Emissions: Managing Uncertainties Using a Rising Fixed Price Evolving to Emissions Trading.* CCEP Working Paper, 2011, No. 1104, Centre for Climate Economics & Policy, Crawford School, Australian National University.

得过分昂贵时，最高限价机制可以控制碳价格超出可接受水平的风险，为排放者提供更大的成本确定性，限制总的短期减排经济成本。如果因为经济增长或者其他因素导致配额价格高于预期，政府管理机构可以按照事先确定的最高限价不限量地售卖配额，从而保证边际减排成本限定在最高限价之下。

但是，单纯的最高限价机制也面临一些问题。在总量控制与交易机制中引入最高限价机制，会影响对未来排放水平和配额价格的预期，从而影响不同投资策略的收入预期，极有可能降低对低碳甚至零碳排放技术的投资，引起排放增长（布莱恩等，Blythe et al.，2007）[1]。另外，单一的最高限价并不能完全消除不确定性。当减排成本过高时，反映排放配额过少，最高限价机制会释放额外配额，但是当减排成本过低时，反映排放配额过多，就像之前欧盟交易体系频繁出现的情况，最高限价机制就无能为力了。

对二氧化碳排放配额的最高限价机制最早出现在 2004 年美国参议员宾格曼的立法草案，随后美国众议员尤德尔和佩特里的气候变化总量控制与交易提案中也纳入了该机制。甚至在布什政府时期提议的《清洁天空法案》（Clear Skies Act of 2003）中，也有针对二氧化硫、氮氧化物排放总量限制的最高限价机制条款（博特拉等，2010）[2]。在澳大利亚的碳交易体系中，明确规定了固定碳价机制结束（2015 年）后实行最高限价机制，最高限价为预期的国际价格之上加价 20 澳元/吨，此后每年以 5% 的速度增长。

与最高限价机制类似的是配额储备机制。在配额储备机制下，最高限价不再是严格不变的，如果有限的额外储备配额用完，碳价格仍有可能突破最高限价水平。在美国的 2009 年维克斯曼—马基法案（H. R. 2454）中包含有配额储备条款，被称之为战略储备，规定每年都有 1% ~3% 的配额进入战略配额基金。

2. 最低限价机制

如上所述，单纯最高限价机制是不完善的，一旦引入最高限价机制，最终必然要引进最低限价机制，以保证碳价格政策的减排效果。另外，最低限价机制的引入也可以降低最高限价机制对低碳投资收益的抑制效应。无论市场状况怎样，最低限价确保了一个对减排的最低程度激励。最低限价机制会阻止配额价格跌到事先确定的门槛值以下，从而为低碳设备的投资提供信心并鼓励更多的投资，因为该机制消除了因碳价格过低而导致低碳投资无利可图的风险。

[1]　Blythe, W., Ming, Y., Bradley, R., Climate Policy Uncertainty and Investment Risk. *International Energy Agency*, 2007, Paris.

[2]　Burtraw, D., Palmer, K., Kahn, D., A Symmetric Safety Valve. Energy Policy, 2010, (38): 4921 – 4932.

225

实施最低限价机制有以下三种途径（伍德和约特索，Wood & Jotzo，2011）[①]：一是承诺回购配额，即碳交易体系管理机构承诺以最低限价买回配额，从而减少市场上配额的数量[②]；二是设定拍卖保留底价，即碳交易体系管理机构在配额拍卖时设定保留底价，从而限制排放企业可以获得的配额数量；三是为碳排放支付额外费用，即规定排放企业除了要上缴配额之外，还必须为每吨碳排放支付额外的费用（或者税收），这样实际碳价格就是配额价格和额外费用的总和。这三种途径各有特点。

（1）承诺回购配额。理论上，承诺回购配额是实行最低限价最简洁的方式，可以保证总量限制与交易体系的市场价格不会低于设定的门槛值。但是，该方式在预算和国际接轨方面存在不小挑战。回购承诺会产生政府大量潜在的或有负债，尤其是在开始阶段大部分配额都是免费发放的情况下，这会在一定程度上削弱政府政策的可信度；而与国际碳交易体系接轨，会进一步放大这种预算债务问题，造成管理机构潜在无限的债务责任（加诺特，Garnaut，2008）[③]。

（2）设定拍卖保留底价。设定拍卖保留底价作为最低限价的优点在于其独立性，该方式既可以保护卖方，也可以保护买方免受拍卖出现意外带来的损失。但是，利用该方式也意味着没有一个严格的最低限价，因为尽管拍卖时有一个企业必须支付的最低价格，然而碳交易体系价格仍有可能掉到保留价格以下。在多大程度上拍卖保留底价能够转换为最低限价，就在于配额拍卖的比例，比例越大，两者越接近。

（3）为碳排放支付额外费用。为碳排放支付额外费用实际上也有两种方式：一种是固定费用；另一种是可变费用。在固定费用模式下，固定费用就等于最低价格，实际碳价格不会低于该费用水平，并高于配额的交易价格。固定费用模式类似于排放配额租赁费，适用于配额免费分配的情形。而在可变费用模式下，当配额市场价格低于最低限价时，额外费用就等于最低限价与配额价格之间的价差，而当配额价格高于最低限价时，额外费用就为零。该模式更接近于经典的最低限价机制，只有当碳交易体系价格低于门槛值时才起作用，但是随之而来的问题是可变费用会随配额价格变动而变化。

在碳交易制度的设计或实践中，美国的维克斯曼—马基法案（H. R. 2454）曾规定配额的拍卖保留底价为每吨二氧化碳当量 10 美元，并以每年消费物价指数加 5% 的水平递增。该提案虽然未能获得通过，但类似的规定却在美国加州的

① Wood, P. J., Jotzo, F., Price floors for emissions trading. *Energy Policy*, 2011, (39): 1746 – 1753.
② 与此类似的方法还有碳交易体系管理者承诺对拥有过剩配额的企业进行补贴。
③ Garnaut, R., *The Garnaut Climate Change Review*. Cambridge University Press, 2008. 310.

排放交易体系中获得实现①。此外，美国的区域温室气体倡议（RGGI）和西部气候倡议（WCI）体系中也都有关于设定拍卖底价的规定。而欧盟排放交易体系中，不少成员国也有最低限价机制，只是更多采取的是额外费用或税收形式。比如瑞典、芬兰和荷兰在加入欧盟碳交易体系的同时还征收本国碳税，而英国则考虑实施可变费用方式②。澳大利亚的碳定价机制最初设想通过立法在浮动价格阶段同时采纳最低价格和最高价格机制，最低价格设定为 15 澳元/吨，但由于产业界的反对，最低限价机制被限制于 CDM 的使用和与 EU-ETS 链接所取代（约特索和费边，Jotzo & Fabian，2012）③。

（三）可变配额供给机制

除了上述给碳价格划定硬界限的方法，碳交易体系还可以同时界定参考性排放总量和碳价格目标范围，然后通过灵活地增加或减少实际投入市场的配额，从而保证碳价格的相对稳定。该方法可以通过以下两种途径来实现：

一种是在碳排放配额供给的体系规则中写明，当碳价格高于一定门槛水平时，该时期的配额发放将会多于既定量，而如果碳价格低于期望水平，则配额就会少发放。另一种是公布一个碳价格目标范围，然后指定一个独立的专门机构来决定配额的供应，以保证碳价格始终在目标范围内。这就是所谓的"碳中央银行"模式，类似于通过改变货币供给来控制通货膨胀目标的中央银行。

此类机制实际上已被拟议中的欧盟碳交易体系救助法案采纳④。由于经济衰退减少了行业设施对排放配额的需求，再加上前两阶段配额分发过多，欧盟碳交易体系严重供过于求，导致碳价格大幅下跌。正是基于此，欧盟委员会提出从供应过剩的碳交易体系临时撤出部分排放配额，以提振碳交易体系价格。在澳大利亚的碳交易体系里，法案也赋予了政府在未来合适的时点调整 2020 年排放目标从而改变碳交易体系限制总量的可能性。

三、中国碳交易体系定价机制的选择

目前，中国正在积极探索全国碳交易体系建设，7 个碳交易试点也在稳步推

① 美国加州的碳交易体系于 2013 年 1 月 1 日正式启动，其拍卖机制初设拍卖底价为每单位 10 美元，之后按每年 5% 加上通胀率的速率上浮。

② Rebuilding Security，（2010）. Rebuilding Security：Conservative Energy Policy for an Uncertain World. http：//www. conservatives. com/~/media/Files/Green%20Papers/Rebuilding-Security. ashx？dl = true.

③ Jotzo，F.，Jordan，T.，Fabian，N.，Policy Uncertainty about Australia's Carbon Price：Expert Survey Results and Implications for Investment. *Australian Economic Review*，2012（45）：395 – 409.

④ 此法案于 2013 年 7 月 3 日在欧洲议会投票通过。

227

进，各类举措受到全世界的高度关注。价格信号作为碳交易体系的核心，既受到普遍因素的影响，同时又有本国的特殊性。如何让碳价格信号正确反映市场供求基本因素变化，引导企业积极减排，达到控制排放目标，同时又避免价格大起大落超出预期，甚至导致市场崩溃，这需要在制定碳交易体系制度时对碳价格的定价与管理机制有一个合理的设计。

第一，要严格控制初始配额的数量，避免过度分配导致"断崖式"暴跌。初始配额数量在很大程度上决定了整个碳交易体系的供给规模，尤其在试点阶段绝大部分甚至全部初始配额都以免费分配方式发放，必须严格控制其数量，避免欧盟碳交易体系曾出现的过度分配导致碳价"断崖式"暴跌现象，把握好碳价格开关的总闸门。

第二，要允许有条件的跨期储存，避免因到期碳价格过低甚至为零而崩盘。在严格控制初始配额发放数量的基础上，可以有条件地允许跨期储存，一方面使得企业可以根据市场情况和自身减排能力灵活安排配额跨期使用，另一方面还可以避免类似欧盟第一阶段末期出现的现货碳价为零的近乎崩盘迹象。这一点在试点期间，大多还不能开展碳配额相关的期货期权交易的情形下，尤其需要注意。

第三，设立价格安全阀机制和碳储备基金机构，确保碳价格在合理范围内波动。作为一个新生的交易市场，由于不确定的因素较多，碳交易的早期阶段很可能会潜在较大的价格波动。为了有效地激励企业投资低碳控制排放，同时消除对减排成本高企的担忧，有必要为碳价设定合适的价格区间，并设立专门的碳储备基金机构来管理实施价格安全阀机制。

第四，要严密监控市场垄断行为，防止具有市场支配力的企业干扰碳价。首先纳入碳交易体系的往往是那些能源消费密集的行业和企业，其中不乏体量规模巨大、排放占比庞大的超大型企业，他们的行为对市场影响很大，甚至具有垄断或支配市场价格的可能性。对于这类企业，除了从源头上严格控制其可获得的免费配额数量外，还需严密监控其市场交易行为，限制每笔交易的规模，并对大单交易采取申报协议成交方式，以避免其对正常市场交易价格的控制和干扰。

第五，要严格控制与国际市场的链接，确保碳交易体系价格管理机制的效用。碳交易体系建立初期，各项制度都有待完善，如果放开与国际市场接轨，上述碳价格管理机制的执行会面临无法掌控的不确定性和不可预计的巨大成本。因此，在碳交易体系的试点阶段不宜与国际市场自由链接，待市场制度和管理经验基本成熟再逐步与国际市场接轨，中国的碳交易体系必将会对全球减排产生重要影响。

第三节　碳市场有效性及价格波动的 EEMD 分析
—— 湖北与深圳试点的比较

中国于 2011 年底在 7 个地区开展碳交易试点工作。湖北和深圳碳交易体系在试点中因市场表现较为突出，市场交易较为活跃，市场导向作用较为显著，受到国内外的高度关注。其中，湖北省是中部发展中地区，重化工业占比高，经济发展潜力大，经济增长存在较高的不确定性；深圳市是东部发达地区，第三产业较为突出，经济一直保持稳定的增长趋势。地区之间的差异导致碳交易体系间具有较大的不同：湖北碳交易体系纳入门槛在 7 个试点中最高，纳入控排企业数量列第 6 位，但配额总量仅次于广东碳交易体系，达到 3.24 亿吨，大型重化工业排放源较多。深圳碳交易体系纳入门槛为试点中最低，纳入控排企业最多，配额总量却是所有碳交易体系中最小的，仅为 0.33 亿吨，单体排放源规模小。本节通过分析对比湖北和深圳碳价格变动的周期、强度和有效性等，剖析湖北和深圳碳价格波动的形成机制，为其他碳交易试点及非试点地区提供相关经验，且有助于为全国碳交易体系价格机制的形成提供借鉴。

一、相关研究简要回顾

碳交易作为一种市场化的减排手段，其有效性一直受到各国学者的广泛关注。许多学者对 EU-ETS 进行了有效性研究：对于第一阶段欧洲碳市场，有些学者通过检验发现其并未达到弱式有效，例如冯等（Feng et al.，2013）和扎斯卡拉基斯等（Daskalakis et al.，2008）利用常规有效性检验法发现 2008 年以前的欧洲碳市场无效。而塞弗特等（Seifert et al.，2008）利用随机均衡模型发现欧洲碳价格具有鞅特性，碳市场在一定条件下达到了弱势有效。大部分学者通过研究发现 2008 年以后的欧洲碳市场逐步达到弱式有效，蒙塔尼奥利等（Montagnoli et al.，2010）和查尔斯等（Charles et al.，2011）都证实了这一观点。对于碳价格的形成机制，能源价格、极端天气事件、政策变化和宏观经济常常被认为是影响碳价格运行的主要因素。在此基础上，哈穆德等（Hammoudeh et al.，2015）发现原油、煤炭及天然气对碳价格有着不同的影响特征。而刘等（Liu et al.，2013）则认为天气事件以能源消费作为媒介影响碳价格。对于政策变化，谢瓦利尔等（2009）通过研究发现碳价格比其他金融产品更易受到政策信息冲击。

自中国碳交易试点开始交易以来，试点交易情况也受到了越来越多的关注。

但是，受制于数据的缺乏，有关中国碳价格的研究并不多，且研究多发现试点之间存在较大差异，王倩等（2014）根据单位根检验和方差比率法发现上海碳市场达到了弱式有效且深圳碳市场无效，北京和天津碳市场有效性的结论存在差异。杜莉等（2015）则通过分析碳价格的市场风险，得出相似结论，不同试点地区碳市场风险特征差异性大。在上述研究的基础上，本节首先使用方差比率检验对湖北和深圳碳市场进行有效性检验，然后利用 EEMD 分解来进一步分析两个碳市场价格波动的影响因素。

二、方法及数据介绍

（一）方差比率检验（VR）

方差比率检验（Variance Ratio Test，VR）是由娄等（Lo et al.，1988）提出的一种金融资产有效性检验方法。其中，按照法马（Fama，1970）提出的概念，有效资本市场假说包含三种形式：（1）弱式有效市场：市场价格已充分反映出所有过去历史的证券价格信息；（2）半强式有效市场：市场价格已充分反映出所有已公开的有关公司营运前景的信息；（3）强式有效市场：市场价格已充分地反映了所有关于公司营运的信息，这些信息包括已公开的或内部未公开的信息。按照方差比率检验的基本思想是：如果价格序列遵循随机游走过程，市场达到弱式有效。其方差就是时间的线性函数，那么该价格序列 q 阶差分方差应该是一阶差分方差的 q 倍。因此定义滞后 q 阶的方差比为：

$$VR(q) = \frac{Var(P_t - P_{t-q})}{qVar(P_t - P_{t-1})} \tag{6.1}$$

所以，服从随机游走的价格序列的 q 阶方差比应等于 1。依据零假设：$VR(q)=1$，构建检验统计量：标准的 Z 统计量 $Z(q)$ 和经异方差调整后的 Z 统计量 $Z^*(q)$[1] 为：

$$Z(q) = \frac{VR(q)-1}{\left[\varphi(q)\right]^{\frac{1}{2}}}, \ Z^*(q) = \frac{VR(q)-1}{\left[\varphi^*(q)\right]^{\frac{1}{2}}} \tag{6.2}$$

---

[1] 计算中所需参数根据如下算法可得：

$$\varphi(q) = \frac{2(2q-1)(q-1)}{3q(nq)}, \ \varphi^*(q) = \sum_{j=1}^{q-1} \frac{2(q-j)}{q}\delta(j)$$

其中，$u = \frac{1}{nq}(P_{nq+1} - P_1)$，$\delta(j) = \dfrac{\sum\limits_{t=j+2}^{nq+1}(P_t - P_{t-1} - u)^2(P_{t-j} - P_{t-j-1} - u)^2}{\left[\sum\limits_{t=2}^{nq+1}(P_t - P_{t-1} - u)^2\right]^2}$

（二）集成经验模态分解（EEMD）

集成经验模态分解（Ensemble Empirical Mode Decomposition，EEMD）是由吴等（Wu et al.，2009）提出的一种新型自适应信号时频处理方法，其基础是经验模态分解（Empirical Mode Decomposition，EMD）。EMD 方法本质上是对原序列的"筛选"过程，通过特定算法将原序列中的不同尺度波动因素按照从高频到低频逐步提取出来。原序列可以被分解成数个波动因素序列和趋势项序列，被提取出来的波动因素序列称为本征模态函数（Intrinsic Mode Function，IMF）。EMD 方法的步骤如下：

第一，找出原序列 $X(t)$ 的所有极值，并分别对所有的极大值和极小值用三次样条函数进行插值，拟合构造出 $X(t)$ 的上包络线 $X_{\max}(t)$ 和下包络线 $X_{\min}(t)$。

第二，根据上下包络线求均值：

$$m_1(t) = (X_{\max}(t) + X_{\min}(t))/2 \tag{6.3}$$

第三，将原序列 $X(t)$ 减去均值 $m_1(t)$ 得出"潜在 IMF"：

$$\mathrm{imf}_1(t) = X(t) - m_1(t) \tag{6.4}$$

第四，根据 IMF 定义判定"潜在 IMF"，若满足定义要求[①]，则认为 $\mathrm{imf}_1(t)$ 为 IMF1：

$$\mathrm{IMF1} = \mathrm{imf}_1(t) \tag{6.5}$$

第五，对残差 $r_1(t)$ 重复进行前四步，直至残差满足终止条件[②]。其中，残差 $r_1(t)$ 为：

$$r_1(t) = X(t) - \mathrm{IMF1} \tag{6.6}$$

第六，当最后的 IMF 被"筛选"出来后，残差 $r_n(t)$ 即为趋势项，则原序列 $X(t)$ 被 EEMD 分解为：

$$X(t) = \sum_{i=1}^{n} \mathrm{IMF}i + r_n(t) \tag{6.7}$$

EMD 方法存在模态混叠问题，即一个 IMF 中含有不同频率的波动因素。EEMD 方法通过在使用 EMD 方法之前加入白噪声序列来解决模态混叠问题，具体步骤如下：

1. 将白噪声序列加在原序列上。其中，白噪声序列要满足以下条件：

$$\varepsilon_n = \frac{\varepsilon}{\sqrt{N}} \tag{6.8}$$

---

① IMF 定义要求：①极值点个数与零点个数的差值为 0 或 1；②任意点上的上下包络线均值为 0。
② 根据黄等（Huang et al.，1998），一般采用两个连续 IMF 之间的标准差大小来判断是否终止。

N 为白噪声加入次数，ε_n 和 ε 分别为白噪声的波幅和标准差。

2. 对加入了白噪声的原序列进行 EMD 方法处理，得到数个 IMF 及趋势项。

3. 向原序列加入不同的白噪声，重复前两步。

4. 将对应的 IMF 及趋势项分别求均值，作为 EEMD 方法分解结果。

预先设定白噪声标准差 $\varepsilon = 0.2$，集成次数 $N = 100$，价格序列被分解成数个周期不同的 IMF 项和 1 个趋势项。周期不同的 IMF 项代表不同发生频率的价格影响因素，趋势项表现了碳价格的内在运行趋势。在此基础上，本节将从 IMF 项平均周期、IMF 项与原价格序列的 Pearson 相关系数和 Kendall 相关系数及 IMF 项方差和与原价格序列方差的比值（以下简称方差比）等指标来分析湖北和深圳碳交易体系的价格影响因素与碳价格的关系：第一，IMF 项平均周期等于该 IMF 项的样本数与其极大值点（或极小值点）个数的比值，该指标可以用来表示价格影响因素的周期；第二，Pearson 相关系数用来描述两个序列之间的线性相关程度，当 Pearson 相关系数超过 0.4 时，可以认为该价格影响因素与价格存在中等程度以上的相关性；第三，Kendall 相关系数则是用来判断两个序列是否具有某种共同变化的趋势，若 Kendall 系数为正，则表示价格影响因素和原价格序列保持相同的变化趋势；第四，由于 IMF 项之间相互独立，故可用每个 IMF 项的方差比来解释价格影响因素对碳价格波动的贡献率。

（三）碳价格结构特征分析

碳价格被分解成数个 IMF 项和 1 个趋势项，每个 IMF 项的平均周期各不相同。一般而言，短期市场波动应该有围绕价格均值上下震荡的特征，而重大事件对碳价格会产生一定程度的正或负影响。根据上述规律，本书将对 IMF 序列进行分类加成，构成短期市场波动影响序列和重大事件影响序列两类。本书根据重构算法将 IMF 项进行高低频区分。该方法将 IMF1 记为指标 1，IMF1 + IMF2 为指标 2，以此类推，前 i 个 IMF 项的和记为指标 i，计算指标 1 至指标 7 的均值，并对该均值是否显著区别于 0 进行 t 检验。其中，t 检验统计量为：

$$t = \frac{\overline{X_i} - 0}{\frac{\sigma_i}{\sqrt{n-1}}} \tag{6.9}$$

$\overline{X_i}$ 为指标 i 的均值，σ_i 为指标 i 的标准差，n 为指标 i 的样本容量。

若 IMF 项均值在指标 4 处显著不为 0，则 IMF1、IMF2 和 IMF3 代表高频分量，剩下的 IMF 项作为低频分量。高频分量和低频分量体现了较强的经济学意义：高频分量的特征是振幅小，频率高，围绕零均值随机波动，揭示了市场短期波动对碳价格的影响；低频分量的波动则与重要事件相关，反映了重大事件对碳价格波动的影响。所以，碳价格的波动由内在趋势、短期市场波动和重大事件影响三大因素决定。当市场没有短期波动，也未受到重大事件影响时，碳价格为内在趋势价格，此时价格完全由制度设计特征决定。

（四）数据说明

本节旨在对湖北和深圳碳市场的价格波动进行研究，因此，去除深圳碳市场开市之初长期零交易量的价格数据，选取 2014 年 4 月 2 日至 2015 年 7 月 31 日湖北碳价格、2013 年 8 月 1 日至 2015 年 7 月 31 日深圳碳价格作为研究对象（分别简记为 $PRICE^{HB}$ 和 $PRICE^{SZ}$），对研究期内少量零交易日的价格结合前后交易日碳价格进行平滑处理（见表 6.1）。数据来源于湖北和深圳排放权交易所，基本信息如表 6.1 所示。本节采用 matlab7.0 和 eviews 8.0 处理数据。

表 6.1　　　　　　湖北和深圳碳价格数据基本信息表

	$PRICE^{HB}$	$PRICE^{SZ}$
个　数	322	497
开始值	21.00	37.07
均　值	24.46	56.26
中位值	24.23	51.83
最大值	28.01	122.97
最小值	21.00	21.47
最大值/最小值	133%	573%

湖北和深圳碳市场在研究期内保持较好的流动性。$PRICE^{HB}$ 和 $PRICE^{SZ}$ 的起始价格分别为 21.00 元和 37.07 元，同各自的均值、中位值比较，可以发现 $PRICE^{HB}$ 和 $PRICE^{SZ}$ 都具有上升趋势。最大值与最小值的比值可以简单反映出碳市场的极端波动幅度，$PRICE^{SZ}$ 的比值达到 573%，说明其出现了极端波动情况。$PRICE^{HB}$ 的比值仅为 133%，表明湖北碳价格较为平稳。

三、实证分析

（一）碳市场有效性检验

1. 分量描述性统计分析

利用计量软件 eviews8.0 对 $PRICE^{HB}$ 和 $PRICE^{SZ}$ 进行描述性统计分析，得

233

表 6.2。从偏度和峰度上看，数值偏离零值程度并不大，PRICE^{HB} 和 PRICE^{SZ} 都呈现出右偏、尖峰的分布形态。根据 JB 统计量来看，PRICE^{HB} 和 PRICE^{SZ} 结果都为显著拒绝原假设，并不服从正态分布。相对于要求变量服从正态分布的单位根检验和自相关检验，使用方差比率检验深圳市碳价格的有效性则更为合理。

表 6.2　　　　　　　　**PRICE^{HB} 和 PRICE^{SZ} 描述性统计表**

	PRICE^{HB}	PRICE^{SZ}
偏　度	0.4500	0.3916
峰　度	3.6797	2.2943
分布形态	右偏、尖峰	右偏、尖峰
JB 统计量	17.0672***	23.0162***
是否拒绝零假设：服从正态分布	拒　绝	拒　绝

注：＊表示在 0.10 水平（双侧）上显著相关；＊＊表示在 0.05 水平（双侧）上显著相关；＊＊＊表示在 0.01 水平（双侧）上显著相关。

2. 方差比率检验

对 PRICE^{HB} 和 PRICE^{SZ} 应用方差比率检验，检验的滞后阶数通常选择 2、4、8、16，同时考虑同方差和异方差的情形，得到的检验结果如表 6.3 所示。

表 6.3　　　　　　　　**PRICE^{HB} 和 PRICE^{SZ} 的 VR 检验**

阶　数	PRICE^{HB}			PRICE^{SZ}		
	$Z(q)$	$Z^*(q)$	VR	$Z(q)$	$Z^*(q)$	VR
2	−2.9384	−1.5268	0.8360	−7.6955	−4.7393	0.6545
4	−4.2938	−2.4830	0.5516	−6.6205	−4.2421	0.4439
8	−3.5513	−2.3667	0.4137	−4.8834	−3.3868	0.3514
16	−3.2480	−2.4860	0.2020	−3.8719	−2.9739	0.2348

设定采用 95% 范围的置信区间，区间为（−1.96，1.96）。从表 6.3 可以看出，湖北碳价格的 2 阶滞后期异方差统计量在区间内，随机游走原假设无法被拒绝，说明湖北碳市场在短期达到弱式有效，而中长期的湖北碳市场未达到弱式有效。深圳碳市场有关阶滞后期的异方差统计量均超过区间值，深圳碳市场未达到

弱式有效。因此在计量经济学意义上有显著的证据可以表明，深圳碳市场及中长期的湖北碳市场未达到弱式有效，碳市场对市场信息的反映并不及时、全面，投资者可以利用历史信息对未来价格进行预测从而进行投资决策。接下来，利用 EEMD 分解来进一步分析两个碳市场价格波动的影响因素。

（二）EEMD 分解及价格波动影响因素分析

1. EEMD 分解

$PRICE^{HB}$ 和 $PRICE^{SZ}$ 经分解分别得到 6 个 IMF 项和 1 个趋势项，$PRICE^{HB}$ 分解结果见图 6.1，$PRICE^{SZ}$ 分解结果类似。

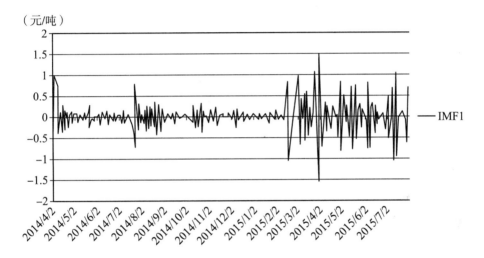

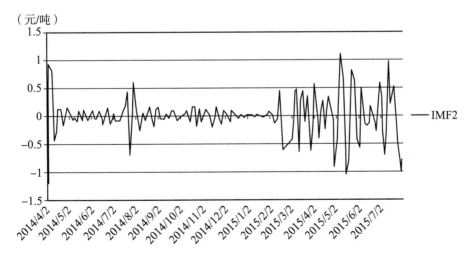

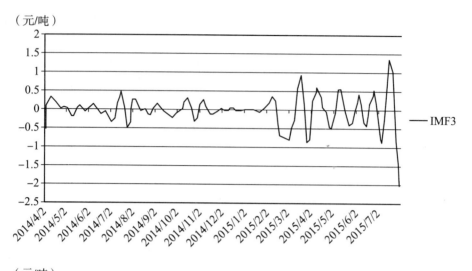

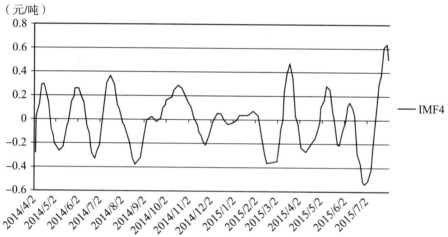

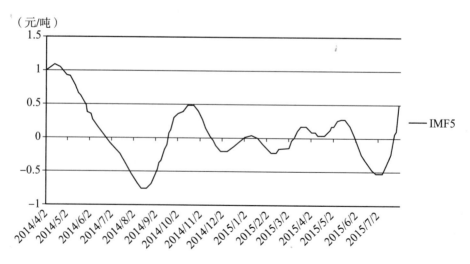

低碳经济转型下的中国碳排放权交易体系

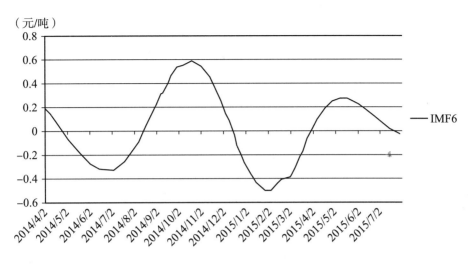

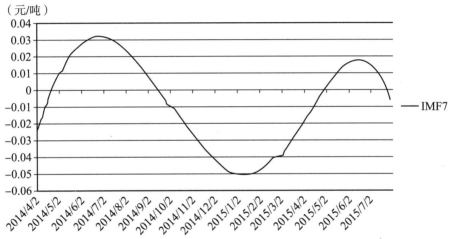

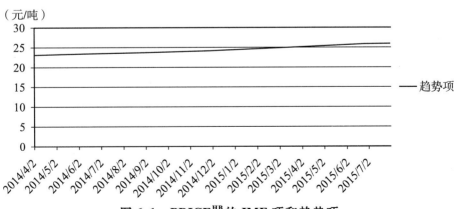

图 6.1　PRICE^{HB} 的 IMF 项和趋势项

2. 价格影响因素分析

根据分解出的 IMF 项，计算平均周期、与原价格序列的 Pearson 相关系数和 Kendall 相关系数及方差比四个指标，结果见表6.4。

表6.4　　　　　　　　　　湖北和深圳碳市场 IMF 项信息表

	IMF 项	IMF1	IMF2	IMF3	IMF4	IMF5	IMF6	IMF7
PRICE^{HB}	平均周期	3.14	6.51	15.71	28.00	64.40	153.33	201.25
	Pearson 系数	0.3147***	0.4343***	0.4048***	0.3664***	0.2395***	0.4116***	−0.1328**
	Kendall 系数	0.1583***	0.2311***	0.2226***	0.2315***	0.2360***	0.3298***	−0.1523***
	方差比	8.50%	7.26%	11.60%	3.85%	13.78%	6.83%	0.05%
PRICE^{SZ}	平均周期	3.24	7.15	14.41	28.40	55.22	284.00	473.33
	Pearson 系数	0.1462***	0.1252***	0.1605***	0.2647***	0.3883***	0.3643***	0.7995***
	Kendall 系数	0.1035***	0.0745**	0.0759**	0.1120***	0.2157***	0.2286***	0.5259***
	方差比	1.44%	0.75%	2.88%	2.89%	4.20%	10.29%	3.41%

注：＊表示在 0.10 水平（双侧）上显著相关；＊＊表示在 0.05 水平（双侧）上显著相关；＊＊＊表示在 0.01 水平（双侧）上显著相关。

PRICE^{HB} 和 PRICE^{SZ} 分解出的 IMF 项的平均周期逐渐增大。前 5 个 IMF 项的平均周期较为规律，大致为 3 天、7 天、15 天、30 天和 60 天，而最后 2 个 IMF 项平均周期取决于数据长度。各个 IMF 项代表不同的价格影响因素。PRICE^{HB} 和 PRICE^{SZ} 的 IMF 项与原价格序列存在一定程度的相关性，显著性水平较高。根据 IMF 项方差比，PRICE^{HB} 和 PRICE^{SZ} 分解出的影响因素能够解释碳价格波动 51.87% 和 25.85%。

IMF1、IMF2 和 IMF3 对 PRICE^{HB} 和 PRICE^{SZ} 的影响呈现较为极端的表现，PRICE^{HB} 的三个 IMF 项的 Pearson 相关系数和 Kendall 相关系数都分别达到 0.3 及 0.15，且都在 1% 的水平下显著，说明这几个影响因素与湖北碳价格存在较高的相似性和变化一致性。而且，它们的方差比均超过 7%，表明对湖北碳价格的波动影响大。PRICE^{SZ} 这三个 IMF 项的指标值都较低，且远低于 PRICE^{HB} 同类值，说明这三个影响因素对深圳碳价格影响微弱。

IMF4 和 IMF5 的平均周期分别为 30 天和 60 天，属于中期影响因素，对

PRICE^{HB}和PRICE^{SZ}影响特征较为相似。它们与原价格序列的Pearson相关系数值不高，方差比较低，说明湖北和深圳碳价格受中期影响因素的影响较小。

PRICE^{HB}和PRICE^{SZ}的IMF6和IMF7平均周期超过150天，属于长期影响因素。其中，IMF6与PRICE^{HB}和PRICE^{SZ}相似度高，对其影响大。而IMF7对原价格影响差异大，其中，PRICE^{HB}的IMF7与原价格的Pearson相关系数和Kendall相关系数都为负值，说明此影响因素对湖北碳价格产生了负向影响，但影响程度低。

（三）碳价格结构特征分析结果

对PRICE^{HB}和PRICE^{SZ}的IMF项进行高低频判别，湖北和深圳价格的高低频分量分类如表6.5所示。

表6.5　　　　　　湖北和深圳碳市场IMF项的高低频判别表

时　期		IMF1	IMF2	IMF3	IMF4	IMF5	IMF6	IMF7
PRICE^{HB}	均值	0.0086	0.0038	−0.0105	0.005	0.0461	0.0166	−0.0056
	t值	0.4640	0.2223	−0.4839	0.4017	1.9414	0.9912	−3.7480
	分类	高频	高频	高频	高频	低频	低频	低频
PRICE^{SZ}	均值	0.0109	−0.0371	0.0138	−0.4863	0.4127	0.2693	−1.0952
	t值	0.1070	−0.5041	0.0958	−3.3609	2.3685	0.9871	−6.9752
	分类	高频	高频	高频	低频	低频	低频	低频

根据高低频判别结果，将同类分量的IMF项进行加成，分别得到高频分量序列和低频分量序列，并计算其与原价格序列的Pearson相关系数、Kendall相关系数及方差比，得到表6.6。

表6.6　　　　　　湖北和深圳碳市场高低频分量信息表

	PRICE^{HB}		PRICE^{SZ}	
	高频分量	低频分量	高频分量	低频分量
Pearson系数	0.6483 ***	0.4013 ***	0.2162 ***	0.6869 ***
Kendall系数	0.3265 ***	0.3395 ***	0.1266 ***	0.5127 ***
方差比	41.68%	23.22%	6.61%	32.08%

注：* 表示在0.10水平（双侧）上显著相关；** 表示在0.05水平（双侧）上显著相关；*** 表示在0.01水平（双侧）上显著相关。

1. 高频分量：市场短期波动

碳市场虽然属于新兴市场，依然具有普通交易市场的属性，受到短期波动影响。这类波动通常持续时间较短，发生频率高，主要由市场短期交易和市场短期投资行为等因素导致。高频分量的运行反映了此类波动特征，研究高频分量的运行有助于了解和分析市场短期行为对湖北和深圳碳价格形成的影响（见图6.2）。

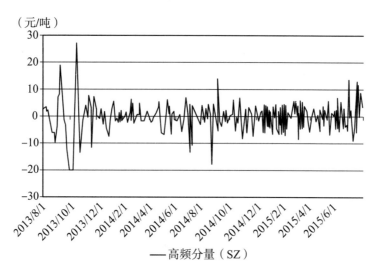

——高频分量（SZ）

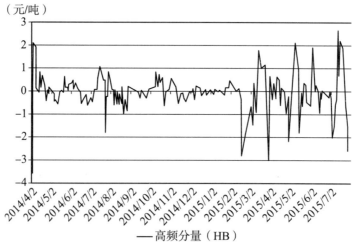

——高频分量（HB）

图 6.2　PRICE[HB]和 PRICE[SZ]高频分量

PRICE[HB]和 PRICE[SZ]分别包含前4个和3个IMF项，通过表6.3和表6.6的对比可以发现，高频分量与原价格序列的相关系数高于包含其中的任意IMF项与原价格序列的相关系数，且高频分量的方差比之和也高于各IMF项方差比的总和。因此，对频率不同的价格影响因素进行结构化组合，提高了对短期波动分析的准确度。PRICE^{HB}与高频分量的 Pearson 相关系数、Kendall 相关系数和方差比分别为 0.6483、0.3265 和 41.68%，远高于 PRICE^{SZ} 同类值，表明湖北碳市场受市场交易和市场短期投资行为的影响高于深圳碳市场。

湖北碳市场受市场短期波动影响较大的原因主要有：一是湖北碳市场对投资者态度开放，低门槛纳入机构投资者及个人投资者，对其资格要求及费用承担标准都较深圳碳市场低。湖北碳市场首次拍卖就允许机构投资者参与，为市场注入流动性，让市场保持较高的活跃度。二是湖北碳市场开市价格仅为 21 元，远低于其他六个碳市场。三是湖北碳市场总量从紧，使市场参与者预期碳价格有上升空间，吸引大量投资者参与湖北碳市场。研究期内，湖北碳市场日均交易量59 475 吨，交易额1 323 811元，深圳碳市场日均交易量8 061吨，交易额401 603元，分别为湖北碳市场的 13.55% 和 30.34%。湖北碳市场交投活跃一定程度上也造成了湖北碳市场价格在短期内随机游走，市场达到弱式有效，这是其他几个试点所无法达到的市场有效性。

2. 低频分量：重大事件的影响

除了普通交易市场的一般属性之外，碳交易体系还具有自身特殊属性：一是碳排放权配额的特殊性，人为创造的碳排放权配额受交易制度设计影响极大，对异质性环境的适应性较弱。二是从 2011 年 11 月国家确定碳交易试点到全国 7 个碳交易体系全部启动，通常只经历了较短的准备时间，碳交易体系建设的制度结构可能并不完善。基于以上两点原因，市场建设者和监管者需要根据实际情况对市场进行调整，如交易所颁布新政策和配额拍卖等。市场运行情况会受到此类重大事件的影响，通常影响持续时间长，发生频率低，使碳价格产生较大波动。

由表 6.6 可见，PRICE^{HB} 和 PRICE^{SZ} 受低频分量影响都较大，Pearson 相关系数分别为 0.4013 和 0.6869，Kendall 相关系数都超过 0.30，方差比都超过20%，表明湖北和深圳碳价格都受到重大事件的影响，市场监管者对市场进行了一定的调整。其中，湖北碳市场重大事件发生频率较为稳定，对碳价格冲击幅度为 1 元/吨，而深圳碳价格受重大事件影响频率高，幅度大，有的甚至超过 20 元/吨（见图 6.3）。

湖北和深圳碳市场运行以来，市场建设者和监管者对制度进行了一系列调整，如表 6.7 所示。虽然这些调整不断完善了碳交易体系制度结构，但在一定时期内会对碳价格本身产生影响，使市场有效性降低。其中，深圳碳市场于 2013年 6 月 18 日正式启动，是中国首个进行交易的试点，其相关制度的推出并没有先例可循，所以后期修正较多。例如深圳碳市场对碳交易方式的两次调整，对市场交易行为产生巨大影响。

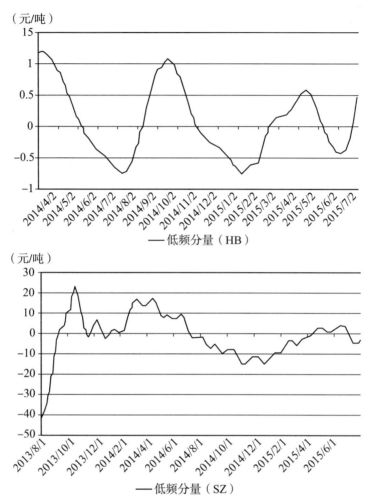

图 6.3　PRICE^{HB}和 PRICE^{SZ}低频分量

表 6.7　　　　　　　　　湖北和深圳碳市场重大事件列表

	序号	日期	重大事件
湖北	1	2014 年 4 月 14 日	湖北碳排放交易中心发布《手续费减免制度》
	2	2014 年 12 月 8 日	湖北碳排放交易中心发布《配额托管业务实施细则》
	3	2015 年 4 月 17 日	湖北省发改委发布《2015 年湖北省碳排放权抵消机制有关事项的通知》
	4	2015 年 6 月 30 日	湖北省发改委发布《2014 年度企业碳排放履约工作的通知》
	5	2015 年 7 月 3 日	湖北碳排放交易中心发布《关于在履约期间采用定向转让方式交易有关要求的通知》

	序号	日期	重大事件
深圳	1	2013 年 12 月 16 日	深圳排放权交易所启用现货交易方式
	2	2014 年 4 月 3 日	深圳市政府颁布实施《深圳市碳排放权交易管理暂行办法》
	3	2014 年 5 月 9 日	深圳排放权交易所发布《关于深圳市碳排放权交易相关事宜的通知》
	4	2014 年 6 月 12 日	深圳市发改委发布《关于对未按时足额提交配额履约的碳交易管控单位进行处罚有关事宜的公告》
	5	2014 年 6 月 6 日	深圳排放权交易所发布第 001 号拍卖结果公告
	6	2014 年 7 月 17 日	深圳排放权交易所发布《关于恢复控排企业会员年费收费的通知》
	7	2014 年 8 月 18 日	深圳排放权交易所重新启用定价点选交易方式
	8	2014 年 10 月 30 日	深圳排放权交易所推出托管会员制度
	9	2015 年 1 月 16 日	深圳排放权交易所发布 CCERs 交易奖励办法

（四）趋势项：内在运行趋势

每个碳市场的价格都有独特的运行特征，趋势项反映了价格运行的长期趋势，由碳交易体制度设计的特点和结构所决定。当碳市场处于繁荣期时，碳价格轨迹在趋势项之上；当碳市场处于萧条期时，碳价格轨迹在趋势项之下。尽管碳市场会受到重大事件冲击，从而产生波动，但事件影响结束后，碳价格还是会返回到趋势项附近，受市场行为影响而围绕趋势项小幅波动（见表 6.8）。

表 6.8　　　　　　　湖北和深圳碳市场的趋势项信息表

	$PRICE^{HB}$	$PRICE^{SZ}$
Pearson 系数	0.5704 ***	0.7896 ***
Kendall 系数	0.3640 ***	0.5878 ***
方差比	46.05%	49.73%

注：* 表示在 0.10 水平（双侧）上显著相关；** 表示在 0.05 水平（双侧）上显著相关；*** 表示在 0.01 水平（双侧）上显著相关。

由表 6.8 可以看出，$PRICE^{HB}$ 和 $PRICE^{SZ}$ 与趋势项的 Pearson 相关系数及 Kendall 相关系数分别为 0.5704、0.7896、0.3640 及 0.5878，且都在 1% 的水平下显著，表明趋势项分别很好地反映了 $PRICE^{HB}$ 和 $PRICE^{SZ}$ 的运行趋势。由图 6.4 可

以看出，PRICE^{HB}和 PRICE^{SZ}趋势项的运行呈现出完全不同形态，其中，PRICE^{HB}趋势项在整个研究期间不断上升，但上升幅度微弱，而 PRICE^{SZ}趋势项在研究期间中不断下降，从 75 元/吨一直下降到 30 元/吨。

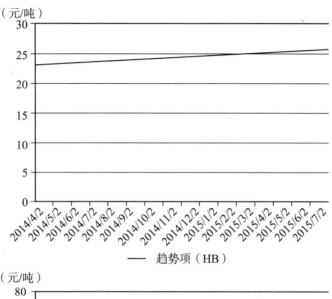

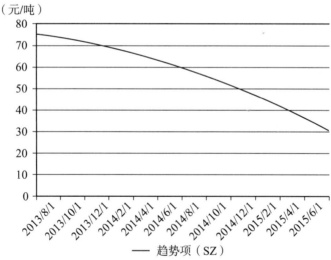

图 6.4　PRICE^{HB}和 PRICE^{SZ}趋势项

　　湖北碳市场和深圳碳市场呈现出不同形态的内在趋势项，可能是由于不同市场制度设计策略和定价策略导致：湖北碳交易体系纳入控排企业多为重化行业，排放量大，企业的边际减排成本较低，碳交易体系配额设计偏紧，导致湖北碳价格稳中有升。而深圳碳交易体系纳入控排企业主要来自第三产业，减排成本高，市场上配额量较大，促使深圳市碳价格大幅下降。将两个碳市场的趋势项结合起来看，发现它们都在向 20 ~ 30 元/吨的价格区间移动，这也为全国碳市场的价格运行区间提供了参考。

四、结论

本节采用方差比率检验方法和 EEMD 方法分别对湖北和深圳碳市场进行有效性检验和价格波动影响因素分析，得出结论如下：

第一，湖北碳市场在短期属于弱式有效市场，价格可以部分反映历史信息，长期却不属于弱式有效市场。深圳碳市场无论短期还是长期都不属于弱式效率市场。

第二，湖北碳市场价格受高频分量影响明显大于深圳，说明市场短期投资行为对市场影响大，流动性高、交易活跃。而重大事件和制度特征对两个碳市场的影响比较接近。

第三，制度设计特征决定了碳市场价格的内在变化趋势。因此，在全国碳交易体系制度设计中要充分考虑制度设计对碳价格长期内在变化趋势的决定性影响，进行事前的系统分析与设计。

第七章

企业碳排放监测、报告与核查（MRV）

MRV 是 measurement（监测）、reporting（报告）与 verification（核查）的缩写。其中，数据监测是指为了获得控排企业或具体设施的碳排放数据而采取的一系列技术管理措施，包括数据测量、获取、分析、处理、计算等；报告是指以规范的形式和途径向监管机构报告企业或具体设施的最终监测事实和监测数据结果等；核查目的是核实和查证企业是否根据相关要求如实地完成了监测过程，且企业所报告的数据和信息是否真实准确。

可监测、可报告、可核查（"三可"原则）是国际社会对温室气体排放和减排监测的基本要求，更是世界各经济体建立碳交易体系的基石。首先，经过监测和核查后的碳排放数据是配额分配的基础；其次，经过主管部门核准的排放及减排数据是控排企业进行履约的依据；最后，碳排放权交易的可信度及市场信心正是来源于准确的排放测量和监管，因此，真实准确的温室气体排放及减排量数据是碳交易体系平稳有效运行的保障。

第一节　温室气体排放量化原则与程序

一、温室气体排放量化原则

（一）相关性

对于碳交易体系而言，碳排放权的核心要素实际上是对温室气体排放边界的定义。合适的边界选定是保证权责明晰、市场有效性的前提条件。对于企业（组织）来说，边界应该反映企业（组织）的整体业务体系。碳交易体系的主管部门应在充分考虑行业特点及企业（组织）自身特点的情况下，制定出合适的排放边界确定方法。

（二）完整性

理论上，温室气体的监测、报告与核查应该包含边界内所有的排放设施。但是在实践中，由于数据的监测、报告与核查的高成本性或数据本身的不可获取性，不可能核算和报告所有排放设施。因此，实践中一般设定排放门槛值，对于低于该值的排放设施，可采用低成本的测算方法或不予测算，但在最终报告时，应予以充分说明，以便于在第三方核查时，评估这些低于门槛值的排放设施对整体核算结果的影响。

（三）一致性

温室气体监测方法、排放清单边界、数据收集和核算报告应具备一致性特征，这能够使得历史和未来的温室气体排放数据具有可比性。核算一个企业（组织）或设备的排放清单边界内所有运营活动的温室气体排放时，应当确保汇总的信息在相当一段时间里都具有一致性和可比性。如果排放清单边界、方法、数据或其他影响排放量核算的因素发生了变化，则需要清晰地记录并做出说明。其中温室气体排放的监测计划和监测方法学须依照相关权威部门的规定，根据实际情况来变更，但是监测计划和监测方法学的变更必须获得主管部门的批准和备案。

（四）透明性

透明性指有关温室气体排放监测与报告的假设、参考资料、工艺、程序等基础数据信息，尤其是涉及活动水平数据获取、记录、编辑、分析以及计算方法中涉及参数选取等信息，应以清晰、真实、准确的方式予以披露，但其中涉及企业商业秘密的信息，经主管部门许可后，可以不予披露。信息记录、整理和分析的方法应由第三方独立核查机构证实其可信度。对所用的方法学和引用的数据须提供相应的参考来源。信息准备应当充分，保证温室气体排放监测与报告的可检验性，即其他核查机构能够运用同样的原始数据得出相同的结论。

（五）准确性

数据应当足够精确，即确认经过监测、报告和核查后数据的准确性，使得相关管理机构和企业自身在进行决策时提供必要的保证。同时，应尽量使温室气体的测算不应该显著地高于或低于实际值，并最大限度地减少不确定性。量化的计算方法应当从国家或者地方权威机构提供的方法学指南中，选取合适的监测方法学。所有测量和计量设备应进行定期有效地维护和校准。

（六）选择性

在选择监测方法学时，应选取最高精度的方法学，除非技术上不可行或者实施成本高昂。监测方法主要分两类：直接监测方法和间接计算方法。直接监测法是指利用连续监测系统中的仪器设备测量排放的温室气体浓度和流量，然后根据相关规定选择时间间隔点对数据进行测量，最后换算成年度总排放量的方法。该方法优点是精确性高，但是成本高，易受技术条件限制，不易实施。间接计算方法是指通过活动水平数据和相关参数计算得到温室气体排放量的方法，相关参数选择首选来源于企业或设备实际使用的原料参数，次选区域、国家或国际通用参数。其优点是容易实施，成本低，但数据不确定性高。

二、温室气体核算、报告和核查流程

企业（组织）的 MRV 流程包括内部核算流程和外部核查流程。其中内部核算包括编制监测计划、监测排放和编制排放报告；外部核查包括第三方机构审核排放报告、编制和提交核查报告。具体流程见图 7.1。

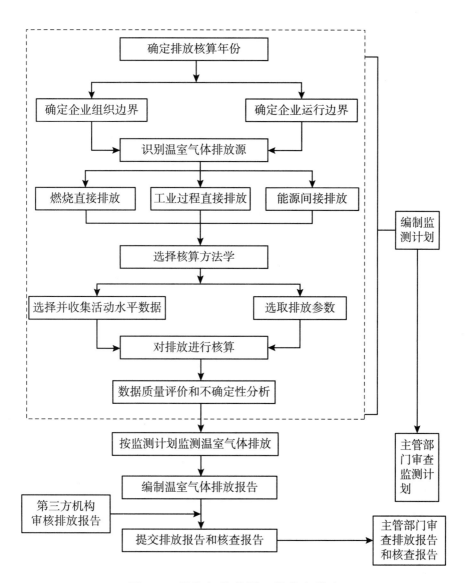

图 7.1 温室气体监测、报告和核查

第二节 基准年和排放边界

当采用基于历史排放数据分配配额时，需要设定基准年，并测算基准年的排放量，同时当公司发生兼并重组、资产剥离、重大产能变化、停产、倒闭、解散等重大结构性变化时，需要重新计算基准年排放量。排放边界包括组织边界和运营边界。在对不同组织结构的企业进行排放核算时，要选择合适的排放合并方法，这一过程称为组织边界的设定。当设定了组织边界后，需要确定直接排放和间接排放的边界，即运营边界的设定。

一、基准年

为了确保温室气体排放数据在不同时间点上能够保持一致性，需要设定比较的基准时点，作为排放比较基准点，该基准时点一般是基准年。主要存在两种方法确定基准年：固定基准年和滚动基准年。一般是以具备可信度数据的最早时间作为基准年。

（一）固定基准年与滚动基准年

1. 固定基准年

温室气体的减排效果通常为相对于过去固定的参考年来度量，此参考年即为固定基准年。固定基准年可以是过去任何一个可以获得量化数据的年份或几年的平均值。比如《京都议定书》以 1990 年排放量为基准年排放。基准年的选择则需要和国家法规或碳排放权交易主管部门的要求保持一致。

固定基准年优点在于：第一，相对固定基准年的排放量，其他年份的排放量具备直观的可比性；第二，主管部门基于固定基准年设定的减排目标，不仅使得整体减排空间具备可控性，而且能让碳交易体系的参与人形成稳定的碳价预期。固定基准年往往适用于经济增长较为平稳的国家或地区。

2. 滚动基准年

温室气体的减排效果相对一个过去滚动的参考年来度量，此参考年即为滚动基准年。滚动基准年一般是以时间窗口形式向前移动，例如 2012 年排放基准年为 2009～2011 年的三年平均，那么 2013 年的排放基准年则滚动为 2010～2012 年的三年平均。

滚动基准年优点在于：适合经济持续高增长的国家或地区，基准年排放更接近当前的排放水平。当采用滚动基准年的排放数据分配配额时，控排企业不会因为配额的短缺而显著地影响企业未来发展的增长速度。

（二）基准年排放调整

当出现以下情况时，需要对基准年排放进行调整计算：第一，当排放设施的所有权或控制权发生转移而导致运营边界改变时，基准年的排放量应进行调整，比如企业合并、收购和资产剥离等情况；第二，温室气体量化方法改变，或因改进排放系数或基础数据的精确度，而使基准年排放数据产生实质性差异时（实质性差异一般定义为基准年排放量的 5% 或者由主管部门确定的比例），如主管部门调整历史电力排放系数时，需要对历史排放进行重新调整计算；第三，根据主管机构法规规定要求调整。

如果企业收购的排放设施在基准年不存在，则不需要重新计算基准年排放，但企业必须重新计算被收购排放设施的所有历史排放数据，类似地可以处理公司剥离排放设施的情形。

二、排放边界

在核算公司排放时，既可以在设施层面进行，也可以在公司层面进行。如果是公司层面就需要对组织边界和运营边界进行区分界定；如果是设施层面则需要对运营边界进行界定。但是由于我国目前数据基础薄弱，统计体系不完善，都是仅在公司层面进行排放边界的界定和排放的核算，因此，下面的分析将集中于公司层面的分析。

（一）组织边界[①]

我国的企业存在复杂的组织结构形式以及其他关联形式，因此，企业在核算和报告其排放时，需要依照一定标准来合并排放。根据世界资源研究所（WRI）与可持续发展工商理事会（WBCSD）的建议，有两种不同的温室气体排放量合并方法可供选择：股本权益法和控制权法，其中控制权法又分为财务控制权和经营控制权。如果报告的企业拥有其业务的全部所有权，那么不论采用哪种方法，它的组织边界都是相同的。需要指出的是，一旦确定公司合并排放的标准，须在公司所有层级中采用这一标准，此外，为了避免不同公司对同一合营业务采用不同的合并排放的方法而导致的排放重复计算问题，ETS 的监管部门应该明确体系中的企业合并排放所采用的方法。根据这些方法，各企业可以合并由生产过程中产生的排放量。这些方法的简要汇总如图 7.2 所示。

---

① 世界可持续发展工商理事会，世界资源研究所编．许明珠，宋然平主译．温室气体核算体系企业核算与报告标准（修订版）[M]．北京：经济科学出版社，2012.

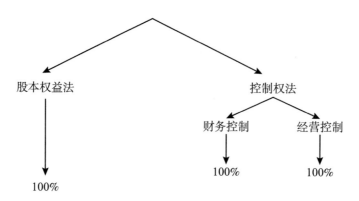

图 7.2　企业合并排放量的方法

1. 股本权益法

股权比例反映公司对业务的回报和风险承担比例，那么在核算企业排放时，就可以根据其在业务中的股权比例分摊温室气体排放量。该方法在企业合并排放时，能够明确合资双方的责任，便于实践中实施。例外情况是，如果一家公司仅仅拥有极小的经营权益股且没有任何影响力和财务控制能力，那么排放量就不能因为固定资产投资而进行合并。

2. 控制权法

公司对其控制的业务范围内的温室气体排放量进行完全核算，但是为了保证组织边界核算的唯一性，对其享有权益但不持有控制权的业务产生的温室气体排放量不核算。控制权可分为运营控制权和财务控制权，因此，当采用控制权法对温室气体排放量进行合并时，须在运营控制或财务控制这两种标准之中，选择一个标准来核算公司的排放。

（1）财务控制权。财务控制权是指公司能够直接影响其财务和运营政策，并从经营活动中获取经济利益。在实践中，需要结合实际情况确定财务控制权与否。一般在如下情况下，可以确认公司拥有财务控制权：第一，公司享有对大多数业务的运营权利；第二，公司持有对经营资产所有权的大多数风险和回报；第三，公司拥有大部分的经营权益或对经营设备拥有大部分的风险和利益。在采用财务控制权法的情况下，公司对拥有财务控制权的业务产生的100%排放量进行核算。

（2）经营控制权。经营控制权是指公司拥有全权制定和实施经营活动中的经营政策。如果公司是设施的经营者，即拥有营业执照，通常采用这一方法。根据这种方法，公司能够合并它们拥有经营控制权的所有生产排放量。例外情况是，合资企业的合伙人拥有共同经营控制权时，要根据股本权益来合并排放量。在采用运营控制权法的情况下，公司对拥有运营控制权的业务产生的100%排放量进行核算。

案例：三家公司分别为甲、乙和丙。甲公司拥有 A 厂的 100% 股权、100%

财务控制权和100%运营控制权，同时甲公司拥有 B 厂的50%股权、60%财务控制权和100%运营控制权；乙公司拥有 B 厂的50%股权和40%财务控制权，无运营控制权，同时乙公司拥有 C 厂的60%股权、70%财务控制权和100%运营控制权；丙公司拥有 C 厂的40%股权、30%财务控制权，无运营控制权。图7.3描述了甲、乙和丙三家公司的组织架构图，表7.1显示了三家公司排放核算的情况。

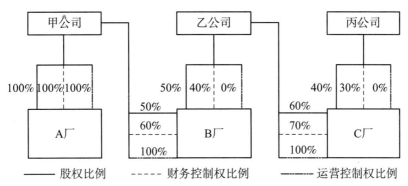

图 7.3　三家公司的组织结构

表7.1　　　　　　　　　　　　**三家公司排放核算**

	股权比例法			财务控制权法			运营控制权法		
	甲公司	乙公司	丙公司	甲公司	乙公司	丙公司	甲公司	乙公司	丙公司
A 厂	100%	0%	0%	100%	0%	0%	100%	0%	0%
B 厂	50%	50%	0%	60%	40%	0%	100%	0%	0%
C 厂	0%	60%	40%	0%	70%	30%	0%	100%	0%

需要说明的是，如果是自愿披露排放情况，公司可以根据自身情况选择排放合并方法，但是公司如果属于强制报告范畴，则需要根据相关管理部门要求合并排放，以防止排放的重复计算和漏算。

（二）运营边界

运营边界指温室气体排放核算所包括的排放源类型，分为直接排放和间接排放。

1. 直接排放

直接排放是指报告企业拥有或控制的排放源的排放。直接排放主要包括：

第一，燃料燃烧排放，包括固定设施排放和移动设施排放，如公司拥有或控制的锅炉、熔炉中化石能源燃烧排放，公司拥有或控制的运输工具燃烧排放。

第二，工业过程排放，如水泥生产过程、合成氨生产过程中化学反应产生的排放。有许多方法可以用来测算直接排放，如排放因子法、物料平衡法等。

第三，废弃物处置和处理排放，包括废水处理排放和废弃物处置排放，其中废水处理排放主要来自生物处理过程中有机物转化的 CO_2、厌氧过程及污泥处理过程中 CH_4 的排放、脱氮过程中 N_2O 的排放、净化后污水中残留脱氮菌的 N_2O 释放；固体废弃物处置排放主要来源于焚烧和填埋排放。

第四，逸散排放，主要包括煤炭采掘排放、油气开采运输过程排放。

2. 间接排放

间接排放是指报告企业活动所导致的排放，但该实际排放发生在其他企业拥有或控制的排放源，这主要是指电力、蒸汽和热力。这类排放往往是某些企业的主要排放，如汽车制造企业。间接排放的测算主要是采用排放因子法，但是因子的选择需要考虑区域性和重复计算这两个因素。一般来说，不同区域的电力排放因子存在显著的差异，企业应该选择其所属区域的电力排放因子。电力企业会核算其直接排放，如果其他企业也同时核算电力消耗的排放，这必然造成排放重复计算问题。因此，在核算企业间接排放时，选择合适的排放因子尤为关键。

第三节　排放源及监测量化方法

一、分行业温室气体排放源

表7.2列出了11个工业行业的主要排放源，并按照直接排放（燃料燃烧排放、生产过程排放）和间接排放进行了分类。

表7.2　　　　　　　　工业行业的主要排放源

序号	行业	直接排放		间接排放
		燃料燃烧排放	生产过程排放	
1	水泥行业	固定燃烧设备（如立窑、回转窑、烘干热风炉等）及厂界内移动运输等生产辅助设备（如叉车、铲车、吊车等）	熟料煅烧过程生料中碳酸盐分解，包括生料的煅烧、水泥窑粉尘和旁路粉尘煅烧	生产车间、办公楼等与生产运行相关活动的外购电力、热力消耗

序号	行业	直接排放		间接排放
		燃料燃烧排放	生产过程排放	
2	玻璃行业	固定燃烧设备（如浮法炉、引上炉、平拉炉等）及厂界内移动运输等生产辅助设备（如叉车、铲车、吊车等）	原料中碳酸盐分解，包括碱性氧化物和添加剂（如焦炭、煤粉等）化学反应产生的排放	生产车间、办公楼等与生产运行相关活动的外购电力、热力消耗
3	电力行业	电力锅炉燃料燃烧、锅炉点火/助燃燃烧及厂界内移动运输等生产辅助设备（如叉车、铲车、吊车等）	发电锅炉炉内钙基脱硫、烟气脱硫	
4	钢铁行业	高炉、煤气发生炉、烧结机、发电锅炉、工业锅炉、轧钢加热炉、化铁炉、铁合金炉、烧焦炉、煤气炉、炼钢平炉等设备	在烧结、炼铁、炼钢等工序中溶剂和其他含碳原料的使用，主要包括炼铁熔剂高温分解和炼钢降碳过程，其中炼钢降碳过程包括转炉炼钢排放和电炉炼钢	
5	有色金属行业	蒸汽锅炉、自备发电锅炉、氧化铝烧成回转炉、氢氧化铝焙烧转窑、密闭鼓风炉、熔炼反射炉、煤气发生炉、精炼反射炉、闪速炉等设备	还原剂的氧化（铁合金行业）、电极糊的消耗（铁合金行业）、预焙电解槽碳阳极消耗（铝行业）、预焙电解槽碳阳极焙烧（铝行业）和石灰石煅烧（铝行业）过程	
6	化工行业	自备发电锅炉、工业锅炉、燃油锅炉、燃气锅炉、合成氨造气炉、黄磷电炉、钙镁磷肥高炉、其他加热炉等设备	基质的氧化/还原、清除杂质、氧化亚氮副产品、催化裂化	
7	石灰电石行业	机立窑、土窑和电石炉等设备	石灰窑炉和电石炉燃烧活动中碳酸盐原料煅烧	
8	造纸行业	自备发电锅炉、工业锅炉、工业窑炉、碱回收炉、柴油发电机等设备	制浆过程中添加碳酸盐配浆化学剂分解	

续表

序 号	行 业	直接排放		间接排放
		燃料燃烧排放	生产过程排放	
9	石化行业	加热炉、工艺炉、导热油炉、蒸汽锅炉、燃气轮机、火炬等固定设备	催化剂烧焦过程排放、制氢过程排放、火炬放空焚烧排放及其他工业过程（合成氨、甲醇、环氧乙烷、丙烯腈、聚丙烯酰胺等化学工艺过程）	生产车间、办公楼等与生产运行相关活动的外购电力、热力消耗
10	煤炭开采行业	自备发电锅炉、工业锅炉（地方矿）、煤气炉、工业窑炉等设备	煤炭采掘排放、煤炭采掘后排放、甲烷的回收及燃烧过程（地下煤矿）、废弃煤矿排放（地下煤矿）和非受控燃烧过程（露天煤矿）	
11	油气开采行业	工业锅炉（开采）、工业锅炉（加工）、自备发电锅炉、燃油加热锅炉、LPG加热炉、柴油机、燃油发电机、煤气加热炉、煤气发电机等设备	1. 油气生产环节排放源：石油行业：井口、分离器、原油储罐、放空和点火炬、其他处理设备 天然气行业：井口、脱水器、分离器、集气管线、气动装置、事故 2. 油气处理环节排放源：石油行业：炼制过程中的废气 天然气行业：压缩机和压缩机密封、脱水器、管道系统、气动装置、处理设备、事故 3. 油气储运环节排放源：石油行业：油罐车作业和原油储罐 天然气行业：压缩站（放空排气口、压缩机密封、密封系统、阀门）、气动装置、管线维护、事故、气动装置、脱水器	

资料来源：

①国家气候变化对策协调小组办公室，国家发展和改革委员会能源研究所编著. 中国温室气体清单研究 [M]. 北京：中国环境科学出版社，2007.

②刘均荣，姚军，Michael P. Gallaher. 中国油气系统甲烷减排潜力研究 [R]. 美国 RTI 研究中心．

二、直接监测方法[①]

直接监测方法是指通过相关仪器设备对温室气体的浓度或体积等进行连续测量得到温室气体排放量的方法。连续监测计算公式为：

$$M_i = \frac{MM_i \times P \times FR \times C_i}{8.314 \times T}$$ (7.1)

式（7.1）中：M_i 表示温室气体 i 的排放速率，单位为吨/每秒钟；MM_i 表示温室气体 i 每千摩尔的分子量，单位为吨，二氧化碳的值为 0.04401，甲烷的值为 0.01604，氧化亚氮的值为 0.04401；P 表示气流压力，单位为千帕；FR 表示气流流速，单位为立方米每秒；C_i 表示排放源所排放的气体中，温室气体 i 所占比重；T 表示温度，单位为开尔文。

监测步骤：

第一步，计算出每秒钟温室气体排放量，计算公式为式（7.1）；

第二步，计算出不同时间段的温室气体平均排放速率，计算公式：

$$AM_{it} = \frac{\sum_{n=1}^{N} \dfrac{MM_i \times P_n \times FR_n \times C_{in}}{8.314 \times T_n}}{N_t}$$ (7.2)

式（7.2）中：AM_{it} 表示第 t 小时温室气体 i 的平均排放速率，单位为吨/秒；n 表示第 t 小时内第 n 次抽样时结果；N_t 表示第 t 小时抽样次数；其他参数同式（7.1）中的说明。

第三步，计算出第 t 小时温室气体排放量，计算公式：

$$M_{it} = AM_{it} \times 3\,600$$ (7.3)

式（7.3）中：M_{it} 表示第 t 小时温室气体 i 的排放量，单位为吨。

第四步，计算出第 d 天温室气体 i 的排放量。

$$M_{id} = \sum_{t=1}^{24} M_{it}$$ (7.4)

式（7.4）中：M_{id} 表示第 d 天温室气体 i 的排放量。

第五步，以此类推，计算出第 y 年温室气体 i 的排放量 M_{iy}。

三、间接测算方法

那些不是通过直接监测设备来测量温室气体排放量的计算方法均统称为间接

[①]　资料来源于 National Greenhouse and Energy Report System Measurement Technical Guidelines for the estimation of Greenhouse Gas Emissions by Facilities in Australia。

测算方法，主要包括质量平衡法和排放因子法。

（一）燃料燃烧排放的计算方法

燃料燃烧排放的计算方法包括质量平衡法和排放因子法，相对于排放因子法，质量平衡法的准确性更高，因此，在条件允许的情况下，首选质量平衡法，次选排放因子法。

1. 质量平衡法

质量平衡法是根据质量守恒定律，对燃料燃烧设备的投入量和产出量中的含碳量进行平衡计算的方法，即：

$$E = \left(\sum_i (IF_i \times IC_i) - \sum_j (OF_j \times OC_j) \right) \times \frac{44}{12} \qquad (7.5)$$

式（7.5）中：E 表示排放量；IF_i 表示投入物的质量，单位为吨；IC_i 表示投入物的含碳量百分比（%）；OF_j 表示输出物的质量，单位为吨；OC_i 表示输出物的含碳量百分比（%）；i 表示投入物质的种类；j 表示输出物质的种类。

2. 排放因子法

温室气体排放量等于能源消耗量乘以温室气体排放因子，温室气体排放因子对最终核算结果的影响非常大，目前主要采用两类排放因子：分别是综合排放因子和分项排放因子。综合排放因子就是按照能源消费结构，根据各种终端能源的权重，计算得到标煤的排放因子。综合排放因子计算过程中需要将细分化石能源折算成标煤，这必然导致标煤排放因子数值稳定性较差，一旦选取不合理就会对最终排放量的估算结果造成较大偏差；分项排放因子的准确性高，但是要分别计算 21 种细分能源，计算量大。分项排放因子法一般参照《2006 年 IPCC 国家温室气体清单指南》中的计算方法。公式如下：

$$E = \sum_i \sum_j AC_{i,j} \cdot NCV_j \cdot CC_j \cdot O_j \cdot \frac{44}{12} \qquad (7.6)$$

式（7.6）中：E 表示 CO_2 排放量，i 表示不同的行业，j 表示能源品种，AC 表示燃料消耗量，NCV 表示低位热值，CC 表示含碳量，O 表示氧化率，$\frac{44}{12}$ 表示 C 转换成 CO_2 的系数。燃料消耗量指各种燃料的实物消耗量，如煤、天然气、汽油等燃料；低位热值是指单位燃料消耗量的低位发热量；单位热值含碳量是单位热值燃料所含碳元素的质量；氧化率是燃料中的碳在燃烧中被氧化的比例。

遵循排放核算准确性原则，燃料消耗数据和燃料排放参数数据首选质量高的数据，次选质量稍低的数据，以此类推。数据质量等级分类见表7.3。

表7.3　　　　　　　　　　　燃料参数数据质量等级分类

数据来源	说　明	数据质量等级
直接测量的参数	通过直接测量获得的燃料参数	AAA
设备的参考参数	具体设备参考燃料参数，而非直接测量	AA
区域或国家参考参数	基于企业所在区域或国家的燃料参数	A
国际参考参数	基于国际通用的燃料参数	B

资料来源：中国标准化研究院编著. 企业温室气体核算与报告［M］. 北京：中国标准出版社，2011.

（1）燃料单位热值含碳量的测算。

根据表7.3，燃料的单位热值含碳量应首选企业或者设备直接测量值。利用公式可以测算出设备固体燃料的含碳量[①]：

$$C_{ar} = \frac{C_{daf} \times (100 - M_{ar} - A_{ar})}{100} \qquad (7.7)$$

$$CC = \frac{C_{ar}}{100} \qquad (7.8)$$

式（7.7）和式（7.8）中：CC 表示固体燃料含碳量；C_{ar} 表示收到基碳分[②]；C_{daf} 表示干燥无灰基碳分[③]；M_{ar} 表示收到基水分[④]；A_{ar} 表示收到基灰分[⑤]。

次选区域或国家参考参数。分部门、燃料品种以及设备类型的单位热值含碳量，数据如表7.4所示。

（2）燃料氧化率的测算。

考虑到不同部门不同设备燃煤的碳氧化率差异较大，建议通过实测的方法，获得以下不同行业主要设备分煤种的碳氧化率（见表7.5）。

---

① 公式来源于《煤炭分析试验方法一般规定》（GB/T483－2007）。
② 收到基碳分是指以实际收到的燃料为基准的碳含量。
③ 干燥无灰基碳分是指以假想无水、无灰物质状态的燃料碳含量。
④ 收到基水分是指以实际收到的燃料为基准的水含量。
⑤ 收到基灰分是指以实际收到的燃料为基准的灰含量。

260

表 7.4　分部门、分燃料品种化石燃料单位热值含碳量（tC/TJ）

类别	部门	无烟煤	烟煤	褐煤	洗精煤	其他洗煤	型煤	焦炭	原油	燃料油	汽油	柴油	喷气煤油	一般煤油	NGL	LPG	炼厂干气	其他石油制品	天然气	焦炉煤气	其他
能源加工转换	煤炭开采加工		25.77	28.07	25.41	25.41		29.42			18.90	20.20					18.20	20.00	15.32	13.58	12.20
	油气开采加工	27.34	27.02	28.53	25.41	25.41		29.42	20.08	21.10	18.90	20.20			17.20	17.20	18.20	20.00	15.32	13.58	12.20
	公共电力与热力	27.49	26.18	27.97	25.41	25.41	33.56	29.42	20.08	21.10	18.90	20.20					18.20	20.00	15.32	13.58	12.20
	炼焦、煤制气等		25.77		25.41	25.41		29.42	20.08	20.10	18.90	20.20				17.20	18.20	20.00	15.32	13.58	12.20
工业	钢铁	27.40	25.80	27.07	25.41	25.41	33.56	29.42	20.08	21.10	18.90	20.20					18.20	20.00	15.32	13.58	12.20
	有色	26.80	26.59	28.22	25.41	25.41	33.56	29.42	20.08	21.10	18.90	20.20					18.20	20.00	15.32	13.58	12.20
	化工	27.65	25.77	28.15	25.41	25.41	33.56	29.42	20.08	21.10	18.90	20.20					18.20	20.00	15.32	13.58	12.20
	建材	27.29	26.24	28.05	25.41	25.41	33.56	29.42	20.08	21.10	18.90	20.20					18.20	20.00	15.32	13.58	12.20
	建筑		25.77		25.41	25.41		29.42	20.08	21.10	18.90	20.20					18.20	20.00	15.32	13.58	12.20
	其他		25.77		25.41	25.41	33.56	29.42	20.08	21.10	18.90	20.20		19.60		17.20	18.20	20.00	15.32	13.58	12.20
交通运输	公路										18.90	20.20					18.20	20.00	15.32		
	铁路											20.20									
	水运									20.10		20.20									
	航空												19.50								
农业			25.77		25.41	25.41		29.42		21.10	18.90	20.20		19.60			18.20	20.00	15.32		
服务业		26.97	25.77		25.41	25.41	33.56	29.42		21.10	18.90	20.20		19.60		17.20	18.20	20.00	15.32	13.58	12.20

资料来源：数据来源于国家发改委 2011 年发布的《省级温室气体清单编制指南（试行）》。

表7.5   主要行业主要设备分煤种燃烧碳氧化率

行 业	公用电力与热力部门（%）	钢铁（%）	有色金属（%）	化工（%）	建材（%）
发电锅炉	√	√	√	√	√
工业锅炉	√	√	√	√	√
高 炉		√			
氧化铝回转窑			√		
合成氨造气炉				√	
水泥回转窑					√
水泥立窑					√

注：尽量获得表中√部分数据。

资料来源于国家发改委2011年发布的《省级温室气体清单编制指南（试行）》。

利用式（7.9）可以测算出设备固体燃料的氧化率[①]

$$Q_i = 1 - \frac{CL \times CL_f + A \times AC}{M_i \times NCV_i \times CC_i \times 10^{-3}} \tag{7.9}$$

式（7.9）中：O 表示固体燃料的氧化率；CL 表示漏煤量，单位为吨；CL_f 表示漏煤的平均含碳量，单位为吨碳/吨；A 表示灰渣产量；AC 表示灰渣平均含碳量，单位为吨，这里灰渣包括炉渣、飞灰、烟道灰等；M_i 表示设备第 i 种料消耗量，单位为吨；NCV_i 表示燃料 i 平均低位发热量，单位为吉焦/吨；CC_i 表示燃料 i 单位热值含碳量，单位为吨碳/太焦。

若无法实测设备的燃料氧化率，须结合我国主要行业的平均数据选取氧化率：对于能源生产、加工转换部门燃煤设备的碳氧化率，现有研究结果表明，该部门目前碳氧化率的范围为90%～98%，其中发电锅炉碳氧化率较高，平均达到98%左右，只有极少数发电锅炉的碳氧化率低于90%。考虑到各省区市发电锅炉设备数量有限，而且也具备比较系统和完备的热工测试条件和要求，建议利用燃烧设备热平衡或物料平衡数据分析或实测得到；对于工业部门的发电锅炉、工业锅炉和工业窑炉的碳氧化率，我国现有设备的碳氧化率差异较大。工业各行业自备电厂发电锅炉的碳氧化率略低于公用电力部门燃煤发电设备的碳氧化率，如无法获得实测数据，建议可选取95%左右作为碳氧化率的平均值。据有关工业锅炉样本调查分析结果，我国燃煤工业锅炉的平均碳氧化率介于80%～90%之间，

———————

[①] 《北京市企业（单位）二氧化碳排放核算和报告指南（2013版）》。

不同煤种和容量等级的工业锅炉碳氧化率差别较大，如无法获得实测数据，建议可选取85%左右作为平均值。同样，如果无法获得有关行业的实测数据，对于钢铁工业高炉的碳氧化率，建议可选取90%左右作为平均值，对于化工行业的合成氨造气炉，建议不同煤种的平均碳氧化率的选择范围为90%~96%，对于建材工业的水泥窑的碳氧化率，建议可选取99%左右作为平均值。对于交通运输部门铁路机车中的蒸汽机车燃用烟煤，如无法获得实测数据，建议平均碳氧化率参数可选择85%左右[①]。

根据表7.3燃料参数质量等级表，基于企业所在区域或国家的燃料参数属于A质量等级数据，燃料的低位热值、单位热值含碳量和氧化率缺省值如表7.6所示。

表7.6　　　　　　　　　　　　燃料相关参数缺省值

燃料名称	含碳量（gc/MJ）	碳氧化率（%）	平均低位发热量（MJ/t 或 MJ/10^4 m³）	CH_4 排放因子（gCH_4/MJ）	N_2O 排放因子（gN_2O/MJ）
原　煤	26.4	93	20 908	0.001	0.0015
洗精煤	25.4	93	26 344	0.001	0.0015
其他洗煤	25.4	93	10 454	0.001	0.0015
型　煤	33.6	90	17 584	0.001	0.0015
焦　炭	29.5	93	28 435	0.001	0.0015
焦炉煤气	13.6	99	173 540	0.001	0.0001
其他煤气	12.2	99	202 220	0.001	0.0001
原　油	20.1	98	41 816	0.003	0.0006
汽　油	18.9	98	43 070	0.003	0.0006
柴　油	20.2	98	42 652	0.003	0.0006
燃料油	21.1	98	41 816	0.003	0.0006
液化石油气	17.2	99	50 179	0.001	0.0001
炼厂干气	18.2	99	45 998	0.001	0.0001
天然气	15.3	99	389 310	0.001	0.0001
其他石油制品	20.0	98	35 168	0.003	0.0006
其他焦化产品	29.5	93	38 099	0.001	0.0015

---

① 资料来源于国家发改委2011年发布的《省级温室气体清单编制指南（试行）》。

燃料名称	含碳量 （gc/MJ）	碳氧化率 （%）	平均低位发 热量（MJ/t 或 MJ/10⁴m³）	CH₄ 排放因子 （gCH₄/MJ）	N₂O 排放因子 （gN₂O/MJ）
煤矸石	25.8	93	8 363	0.001	0.0015
高炉煤气	70.8	99	37 630	0.001	0.0001
转炉煤气	46.9	99	79 450	0.001	0.0001
石油焦	27.5	98	31 947	0.003	0.0006
液化天然气	15.3	99	51 434	0.001	0.0001
其他能源	0	0	0	0	0

资料来源：《省级温室气体清单编制指南（试行）》《中国温室气体清单研究》《2012 中国区域电网基准线排放因子》《中国能源统计年鉴 2012》《重点用能单位能源利用状况报告》《公共机构能源资源消耗统计制度》。

（二）工业生产过程排放计算方法

1. 水泥和玻璃生产过程排放[①]

水泥生产过程排放即生料中的碳酸盐和小部分有机碳在高温煅烧处理过程中释放二氧化碳，此外，水泥窑粉尘和旁路粉尘的煅烧也是二氧化碳相关排放源；玻璃生产过程排放来源于碱及碳酸盐类原料熔化分解过程，CO_2 的排放主要源于含碳物质的输入，包括白云石、石灰石、纯碱及其他碳酸盐原料等。

水泥生产过程中，碳酸盐煅烧的排放可用两种方法计算：生料法和熟料法。生料法是基于消耗的生料和以生料中碳酸盐含量为基础的排放系数，而熟料法是基于熟料产量，以 CaO 和 MgO 物料平衡为基础的现场特定排放系数，两种方法在本质上是一样的。水泥窑粉尘（CKD）和旁路粉尘若没有完全煅烧或者全部返回炉窑，而直接卖出、加到水泥中或者当作废弃物处置的都要计算其二氧化碳排放；旁路粉尘通常是完全煅烧，所以与旁路粉尘有关的排放可以采用熟料排放因子进行计算；原料中有机碳排放因为其在总排放量中所占份额较少，用默认生料与熟料比和默认生料总有机碳含量乘以熟料产量得到。

（1）生料法。

$$E_{CO_2, 水泥} = \sum_i (EF_i \times M_i \times F_i) - M_d \times C_d \times (1 - F_d) \times EF_d \quad (7.10)$$

---

① 魏丹青，赵建安，金千致. 水泥生产碳排放测算的国内外方法比较及借鉴 [J]. 资源科学，2012，34（6）。

式（7.10）中：$E_{CO_2,水泥}$表示水泥生产过程二氧化碳排放；EF_i表示碳酸盐i的排放因子；M_i表示炉窑中消耗的碳酸盐i质量；F_i表示碳酸盐i中获得的部分煅烧比例；M_d表示未回收到炉窑中的水泥窑粉尘质量；C_d表示未回收到炉窑中的水泥窑粉尘内原始碳酸钙的质量比例；F_d表示未回收到炉窑中的水泥窑粉尘获得的煅烧比例；EF_d表示未回收到炉窑中的水泥窑粉尘内未煅烧碳酸钙的排放系数。

（2）熟料法。

$$E_{CO_2,水泥} = M_c \times \left(C_c \times \frac{44}{56} + C_m \times \frac{44}{40} \right) - M_d \times C_d \times F_d \times EF_d \qquad (7.11)$$

式（7.11）中：$E_{CO_2,水泥}$表示水泥生产过程二氧化碳排放；M_c表示生产的熟料的质量；C_c表示每吨熟料中 CaO 含量比例，C_m表示每吨熟料中 MgO 含量比例；其他符号含义同式（7.10）中的说明。

两种方法比较：生料法能准确计算 CO_2 排放量，但必须在工厂级别获得数据，需完全计算生料中碳酸盐的种类、含量和煅烧比例，成本较高；熟料法可以通过熟料数据和国家或缺省排放系数来计算，但生料中有非碳酸盐类的 CaO 和 MgO 组分，影响测定结果的准确性。

玻璃生产过程中，碳酸盐类原料熔化分解过程的 CO_2 计算公式[①]：

$$E_{CO_2,碳酸盐} = \sum_i (Q \times R_i \times EF_i \times F_i) \qquad (7.12)$$

式（7.12）中：$E_{CO_2,碳酸盐}$表示碳酸盐使用过程产生的 CO_2 排放；Q 表示消耗的原料质量，包括 $CaCO_3$、$MgCO_3$、Na_2CO_3、$BaCO_3$ 等碱性氧化物质量和添加剂的碳酸盐的质量；R_i 表示原料中碳酸盐i的质量分数；EF_i 表示碳酸盐i的排放因子；F_i 表示碳酸盐i的煅烧比例，若无法获得实测值，取 1。碳酸盐原料参考排放因子见表 7.7。

表 7.7 碳酸盐原料的排放因子

碳酸盐	排放系数（tCO_2/t 碳酸盐）
$CaCO_3$	0.440
$MgCO_3$	0.522
Na_2CO_3	0.415

2. 电力生产过程排放[②]

火电厂生产过程排放指钙基脱硫过程温室气体的排放。对于采用钙基脱硫剂进行电厂脱硫的企业，石灰石脱硫过程中，二氧化硫与石灰石中的碳酸盐物质

---

①② 《湖北省工业企业温室气体排放监测、量化和报告指南（试行）》。

（主要为碳酸钙和碳酸镁）发生化学反应，生成石膏和二氧化碳。

$$E_{CO_2, 脱硫} = Q_{carb} \times \left(C_{CaCO_3} \times \frac{44}{100} + C_{MgCO_3} \times \frac{44}{84} \right) \tag{7.13}$$

式（7.13）中 $E_{CO_2, 脱硫}$ 表示碳酸盐脱硫过程产生的二氧化碳排放量；Q_{carb} 表示石灰石的消耗量；C_{CaCO_3} 表示石灰石中碳酸钙的平均含量比例；C_{MgCO_3} 表示石灰石中碳酸镁的平均含量比例。

3. 钢铁排放①

一般钢铁生产企业主要包括矿石采选、烧结、炼焦、炼铁、炼钢、连铸、轧钢生产环节。辅助系统有制氧/制氮、循环水系统、烟气除尘、煤气回收、熔剂焙烧等。由于钢铁行业的工艺流程复杂，如焦炉煤气、高炉煤气、转炉煤气等被回收利用，且能源排放和工业生产过程排放界定模糊，容易造成重复计算，所以对于钢铁企业直接温室气体排放采用基于整体的物料平衡法。

$$E_{CO_2, 直接排放} = \left(\sum_i (IM_i \times IC_i) - \sum_j (OM_j \times OC_j) \right.$$
$$\left. + \sum (\Delta M \times \Delta C) \right) \times \frac{44}{12} \tag{7.14}$$

式（7.14）中：$E_{CO_2, 直接排放}$ 表示钢铁企业的二氧化碳排放量；IM_i 表示整个钢铁企业所有输入的含碳物质的量，包括外购煤/煤粉、焦炭/焦粉/焦丁、天然气、煤气、生铁、废钢铁、石墨电极、碳酸盐溶剂等；IC_i 表示整个钢铁企业所有输入的含碳物质的含碳量；OM_j 表示整个钢铁企业所有输出的含碳产品的量，包括粗钢量、外售的生铁、外售的焦炭、外售的煤气及其他外售的含碳物质等；OC_j 表示整个钢铁企业所有输出；ΔM 表示整个钢铁企业含碳物质的库存变化，即年初库存减去年底库存量；ΔC 表示整个钢铁企业库存中的含碳物质的含碳量。

4. 铁合金生产过程排放②

铁合金生产过程温室气体排放指还原电炉内还原剂、电极（糊）消耗所产生的 CO_2 排放。由于原料矿、辅助原料和矿渣里的含碳量非常低，所以计算方法进行了简化，公式如下：

$$E_{CO_2, 铁合金} = \sum_i (Q_{还原剂i} \times EF_{还原剂i}) + M_{电极} \times EF_{电极} \tag{7.15}$$

式（7.15）中：$E_{CO_2, 铁合金}$ 表示铁合金生产过程产生的 CO_2 排放量；$Q_{还原剂i}$ 表示还原剂 i 的质量，如煤、兰炭、石油焦等；$EF_{还原剂i}$ 表示还原剂 i 的排放因子；$M_{电极}$ 表示碳电极（糊）的消耗量；$EF_{电极}$ 表示碳电极（糊）的排放因子。

对于 $EF_{还原剂i}$ 和 $EF_{电极}$，企业可通过测量还原剂、电极（糊）的含碳量，再乘以 44/12（tCO_2/tC）获得。如企业无自测值，则采用表7.8中的缺省值。

---

① ② 《湖北省工业企业温室气体排放监测、量化和报告指南（试行）》。

表7.8 铁合金生产中还原剂 CO_2 的参考排放因子

还原剂	排放因子（吨 CO_2/吨还原剂）	数据来源
煤	2.0	《省级温室气体清单编制指南（试行）》中的烟煤排放因子
焦炭（用于 FeMn 和 SiMn）	3.3	IPCC
焦炭	3.4	IPCC
电极糊	3.4	IPCC
电极	3.54	IPCC
石油焦	3.5	IPCC

5. 铝生产过程排放[①]

铝生产过程排放主要包括预焙电解槽碳阳极消耗 CO_2 排放和碳阳极焙烤 CO_2 排放。

（1）预焙电解槽阳极消耗 CO_2 排放。

$$E_{CO_2,预焙阳极} = NAC \times A \times \frac{(100 - S_a - Ash_a)}{100} \times \frac{44}{12} \tag{7.16}$$

式（7.16）中：$E_{CO_2,预焙阳极}$ 表示预焙碳阳极的 CO_2 排放量；NAC 表示每吨铝的阳极消耗量；A 表示铝的产量；S_a 表示碳阳极中的含硫量比例；Ash_a 表示碳阳极中的含灰量比例；$\frac{44}{12}$ 表示 C 转换成 CO_2 的系数。

（2）预焙电解槽碳阳极焙烤 CO_2 排放。

$$E_{CO_2,阳极焙烤} = \left(\begin{array}{c} (GA - H_w - BA - WT) + \\ \sum_i Q_i \times BA \times \frac{(100 - S_p - Ash_p)}{100} \end{array} \right) \times \frac{44}{12} \tag{7.17}$$

式（7.17）中：$E_{CO_2,阳极焙烤}$ 表示预焙碳阳极焙烤的 CO_2 排放量；GA 表示生阳极初重；H_w 表示生阳极的含氢量；BA 表示焙烤阳极产量；WT 表示废焦油收集量；$\sum_i Q_i$ 表示燃料的消耗总量，如焦炭；S_p 表示焙烤碳阳极含硫量；Ash_p 表示焙烤碳阳极含灰量；$\frac{44}{12}$ 表示 C 转换成 CO_2 的系数。

6. 合成氨生产过程排放

合成氨生产过程中输入能源物质既是燃料又是原料，其中天然气制合成氨

[①] 刘兰翠，张战胜，周颖等. 主要发达国家的温室气体排放申报制度［M］. 北京：中国环境科学出版社，2012.

时，不产生含碳废渣，主要产品也不含碳，但是可能存在联产含碳产品，如尿素和碳铵等；煤制合成氨存在含碳炉渣、灰分。因此，合成氨生产过程排放一般采用碳质量平衡法。计算公式如下：

$$E_{CO_2, 合成氨} = \left(\sum_i (Q_{输入原料i} \times C_{输入原料i}) - \sum_j (Q_{输出物质j} \times C_{输出物质j}) \right) \times \frac{44}{12}$$

(7.18)

式（7.18）中：$E_{CO_2, 合成氨}$表示合成氨生产过程产生的CO_2；$Q_{输入原料i}$表示输入原料i的使用量，如煤炭、天然气等；$C_{输入原料i}$表示输入原料i的含碳量比例；$Q_{输出物质j}$表示输出含碳物质j的质量，如炉渣量、灰量（指合成氨工艺中产生的未被其他锅炉回收利用的炉渣量、灰量）、折纯含碳产品质量和其他折纯含碳副产品质量；$C_{输出物质j}$表示输出含碳物质j的含碳量比例，如炉渣、灰（指合成氨工艺中产生的未被其他锅炉回收利用的炉渣量、灰量）、折纯含碳产品、其他折纯含碳副产品的含碳量比例。

7. 石灰和电石生产过程排放

石灰生产过程排放是在以石灰石为原料，煅烧生产石灰过程中，由于碳酸盐分解产生CO_2，因此石灰生产过程排放直接采用碳酸盐分解CO_2排放计算公式；而电石生产过程排放是以石灰和含碳原料如焦炭、无烟煤、石油焦等为原料生产电石过程中产生CO_2，因此一般采用碳质量平衡法。

（1）石灰生产过程排放。

$$E_{CO_2, 石灰} = \sum_i (Q \times R_i \times EF_i \times F_i)$$

(7.19)

式（7.19）中：$E_{CO_2, 石灰}$表示石灰生产过程产生的CO_2排放；Q表示消耗的原料的质量；R_i表示原料中碳酸盐i的质量分数；EF_i表示碳酸盐i的排放因子；F_i表示碳酸盐i的煅烧比例，若无法获得实测值，取1。碳酸盐参考排放因子见表7.7。

（2）电石生产过程排放

$$E_{CO_2, 电石} = \left(\sum_i (Q_{输入原料i} \times C_{输入原料i}) - \sum_j (Q_{输出物质j} \times C_{输出物质j}) \right) \times \frac{44}{12}$$

(7.20)

式（7.20）中：$E_{CO_2, 电石}$表示电石生产过程产生的CO_2；$Q_{输入原料i}$表示输入原料i的使用量，如石灰和含碳原料如焦炭、无烟煤等；$C_{输入原料i}$表示输入原料i的含碳量比例；$Q_{输出物质j}$表示输出含碳物质j的质量，如炉渣量、灰量等；$C_{输出物质j}$表示输出含碳物质j的含碳量比例，如炉渣、灰的含碳量比例。

8. 纸浆和纸张生产过程排放

纸浆和纸张生产过程排放主要是由于制浆过程中添加配浆化学剂（$CaCO_3$，

Na_2CO_3）而产生的排放。因此，造纸生产过程排放计算公式为：

$$E_{CO_2, 造纸} = \sum_i (Q \times R_i \times EF_i \times F_i) \tag{7.21}$$

式（7.21）中：$E_{CO_2, 造纸}$ 表示纸生产过程产生的 CO_2 排放；Q 表示消耗的原料的质量；R_i 表示原料中碳酸盐 i 的质量分数；EF_i 表示碳酸盐 i 的排放因子；F_i 表示碳酸盐 i 的煅烧比例，若无法获得实测值，取 1。碳酸盐参考排放因子见表 7.7。

9. 石油化工生产过程排放①

石油化工生产过程排放主要包括催化剂烧焦过程排放、环氧乙烷/乙二醇过程排放、硫磺回收过程排放、制氢过程排放和其他工业过程产生的排放。

（1）催化剂烧焦过程排放。

催化裂化装置、催化重整装置、汽油加氢装置、乙烯裂解、碳二碳三加氢等装置反应过程中，由于小分子烃类还原或不饱和烃类聚合、缩合产生结焦，沉积在催化剂上，堵塞催化剂毛孔，导致催化剂失活。生产过程中，一般采取烧焦的方式使催化剂恢复活性。

企业催化剂烧焦再生有两种形式：一是将催化剂返回厂家进行再生；二是催化剂在装置中在线再生。第一种不计入本企业的碳排放；第二种根据各装置不同，可以采用不同的计算公式。其中，部分装置（如催化重整装置）为固定床反应器，其催化剂可以精确称量，则根据再生前后催化剂的重量变化计算碳排放量；部分装置（如催化裂化装置）为流化床反应器，其催化剂不可精确称量，则根据再生烟气中 CO_X 体积含量计算碳排放量。

①称量催化剂方法。可精确称量催化剂的装置，其碳排放量计算公式为：

$$E_{CO_2, 烧焦} = (AD_{C1} \times C_{C1} - AD_{C2} \times C_{C2}) \times \frac{44}{12} \tag{7.22}$$

式（7.22）中：$E_{CO_2, 烧焦}$ 表示催化剂烧焦产生的 CO_2 排放量；AD_{C1} 表示烧焦过程再生前催化剂的质量；C_{C1} 表示烧焦过程再生前催化剂的含碳量比例；AD_{C2} 表示烧焦过程再生后催化剂的质量；C_{C2} 表示烧焦过程再生后催化剂的含碳量比例。

②烟气排量倒推法。催化裂化、裂解汽油加氢、碳二碳三加氢催化、乙烯裂解装置催化剂再生过程为流化床烧焦。其中不可精确称量催化剂的质量，烧焦过程产生的 CO_2 排放量以排出口风量和废气浓度为基础进行计算，其碳排放量计算公式为：

$$E_{CO_2, 烧焦} = AD_C \times C_C \times \frac{44}{22.4} \times 10^{-3} \tag{7.23}$$

---

① 《广东省企业二氧化碳排放信息报告指南（试行）》。

式（7.23）中：AD_C 表示催化剂烧焦过程的烟气排放量；C_C 表示烧焦排放烟气中 CO_2 和 CO 的体积含量，出口废气中的 CO_2 和 CO 浓度数；22.4 表示从摩尔体积转换为质量的系数；其他符号同式（7.22）中的说明。

③装置碳平衡法。如对工艺过程排放的催化剂烧焦量质量不可测试或装置出口排风量无测试时，可采用装置物质质量平衡法，计算催化剂烧焦过程的二氧化碳排放。

$$E_{CO_2,烧焦} = (\sum_i (Q_{烧焦输入原料_i} \times C_{烧焦输入原料_i})$$
$$- \sum_j (Q_{烧焦输出物质_j} \times C_{烧焦输出物质_j})) \times \frac{44}{12} \quad (7.24)$$

式（7.24）中：$Q_{烧焦输入原料_i}$ 表示烧焦装置过程输入物料 i 的质量；$C_{烧焦输入原料_i}$ 表示烧焦装置过程输入物料 i 的碳含量；$Q_{烧焦输出原料_i}$ 表示烧焦装置过程输出物料 i 的质量；$C_{烧焦输出原料_i}$ 表示烧焦装置过程输出物料 i 的碳含量。

（2）环氧乙烷/乙二醇过程排放。

环氧乙烷的工艺生产过程中，采用乙烯和氧气为原料，经环化反应后生产环氧乙烷，同时发生氧化副反应，生成二氧化碳和水。部分二氧化碳经二氧化碳回收系统回收生产液态 CO_2 产品，部分排入大气。计算公式为：

$$E_{CO_2,环氧乙烷} = (Q_{环氧乙烷输入原料} \times C_{环氧乙烷输入原料} - \sum_j (Q_{环氧乙烷输出物质_j}$$
$$\times C_{环氧乙烷输出物质_j})) \times \frac{44}{12} \quad (7.25)$$

式（7.25）中：$E_{CO_2,环氧乙烷}$ 表示环氧乙烷装置生产过程中产生的碳排放量；$Q_{环氧乙烷输入原料}$ 表示环氧乙烷装置原料消费量；$C_{环氧乙烷输入原料}$ 表示环氧乙烷装置原料的含碳比例；$Q_{环氧乙烷输出物质_j}$ 表示环氧乙烷装置第 j 种产品（或副产品）产量；$C_{环氧乙烷输出物质_j}$ 表示环氧乙烷装置第 j 种产品（或副产品）的含碳比例。

（3）硫磺回收过程排放。

对于以酸性气为原料的硫磺回收工艺，制程排放来源主要是酸性原料气中含有的 CO_2，排放的 CO_2 以酸性气的量和酸性气中 CO_2 的含量为基础进行计算，硫磺回收装置中焚烧炉的燃料气造成的 CO_2 排放，已列入固定排放源中，因此不计入制程排放，硫磺回收过程 CO_2 排放计算公式如下：

$$E_{CO_2,硫磺回收} = AD_S \times FCO_2 \times \frac{44}{22.4} \times 10^{-3} \quad (7.26)$$

式（7.26）中：$E_{CO_2,硫磺回收}$ 表示硫磺装置生产过程产生的碳排放量；AD_S 表示硫磺装置酸性气的气量；FCO_2 表示硫磺装置酸性气中 CO_2 的体积含量；22.4 表示从摩尔体积转换为质量的系数。

（4）制氢过程排放。

制氢装置采用煤、天然气、石脑油等原料，在转化炉内与水蒸气发生反应，生成 H_2、CO 和 CO_2，低压解析后，含 CO 和 CO_2 的脱附气最后进入转化炉做燃料，燃烧尾气中主要是 CO_2，部分回收用于生产液态 CO_2 产品，部分排入大气。制氢过程排放主要有脱附气测量法和质量平衡方法。

①脱附气测量法。以脱附气的量和脱附气中 CO_2 的含量为基础计算 CO_2 的排放，计算公式如下：

$$E_{CO_2,\text{制氢}} = AD_c \times FCO_2 \times \frac{44}{22.4} \times 10^{-3} \qquad (7.27)$$

式（7.27）中：$E_{CO_2,\text{制氢}}$ 表示制氢过程产生的排放；AD_c 表示制氢装置脱附气；FCO_2 表示制氢装置脱附气中 CO_2 的体积含量。

②质量平衡方法。对于采用煤（焦）为原料的制氢装置，采用碳质量平衡方法公式：

$$E_{CO_2,\text{制氢}} = \left(\sum_i \left(Q_{\text{制氢输入}i} \times C_{\text{制氢输入}i} - Q_{\text{制氢输出}j} \times C_{\text{制氢输出}j} \right) \right) \times \frac{44}{12} \qquad (7.28)$$

式（7.28）中：$Q_{\text{制氢输入}i}$ 表示制氢原料 i 如煤炭、天然气、石脑油、炼厂干气的消耗量；$C_{\text{制氢输入}i}$ 表示制氢原料 i 的含碳量比例；$Q_{\text{制氢输出}j}$ 表示输出物质 j 的质量，包括灰渣或废气的质量；$C_{\text{制氢输出}j}$ 表示输出物质 j 的含碳量比例。

10. 煤矿逸散排放①

煤矿区温室气体的逸散排放是指煤矿采掘、加工、储存和运输过程中，温室气体的释放。在煤矿逸散排放中，煤层气（主要是 CH_4 和 CO_2）是主要的温室气体来源。其产生于煤生成的地质过程中，封固在煤层里，直到采掘过程中煤层暴露和破碎时，才释放到大气中。煤矿逸散排放主要由四部分排放组成：煤炭采掘排放、煤炭采掘后排放、甲烷的回收及燃烧排放（地下煤矿）、废弃煤矿排放（地下煤矿）和非受控燃烧排放（露天煤矿）。

（1）煤炭采掘排放。煤炭采掘排放是指煤炭采掘操作期间破碎煤层及周围层储存气体的排放。煤炭地下采掘的碳排放量主要来自通风和排气系统。对于井下开采的煤矿企业来说，出于安全考虑，都会对特定矿井通风和排气系统的数据进行现场测量。有些煤矿通风和排气系统测量数据不可获取，如果该煤矿与有测量数据的煤矿在同一区域，则可以通过可测量煤矿区域的排放速率、甲烷浓度和原煤产量来估算其碳排放因子。排放因子能反映煤炭实际开采过程中的平均甲烷含量。

---

① 张晓慧，刘金平. 我国地下煤矿温室气体溢散排放研究［J］. 中国煤炭，2011（7）. 才庆祥，刘福明，陈树召. 露天煤矿温室气体排放计算方法［J］. 煤炭学报，2012（1）.

$$E_{\text{CH}_4,\text{采掘排放}} = \left(\frac{16}{12} \times \frac{1}{n} \times \sum_i \frac{v_i \times c_i}{g_i}\right) \times g \times \sigma \tag{7.29}$$

式（7.29）中：$E_{\text{CH}_4,\text{采掘排放}}$ 表示煤矿采掘 CH_4 排放；n 表示矿井个数；v_i 表示特定煤矿的通风和排气排放速率；c_i 表示排出气体中 CH_4 的浓度；g_i 表示特定煤矿的原煤产量；$\frac{16}{12} \times \frac{1}{n} \times \sum_i \frac{v_i \times c_i}{g_i}$ 表示煤矿采掘中 CH_4 的排放因子；g 表示原煤产量；σ 表示单位转换因子，指 CH_4 密度，在 20℃、1 个大气压的条件下，此密度取值为 0.67kg/m^3；在标准状况下，密度则为 0.714kg/m^3。

当地下煤矿 CH_4 的排放因子不可测量和估算时，采用表 7.9 中的缺省值。

表 7.9 CH₄ 排放因子缺省值

CH_4 排放因子（$EF_{\text{采掘}}$）	采掘深度（h）
$10\text{m}^3/\text{t}$	$h < 200\text{m}$
$18\text{m}^3/\text{t}$	$200\text{m} < h < 400\text{m}$
$25\text{m}^3/\text{t}$	$400\text{m} < h$

若为露天煤矿，采掘过程中 CH_4 的排放因子缺省值：低位为 $0.3\text{m}^3/\text{t}$；中位为 $1.2\text{m}^3/\text{t}$；高位为 $2.0\text{m}^3/\text{t}$[①]。

（2）煤矿采掘后排放。煤矿采掘后排放在煤的后续处理、加工和输送期间产生。已经采掘出的煤通常还会继续排放气体，不过比煤层破碎阶段的排放慢。这部分的逸散排放包括煤被采掘之后、携带到地表和随后加工、储存及运输排放的 CH_4，因此，对开采活动后排放量进行直接测量是不可行的，只能使用排放因子法：

$$E_{\text{CH}_4,\text{采掘后排放}} = EF_a \times g \times \sigma \tag{7.30}$$

式（7.30）中：$E_{\text{CH}_4,\text{采掘后排放}}$ 表示地下煤矿采掘后的 CH_4 排放；EF_a 表示采掘后煤矿碳排放因子；其他符号含义同式（7.29）中的说明。

估算采掘后排放要考虑煤的现场气体含量。对来自地下煤矿开采之前未除气的运送煤测量表明，25%～40% 的现场气体仍保留在煤中。对于进行了预排气的煤矿，煤里的气体数量将小于现场值，小于量不明。对于没有预排气的煤矿，但已知现场气体含量，开采后排放因子可设置为现场气体含量的 30%，对于预排气的煤矿，建议排放因子为现场气体含量的 10%。如果没有现场的气体含量数据或预先排气系统已经运行，但并不知道运行到什么程度，合理的方法是将地下

---

① 数据来源于《2006 年 IPCC 国家温室气体排放清单指南》（第二卷）。

开采的总排放量提高 3%。

若为露天煤矿，采掘后的 CH_4 的排放因子缺省值：低位为 $0m^3/t$；中位为 $0.1m^3/t$；高位为 $0.2m^3/t$[①]。

（3）甲烷的回收及燃烧（地下煤矿）。正在开采或废弃的地下煤矿排出的甲烷，可以直接排放到大气中，也可以经过无任何利用的喷焰燃烧或催化氧化转化成 CO_2，抑或从下水道、通风气或废弃煤矿中作为天然气资源回收并利用，其中甲烷从煤层中抽放，并作为其他企业燃料使用时，应从估算的排放总量中扣除这部分排放量。

$$E_{CH_4,后处理} = ((1 - 0.98) \times V_f + V_r) \times \sigma \qquad (7.31)$$

式（7.31）中：$E_{CH_4,后处理}$ 表示未燃 CH_4 的排放；0.98 表示天然气喷焰燃烧的燃烧效率；V_f 表示喷焰燃烧的 CH_4 体积量；V_r 表示回收再利用的 CH_4 体积量；其他符号含义同（7.29）中的说明。

$$E_{CO_2,后处理} = 0.98 \times V_f \times \sigma \times f \qquad (7.32)$$

式（7.32）中：$E_{CO_2,后处理}$ 表示 CH_4 燃烧产生的 CO_2 排放；f 表示化学计量质量因子，是单位质量 CH_4 完全燃烧产生的 CO_2 的质量比率，等于 2.75。

（4）废弃煤矿排放（地下煤矿）。目前还没有现成的方法估算此类排放源类别的排放量。对于被水淹没的煤矿，排放量几乎不会发生，而被机械封存的煤矿可能出现少量的泄漏。科学的做法是记录被关闭矿井的时间和封存的方式，以及有关这类矿井大小和开采深度的数据。

$$EF_{废弃矿} = (1 + aT)^b \qquad (7.33)$$

$$E_{CH_4,废弃矿} = n \times q \times v \times EF_{废弃矿} \times \sigma \qquad (7.34)$$

式（7.33）和式（7.34）中：$EF_{废弃矿}$ 表示废弃地下煤矿的排放因子；a、b 为常量，不同的国家和区域采用不同的值；T 表示煤矿废弃后的年数；$E_{CH_4,废弃矿}$ 表示废弃煤矿排放；n 表示未淹没的废弃煤矿数量；q 表示瓦斯矿的比例；v 表示气体平均排放速率；其他符号含义同式（7.29）中的说明。

表7.10 废弃煤矿排放因子缺省参数

煤 种	a	b
无烟煤	1.72	-0.58
沥青煤	3.72	-0.42
次沥青煤	0.27	-1.00

数据来源于《2006 年 IPCC 国家温室气体排放清单指南》（第二卷）。

---

① 数据来源于《2006 年 IPCC 国家温室气体排放清单指南》（第二卷）。

（5）非受控燃烧和氧化排放（露天煤矿）。由于煤窑井工开采破坏或采煤工作面长期暴露等原因，露天矿采场内可能发生煤的氧化、自燃，并向大气排放大量的温室气体。煤炭非受控燃烧造成的温室气体排放量的计算公式如下：

$$E_{CO_2, 非受控燃烧} = \sum_i (AC_i \times NCV_i \times CC_i) \times \frac{44}{12} \qquad (7.35)$$

式（7.35）中：$E_{CO_2, 非受控燃烧}$ 表示非受控燃烧排放；AC_i 表示非受控燃烧第 i 种煤的量；NCV_i 表示非受控燃烧第 i 种煤的低位热值量；CC_i 表示非受控燃烧第 i 种煤的低位热值含碳量。

露天煤矿未采出部分的缓慢氧化排放为：

$$E_{CO_2, 非受控氧化} = \frac{1-k}{k} \times G \times NCV \times CC \times O \times \frac{44}{12} \qquad (7.36)$$

式（7.36）中：$E_{CO_2, 非受控氧化}$ 表示非受控氧化排放；k 表示露天矿工作面回采率；G 表示露天煤炭产量；NCV 表示原煤平均发热量；CC 表示原煤低位热值含碳量；O 表示煤炭的氧化率。

11. 油气系统逸散排放[①]

在油气生产、处理、储运和分销过程中普遍存 CH_4 排放现象。油气系统中的"逸散性"排放源包括正常作业中的排放（如油气生产过程中与放空和点火炬有关的排放）、设备排气口处的长期泄漏或排放、日常维护过程中的排放（如管线修复）、系统失常和事故过程中的排放。可采用排放因子法进行估算排放：

$$E_{CH_4, 油气系统} = \sum_i AD_i \times EF_i \qquad (7.37)$$

式（7.37）中：$E_{CH_4, 油气系统}$ 表示油气系统逸散的 CH_4 排放；AD_i 表示排放源 i 的活动水平数据；EF_i 表示排放源 i 的排放因子，我国目前可采用的排放因子数据来源于 IPCC2006 指南中为发展中国家提供的排放因子数据库，其可靠性取决于国家的石油和天然气工业规模，规模越大，其逸散排放贡献就越大，所列排放因子就越可靠。

（三）间接排放计算

1. 外购电力产生的排放[②]

（1）排放核算公式。

$$E_{CO_2, 电力} = EG_{电力} \times EF_{电力} \qquad (7.38)$$

式（7.38）中：$E_{CO_2, 电力}$ 表示外购电力产生 CO_2 排放量；$EG_{电力}$ 表示外购电

---

① 杨巍，陈国俊，张铭杰等. 美国和中国油气系统甲烷排放状况［J］. 油气田环境保护，2012（4）.
② 付坤，齐绍洲. 中国省级电力碳排放责任核算方法及应用［J］. 中国人口·资源与环境，2014（4）.

量；$EF_{电力}$表示外购电力排放因子。

（2）外购电力排放因子估算。

外购电力排放因子是在同时考虑了避免电力排放重复计算、区域间电力碳强度的差异性和电力净调入调出等因素基础上，并基于共担责任原则的我国省区电力排放核算方法估算出来的。

1）电力直接排放与共担比例测算。

①电力直接排放测算。

$$EM = \sum_i AC_i \cdot EF_i \qquad (7.39)$$

式（7.39）中：EM表示电力直接排放量；AC_i表示电力生产过程燃料i的消耗量；EF_i表示燃料i的排放因子。

②排放共担比例测算。

共担原则的核心问题在于确定电力直接排放在生产端和消费端之间的共担比例，伦曾等人（Lenzen et al. 2007）[1] 提出的共担比例为增加值与净产出之比；罗觉果斯等人（Rodrigues et al. 2006）[2] 认为生产者和消费者的责任应具有对称性，即双方的共担比例为1∶1。考虑到电力系统本身的特点，同时兼顾可操作性原则，本书提出的共担比例为省区市发电效率，这里发电效率是根据省区市电力的等价值（energy equivalent value）和当量值（energy calorific value）确定的。电力的等价值是指为了得到一个单位的电力实际消耗的一次能源的热量；电力的当量值，又称理论热值（或实际发热值），是指电力本身所含热量，按热量的多少折算成标准煤量。以各省区市发电效率作为共担比例，一方面能够体现省区市发电效率的差异性，有效激励各省区市采用更高效低碳的发电方式和发电技术以减少其承担的排放责任；另一方面也能促进消费端采用更多措施减少电力消耗，从而减轻其承担的排放责任。

第一步，计算省区市电力等价值。

$$EEV_y = \frac{\sum_i FC_{i,y} \cdot R_i}{TP_y} \qquad (7.40)$$

式（7.40）中：EEV_y表示第y年省区市电力的等价值；$FC_{i,y}$表示第y年省区市火力发电中化石燃料i的消耗量；P_i表示化石燃料i的折算标准煤系数；TP_y表示第y年火电发电量；i表示第y年省区市火力发电中消耗的化石燃料种类。

第二步，计算省区火电发电效率。

① Lenzen M, Murray J, Sack F, et al. Shared Producer and Consumer Responsibility-Theory and Practice [J]. Ecological Economics, 2007, 61 (1).

② Rodrigues J, Domingos T, Giljum S, et al. Designing an Indicator of Environmental Responsibility [J]. Ecological Economics, 2006, 59 (3).

$$K_y = \frac{ECV}{EEV_y} \tag{7.41}$$

式（7.41）中：K_y 表示第 y 年省区市火电发电效率；ECV 表示电力的当量值，$CV = 0.1229$（kgce/kWh）[①]。

第三步，计算省区市电力生产端排放承担比例。

$$\theta_y = 1 - K_y \tag{7.42}$$

式（7.42）中：θ_y 表示第 y 年省区市电力生产端排放承担比例，由于该承担比例与火电发电效率呈反比关系，有利于促进省区市采用有效措施以减少其电力碳排放责任。

2）省区市电力排放责任核算。

电力的碳排放来源于电力生产过程，但本书核算电力碳排放时采用的是电力生产端和消费端共担原则，因此省区市电力排放由该省区电力生产端承担排放和消费端承担排放两部分组成，其中省区市电力消费端承担排放可进一步分为：区域电网内电力消费排放和其他区域电网调入电力消费排放。省区市电力排放各组成部分如图 7.4 所示。因此，省区市电力排放核算公式为：

$$E = EP + EC \tag{7.43}$$

式（7.43）中：E 表示省区市电力排放；EP 表示省区市电力生产端承担排放；EC 表示省区市电力消费端承担排放。

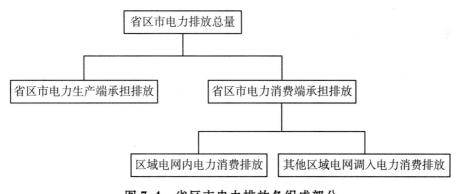

图 7.4　省区市电力排放各组成部分

①各省区市电力生产端承担排放测算。

$$EP_y = \theta_y \cdot EM_y \tag{7.44}$$

式（7.44）中：EP_y 表示第 y 年本省区市电力生产端承担排放；θ_y 表示第 y 年本省区市电力生产端排放承担比例；EM_y 表示第 y 年本省区市电力直接排放。

---

① 电力当量值数据来源于《中国能源统计年鉴（2011）》。

②省区市电力消费端承担排放测算。

省区市电力消费端承担排放由区域电网内电力消费排放和其他区域电网调入电力消费排放两部分组成。基本思路是先计算区域电网之间电力调度的排放量和区域电网内电力消费排放，然后根据消费分担原则来计算区域电网内电力消费排放和其他区域电网调入电力消费排放。

我国电网实行的是统一调度、分级管理的模式，电网主要由国家电网和南方电网组成，其中国家电网可以划分为东北、华北、西北、华中、华东五大分部，我国电网根据边界可统一划分为东北、华北、华东、华中、西北和南方区域电网，不包括西藏自治区、香港特别行政区、澳门特别行政区和台湾地区，进而根据区域电网之间电力的交换网络可以构建碳交换图，图7.5显示了我国六大区域电网之间的抽象碳交换图，其中箭头表示碳交换的流向。

第一步，计算本区域电网电力消费排放因子。基于电力生产和消费守恒原理，本区域电网发电量等于本电网内电力消费量加上其调出至其他区域电网的电力消费量，故本区域电网电力消费排放因子等于本区域电网消费端承担排放除以本区域电网总发电量[①]。

$$EFIC_y = \frac{\sum_i (1 - \theta_{i,y}) \cdot EM_{i,y}}{\sum_i GE_{i,y}} \qquad (7.45)$$

式（7.45）中：$EFIC_y$ 表示第 y 年本区域电网电力消费排放因子；$(1 - \theta_{i,y})$ 表示第 y 年本区域电网中省区市 i 电力消费端排放承担比例；$EM_{i,y}$ 表示第 y 年本区域电网中省区市 i 电力直接排放；$GE_{i,y}$ 表示第 y 年本区域电网中省区市 i 的发电量；$\sum_i GE_{i,y}$ 表示第 y 年本区域电网中所有省区市的总发电量。

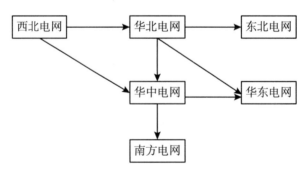

注：根据2011年我国六大电网之间电力净交换图构建。

图7.5　我国区域电网碳交换

---

① 本部分中总发电量均指包括所有发电方式的发电总量。

第二步，计算本区域电网向其他区域电网净调出电力排放和本区域电网内电力消费排放。

$$EG_{j, y} = EFIC_y \cdot EX_{j, y} \qquad (7.46)$$

$$EEX_y = EFIC_y \cdot \left(\sum_j GE_{i, y} - \sum_j EX_{j, y} \right) \qquad (7.47)$$

式（7.46）和式（7.47）中：$EG_{j, y}$ 表示第 y 年本区域电网向区域电网 j 净调出电力排放；EEX_y 表示第 y 年本区域电网内电力消费排放；$EX_{j, y}$ 表示第 y 年本区域电网向区域电网 j 净调出的电量；$\sum_j EX_{j, y}$ 表示第 y 年本区域电网向其他区域电网净调出电量总和。

类似的，可以计算出其他区域电网向本区域电网净调入电力排放及其排放因子。

$$EIM_y = \sum_j \left(\frac{\sum_i (1 - \theta_{ij, y}) \cdot EM_{ij, y}}{\sum_i GE_{ij, y}} \cdot IM_{j, y} \right) \qquad (7.48)$$

$$EFXC_y = \frac{EIM_y}{\sum_j IM_{j, y}} \qquad (7.49)$$

式（7.48）和式（7.49）中：EIM_y 表示第 y 年其他区域电网向本区域电网净调入电力的排放；$EFXC_y$ 表示其他区域电网向本区域电网净调入电力的排放因子；$(1 - \theta_{ij, y})$ 表示第 y 年区域电网 j 中省区市 i 电力消费端排放承担比例；$EM_{ij, y}$ 表示第 y 年区域电网 j 中省区市 i 电力直接排放；$IM_{j, y}$ 表示第 y 年区域电网 j 向本区域电网净调入电量；$GE_{ij, y}$ 表示第 y 年区域电网 j 中省区市 i 总发电量。

第三步，估算本省区市电网分别与其他区域电网之间电力净交换量、本区域电网内其他省级电网之间电力净交换量，其中在估算本省级电网与其他区域电网之间电力净交换量时，如果本省级电网是净调出电量的电网，则仅需估算本省级电网净调出至其他区域电网电量；如果本省级电网是净调入电量的电网，则仅需估算其他区域电网净调入至本省级电网电量。

当本省级电网是净调出电量的电网时，本省电网与其他区域电网之间电力净交换量估算方法是将本区域电网净调出至其他区域电网的电量在本区域电网内存在净调出电量的省份之间进行分摊，分摊比例为本省级电网净调出电量与存在净调出电量省份的净调出总电量之比。

$$NET_y = \frac{NE_y}{\sum_i NE_{i, y}} \cdot \sum_j EX_{j, y} \qquad (7.50)$$

式（7.50）中：NET_y 表示第 y 年本省级电网与其他区域电网之间电量交换量；NE_y 表示第 y 年本省级电网净调出电量；$NE_{i, y}$ 表示第 y 年本区域电网中存在净调出电量省区市 i 的净调出电量；$\sum_i NE_{i, y}$ 表示第 y 年本区域电网中存在净调出电量的省区市净调出总电量。

当本省级电网是净调入电量的电网时，本省级电网与其他区域电网之间电力净交换量估算方法是将其他区域电网净调入至本区域电网电量在本区域电网内存在净调入电量的省区市之间进行分摊，分摊比例为本省级电网净调入电量占净调入电量省区市净调入总电量的比例。

$$NET_y = \frac{NI_y}{\sum_i NI_{i,y}} \cdot \sum_j IM_{j,y} \qquad (7.51)$$

式（7.51）中：NI_y 表示第 y 年本省级电网净调入电量；$NI_{i,y}$ 表示第 y 年本省级电网净调入电量；$\sum_i NI_{i,y}$ 表示第 y 年本区域电网中存在净调入电量的省区市净调入总电量。

根据电量守恒原理，本省级电网与本区域电网内其他省级电网之间电力净交换量等于本省级电网净交换量电量减去本省电网与其他区域电网之间电量净交换量。

$$NEP_y = NT_y - NET_y \qquad (7.52)$$

式（7.52）中：NEP_y 表示第 y 年本省级电网与本区域电网内其他省级电网之间电量净交换量；NT_y 表示第 y 年本省级电网电量净交换量，当本省级电网是净调出电量的电网时，$NT_y = NE_y$；当本省级电网是净调入电量的电网时，$NT_y = NI_y$。

第四步，计算区域电网内本省级电力消费排放、其他区域电网净调入（调出）至本省级电力消费排放。

$$E_{p,y} = (1 - \theta_y) \cdot EM_y + EFIC_y \cdot NEP_y \qquad (7.53)$$

$$E_{l,y} = EFC_y \cdot NET_y \qquad (7.54)$$

式（7.53）和式（7.54）中：$E_{p,y}$ 表示第 y 年区域电网内本省份电力消费排放；$E_{l,y}$ 表示第 y 年其他区域电网净调入（调出）至本省份电力的排放；EFC_y 表示本省级电网与其他区域电网之间净交换电力的排放因子，当本省级电网属于向其他区域电网净调出电力的电网时，$EFC_y = EFIC_y$；当本省级电网属于从其他区域电网净调入电力的电网时，$EFC_y = EFXC_y$；$EFIC_y \cdot NEP_y$ 表示区域电网内净调入（调出）至本省份电力的排放。

第五步，计算省级电力消费端承担排放。

$$EC_y = E_{p,y} + E_{l,y} \qquad (7.55)$$

式（7.55）中：EC_y 表示第 y 年本省级电力消费端承担排放。

③省区市电力消费碳排放因子。

$$EFC_{privince.y} = \frac{(E_{p,y} + E_{l,y})}{CE_y} \qquad (7.56)$$

式（7.56）中：$EFC_{privince.y}$ 表示第 y 年本省区市电力消费碳排放因子；CE_y 表示第 y 年本省区市电力消费总量。

表 7.11 列出了我国各省区市电力消费排放因子，该排放因子是基于共担责任原则估算出来的，因此，可以在避免重复计算的情况下，用来直接测算电力终端消费的排放，如建筑、汽车制造业等以电力为主要能源消耗的行业排放。湖北省、四川省、青海省和云南省的电力消费排放因子均在 1.2（吨 CO_2/万千瓦时）以下，并且显著低于 2.5675（吨 CO_2/万千瓦时）的全国平均值，主要原因是这四个省区的总发电量中水电占比较高。

表 7.11   **2011 年我国省区市电力消费排放因子**

省区市	电力消费排放因子（吨 CO_2/万千瓦时）
江苏省	3.0023
山东省	3.2319
广东省	2.4801
河北省	3.1487
河南省	2.9688
辽宁省	3.1230
浙江省	2.6372
安徽省	2.9353
山西省	3.0176
福建省	2.4993
内蒙古自治区	3.0098
上海市	2.9948
湖南省	2.1366
贵州省	2.7680
陕西省	2.9827
四川省	1.0087
北京市	2.8255
黑龙江省	2.9094
广西自治区	1.9631
天津市	3.1747
云南省	1.0291
新疆自治区	2.6496
宁夏自治区	3.6497
重庆市	2.1367

续表

省区市	电力消费排放因子（吨 CO_2/万千瓦时）
湖北省	1.1748
甘肃省	2.2579
江西省	2.8096
吉林省	2.6038
海南省	2.7351
青海省	1.1604
均　值	2.5675

2. 外购热力产生的排放计算公式

（1）排放核算公式。

$$E_{CO_2, 热力} = EG_{热力} \times EF_{热力} \tag{7.57}$$

式（7.57）中：$E_{CO_2, 热力}$ 表示外购热力产生 CO_2 排放量；$EG_{热力}$ 表示外购热或蒸汽的总热值；$EF_{热力}$ 表示外购热力排放因子。

$$E_{CO_2, 电力} = EG_{电力} \times EF_{电力} \tag{7.58}$$

式（7.58）中：$E_{CO_2, 电力}$ 表示外购电力产生 CO_2 排放量；$EG_{电力}$ 表示外购电量；$EF_{电力}$ 表示外购电力排放因子。

（2）外购热力排放因子估算。

$$EF_{热力} = \frac{\sum_i (FC_{i, y} \times EF_i)}{HG_y} \tag{7.59}$$

式（7.59）中：$EF_{热力}$ 表示第 y 年外购热力的温室气体排放因子；$FC_{i, y}$ 表示第 y 年热力生产中燃料 i 的消耗量；EF_i 表示燃料 i 的温室气体排放因子；HG_y 表示第 y 年供热量；i 表示第 y 年热力生产中消耗的化石能源种类。表 7.12 ~ 表 7.14 列出了 2006 ~ 2011 年我国各省区市外购热力温室气体排放因子[①]。

表 7.12　2006 ~ 2011 年我国各省区市外购热力温室气体排放因子

单位：吨 CO_2/百万千焦

省区市	2006 年	2007 年	2008 年	2009 年	2010 年	2011 年
北京市	0.09	0.10	0.10	0.09	0.09	0.09
天津市	0.04	0.11	0.12	0.12	0.12	0.12
河北省	0.14	0.12	0.12	0.12	0.13	0.12

---

① 数据来源由《中国能源统计年鉴》（2007 ~ 2012）整理计算得到。

续表

省区市	2006 年	2007 年	2008 年	2009 年	2010 年	2011 年
山西省	0.13	0.13	0.11	0.11	0.12	0.12
内蒙古自治区	0.16	0.14	0.19	0.17	0.17	0.17
辽宁省	0.13	0.13	0.12	0.13	0.13	0.13
吉林省	0.13	0.13	0.14	0.13	0.14	0.13
黑龙江省	0.17	2.44	0.19	0.15	0.15	0.15
上海市	-0.10	0.10	0.11	0.11	0.11	0.10
江苏省	0.11	0.10	0.11	0.11	0.10	0.11
浙江省	0.11	0.11	0.11	0.11	0.11	0.10
安徽省	0.10	0.10	0.11	0.11	0.11	0.10
福建省	0.12	0.11	0.11	0.10	0.10	0.11
江西省	0.13	0.17	0.15	0.14	0.14	0.16
山东省	0.12	0.12	0.12	0.12	0.12	0.12
河南省	0.13	0.12	0.13	0.14	0.14	0.13
湖北省	0.09	0.09	0.10	0.10	0.11	0.11
湖南省	0.11	0.14	0.11	0.11	0.12	0.11
广东省	0.10	0.12	0.12	0.12	0.11	0.11
广西自治区	0.17	0.13	0.14	0.12	0.16	0.17
海南省	0.15	0.09	0.10	0.13	0.10	0.10
重庆市	0.13	0.12	0.14	0.12	0.14	0.13
四川省	0.11	0.11	0.11	0.10	0.07	0.11
贵州省	0.17	0.23	0.13	0.13	0.15	0.15
云南省	0.10	0.20	0.23	0.18	0.14	0.18
陕西省	0.11	0.12	0.12	0.12	0.12	0.13
甘肃省	0.12	0.12	0.11	0.11	0.11	0.11
青海省	0.15	0.14	0.07	0.05	0.04	0.06
宁夏自治区	0.12	0.12	0.12	0.11	0.01	0.13
新疆自治区	0.09	0.11	0.11	0.12	0.12	0.12

第七章　企业碳排放监测、报告与核查（MRV）

表 7.13　2006～2011 年我国各省区市外购热力温室气体排放因子

单位：克 CH_4/百万千焦

省区市	2006 年	2007 年	2008 年	2009 年	2010 年	2011 年
北京市	1.50	1.53	4.03	1.14	1.16	1.13
天津市	1.24	1.19	1.23	1.22	1.39	1.33
河北省	1.47	1.86	2.07	2.27	1.71	1.54
山西省	1.30	1.30	1.55	1.59	1.34	1.32
内蒙古自治区	2.02	1.95	2.03	1.97	1.80	1.78
辽宁省	1.62	1.75	1.73	1.87	1.59	1.53
吉林省	1.52	1.40	1.51	1.32	1.44	1.41
黑龙江省	2.09	2.13	2.09	1.71	1.72	1.79
上海市	1.43	1.41	1.36	1.40	1.35	1.29
江苏省	1.21	1.28	1.32	1.25	1.09	1.12
浙江省	1.15	1.13	0.11	1.10	1.12	1.09
安徽省	1.04	1.13	1.20	1.21	1.31	1.13
福建省	1.68	1.61	1.86	2.03	2.53	1.51
江西省	1.49	1.91	1.84	1.57	1.65	1.93
山东省	1.40	1.32	1.28	1.32	1.31	1.28
河南省	1.35	1.26	1.33	1.44	1.57	1.42
湖北省	1.55	1.72	1.83	2.01	2.30	2.17
湖南省	1.35	1.57	1.23	1.15	1.52	1.47
广东省	1.90	2.41	1.54	1.41	1.76	1.88
广西自治区	1.76	1.37	1.46	1.28	1.69	1.74
海南省	4.85	1.05	1.85	2.11	2.60	2.16
重庆市	1.34	1.21	1.46	1.29	1.40	1.41
四川省	1.16	1.19	1.23	1.07	1.58	1.36
贵州省	1.72	2.36	1.34	1.33	1.53	1.59
云南省	1.05	2.10	2.33	1.85	1.50	1.85
陕西省	1.27	1.30	1.35	1.58	1.29	1.33
甘肃省	1.24	1.33	1.25	1.23	1.25	1.27
青海省	1.60	1.54	2.68	1.85	0.63	0.87
宁夏自治区	1.24	1.20	1.28	1.18	1.31	1.38
新疆自治区	0.98	1.51	1.17	1.25	1.26	1.30

表 7.14　2006～2011 年我国各省区市外购热力温室气体排放因子

单位：克 N_2O/百万千焦

省区市	2006 年	2007 年	2008 年	2009 年	2010 年	2011 年
北京市	2.63	1.45	1.45	1.36	1.28	1.30
天津市	1.84	1.77	1.83	1.82	1.74	1.76
河北省	2.08	1.85	1.95	1.93	1.88	3.35
山西省	1.95	1.95	1.79	1.75	1.79	1.85
内蒙古自治区	2.52	2.42	2.61	1.97	2.60	2.56
辽宁省	1.93	1.96	1.86	2.00	1.94	1.92
吉林省	2.02	2.08	2.18	1.94	3.83	2.09
黑龙江省	2.44	2.51	2.76	2.20	2.17	2.25
上海市	1.42	1.50	1.62	1.58	1.52	1.45
江苏省	1.63	1.62	1.65	1.66	1.57	1.67
浙江省	1.66	1.69	1.68	1.65	1.64	5.13
安徽省	1.53	1.54	1.68	1.70	1.67	1.61
福建省	1.86	1.59	1.65	1.38	1.45	1.53
江西省	1.80	2.55	2.23	2.02	2.02	2.11
山东省	1.91	1.91	1.90	1.80	1.79	1.78
河南省	2.02	1.88	1.95	2.10	2.04	2.02
湖北省	1.29	1.31	1.57	1.54	1.75	1.71
湖南省	1.71	2.14	1.66	1.60	1.66	1.58
广东省	1.20	1.50	1.71	1.72	1.47	1.53
广西自治区	2.61	2.03	2.81	1.85	2.51	2.61
海南省	0.94	0.17	0.23	0.24	0.97	0.74
重庆市	1.99	1.81	2.18	1.93	2.10	2.08
四川省	1.48	1.64	1.73	1.54	1.97	1.63
贵州省	2.58	3.54	2.00	2.00	2.30	2.39
云南省	1.58	3.15	3.50	2.78	2.24	2.78
陕西省	1.62	1.87	1.90	1.85	1.83	1.96
甘肃省	1.86	1.70	1.66	1.70	1.71	1.71

续表

省区市	2006 年	2007 年	2008 年	2009 年	2010 年	2011 年
青海省	2.33	2.14	0.99	0.74	0.56	0.75
宁夏自治区	1.85	1.79	1.91	1.76	1.96	2.06
新疆自治区	1.44	1.64	1.67	1.81	1.72	1.78

第四节　数据质量管理和不确定性评估

一、数据质量管理

在温室气体排放核算过程中，必须对其中涉及的数据进行质量分析，从而对核算结果的质量进行评估。

（一）数据质量核查内容[①]

数据质量核查应以符合一致性、透明度、精确度、选择性等原则为目的，数据质量核查内容如下。

1. 一般性质量核查

一般性质量核查主要包括：针对数据搜集/输入/处理、数据建档及排放量计算过程，具体内容见表7.15。

表7.15　　　　　　　　一般性质量核查内容

核查阶段	核查内容
数据收集、输入及处理	1. 检查输入数据的准确性； 2. 检查数据填写的完整性； 3. 确保在适当版本的电子文档中操作
按照数据建立文件	1. 确认表格中所有一级数据（包括参考数据）的数据源； 2. 检查引用的文献是否均已建档保存； 3. 检查以下相关的选定假设与原则是否均已建档保存：边界、基准年、核算方法、基础数据、排放系数及其他参数

---

① 《温室气体（GHG）排放量化、核查、报告和改进的实施指南（试行）》（DB 42/T 727—2011）。

核查阶段	核查内容
排放计算与检查计算	1. 检查排放单位、参数及转换系数是否标出； 2. 检查计算过程中的计量单位是否正确使用； 3. 检查转换系数； 4. 检查表格中数据处理步骤； 5. 检查表格中输入数据与演算数据，应有明显区分； 6. 检查计算的代表性样本； 7. 以简要的算法检查计算； 8. 检查不同排放设施类别，以及不同和排放源的数据汇总； 9. 检查不同时间与年限的计算方式，输入与计算的一致性

2. 特定性质量核查

特定质量核查主要包括：针对核查边界的适当性、重新计算、特定排放设施输入数据的质量及造成数据不确定性主要原因的定性说明等方面，具体内容见表 7.16。

表 7.16   **特定性质量核查内容**

核查类型	核查内容
排放系数及其他参数	1. 排放系数及其他参数引用是否正确； 2. 系数或参数与活动水平数据的计量单位是否吻合； 3. 单位转换因子是否正确
活动数据	1. 数据统计是否具有连续性； 2. 历年相关数据是否具有一致性变化； 3. 同类型设施、部门的活动水平数据交叉比对； 4. 活动水平数据与产品产能是否具相关性； 5. 活动水平数据是否因基准年重新计算而随之调整
排放量计算	1. 排放量计算公式是否正确； 2. 历年排放量估算是否具有一致性； 3. 同类型设施、部门排放量的交叉比对； 4. 实测值与排放量估算值的差异比较； 5. 排放量与产品产能是否具相关性、一致性

（二）排放源数据质量评估

针对温室气体不同的排放源，需要分别从仪器校正、活动水平数据和排放因子三个方面进行数据质量等级分析，表7.17列出了仪器校正、活动水平数据和排放因子数据质量分级。

表7.17　　　　　　　　　　　数据质量分级表

数据类型		数据质量等级					
仪器校准	类　别	按照规定执行校正工作并校正结果在允许的误差范围内		按照规定执行校正工作但校正结果超出允许的误差范围		未按规定执行校正工作	
	等　级	6分		3分		1分	
活动水平数据	类　别	自动连续测量		定期测量		自行估算	
	等　级	6分		3分		1分	
排放因子	类　别	测量/质量平衡的计算系数	相同工艺/设备经验系数	制造商提供的系数	区域排放因子	国家排放因子	国际通用排放因子
	等　级	6分	5分	4分	3分	2分	1分

资料来源：《温室气体（GHG）排放量化、核查、报告和改进实施指南（试行）》（DB42/T 727 – 2011）。

针对某排放源的仪器校正、活动水平数据和排放因子三个方面数据质量等级分，计算出该排放源的总体数据质量等级分：

$$\overline{S}_l = \frac{Q_E + Q_A + Q_C}{3} \tag{7.60}$$

式（7.60）中：$\overline{S}_l$表示第i个温室气体排放源的数据质量等级分；Q_E表示仪器校正的质量等级分；Q_A表示温室气体活动水平数据质量等级分；Q_C表示温室气体排放因子的数据质量风等级分。

（三）整体核算结果质量评估[①]

对所有温室气体排放源的数据质量等级分进行加权平均，从而计算出整体核算结果的数据质量等级分，其中权重为各排放源的温室气体排放量占总排放量的比例。

[①]　中国标准化研究院编著. 企业温室气体核算与报告［M］. 北京：中国标准出版社，2011.

$$\overline{S} = \sum_{i}\left(\overline{S_l} \times \frac{E_i}{\sum_i E_i}\right) \tag{7.61}$$

式（7.61）中：$\overline{S}$ 表示温室气体排放核算整体结果的数据质量等级分；E_i 表示第 i 种温室气体排放源的温室气体排放量；$\sum_i E_i$ 表示所有排放源的温室气体排放总量。

企业温室气体排放核算数据质量等级分为 5 个等级（见表 7.18），等级数越小，表明数据质量越好，其中第一、二等级数据可以直接用于碳交易；第三、四等级的数据应遵循准确性原则，须补充提供验证资料；第五等级的数据不予采纳，需重新履行完整核算流程。

表 7.18　　　　　　　　　数据质量等级评价表

数据质量等级	第一等级	第二等级	第三等级	第四等级	第五等级
等级分范围	$\overline{S} \geqslant 5$	$5 > \overline{S} \geqslant 4$	$4 > \overline{S} \geqslant 3$	$3 > \overline{S} \geqslant 2$	$2 > \overline{S}$

二、不确定性原因[①]

温室气体核算主要是基于温室气体的排放（清除）相关假设设定、活动水平数据获取和核算方法的选取，因此温室气体排放核算不确定的本质原因在于数据不确定性，具体有以下两种原因。

（一）数据缺乏完整性

由于排放源未被识别或者测量方法缺乏，无法获得测量结果或其他数据。在这些情况下，常用方法是使用相似类别的替代数据，或者使用内推法或外推法作为进行估算的基础。一般情况下，这是由于数据缺乏完整性而造成偏差，也可能会造成随机误差。

（二）数据缺乏准确性

数据缺乏准确性是由统计随机抽样误差、数据代表性偏差和数据测量误差造成的。统计随机取样误差的不确定性来源与有限大小的随机样本的数据有关，通常取决于取样总体与样品本身大小（数据点数）的方差，可以通过增加抽取的独立样品数来减少这类不确定性；数据代表性偏差的不确定性来源与缺乏以下两者

---

① 《2006 年 IPCC 国家温室气体清单指南》。

的完整相应有关：可获得数据的条件和真实排放/清除或活动的条件。例如，排放数据可能在发电厂满负荷运行时可获得，而在启动条件下或负荷变化时无法获得。这时，数据只与需要的排放估算部分相关；测量误差（可能是随机或系统性的）产生于以下原因：测量、记录和传输信息误差；有限的工具解决方案；测量标准和推导资料的不精确数值；从外部资源获得的和数据缩减算法中使用的常数及其他参数的不精确数值（如 IPCC 指南的缺省数值）；纳入测量方法和估算程序中的近似值及假设。

温室气体排放核算不确定性的总体结构如图 7.6 所示。

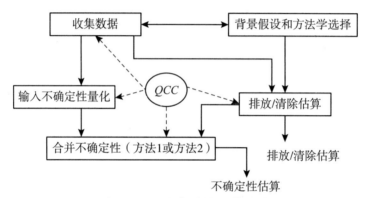

图 7.6　不确定性的总体结构

三、不确定性量化的方法及步骤

估算温室气体清单不确定性的流程包括：识别排放核算不确定性的主要来源，包括数据统计偏差和数据完整性的缺乏，如漏算、重复计算、丢失、概念偏差及模型估算偏差等，然后确定排放核算中单个变量的不确定性（如活动水平数据和排放因子数据的不确定性）；将单个变量的不确定性合并为排放核算的总不确定性。

（一）量化不确定性的方法[①]

在理想情况下，不确定性范围能从特定排放源的监测数据中推导出来，但是由于基础数据的缺失，估算通常是基于作为总体代表的典型排放源。对基于典型排放源所能获得的原始数据进行不确定性的量化，通过计算单个排放源的活动数据或排放因子的不确定性范围，然后逐级合并得到企业排放核算的总不确定性。

[①]　王文美，张宁，陈颖等 . 区域层面温室气体清单不确定性量化研究 ［J］. 城市环境与城市生态，2012，25（3）.《省级温室气体清单编制指南（试行）》。

单个指标是指典型排放源的活动水平数据或者计算排放因子所需的相关基础数据，该数据可以是不同层面的（如单个排放源单位或行业的）依据所搜集数据的详细情况而定，通过量化步骤可以得到该典型排放源的活动水平和排放因子的不确定性范围，温室气体清单中对单个指标不确定性的量化是通过估算统计学上的置信区间方式来表现，数据的具体形式是平均值±百分比的区间。步骤如下：

第一步，选择置信度：通常选择的置信度介于95% ~ 99.73%，IPCC 指南推荐值为95%，即所得出的置信区间中有95%的可能性包含某一数量的真实值。

第二步，计算样本平均值以及标准偏差 S。

$$\overline{X} = \frac{1}{n} \sum_{k=1}^{n} X_k \tag{7.62}$$

$$S = \sqrt{\frac{1}{n-1} \sum_{k=1}^{n} (X_k - \overline{X})^2} \tag{7.63}$$

式（7.62）和式（7.63）中：$\overline{X}$ 表示样本均值；n 表示样本容量；X_k 表示第 k 个样本的数值；S 表示样本标准差。

第三步，确定相关区间。假设样本数值符合正态分布，根据置信度及样本数选择双侧检验的 t 值。

$$\left[\overline{X} - \frac{S \cdot t}{\sqrt{n}}, \ \overline{X} + \frac{S \cdot t}{\sqrt{n}} \right] \tag{7.64}$$

t 值与测量样本数的对应关系见表7.19。

表7.19　　　　　　　　　　t 值与测量样本数的对应关系

测量样本数	3	5	8	10	50	100	∞
95%置信度下 t 值	4.30	2.78	2.37	2.26	2.01	1.98	1.96

第四步，将由式（7.64）计算出的相关区间转换成标准值±百分数的形式

（二）合并不确定性的方法

不确定性的合并是指为了得到某个排放源企业温室气体排放核算的总不确定性，将活动水平数据和排放因子的不确定性合并为温室气体排放量的不确定性，并从单个排放源逐级合并到某个企业行业。IPCC 指南推荐两种不确定性的合并方法：Monte Carlo 模拟和利用误差传递公式。Monte Carlo 模拟分析的原理是利用计算机，根据不同的排放因子或模式参数以及设定不确定性的概率分布，随机选取活动水平数据反复进行排放核算，从而模拟出排放的不确定性分布，并保持与排放因子、模式参数和活动水平数据的不确定性分布相一致，但是由于其中涉及的计算机程序较

为复杂，连续模拟耗时较长以及所需数据量大等缺点而很少在企业排放核算实践中采用。因此，在我国企业碳排放的核算时，兼顾考虑准确性和可操作性的情况下，不确定性分析建议采用简单的误差传递公式的方法合并不确定性。

1. 加减运算的误差传递公式

当某一估计值为 n 个估计值之和或差时，如由某单位的多个温室气体排放源的不确定性推算出该单位总排放的不确定性，采用下列公式来进行合并：

$$U_c = \frac{\sqrt{(U_{s1} \cdot \mu_{s1})^2 + (U_{s2} \cdot \mu_{s2})^2 + \Lambda + (U_{sn} \cdot \mu_{sn})^2}}{|\mu_{s1} + \mu_{s2} + \Lambda + \mu_{sn}|} = \frac{\sqrt{\sum_{n=1}^{N}(U_{sn} \cdot \mu_{sn})^2}}{\left|\sum_{n=1}^{N}\mu_{sn}\right|} \quad (7.65)$$

式（7.65）中：U_c 表示 n 个估计值之和或差的不确定性（％）；U_{s1}，…，U_{sn} 表示 n 个相加减的估计值的不确定性（％）；μ_{s1}，…，μ_{sn} 表示 n 个相加减的估计值。

2. 乘除运算的误差传递公式

当某一估算值为 n 个估算值之积时，如活动水平数据和排放因子具有相乘的关系，因此使用下列公式可以估算出温室气体排放量的不确定性。

$$U_c = \sqrt{U_{s1}^2 + U_{s2}^2 + L + U_{sn}^2} = \sqrt{\sum_{n=1}^{N} U_{sn}^2} \quad (7.66)$$

式（7.66）中：U_c 表示 n 个估计值之积的不确定性（％）；U_{s1}，…，U_{sn} 表示 n 个相乘的估计值的不确定性（％）。

例如：某工厂有三种二氧化碳排放源，排放量分别为 120 ±5％、90 ±25％和 80 ±10％吨，根据式（7.65）误差传递公式可计算该工厂二氧化碳总排放的不确定性为：

$$U_c = \frac{\sqrt{(120 \times 0.05)^2 + (90 \times 0.25)^2 + (80 \times 0.1)^2}}{|120 + 90 + 80|} = \frac{24.62}{290} \approx 8.5\%$$

如某企业燃煤锅炉一年内原煤消费量 50 000 ±1％吨，原煤燃烧二氧化碳排放因子为 1.9 ±5％吨二氧化碳/吨煤，根据式（7.66）误差传递公式可得到该锅炉年二氧化碳排放量的不确定性为：

$$U_c = \sqrt{(1\%)^2 + (5\%)^2} \approx 5.1\%$$

四、减少不确定性的方法[①]

在编制温室气体排放报告过程中，必须尽可能地降低不确定性，尤其要确保

---

① 省级温室气体清单编制指南（试行）。

使用的模型和收集到的数据能够代表实际情况。在减少不确定性时，应该按照对整个排放报告不确定性有影响程度高低进行先后处理。确定降低不确定性优先顺序的工具包括关键类别分析和评估特定类别的不确定性对清单总不确定性的贡献。根据出现的不确定性原因，可从以下几个方面降低不确定性。

一是改进模型：改进模型结构和参数，以更好地了解和描述系统性误差和随机误差，从而降低这些不确定性；

二是提高数据的代表性：如使用连续排放监测系统来监测排放数据，可得到不同燃烧阶段的数据，从而可以更加准确地描述排放源的排放属性；

三是使用更精确的测量方法：包括提高测量方法的准确度以及使用一些校准技术；

四是大量收集测量数据：增加样本大小可以降低与随机取样误差相关的不确定性，填补数据漏缺可以减少偏差和随机误差，这对测量和调查均适用；

五是消除已知的偏差：方法有确保仪器仪表准确地定位和校准，模型或其他估算过程准确且具有代表性，以及系统性地使用专家判断；

六是提高清单编制人员能力：包括增加对源和汇类别和过程的了解，从而可以发现以及纠正不完整问题；

七是交叉验证：通过不同票据、不同人员的交互验证，可以降低不确定性，提高数据的准确性。

第五节　温室气体排放报告

一、报告原则

（一）完整性

温室气体排放报告须覆盖满足监测条件的所有排放设施，以及涉及所有温室气体排放的全部燃烧排放和工业过程排放。

（二）一致性

报告中涉及的监测方法和数据设置应保证可在不同时间段之间的可比性，并且须保持报告数据准确的一致性，即当存在能够提高温室气体排放监测的准确性方法时，排放报告应保持及时更新与调整。

（三）客观性

排放报告不应该包含重大错误，在信息的选择和表达上要保持中立，排放报告结果能够真实地反映报告企业（组织）的实际情况。

二、报告提交流程

控排企业（组织）提交温室气体排放报告流程包括编制年度排放报告、第三方机构核查排放报告、向主管部门提交排放报告和核查报告。具体提交流程如图7.7所示。

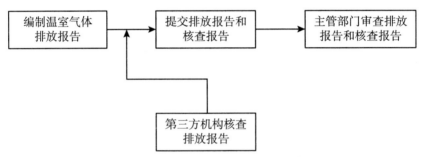

图7.7　温室气体排放报告提交流程

三、报告内容[①]

（一）企业信息

1. 企业基本信息

企业温室气体排放报告中，应详细描述企业的基本信息，包括企业名称、单位性质、监测覆盖时间、组织机构代码、法人代表及职务、所属行业及代码、主要产品及服务、注册地址、经营地址、邮编、部门联系人及联系方式、企业负责人联系方式等信息。

---

① 《湖北省工业企业温室气体排放监测、量化和报告指南（试行）》《上海市温室气体排放核算与报告技术文件》。

2. 企业生产基本信息

企业生产基本信息主要包括企业现有的主要产品、产能、产量和产值；企业产能变化情况包括项目名称、投产（关闭）时间、开始建设时间、总投资、设计产能等；企业合并、分立和重组信息包括组织机构变更日期、组织机构代码变更情况，合并、分立、重组情况描述，主营业务变更情况，导致（或预期）产能变化（万元），导致（或预期）能耗变化（标煤）。

企业生产基本信息还需要列出基准年以后企业（以组织机构代码为单位）可导致碳排放发生重大变化的合并、分立、重组等情况；组织机构代码变更情况需要说明企业发生变更前后的组织机构代码；合并、分立、重组情况描述需要说明并入企业的名称、组织机构代码，分立出的企业名称、组织机构代码，或企业重组的具体情况；主营业务变更情况需要说明企业合并、分立、重组后主营业务是否发生了变化；若发生变化，需要详细说明企业发生上述变更行为次年导致的产能变化和能耗变化情况。

（二）企业边界与排放源识别

1. 企业边界

企业组织边界和运行边界的确定需要同时考虑企业组织结构图和企业地理平面图。企业的组织边界除了包括企业地理边界内的部门外，还应包括企业设立在地理边界外的部门。

2. 企业排放源

根据企业确定的组织边界和运行边界，识别企业所有需要量化的排放源，包括固定设施和移动设施排放源。

（三）企业温室气体排放的量化

1. 监测过程

此部分需要说明在本监测期内监测计划的实施过程中是否出现修订，对修订发生的时间段、修订的原因和修订的内容等进行描述。监测计划的修订是否经过了相关主管部门的批准。

2. 温室气体排放量化过程

（1）排放因子的选择。在企业温室气体量化过程中，应当详细描述计算过程中涉及的所有温室气体排放因子的取值及来源，其中温室气体排放因子来源包括国内外权威部门公布的通用因子、企业自测因子等。温室气体排放因子包括化石能源燃烧排放因子、电力和热力的排放因子、生产过程排放因子等。

（2）企业活动水平数据及排放量化。为了准确测算企业温室气体排放，企业须按照不同的排放设备分别报告活动水平数据，相应的排放也是按照设备层面分别计算。具体包括设施编号、排放源流、温室气体种类、活动水平数据、排放因子、计算方法和排放量的计算结果。

（3）企业温室气体排放总量。企业温室气体排放总量要按照直接排放（燃烧排放、过程排放）和间接排放分别报告，并报告这些不同类型排放占总排放的比重。

（四）企业数据质量及不确定性分析

1. 数据质量等级评估

根据企业活动水平数据等级、排放因子等级和监测仪器校正等级来评估数据质量。企业须报告的内容包括设施编号、活动水平数据等级、排放因子等级、检测仪器校正等级、平均积分、年排放量、排放量占总排放量比例、加权平均分。

2. 整体排放的不确定性分析

整体排放的不确定性计算分为两步：

第一步，基于设备相关数据，计算各设备排放的不确定性。这里需要估算设备活动水平数据的不确定性和排放因子的不确定性，其中排放因子不确定是由单位热值含碳量的不确定性、低位发热值的不确定性和氧化率的不确定性综合得到；

第二步，计算综合不确定性。根据各设备的不确定水平，进行加权综合处理后，即可算出整体排放的不确定性水平。

具体计算公式见本章附录 A 中表 A – 13。

第六节　温室气体排放核查

一、第三方核查机构资质要求

为了保障碳排放权交易的有序平稳运行，确保核查工作科学合理、高效公正，碳排放权交易的主管部门应对独立第三方核查机构的资质进行核定和备案，以下列出基本资质条件①。

（一）注册及硬件要求

核查机构应为具有独立法人资格的企事业单、社会团体或其在鄂分支机构，注册资金不少于300万元，近两年法人年检均合格。核查机构应在中国省境内具有固定场所、设施及办公条件，具备与核查范围相适应的检测及验证能力，能够独立开展核查工作。

（二）财务及风险应对能力

具有开展业务活动所需的稳定的财务支持和完善的财务制度，并具有应对风险的能力，确保对其核查活动可能引发的风险能够采取合理有效措施，并承担相应的经济和法律责任。建立了与业务规模相适应的应对风险基金或保险。

（三）内部质量管理制度

核查机构应具备健全的核查工作相关内部质量管理制度，包括：明确管理层和核查人员的任务、职责和权限；明确至少一名高级管理人员作为核查工作负责人；建立了内部质量管理制度，包括人员管理、核查运行管理、文件管理、申诉、投诉和争议处理、不符合及纠正措施处理等相关制度；建立了完善的公正性与保密管理制度，以确保其相关部门和人员（包括代表其活动的委员会、外部机构或个人）从事核查工作的公正性，以及对涉及的信息予以保密。

（四）人力资源

具有至少10名专职核查人员，其中至少有5名人员具有两年及以上温室气体核查相关工作经历，如清洁发展机制、自愿减排机制或黄金标准机制下的审定与核证经验；核查人员应熟悉与温室气体排放相关的法律法规和标准要求，了解核查工作程序及其原则和要求，掌握相关行业方面的专业知识和技术，掌握核查活动相关的知识和技能。

---

① 《北京市碳排放权交易核查机构管理办法（试行）》《湖北省碳排放权交易第三方核查机构备案管理办法》。

（五）经验业绩要求

经清洁发展机制（CDM）执行理事会批准的指定经营实体，或经国家发展和改革委员会备案的温室气体自愿减排项目审定与核证机构，或经国家认证认可监督管理委员会备案的温室气体核查机构；且近三年在国内完成的 CDM 或自愿减排项目的审定与核查、ISO14064 企业温室气体核查、节能量审核等领域项目总计不少于 10 个。

对于无上述审定或核证经历的特定行业机构，应在温室气体减排领域内独立完成至少 2 个国家级课题或省级课题，或自主开发至少 3 个经国家主管部门备案的自愿减排项目方法学。

二、核查原则与核查流程

（一）核查原则

温室气体排放的核查工作应由相关主管部门认定资质的独立第三方核查机构执行，核查机构在准备、执行及报告核查工作时，应遵循以下原则：

1. 独立性原则

核查机构应保持独立于所核查的活动，避免偏见以及利益冲突，在整个核查活动过程中保持客观。

2. 公正性原则

核查机构的核查活动、发现、结论及报告应真实、准确。除了报告核查过程中的重要障碍，还应报告未解决的分歧意见。

3. 保密性原则

核查机构开展温室气体核查工作时，应遵守保密和保护所有权的原则，涉及知识产权的机密资料、技术和核查结果数据，国家或其他主管部门要求不便公开的信息，核查机构应该严格履行保密责任。

4. 专业性原则

核查机构应具备核查必需的专业技能。能够根据任务的重要性及受核查企业的要求，利用其职业素养实施专业判断。

（二）核查流程

核查基本流程如图 7.8 所示。

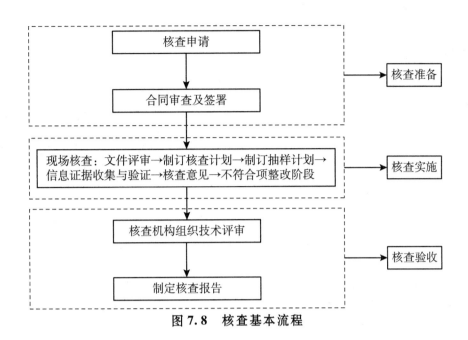

图 7.8　核查基本流程

三、核查内容①

（一）文件审核

企业（组织）将与温室气体相关的资料提交给核查机构，由核查机构指定核查组对资料和文件进行审核，文件审核的内容包括：

1. 企业（组织）的基本概况，包括组织架构图（含权益持有比例）、平面图、工艺流程图（仅生产型企业提供）；

2. 温室气体信息管理体系（包括职责限确定、人员培训、件和记录管理程序、温室气体监测、量化和报告程序、数据质量管理程序等）；

3. 化石能源和生产原购进、消费及库存表及附表（如有）；

4. 化石燃料和生产原料排放参数汇总表和来源说明表；

5. 温室气体排放报告和此前相关的核查报告。

（二）核查计划

核查计划的内容包括受核查企业（组织）的名称、组织边界及地址、核查目

---

① 《组织的温室气体排放核查规范及指南》（深圳市标准化指导性技术文件 SZDB/Z 70—2012），《湖北省碳排放权交易核查指南》。

的、核查准则、核查时间与核查人员、核查日程安排等。核查过程中，如有必要，在经核查机构批准和与受核查企业（组织）沟通后，核查计划可进行修订。

（三）抽样计划

核查组确定各排放源/设施的抽样比例，参照下列抽样方法：

第一，如果组织包含多个部门（场所），应首先识别和分析各部门（场所）的差异。当各部门（场所）的业务范围和温室气体源的类型差异较大时，则每个场所均要进行现场审核；仅当各场所的业务活动、设施以及温室气体源的类型均较相似时，才对部门（场所）进行抽样。抽样的场所数 $Y = \sqrt{X}$，X 为总的场所数。

第二，被抽样的每个现场，均应考虑制定单独的抽样计划，包括以下三个方面：

（1）化石燃料燃烧直接排放：锅炉、窑炉、转炉以及其他固定燃烧设备，应对所有相关活动数据进行100%核查，服务于生产的移动排放设施如叉车、铲车等，根据各排放设施活动数据的数量水平，如果活动数据的单据量很大，抽样比例至少为70%，且为典型排放的月份。

（2）生产过程直接排放：原则上应对所有相关活动数据进行100%核查。如果活动数据的单据量很大，抽样比例至少为70%，且为典型排放的月份。

（3）间接温室气体排放：外购电力、热、冷或蒸汽等能源产生的间接排放，应对所有月度汇总活动数据进行核查，即抽样率为100%。

（四）信息证据收集与检验

1. 信息证据收集

现场核查阶段需要收集和验证的信息证据如表7.20所示。

表7.20　　　　　　　　信息证据收集名目

信息证据类型	内　　容
实物证据	化石燃料计量仪表
	排放监测设备
	校准设备
文件证据	运行和控制程序文件
	工作日志、发票、记录单、采购单和领料单等
	能源和生产原料平衡表
	历史审核报告
证人证据	相关部门技术、操作、行政或管理等方面人员信息调研

2. 信息检验

（1）数据追溯：通过追溯原始数据的书面材料来发现所报告的温室气体信息中的错误；通过交叉检查原始数据记录检查所报告的温室气体信息有无遗漏或错误，交叉检验包括过程范围内的内部交叉检查、组织范围内的内部交叉检查、行业范围内的交叉检查；对比国际信息进行交叉检查。

（2）验算：检查计算过程和结果是否正确。

（3）第三方检验：利用独立第三方的书面证明材料进行检验。可以用于核查人员无法进行实际检测的情况，例如，设备校验报告对一级计量设备进行检验。

（五）核查意见

核查意见分为不符合项意见、澄清意见和调整意见三种。

1. 不符合项意见

（1）监测和报告中存在与监测计划和方法学不一致，且受核查企业（组织）没有将这些不一致充分记录或者提供的符合性证据不充分；

（2）受核查企业（组织）没有充分记录活动实施、运行和监测中的修改；

（3）数据来源、排放量计算出现了对排放量产生实质性影响的错误；

（4）受核查仍未解决的，在前一次核查期间提出的需要在本次核查过程中确认的进一步行动要求。

（5）企业（组织）应该按照约定的时间完成上述不符合项整改工作，并将整改材料提交给核查机构确认，直至不符合项问题解决。

2. 澄清意见

如果得到的信息不充分或者不足够清晰以至于无法确定是否满足相关要求时，核查机构应提出澄清意见要求。

3. 调整意见

如果在下一个核查周期需要对监测和报告进行关注和/或调整，核查机构应提出进一步行动要求。

四、核查报告

核查报告包括：核查组织名称、核查范围、核查准则、核查小组、温室气体排放报告覆盖时间段、核查的程序和步骤、排放实施运行情况、监测计划的执行情况、排放量的计算过程及结果、排放设施变更情况（如有）、核查意见及整改情况、排放量核查的主要结论。

五、核查工作规范化管理

核查工作是碳交易体系的基石，企业排放数据的核查质量直接影响碳交易体系的运行，核查工作的规范化管理应当是国家碳交易体系建设的重中之重。国家统一碳交易体系建立以后，在开展核查工作的同时，建议实行核查机构间互查，并做好核查资料管理，以备数据查验。通过对核查机构、核查人员、企业相关人员的制度化管理，确保排放数据和核查数据的质量，提升数据的准确性、可靠性和透明度。

（一）制度化管理

制定《碳排放权核查机构管理办法》，规定在碳排放权核查工作中企业及负责人、核查机构、核查人员的权利和义务。明确企业在核查中应当承担的责任，需要按照规定如实提交排放数据和材料，对报告的真实性和完整性负责，对于不配合、弄虚作假等行为予以惩处；核查机构主管部门实行备案管理，要求核查机构独立、客观、公正地对企业的碳排放年度报告进行核查，明确核查机构及核查人员的职责，确保核查工作规范开展。

（二）抽查和互查机制

建立抽查和互查机制，提升数据可靠度。实行核查报告抽查和互查，制定抽查和互查方案，确保监测、报告和核查方法和标准的统一，确保核查的质量。

（三）核查材料存管

明确企业在核查中应当提交的数据，明确要求企业提交核查材料，如发票等。核查机构要复印、拍照留底，建议建立统一的电子数据库，存储重点排放企业的相关排放数据及资料，以备查阅。

（四）加强事前、事中和事后的统一协调

对核查人员要加强事前培训，统一要求、方法、流程。对核查过程中不同核查小组遇到的问题要定期会商，寻求统一的解决办法。对核查之后的结果要请专家抽查并及时反馈修改。

附录 A　温室气体排放报告样表

（一）企业信息

表 A-1　　　　　　　　　　企业基本信息

企业名称					
单位性质			监测覆盖时间		
组织机构代码			法定代表人及职务		
所属集团公司					
所属行业			行业代码		
注册地址	区（县）				
经营地址	区（县）			邮编	
企业分管领导		电话（传真）		电子邮箱	
部门负责人	姓名	职务		电话（传真）	
	手机		电子邮箱		
联系人	姓名	职务		电话（传真）	
	手机		电子邮箱		
企业简介	（包括主要发展过程、生产经营总体情况等）				

表 A-2　　　　　　　　　　企业现有生产基本信息

总产值（万元）（按现价计算）			
工业增加值（万元）（按现价计算）			
主要产品名称	年产能（单位）	年产量（单位）	产值（单位）

表 A - 3　　　　　　　　　企业产能变化信息

编　号	项目名称	投产（关闭）时间	开始建设时间	总投资	项目设计产能	其他说明
1						
2						
3						
4						

表 A - 4　　　　　　　　企业合并、分立、重组信息

编　号	组织机构代码变更日期	组织机构代码变更情况	合并、分立、重组情况描述	主营业务变更情况	导致（或预期）产能变化（万元）	导致（或预期）能耗变化（标煤）	其他说明
1							
2							
3							
4							

（二）企业边界与排放源识别

表 A - 5　　　　　　　　企业组织边界描述表

组织边界内所含的企业/单位（如组织边界包括平级或下属企业/单位，请逐个列出）	地　址	组织边界描述	与企业层级关系	联系人信息

表 A - 6 企业运行边界

范围	类型	设施/活动
直接排放	化石能源燃烧直接排放包括固定设施和服务于生产的移动设施	
	生产过程直接排放	
	逸散排放	
间接排放	外购电力和蒸汽的排放	

表 A - 7 企业排放源汇总表

排放类型	设施/活动	排放源流	监测设备	监测设备位置	监测频次	校验频率	监测设备精度
固定设施排放							
服务于生产的移动源排放							
生产过程排放							
能源间接排放							

（三）企业温室气体排放的量化

表 A - 8 企业监测过程说明

是否与监测计划一致	□是	□否
监测计划是否更改	□是	□否
监测计划更改说明		

表 A - 9 温室气体排放因子选取及来源

类型	排放因子			来源说明
	CO_2	CH_4	N_2O	

表 A－10　　企业活动水平数据及排放量化过程

编　号	设施/活动	排放源流	气体种类	活动水平	单　位	排放因子	单　位	计算方法	排放量
燃烧直接排放									
生产过程直接排放									
能源间接排放									

表 A－11　　企业温室气体排放总量

排放类型		排放量	所占比例
直接排放	燃烧排放		
	过程排放		
间接排放			
总排放量			

（四）企业数据质量及不确定性分析

表 A－12　　数据质量分析表

		A	*B*	*C*	*D*	*E*	*F*	*G*
编号	设施/活动	活动水平数据等级	活动水平数据等级	检测仪器校正等级	平均积分 $\frac{A+B+C}{3}$	年排放量	占总排放量比例 $\frac{E}{\sum E}$	加权平均积分 $D \times F$
整体加权平均分						$\sum G$		
整体数据质量等级								

注：活动水平数据等级、活动水平数据等级和检测仪器校正等级参见表 8.17。

表A-13

不确定性计算表

编号	设备/活动	A	B	C	D	E	F	G
		排放量	活动水平不确定性（%）	排放因子不确定性（%）			综合不确定性（%）	加权综合不确定性（%）
			实物量	单位热值含碳量	低位发热值	氧化率	$\sqrt{B^2+C^2+D^2+E^2}$	$F \times \dfrac{A}{\sum A}$
合 计								$\sqrt{\sum G^2}=$

资料来源：国家气候变化对策协调小组办公室，国家发改委能源研究所．中国温室气体清单研究［M］．北京：中国环境科学出版社，2007．

附录 B 温室气体排放核查样表

表 B-1　　　　　　　核查计划表

核查范围	企业（组织）名称：
	核查地址：
	组织边界描述：
	监测覆盖的时间段：

核查目的：

核查准则：

	姓　名	组　别	备　注
组　长			
组　员			

核查组长签字/日期：

企业（组织）代表签字/日期：

日期/时间	内容/过程/活动	部门/场所	核查人员

表 B-2　　　　　　　抽样计划表

抽查范围	企业（组织）名称：
	抽查地址：

序　号	排放类型	排放设施	抽查内容和比例

306

表 B - 3   核查报告示例

核查范围	企业（组织）名称：
	核查地址：
	组织边界描述：
	监测覆盖的时间段：
核查编号	
核查机构	
核查机构编号	

核查组成员构成

	姓　名	组　别	备　注
组　长			
组　员			
核查报告撰写人			

核查内容

1 核查概述

1.1 简要描述受核查企业（组织）情况

1.2 核查目的

1.3 核查范围

1.4 核查准则

1.5 核查组安排

2 核查过程

2.1 文件审核

2.2 核查计划和抽查计划

2.3 信息收集与验证

2.4 排放计算过程（包括既有排放设备、新增排放设备、关闭排放设施等）

2.5 核查意见及整改

3 核查结论

3.1 排放监测及计算方法学与监测计划的一致性

3.2 受核查企业（组织）排放量声明

第八章

金 融 支 持

低碳经济正成为各国，尤其是发展中国家寻求解决能源、经济增长和气候变化的突出矛盾，实现经济可持续发展的必然战略选择。自 2005 年《京都议定书》生效以来，全球碳市场规模迅速扩张，碳排放权衍生为复杂的碳金融资产。[①] 金融作为现代经济的核心，全球范围内碳排放指标和减排额度的确立和分配，将很可能导致国际金融业发生结构性变化，使得碳金融演变成为金融行业的主旋律，成为未来重建国际货币体系和国际金融秩序的基础性因素。从金融的本质来看，金融与碳交易是相辅相成的关系。金融为碳交易发展提供大量的资金投入，为碳交易发展给予必要的金融支撑；而碳交易的发展也为金融体系拓展了新的发展空间，为金融业提供了源源不断的交易服务机会和金融创新机会。[②]

一个高效的碳金融体系，将有效地促进碳成本向碳收益转化、提升能源链转型的资金融通效率、完善气候风险管理和转移功能，推进碳交易的发展和金融体系的完善创新。因此，要实现中国高碳经济向低碳经济的转型，需要碳金融体系的支撑。要加快低碳经济转型下的碳交易体系建设，必须构建中国的碳金融体系。

---

① 碳交易是一种可以买卖的碳指标或碳合约，碳金融是由碳交易派生的，是实现碳交易的金融工具和手段。在西方发达国家，由于碳金融市场的高度发达，几乎囊括了碳交易体系的全部内容，但在中国，碳交易体系以现货交易为主，尚不具备交易碳金融衍生产品的条件，但一些试点正在积极探索基于配额的抵押融资和现货远期业务。

② 林立. 低碳经济背景下国际碳金融市场发展及风险研究 [J]. 当代财经，2012（2）：51 - 58.

第一节　金融支持碳交易发展的理论基础及作用机制

碳交易是利用市场机制发展低碳经济的理性选择。如果没有市场机制的引入，仅仅通过企业和个人的自愿或强制行为是无法达到减排目标的。碳交易是从企业牟利这一经济学视角出发，从资本的层面入手，对碳排放权进行定义，延伸出碳资产这一新型的资本类型。碳金融作为环境金融（environmental finance）的一个分支，泛指为低碳经济发展及温室气体减排提供支持的所有金融活动及制度政策的总称，主要包括碳排放权及其衍生产品的买卖、套利和投机等交易活动，与低碳经济项目相关的直接或间接投融资活动以及由此产生的担保、咨询和财务顾问等中介服务活动，它是低碳产业资本与金融资本的融合。①

一方面，金融资本直接或间接投资于减排项目与企业；另一方面，来自不同项目和企业产生的减排量经过包装进入碳市场进行交易，被开发成标准的金融工具。碳交易绑定了金融资本和实体经济，通过金融资本的力量引导实体经济的低碳发展，激发了企业减排的积极性和主动性，这是虚拟经济与实体经济的有机结合，用虚拟经济推动了实体经济的低碳发展（吴世亮，2010）。

一、金融支持碳交易发展的理论基础

（一）新气候经济学

新气候经济学鲜明地提出绿色低碳增长与有效应对气候变化是可以兼得的，提出"更好的增长，更好的气候"（Better Growth，Better Climate）。到 2030 年，如果投资效率可以得到保证，全球向低碳经济转型只需要 4.1 万亿美元的新增基础设施投资，比基准情景仅仅增加 5% 的基础设施投资，而这些基础设施投资是向低碳经济转型所必需的。但是，这些必需的长期资本的获得要求政府实施合理的政策，包括通过碳交易、碳金融和碳税等为碳定价的政策与管制。然而，当前不明确的、不一致的、不可预见的一系列政策产生了很高的政府导致的不确定性，这种不确定性增加了长期资产的风险、提高了其资本成本，所以政府导致的

---

① 世界银行对碳金融的定义是：碳金融是提供给温室气体减排量购买者的资源，http：//www. carbonfinance. org.

不确定性是就业、投资和增长的主要障碍。因此，政府通过碳交易、碳税和碳金融为二氧化碳和资源定价和管制，可以提供清晰的、长期的政策信号，这对降低向低碳经济转型的资金成本至关重要。同时，政府和投资者应该共同致力于开发与低碳经济特点更好匹配的金融工具，开发银行或基础设施银行对降低投资于低碳基础设施和能源体系的资金成本发挥着重要作用。[1]

（二）金融与环境关系理论

在现代社会经济领域中，金融对社会资源的引导配置作用越来越明显。金融引导资金和其他生产要素流入与减排相关的社会经济组织，实现资金和资源的绿色配置，这将大大促进气候变化问题的解决。马赛尔·约伊肯（Marcel Jeucken，2001）在《金融可持续发展与银行业》中分析了金融业和可持续发展的关系，强调了银行在环境问题上的重要作用，并把银行对待可持续发展的态度分为四个阶段：第一阶段，银行对可持续问题的关注只能增加成本而没有任何收益，因而采取抗拒态度；第二阶段，环境、社会等可持续发展问题对银行的经营产生潜在风险，这时候规避风险的策略最受欢迎；第三阶段，银行已经从环境保护等可持续发展活动中发现商机，因而会积极开展相关业务；第四阶段，银行的一切商业活动都与经济社会可持续发展相一致[2]。格拉德尔和艾伦比（Gradel & Allenby，2003）把金融与环境保护的研究推向了一个新阶段，构建了金融与环境保护的理论基础，从产业与环境的视角把金融作为一种服务业而纳入服务业与环境保护的理论框架中[3]。

相对于国外学者"环境金融"的提法，国内学术界习惯用"绿色金融"（green finance）[4]或碳金融来表示。但关于"绿色金融"的内涵，国内学术界还没有完全统一。代表性的观点主要有两种：一种观点是指金融业在贷款政策、贷款对象、贷款条件、贷款种类与方式上，将绿色产业作为重点扶植项目，从信贷投向、投量、期限及利率等方面给予第一优先和倾斜的政策，是金融优先支持绿色产业。另一种观点指金融部门把环境保护这一基本国策，通过金融业务的运作来体现可持续发展战略，从而促进环境资源保护和经济协调发展，并以此来实现金融可持续发展的一种金融营运战略。

---

[1]　Better Growth，Better Climate，the New Climate Economy Report，the Global Commission on the Economy and Climate，www. new climate economy. report. 2014.

[2]　Marcel Jeucken，*Sustainable Finance and Banking：The Financial Sector and the Future of the Planet.* The Earthscan Publication Ltd.，2001.

[3]　Graedel Allenby. Industrial Ecology ［M］. 北京：清华大学出版社，2004.

[4]　"绿色金融"与国内一些学者提出的"金融可持续发展"（白钦先，1998；胡章宏，1998）有截然不同的内涵，后者是从金融发展、金融安全的角度出发的，与本章研究主题不同。

（三） 气候风险管理理论

气候风险是指气候变化给企业、金融服务业、投资者等带来的风险（拉巴特和怀特，Labatt & White，2007）[①]。在全球应对气候变化过程中，气候风险是未来世界各国面临的最主要的全球性风险之一，高耗能产业面临着管制风险和安全风险，即为应对气候变化而出台的碳减排监管政策，将使这些产业面临碳减排的挑战，进而企业将在碳监管政策下，面临企业形象风险、法律风险和竞争风险。形象风险是指企业如果被认为在与碳排放有关的政策、产品或程序上有所疏忽，该企业的声誉将遭受一定的影响；法律风险是指如果不遵守气候法规，企业将会面临法律诉讼的风险；竞争风险可能随着企业应对气候法规的模式不同而改变，当碳限制政策影响到企业的资产和资本支出时，将给企业带来运营风险和市场风险，从而影响企业的竞争力。不同企业受到的影响和适应能力有所不同，但大部分都要通过碳市场这个载体来管理与转移气候风险。

美国风险管理专家安德森（Anderson，2007）在其著作《企业生存：可持续风险管理》（*Corporate Survival: the Critical Importance of Sustainability Risk Management*）一书中指出，全球变暖以及与全球变暖相关的风险管理会使保险问题非常具有挑战性，建立风险评估、风险控制和风险融资技术来应对全球变暖的风险再一次带来极大的挑战，同时也孕育了巨大的商机。气候风险已成为影响金融业在银行、保险和投资活动上进行决策的重要因素，气候风险管理理论便成为金融支持碳交易发展的重要理论基础。

（四） 减排的成本收益转化理论

在碳交易体系下，碳排放权具有商品属性，其价格信号功能引导经济主体把碳排放成本作为投资决策的一个重要因素，促使环境外部成本内部化。随着碳市场交易规模的扩大和碳货币化程度的提高，碳排放权进一步衍生为具有流动性的金融资产。积极有效的碳资产管理已经成为促进经济发展的碳成本向碳收益转化的有效手段。

巴雷特（Barrett，1998）指出，各地碳减排成本的不同意味着《京都议定书》下的减排机制能够促使全球碳减排分配产生成本效益。拉巴特和怀特（2007）认为，碳金融发展的基础核心概念是市场的设计能以最低成本降低整个体系的温室气体排放。纽厄尔（Newell，1999）和斯坦恩（Stern，2007）认为，

[①] 索尼娅·拉巴特（Sonia Labatt）和罗德尼·怀特（R. R. White）2007 年出版的《碳金融：气候变化的金融对策》是全球第一本系统阐述碳金融的专著。

企业减排的兴趣在于它能将外部成本内在化，通过创新寻找相对利益，同时将此作为对环保集团、消费者及投资者的回应。邦珀斯和利弗曼（Bumpus & Liverman，2008）指出，碳交易使企业能将碳排放的外在成本内部化，同时提供了在全球范围内利用碳信用获利的机会。

（五）企业社会责任理论

企业社会责任理论（Corporate Social Responsibility，CSR）最早由美国学者谢尔登（Oliver Sheldon）提出，在此之后得到了很大的发展。

关于企业社会责任理论，代表性理论如"利害相关者理论"（Stakeholder Theory）。世界银行将企业社会责任定义为企业与关键利益相关者的关系、价值观、遵纪守法以及尊重人、社区和环境等有关政策和实践的集合。也就是说，企业在创造利润、对股东利益负责的同时，还要在社会和环境领域承担某些超出法律要求的义务，而且绝大多数是自愿性质的。CSR 理论实际上是指企业的经营目的不能仅仅是追求自身的经济效益，还必须同时注重广泛的社会效益，这样企业才能保持长期竞争力。沙尔滕格尔和菲格（Schaltegger & Figger，2000）、雷佩托和奥斯汀（Repetto & Austin，2000）检验了企业环境管理投资与其金融利益相关者（如银行、保险公司、投资者）绩效之间的关系，发现企业的环境管理战略与企业绩效之间存在正相关关系，即企业承担社会责任既有利于自身，也有利于金融利益相关者获得发展优势，于是碳金融便在该理论的基础上得以产生和运用。

另外一个代表性理论是"三重底线理论"（Triple Bottom Lines Principle）。约翰·埃尔金顿（John Elkington，1998）在《21 世纪企业的三重底线》（*Cannibals with Forks: The Triple Bottom Line of 21st Century Business*）一书中提出了该理论，并获得广泛认同。"三重底线理论"不仅是计算利益得失的一套方法，更可谓是一种哲学。任何企业行为至少应该达到经济、社会和环境三元因素（或三重底线）的基本要求，研究企业效益应从传统的"成本—效益"分析的经济层面推广到社会和环境层面，不仅要计算企业的社会和环境成本，而且还要计算企业的社会和环境效益。企业按照上述要求做出的任何投资决策，才符合企业社会责任的规范要求。这一理论推动了许多企业重新定位其经济、社会和环境表现或绩效之间的相互关系，并将环境保护和社区健康等作为获得更大利润的一种有用工具。如金融机构是否加入"赤道原则"（The Equator Principles，EPs）或是签署《银行界关于环境与可持续发展的声明》全凭自愿，但是这两者已发展成为金融机构的重要国际惯例与行业标准，为世界范围内的金融机构履行企业的社会责任活动提供了指导。

二、金融支持碳交易发展的主要作用机制

促进经济向低碳经济转型，进而实现可持续发展是碳交易发展的根本目的。碳交易包含了市场、机构、产品和服务等要素，是应对气候变化的重要环节，是市场经济框架下解决气候、能源、污染等综合问题的最有效率的方式之一。金融在推动碳交易发展中也起到了重要作用。

（一）发挥金融机构的媒介功能

金融机构在碳市场的媒介作用及在此基础上开发的衍生工具，包括为碳交易各方牵线搭桥，提供代理服务，获取中间业务收入，碳交易实施过程中开发的金融衍生工具比如期权期货等。具体来说，根据《京都议定书》碳排放实施许可证的配额管理规定，一个单位完不成碳排放指标可以到其他单位购买指标，同时减排的单位又可以卖出减排指标获得收入，这种指标权利的交易就是碳交易。换句话说，就是可以"出钱购买"排放权。在碳市场上，银行可以凭借其广泛的客户基础，为碳交易各方提供信息，从而获得代理收入。此外，在碳交易实施过程中，金融机构可以利用碳市场的价格，开发理财产品和标准的金融工具，甚至金融衍生工具。

（二）促进减排成本转化为收益

碳排放的外部性问题决定了其影响在市场交易的成本和价格上难以得到充分的体现。碳交易有效利用了市场机制应对气候变化的基础作用，使得资源稀缺程度和治理污染成本能够通过碳价格来反映。碳市场赋予碳排放权以商品属性，使得其价格信号能够促使经济主体把碳排放成本作为投资决策的重要因素来考虑，这是促使外部成本内部化的重要方式。随着碳市场交易规模的急速扩大，碳排放权作为交易载体的货币化程度提高，有望进一步衍生为更具有流动性的金融资产。对碳资产进行积极有效的管理成为国际共识，这是促进碳减排成本向碳交易收益转化的有效手段。

（三）促进能源链成功转型

一个国家在不同经济发展阶段的能源链存在较大差异，造成对约束减排目标的适应能力也不尽相同。要想从根本上改变一个国家的经济发展对化石能源的过度依赖的局面，重要途径之一就是加快发展清洁能源，促进减排技术的研发和产

业化。节能减排融资有望从目前简单的技改项目融资进一步延伸到碳交易业务。目前，发展风能、太阳能和水能等清洁项目可以带动中国新能源行业的快速发展，顺应国际经济发展的潮流。通过碳项目融资、私募基金和风险投资等多元化的融资方式来动员金融资源，进而促进可持续能源的快速有效的发展，有利于快速改变能源消费对化石燃料的过度依赖，使能源链从高碳环节转移到低碳环节上。

（四）转移和分散风险

气候变化使得天气的不确定性增加，进而使得气象灾害也相应增加。不同的产业受到的影响不同，适应能力也有所不同，相同的是大部分都要通过金融市场的功能来有效转移和分散气候风险。自1997年以来，巨灾债券市场①和天气衍生品②成为金融市场适应和减缓气候变化的新的增长点，相关能源产业发挥天气期权等天气衍生金融工具的作用来规避价格波动风险，农业可以通过天气指数和与此相关的保险产品，有效地把天气风险转移到有风险吸纳能力的交易者。巨灾债券有效利用了资本市场对灾害损失所具有的经济补偿和风险转移分担等功能，使风险从保险业转移到资本市场。同时，因为碳市场的价格经常出现显著波动，并且其又与能源市场存在高度相关性，所以政治事件和极端气候也相应增加了碳价格的不确定性，使碳价格波动更为显著。

（五）加速低碳技术转移和扩散

碳排放的主要来源是能源消费，然而发展中国家的能源利用效率又普遍较低，向低碳经济转型所需的成本比较高，发展中国家既缺乏技术又缺乏资金来源。碳市场，尤其是碳基金可以有效降低项目的交易成本，缩短相关项目的谈判周期，促进相关项目交易的达成。以 CDM 为例，发达国家通过项目融资、风险投资、购买和直接投资、私募基金等多元化投融资方式向发展中国家提供资金和技术，来支持发展中国家的碳减排技术进步和可持续发展。据世界银行估计，从2007～2012年，CDM 每年为发展中国家提供大约 40 亿美元的资金，而这些资金

---

① 巨灾债券是通过发行收益与指定的巨灾损失相联结的债券，将保险公司部分巨灾风险转移给债券投资者。在资本市场上，需要通过专门中间机构（SPRVS）来确保巨灾发生时保险公司可以得到及时的补偿，以及保障债券投资者获得与巨灾损失相联结的投资收益。其重要条件是有条件的支付，即所谓的赔偿性触发条件和指数性触发条件。

② 天气衍生品的产生始于美国能源行业的分散化经营，垄断经营下对企业业绩影响并不显著的天气风险开始受到重视，能源企业开始寻求避险渠道。这种情况下，天气衍生品应运而生。1996年天气衍生品开始在美国进行场外交易。

一般可以形成 6~8 倍的投资拉动效应。

三、金融支持碳交易发展的业务种类及产品

近年来，国际碳市场迅速发展，服务于碳排放权的碳金融也随之兴起。市场参与者从最初的国家、公共企业向私人企业以及金融机构拓展。交易主要围绕两方面展开：一边是各种排放配额通过交易所为主的平台交易，派生出类似期权与期货的金融衍生品；而另一边则是以减排项目为标的买卖。而且，这一市场的交易工具在不断创新、规模还在迅速壮大。自 2004 年起，全球以二氧化碳排放权为标的的交易总额从最初的不到 10 亿美元迅速增长到 2012 年的 1 500 亿美元，交易量由 1 000 万吨飙升至近 50 亿吨①，据联合国和世界银行预测，到 2020 年全球碳市场容量将达到 22 万亿美元。发达国家金融机构对碳交易的参与度不断深化。在欧、美、日等发达国家，包括商业银行、投资银行、证券公司、保险公司、基金公司等在内的众多金融机构，目前已经成为国际碳市场上的重要参与者，其业务范围已经渗透到碳交易的各个环节。汇丰银行、美洲银行、渣打银行等金融机构在直接投融资、银行贷款、碳期权期货、碳交易中介服务等方面都取得了一定成效。

（一）主要业务种类

金融支持碳交易发展的业务种类涉及节能减排项目的投融资业务、交易结算业务、中介业务、质押授信业务、低碳信用卡业务、购售碳代理业务及与碳相关的理财产品业务，其中，中介业务又包括交易咨询业务、财务顾问业务和委托代理业务。

（二）主要碳金融产品

1. 碳基金

碳基金是由政府、金融机构、企业或个人投资设立的专门基金，一般以减缓温室气体排放为目的，在全球范围购买碳信用伺机转卖获利或投资于温室气体减排项目。按照发行主体的不同，可以分为下面几类：第一，世界银行型基金，包括原型碳基金（PCF）、生物碳基金（Bio F）、社区发展碳基金（CDCF）和伞形基金（UCF）②，其中伞形基金汇集了多方资金来源。第二，国家主权基金，如意

---

① 资料来源：World Bank. State and Trends of the Carbon Market［R］. 2005－2011。
② 原型碳基金为了扶持国际碳交易体系的形成，让基金参与各方"边干边学"；生物碳基金主要致力于森林等植物对温室效应气体的固碳作用。

大利、荷兰、日本、西班牙、英国和中国等碳基金，政府出资设立的碳基金一般用于帮助企业和公共部门减排温室气体、提高能源使用效率、加强碳处理及低碳技术研发。第三，政府多边合作型基金，如世界银行和欧洲投资银行成立总额达5 000万欧元的泛欧基金，由爱尔兰、卢森堡、葡萄牙等国政府、比利时佛兰芒区政府和挪威一家私营公司共同出资设立。第四，金融机构设立的盈利型基金，如瑞士信托银行、汇丰银行和法国兴业银行共同出资2.58亿美元成立的排放交易基金。第五，非政府组织管理的碳基金，如美国碳基金组织，由企业、州政府和个人募资成立的非营利性基金。第六，私募碳基金，如2006年成立的规模为3亿美元的复兴碳基金。碳基金的投资方式主要包括碳减排购买协议和直接融资两种。目前，60%以上的碳基金通过购买碳减排协议方式参与国际碳市场，30%以上的碳基金以直接融资的方式为CDM项目提供资金支持[①]。

2. 碳股票

股票市场历来是融资最为便捷和有效的渠道。在股票市场上，以新能源为代表的低碳经济板块也在迅速地发展壮大。仅在美国，就有60多个市值超过7 500万美元的纯粹的清洁能源上市公司，此外还有许多市值不足1亿美元的微型公司在场外市场交易。在吸引大量投资的同时，清洁能源上市公司也为投资者展示了良好的盈利能力。在全球范围经营的清洁能源上市公司拥有超过20%的生产收入增长速度，在美国上市的太阳能公司的行业平均收益增长率在300%左右。

3. 与碳排放权挂钩的债券

在最近几年，投资银行和商业银行开始发行与减排单位价格挂钩的结构性投资产品，其支付规模随减排单位价格波动而变化。在这些结构性投资产品中，有些挂钩的是现货价格（无交付风险），有些挂钩的是原始减排单位价格（包含交付风险），有的则与特定项目的交付比挂钩。

4. 基于碳排放配额的金融衍生产品

金融机构开发碳排放配额的远期、互换、期权、配额抵押贷款等产品，为客户提供避险工具及融资服务。以EU-ETS为例，碳金融衍生品交易分为交易所交易和场外交易（OTC）两类，交易所交易的是标准化的碳期货和期权合约，OTC交易的是掉期等衍生品。交易形式上，EUA由交易所结算，CERs更多被场外交易采用。产品形态上，EUA多为碳期货、期权合约，CERs多是远期合约。因碳减排单位一致，认证标准及配额管理体制相同，而时间、地点、价格预期不同，碳金融衍生品市场一般提供跨市场、跨商品和跨时期三种套利交易方式。EUA、

---

① Financial Solutions. Carbon Fund Assets Buck Recession Trend [EB/OL]. http：//www.financialsolutions.com/.

CERs 和 ERU 间套利较普遍，如 CER 与 EUA、CER 与 ERU 间的掉期/互换，CER 和 EUA 的价差期权等①。

第二节 金融支持中国碳交易发展的现状、效率及问题

2013 年下半年，随着 7 个碳交易试点陆续开始交易，国内金融机构也开始涉足碳交易业务，目前以贷款型碳金融和以 CDM 项目为主要形式的交易型碳金融为主，但资本型碳金融、碳期货、碳期权、碳保险、碳货币等尚未得到发展②。总体看来，国内碳市场仍处于起步阶段，交易规模小，中介市场发育不完善和缺乏有效的金融支撑。

一、金融支持中国碳交易发展的现状

（一）商业银行

在基于配额的碳市场中，商业银行主要扮演着流动性供应商及交易相对人的角色，而在基于项目的一级 CDM 交易市场中，商业银行却具有多重身份。它既可以是项目的开发商，又可以是项目融资和中介服务的提供者，此外它还可以直接投资或者购买碳信用证，并以此打包构建 CDM 资产组合在国际市场上出售。在二级市场上商业银行充当做市商的角色，为碳交易提供必要的流动性，开发各种创新金融产品，金融机构的参与使得碳市场的容量扩大，流动性加强，同时日趋成熟的市场又会吸引更多的企业、金融机构甚至私人投资者参与其中，且形式也更加多样化。

中国目前商业银行的碳交易业务仅涉及 CDM 项目的投融资、CERs 的交易及相关金融中介服务，并在 CDM 项目融资和挂钩碳交易的结构性产品开发上都取得了一定进展。其中，针对 CDM 项目的融资则是中国商业银行参与碳交易最常见的方式。

---

① 2009 年欧盟排放交易体系总额 1 000 多亿美元的交易中碳期货占到 73%，EUA 期权成交 89 亿美元，CERs 期权成交 18 亿美元，期货期权等衍生品交易占到全球碳交易的 85%。

② 碳金融可以表现为四个层次：一是贷款型碳金融，主要指银行等金融中介对低碳项目的投融资；二是资本型碳金融，主要指低碳项目的风险投资和在资本市场的上市融资；三是交易型碳金融，主要指碳排放权的实物交易；四是投机型碳金融，主要指碳排放权和其他碳金融衍生品的交易和投资（郭凯，2010）。

1. CDM 项目投融资业务

兴业银行是国内开展碳交易业务最早的银行，2008 年 10 月，该行在北京正式公开承诺采用"赤道原则"（EPs）[①]，是国内唯一一家采取 EPs 的商业银行。在碳市场方面，兴业银行推出 CDM 项目开发咨询、购碳代理、CER 履约保函、碳资产质押授信等产品，涵盖了碳交易的前、中、后各个环节。例如，福建民营水电企业闽侯旺源的小型水电 CDM 项目已于 2010 年 6 月获得联合国成功注册，预计年减排量 4.3 万吨，并已与瑞典某碳资产公司签署了《减排量购买协议》（ERPA），交易价格为 10.3 美元/吨。兴业银行则以企业 20MW 的小水电项目的未来预计售碳收入作为质押担保，向企业发放贷款。浦发银行也是国内较早开展碳交易业务的商业银行，2011 年，浦发银行在碳交易领域实现重大突破，为联合国 EB 注册的中国装机最大（装机容量达 20 万千瓦）、单体碳减排量最大的水电项目提供国际碳保理融资。

另外，中、农、工、建四大商业银行利用自身的市场地位，也在努力开展碳项目贷款，打造"绿色信贷"银行的长期发展战略。中国银行还在 CDM 项目融资的基础上开展了 CDM 项目的融资配套掉期业务，为浙江省的鹰鹏化工有限公司办理了金额为 298 万美元的 CDM 项目碳交易融资业务，并签署了不低于 298 万美元的掉期协议，在满足了客户融资需求的同时，又为客户规避了美元远期汇率风险。工商银行 2011 年涉及 CDM 贷款项目 250 多个，余额达到 600 多亿元，预计年减排二氧化碳 7 000 多万吨。

2. 财务顾问等中介业务

2009 年 7 月 3 日，浦发银行成功为陕西某水电项目提供 CDM 财务顾问，这是中国银行业第一家成功完成的 CDM 中介服务，买卖双方成功签署《减排量购买协议》（ERPA），该协议每年为该项目业主带来超过 160 万欧元售碳的额外收入。该项业务的成功为中国商业银行提供了金融服务创新的新思路。

由农业银行全程提供咨询服务的"山东金缘生物质发电项目"在联合国 CDM 执行委员会（EB）注册成功，这是国内首个由大型国有商业银行提供专业 CDM 咨询顾问服务并成功注册的 CDM 项目，标志着农行已经具备独立开展碳金融的能力。

国家开发银行依托贷款客户开展碳交易业务，积极开发包括风电、生物质发电等在内的碳交易项目，努力为客户提供从项目融资到碳排放权配额二级市场交易的全流程金融服务，并于 2009 年 11 月率先完成国内商业银行第一笔碳排放权

[①] 赤道原则（Equator Principles，简称 EPs）是由世界主要金融机构根据国际金融公司和世界银行的政策和指南建立的，旨在判断、评估和管理项目融资中的环境与社会风险的一个金融行业基准。可将企业或项目分为 A、B、C 三类，分别为高、中、低三类环境与社会风险。

交易咨询服务，累计促成 383.3 万吨 CO_2 交易当量。

3. 与碳交易挂钩的理财产品

2007 年 8 月，中国银行发行了美元 1 年期"挂钩二氧化碳期货价格"的理财产品，挂钩在美国洲际交易所（International Climate Exchange，ICE）交易的 2008 年 12 月到期二氧化碳单位排放额度的期货合约（ICEECXCFI）的欧元结算价，收益特点为保本浮动收益。同期，深圳发展银行推出名为"聚财宝飞越计划 6 号"的二氧化碳挂钩型人民币和美元理财产品，基础资产为欧盟第二承诺期的二氧化碳排放权期货合约价格。两款产品 2008 年 9 月 2 日到期，分别取得 7.4% 和 14.1% 的较高收益，并再次推出同类产品。

2010 年 4 月 28 日，光大银行推出了一款特殊的低碳理财产品——阳光理财·低碳公益理财产品，该产品用预期收益中的 1.75% 用于购买二氧化碳减排额度，即每购买 5 万元理财产品，即可购买 1 吨二氧化碳减排额度。投资者通过购买光大银行低碳公益理财产品，即可在北京环境交易所拥有"个人绿色档案"，并可查询到所购买碳的项目具体信息。表 8.1 给出了国内主要银行支持碳交易发展概况。

2014 年 9 月 9 日，湖北碳排放权交易中心、兴业银行和湖北宜化集团签订了"碳排放权质押贷款协议"。这是我国首单碳资产质押贷款项目，湖北宜化集团利用自有的碳排放配额获得了 4 000 万元的质押贷款。湖北碳排放权交易中心目前已经提供了碳排放权质押贷款、碳配额托管、碳基金、减排项目融资、租赁融资、合同能源管理项目融资等多元化碳金融服务，正在为推出碳债券、碳现货远期等多种碳金融产品进行积极准备，用于满足各类企业减排和碳市场主体的资金需求[①]。

表 8.1　　　　　　　　　　**国内主要银行支持碳交易发展概况**

银　行	支持碳交易发展概况
兴业银行	（1）兴业银行成为国内首家承诺遵循"赤道原则"的银行，首创国内以 CERs 收入作为还款来源的碳信贷模式，并在北京建立可持续金融发展中心先后推出"8＋1"种融资服务模式，并为碳交易前中后各环节量身定制金融服务。 （2）在国际碳市场方面，兴业银行推出 CDM 项目开发咨询、购碳代理、CER 履约保函、碳资产质押授信等产品，涵盖了碳交易的前、中、后各个环节。 （3）在国内碳交易试点方面，兴业银行积极参与碳金融合作平台建设，搭建碳交易业务合作平台。目前，7 个碳交易试点中，兴业银行已经与上海、湖北、广东三个地区的交易所展开碳交易试点金融创新

---

① http：//news.xinhuanet.com/fortune/2014－09/10/c_1112418224.htm.

续表

银　行	支持碳交易发展概况
上海浦东发展银行	（1）2009年，浦发银行西安分行与陕西镇坪桂花水能有限公司正式签署了《CDM项目财务顾问委托协议》，浦发银行总行认定的国际专业机构也与该项目业主正式签署了《减排购买协议》（ERPA）。这一项目是国内银行业正式签署委托协议及ERPA的首单CDM财务顾问业务。 （2）浦发银行创新实践了国内碳交易资金结算清算、国内碳资产抵押质押融资、碳债券、碳基金、碳交易经纪代理业务等金融服务。 （3）在碳交易平台建设方面，浦发银行已与7个碳交易试点省市的环境能源交易所/排放权交易所签署银企战略合作协议，并成为其中五家交易所的结算银行。 （4）2014年5月8日，由浦发银行主承的10亿元中广核风电有限公司附加碳收益中期票据（碳债券）在银行间市场成功发行，利率5.65%。这标志着国内首单与碳交易紧密相关的绿色债券顺利推出，填补了国内与碳市场相关的直接融资产品的空白
中国建设银行	（1）2014年1月2日，深圳排放权交易所与中国建行战略合作，在碳保理、碳基金、碳排放权交付保证、碳信托计划、碳项目融资资产证券化、碳金融衍生品交易等方面展开合作，丰富深圳碳市场产品线，以此提振碳交易量。 （2）在碳交易平台建设方面，中国建设银行成为上海市碳排放权交易的首批结算行；与湖北、深圳等试点省市碳排放权交易所战略合作，支持碳交易平台建设
中国工商银行	2011年3月21日，正式推出碳金融合约交易业务，与北京天润新能投资有限公司签署围绕碳排放权项目开展的金融市场业务合作协议
中国民生银行	民生银行将节能减排贷款与碳金融相结合，创新推出以CDM机制项目的排放指标，作为贷款还款来源之一的节能减排融资模式，为寻求融资支持的节能减排企业提供新的选择
深圳发展银行	2007年8月，率先推出二氧化碳挂钩型人民币和美元理财产品，基础资产为EU-ETS欧盟第二期的二氧化碳排放权期货合约价格，两款产品于2008年9月2日到期，分别取得7.4%和14.1%的较高收益

低碳经济转型下的中国碳排放权交易体系

续表

银　行	支持碳交易发展概况
中国银行	（1）2008 年 1 月，推出汇聚宝"绿色环保"二氧化碳挂钩美元的产品，产品投资收益与欧洲气候交易所 2009 年 12 月到期的二氧化碳单位排放额度期货合约的欧元结算价挂钩，该产品在发行后的第一个观察日，即以 10% 的年化收益率触发了提前终止条件。 （2）2010 年 3 月，中国银行为浙江省的鹰鹏化工有限公司办理了金额为 298 万美元的 CDM 项目碳交易融资业务，并落实不低于 298 万美元的掉期协议，满足了企业的融资需求，同时为企业规避了美元远期汇率风险。这是国内首笔基于 CDM 项目的融资配套掉期业务
光大银行	（1）2010 年 3 月 2 日，携手北京环境交易所隆重推出"绿色零碳信用卡"，该卡独具卡片可回收、碳足迹计算器、邀约购碳计划、环保账单等六大独特的绿色环保功能。为个人购买碳排放权交易提供了银行交易渠道。 （2）2010 年 4 月 28 日，推出了一款特殊的低碳理财产品——阳光理财·低碳公益理财产品，该产品用预期收益中的 1.75% 用于购买二氧化碳减排额度。 （3）2010 年 4 月与北京环境交易所签订了《中国光大银行碳中和服务协议》，由此成为国内首家"碳中和"银行
招商银行	成为重庆碳排放权交易中心的开户行银行
中国农业银行	总行成立了投资银行部，先后与湖北、四川等多个省份的十几家企业进行了接触，与多家企业达成了 CDM 项目合作意向书，涵盖了小型水力发电、水泥回转窑余热发电、炼钢高炉余热发电等清洁发展项目

资料来源：根据各大银行网站及相关文献资料整理。

（二）证券公司

自 2005 年国际碳市场开启以来，国外不少著名的金融机构都在涉足碳交易，包括高盛、摩根大通等。由于对碳交易认识尚浅，大多数的国内证券公司还没有开展碳交易业务。

2013 年 11 月 29 日，北京碳排放权交易市场正式开市启动，中信证券股份有限公司的全资子公司中信证券投资有限公司从大唐国际股份有限公司下属的高井热电厂购买两万吨，中信证券成为第一家参与碳配额大宗交易的金融机构。目前，中信证券在证监会备案通过后在境外设立了专业的碳交易与投资平台，取得了欧盟碳市场下的碳交易专用账户，为碳资产在国内一级市场和国外二级市场之间的跨境交易打开了通道，成为第一家涉足国际碳交易并打通通道的中国金融机构。在关注国际碳市场的同时，中信证券也积极关注和支持国内碳交易试点工作，并作为唯一的证券机构参与了由证监会牵头、国家发改委支持的全国碳排放现货与期货市场研究。

（三）基金公司

目前，国内只有一些带有公益性质的碳基金在运作，比如在 2005 年 10 月由国家发展改革委、科技部、外交部和财政部联合筹建的中国清洁发展机制基金，其设立目的是做好 CDM 项目国家收益的接收、管理和使用工作。该基金是政策性和开发性兼顾的社会性基金，资金来源于国家从 CDM 项目收益中按规定的比例取得的收入、基金运营的收入以及国内外机构、组织和个人的捐赠等收入。再比如成立于 2007 年 7 月的中国绿色碳基金是设立在中国绿化基金下的专项基金，属于全国性公募基金。基金先期由中国石油集团捐资 3 亿元人民币，用于开展旨在以吸收大气中二氧化碳为目的的植树造林、森林管理及能源林基地建设等活动，以建立和完善中国碳汇市场，真正实现森林生态效益的价值化、减缓气候变暖。

上述这些基金虽然从名称来看称作碳基金，但它们均不是真正意义上的碳基金。因为这类基金不参与碳减排量买卖交易，而且融资渠道为政府、组织或个人的捐赠，带有很强的公益性质。目前，中国的投资基金主要还是投资于股票、债券等有价证券，还没有涉及碳交易领域。

（四）信托公司

信托投资公司是目前唯一准许同时在资本市场、货币市场和实业领域投资的金融机构，未来在碳交易领域的发展有得天独厚的优势。

目前，中国的信托公司在碳交易领域的发展可以说是刚刚起步，只有少数的信托公司开展了碳项目信托计划，归纳为股权投资和项目贷款融资两大类。

1. 股权投资

中诚信托有限公司于 2010 年 3 月推出了"低碳清洁能源 1 号圆基风电投资项目集合资金信托计划"，该信托计划资金出资作为有限合伙人，与普通合伙人圆基重庆一起出资组建中诚圆基合伙企业，出资比例分别为 90% 和 10%。通过中诚圆基对华能东营河口风力发电有限公司进行股权投资，预计收益率为 7% ~ 15%，投资期限为 40 个月。普通合伙人圆基重庆的股东圆基环保资本投资管理有限公司，其团队成员曾共同投资开发了一系列风电投资等 CDM 项目，具有丰富的清洁能源项目经验，有助于降低投资与运作风险。

2. 项目贷款融资

北京信托公司于 2009 年 12 月推出了"低碳财富·循环能源一号集合资金信

托计划"，共募集资金人民币 2.07 亿元。信托收益分为一般收益和额外收益：一般收益来源于信托资金获取的贷款利息的收益；其他收益来源于项目公司获得的余热发电项目 CERs 或 VERs 收益。另外，此次信托计划采取了结构化设计，分为三个优先级和两个次级，优先级为固定收益，募集对象为合格投资人，期限分别为 2、3、4 年；次级为固定收益加浮动收益（项目剩余收益），募集对象为项目管理团队。这既能一定程度的保证合格投资人的利益，降低其风险；还能够利用项目剩余收益激励项目管理团队，提高项目的运行效率。

（五）期货公司

国际上的碳金融衍生品主要为四大类：CER 期货、EUA 期货、CER 期权、EUA 期权。与欧美碳市场已经广泛发展现货和期货产品不同的是，国内的碳交易品种仅限于现货交易，流动性远远不及欧美市场，业界也一直呼吁建立多层次碳排放权交易市场，并将期货纳入碳交易体系当中。

目前，上海期货交易所、湖北省碳排放权交易中心等机构正在研究碳排放权期货，重点关注、探索碳排放权期货交易的可能性、交易风险、风险监测体系等问题。利用期货市场的价格发现和风险管理功能，可以提高中国碳资源的定价影响力，建立符合国内需求、与国际规则对接的碳市场。与一般商品交易相比，碳排放权交易存在着更大的政策性和技术性风险，因而，积极发展碳交易的衍生品市场，这样更多的企业才能更好地套期保值，对冲碳价的风险。

（六）保险公司

碳交易由于其自身的链条长、环节多、程序复杂的特点使得碳交易过程存在着较大的风险，因此，碳交易保险可以为碳交易提供一定的保障，这不仅有益于碳市场的进一步发展，也有助于保险公司开拓业务渠道。

在 2009 年 8 月 5 日，经过北京环境交易所的撮合，"绿色出行碳路行动"的组织者和上海天平汽车保险股份有限公司签署协议，天平保险公司以 27.8 万元的价格购买了奥运期间北京市民绿色出行活动产生的 8 026 吨碳减排指标，用于抵消该公司自 2004 年成立以来至 2008 年底，全公司运营过程中产生的碳排放，成为第一家通过购买自愿碳减排量实现碳中和的中国企业。接着，2010 年 12 月，上海天平保险通过北京环境交易所全程测算，于场内再度完成自愿减排交易，购买湖南东坪水电项目二氧化碳减排量 1 428 吨，用以抵消在 2009 年度总公司及其全国各分公司自身运营过程中产生的全部碳排放。这是天平保险第二次自愿完成的碳交易。

二、金融支持碳交易的效率评价[①]

一个有效运行的碳金融体系，在能够顺利为低碳产业、绿色项目提供融资平台的基础上，还应该通过资金的配置引导经济结构的转型，促进低碳技术进步、低碳产业和低碳经济的发展，高效的碳金融体系就必须促使各类金融资源实现最优的配置。因此，从产业层面来看，碳金融体系要实现碳金融资源配置的效率最优，就必须首先使碳金融产业本身的投入产出达到最优，保证碳金融资金的安全、顺畅的融通并实现资金最有效的运用。从宏观层面来看，有效的碳金融市场以及其服务和监管体系能保障碳金融资源对低碳产业和低碳经济的拉动作用，实现经济的可持续增长。

（一）金融支持碳交易体系的效率指标构建

国内外对于碳金融体系效率的相关研究匮乏，然而，碳金融作为金融的形式之一，金融效率的评估方法对于碳金融体系效率的界定具有一定的指导意义。

碳金融体系的效率主要反映为金融资源的效率。作为一种资源，要实现有效配置，首先必须有相应的碳金融资产积累，可供配置的碳金融资源越多，其在整个金融和国民经济中发挥的作用越大；随着可供利用的碳金融资源的增加，有效对碳金融资源进行配置，实现帕累托最优，才能实现整个碳金融体系效率的提升，而碳金融资产的流向和其带来的资产回报率的高低，将引导整个经济的产业结构转型，决定低碳经济目标能否实现。因此，借鉴金融效率评价指标，本节将储蓄动员能力和碳资本配置效率纳入评价指标体系。对于碳市场上金融企业、碳排放权交易所、证券公司、低碳产业的企业来说，其参与的碳交易是否有效，可以通过参与主体的成本收入比、资产利润率、成本利润率等效益指标来体现。对于金融机构来说，还需考虑将绿色信贷的不良贷款率、绿色信贷净利息收入比和净资产收益率等指标纳入评价指标体系。

1. 储蓄动员能力

储蓄动员能力总体上由一个国家的储蓄率综合反映。其衡量指标主要为：

（1）存款增加额/（GDP - 最终消费），反映动员全社会储蓄的能力。

（2）储蓄存款增加额/居民可支配收入，反映金融中介机构动员储蓄能力。

[①]　由于国内碳交易试点刚刚启动,缺乏碳交易方面的基础数据,在这里,我们用碳金融体系效率近似表示金融支持碳交易体系的效率。

（3）低碳产业股票融资额/居民可支配收入，反映碳市场动员储蓄的能力。

（4）股票融资额/居民可支配收入，反映金融市场储蓄动员能力。

2. 碳资本配置效率

行业碳资本的配置效率可以通过如下模型获得：

$$\ln \frac{I_{it}}{I_{it-1}} = \alpha + \eta \ln \frac{V_{it}}{V_{it-1}} + \varepsilon_{it}$$

其中，I 表示行业固定的碳金融资产存量；V 表示行业碳金融资产增加值；i 表示行业；t 代表年份。$\eta > 0$ 表示在第 t 年内，某行业的碳金融资产增加值相对于上一年有所增加时，其固定碳金融资产净值也会增加，更多地将碳金融资源引入成长性好的低碳行业之中，从而碳资本配置效率较高。η 值越大表明碳资本配置效率越高[1]。

（1）绿色信贷额/贷款额，反映整个金融中介机构碳金融资本配置效率。

（2）低碳产业股票融资额/股票融资额，反映股票市场碳金融资本配置效率。

（3）绿色信贷/投资量，绿色贷款投资率，反映绿色信贷转换成资本的能力。

（4）绿色贷款增加额/存款增加额，新增绿色信贷存贷比反映吸收的绿色储蓄向投资转换的能力。

3. 绿色信贷不良贷款率

绿色信贷不良贷款率为绿色信贷不良贷款总额/总贷款余额。绿色信贷不良贷款率反映了贷款企业还款能力，间接反映了企业对碳金融资本的利用效率和其产生的回报率，也衡量着碳金融行业资金融通风险。

4. 绿色信贷净利息收入比

绿色信贷净利息收入比为绿色信贷利息收入/贷款总利息收入。绿色信贷净利息收入比反映了碳金融资本在金融交易体系中的地位和收益，净利息收入比越高，碳金融资本发展动力越大，碳金融资本利用效率也越高。

5. 净资产收益率

净资产收益率又被称为股东权益收益率，即使用碳金融资本的公司利润总额/所有者权益，该指标值越高，反映公司碳金融资本运用效率越高，投资收益越大。

目前中国碳金融体系效率，可以从宏观层面指标如储蓄动员力、碳资本配置效率着手，也可以从碳金融体系主体如银行、碳交易所、低碳企业这些微观主体的盈利表现、投入产出率等相应指标出发进行评估。然而，由于中国碳金融交易起步较晚，体系尚不健全，企业参与范围较窄，几乎尚未有企业构建专门的碳金

---

[1] 模型形式借鉴了杰弗里·伍格勒（Jeffrey Wurgler，2000）构建的计算行业资本配置效率的相关模型。

融资产数据库，数据缺失，因此收集微观企业数据对中国碳金融体系效率进行量化评估较为困难。本节的数据将基于可获得的宏观数据，对比分析评价中国宏观碳金融效率。

（二）金融支持碳市场效率分析

如前指标构建分析得知，储蓄动员力、碳资本配置效率等指标均可以对碳金融体系的宏观效率进行评估。我们利用 1997～2012 年的数据，对各指标进行估算。表 8.2 为 1997～2012 年中国国内生产总值、最终消费、投资、储蓄、居民可支配收入等数据。由数据可计算获得用以评价中国碳金融宏观效率之一——储蓄动员力的各指标值估算值，如表 8.2 和图 8.1 所示。

表 8.2　　　　2007～2012 年中国 GDP、储蓄等变动情况　　　单位：亿元

年　份	GDP	最终消费	投　资	可支配收入	储蓄存款余额	贷款余额	存款余额	股票融资额
1997	78 060	43 579	24 941	37 275	46 280	74 914	82 390	1 293
1998	83 024	46 408	28 406	39 424	53 407	86 524	95 698	841
1999	88 479	49 685	29 854	42 058	59 621	93 734	108 779	944
2000	98 000	61 516	32 917	47 137	64 332	99 371	123 804	2 103
2001	108 068	58 953	37 213	51 856	73 762	112 315	143 617	1 252
2002	119 095	62 798	43 499	43 356	86 910	131 294	170 917	961
2003	134 977	67 442	55 566	59 368	103 617	158 996	208 056	1 357
2004	159 453	87 033	70 477	73 192	119 555	178 198	241 424	1 510
2005	183 617	96 918	88 773	83 173	141 051	194 690	287 170	1 882
2006	215 904	110 413	109 998	94 746	161 587	225 347	335 460	5 594
2007	266 422	128 445	137 323	111 559	172 534	261 691	389 371	8 680
2008	316 030	149 113	172 828	130 543	217 885	303 395	466 203	3 852
2009	340 320	166 820	224 598	143 071	260 771	399 685	597 741	6 124
2010	399 759	194 115	251 683	167 688	303 303	479 196	718 238	11 972
2011	472 115	232 112	311 485	196 537	343 636	547 947	809 368	5 814
2012	518 942	261 832	374 695	225 703	399 551	672 875	943 102	

资料来源：《中国统计年鉴》，1998～2013 年。

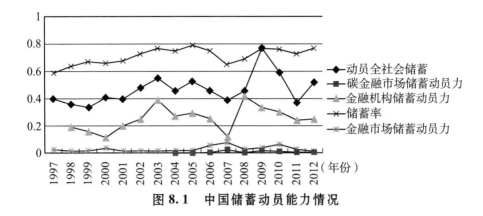

图 8.1 中国储蓄动员能力情况

1. 储蓄动员能力结构严重失衡，碳市场储蓄动员能力低下

一国的储蓄动员能力反映了其金融市场可获得资源的多少。储蓄动员能力相应指标值越高，则一国的金融体系可获得相应的资源便会越多，金融体系融资能力便越强。

如表 8.3 中动员全社会储蓄指标值和储蓄率分别反映了 1997～2012 年中国动员全社会进行储蓄的能力和中国居民储蓄占国内生产总值的比率。从表中可以看出，中国全社会储蓄动员能力和中国的储蓄率呈现出相似的增长趋势。2007年受金融危机影响，以及 2009 年后随着世界经济进入衰退，全社会动员储蓄力和储蓄率有所降低外，其余年份均保持着上升的趋势。1997～2012 年，中国全社会储蓄动员能力和储蓄率均值分别为 0.47 和 0.71，与世界发达国家两指标普遍处于 0.1 和 0.2[①] 相比，中国的全社会储蓄动员能力明显高于发达国家。高全社会储蓄动员能力和高储蓄率，为中国碳市场的有效发展奠定了坚实的资源基础，碳市场发展所需的资金资源并不紧缺。

表 8.3   **储蓄动员能力指标估算结果**

年　份	全社会 储蓄动员力	碳市场 储蓄动员力	金融机构 储蓄动员力	储蓄率	金融市场 储蓄动员力
1997	0.4	—	—	0.59	0.03
1998	0.36	—	0.19	0.64	0.02
1999	0.34	—	0.16	0.67	0.02
2000	0.41	—	0.11	0.66	0.04
2001	0.4	—	0.2	0.68	0.02

---

① 数据结果根据国际货币基金组织网站数据整理计算得到。

续表

年　份	全社会储蓄动员力	碳市场储蓄动员力	金融机构储蓄动员力	储蓄率	金融市场储蓄动员力
2002	0.48	—	0.25	0.73	0.02
2003	0.55	—	0.39	0.77	0.02
2004	0.46	0.003	0.27	0.75	0.02
2005	0.53	0.004	0.29	0.79	0.02
2006	0.46	0.006	0.25	0.75	0.06
2007	0.39	0.03	0.12	0.65	0.08
2008	0.46	0.009	0.41	0.69	0.03
2009	0.77	0.017	0.33	0.77	0.04
2010	0.59	0.016	0.3	0.76	0.07
2011	0.37	0.009	0.24	0.73	0.03
2012	0.52	0.007	0.25	0.77	0.018

注：由于中国股票市场数据采集问题，低碳板块股票数据统计节选2004年开始的数据，同绿色信贷统计时间一致，因此低碳数据时间为2004~2012年。

从表8.3和图8.1可以看出，中国金融机构储蓄动员能力仅低于全社会的储蓄动员能力（金融中介机构储蓄动员能力均值为0.25），且变化趋势与储蓄率和社会动员能力一致。

与储蓄率、全社会动员能力和金融中介机构储蓄动员能力相比，从表8.3的数值和图8.1中的趋势可以明显看出，样本期间碳市场储蓄动员能力薄弱，均值仅为0.01，意味着中国碳市场资金仅能获得居民可支配收入的1%。

储蓄动员能力作为衡量中国碳金融体系宏观效率的重要指标之一，反映了中国碳市场要有效发展所能获得金融资源的能力。然而，从估算结果分析看出，尽管中国的储蓄率、全社会储蓄动员能力很强，但这两个指标反映出的是碳市场间接融资的能力；而直接关乎碳市场自身融资效率的金融市场和碳市场储蓄动员能力指标值却相当低，现阶段，中国碳市场的融资效率较低，储蓄动员结构比例严重失调。

当然，上述情况是在中国还没有建立自己的碳市场，试点也没有启动，甚至建立碳市场的政策还没有确定的样本期间内的结果。随着中国全国碳市场的建设，相信碳市场从金融市场获得金融资源的能力会越来越强。

2. 碳金融资本配置缺乏效率

对于碳金融资本配置效率指标，碳金融体系的资源是否顺畅、有效地转化为投资，正是碳金融体系宏观效率的体现。

从表8.4的计算结果可以看出，2004～2012年间投向碳金融体系的资本呈现出增长的趋势，8年之间，绿色信贷占金融中介机构总贷款额度比例从0.5%增长至2.3%，约为4.6倍。然而，从整体上来说，碳金融资本在总体金融资本的配置中所占的比例仍然过低，总量过小，中国金融中介机构碳金融资本配置效率不足。

股票市场碳金融资本配置效率反映了低碳企业通过股票市场筹集发展低碳经济的资金比例。从表8.4可以看出，2004～2012年，中国股票市场中，低碳股票融资总额占股票市场融资总额的比例在2006年比2005年明显降低，其他年份较为平稳。2004～2012年9年间，这一比例基本没有增加，稳定在5%左右。中国股票市场上低碳股票发行规模很小，通过直接融资方式获得低碳企业的发展途径不畅，资金极为有限。股票市场碳金融资本配置效率较低，直接融资可获得的碳金融资本较小，市场活跃度低，影响整个碳金融体系的效率。

表8.4 碳金融资本配置效率指标估算结果

年　份	金融中介机构碳金融资本配置效率	股票市场碳金融资本配置效率*	新增绿色信贷资本率	碳金融吸收储蓄向投资转化能力
2004	0.005	0.055	0.013	0.009
2005	0.007	0.066	0.015	0.015
2006	0.009	0.042	0.018	0.026
2007	0.013	0.049	0.025	0.004
2008	0.012	0.055	0.021	0.037
2009	0.021	0.053	0.038	0.013
2010	0.021	0.046	0.040	0.028
2011	0.023	0.045	0.041	0.011
2012	0.024	0.043	0.042	0.009

注：股票市场碳金融资本数据由股票市场低碳板块相应数据表示。数据根据中国证券监督管理委员会公布数据整理得到。

*由于低碳板块融资额度数据难以获得，计算股票市场碳金融资本配置效率值时，以低碳板块股票市值/股票总市值近似计算所得。

新增绿色信贷资本率为低碳行业通过金融中介机构获得的贷款进行低碳产业投资占社会总投资的比率。它反映了新增绿色信贷对整个社会资本增加和整个经济增长的拉动作用，是碳金融体系重要的宏观效率衡量指标之一。从图8.2中可以看出，从2004年到2012年，中国新增绿色信贷资本率呈现出明显的上升趋势，说明碳金融交易体系的发展和新增绿色信贷的增加对中国资本形成和经济发展的推动作用逐年增加。然而，表 8.4 中的计算结果说明尽管形势发展良好，但是中国新增绿色信贷资本率仍然较低，2011 年也仅为 4.1%，碳金融市场对整个经济发展所起到的总体作用较弱。

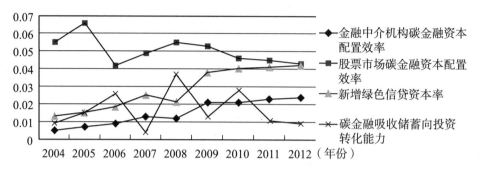

图 8.2　中国碳金融资本配置效率

2004～2012 年，中国绿色信贷贷款增加额占全国存款增加额的比例分别为 0.9%、1.5%、2.6%、0.4%、3.7%、1.3%、2.8%、1.1% 和 1.0%，波动幅度较大，投资转化能力极不稳定，较低的比率意味着中国碳金融吸收的储蓄向投资转换的能力严重不足，整个碳金融体系发展并不稳定，对宏观经济促进作用有限。

整体来说，无论是从中国碳市场的储蓄动员能力相应指标出发，或是基于中国碳金融资本的配置效率计算结果，均可以清晰看出，尽管总体上呈现出不断发展的趋势，然而，中国碳金融体系的宏观效率仍然相当缺失。因此，一个高效运行的碳金融支撑体系的形成与发展对于中国碳市场的发展至关重要。

三、金融支持碳交易发展存在的问题

尽管金融支持碳交易发展具有推动减排成本向收益的转化、推进能源链转型的资金融通、转移和管理气候风险等作用机制，能够推动中国低碳经济发展。但毕竟中国的碳交易目前仍然处于起步阶段。因此，金融支持碳交易发展存在着许多不完善和不健全之处，如碳金融机制发育不完善、政策法规限制、金融产品创新与服务体系建设不足、风险大融资难、缺乏复合型人才等。

（一）碳金融产品创新与碳金融服务体系建设落后

中国现有的碳交易业务主要集中在配额和 CCER 现货交易，产品非常单一。金融机构在进行碳交易实践上缺乏自主金融创新能力，尤其是在碳排放理财类投资产品、融资新产品、参与碳交易及其衍生品交易的金融财务等方面。一方面，由于场内碳市场尚未真正建立，碳金融服务也受限于交易的稀少和场外市场政策、制度的阻碍，建立起一个成熟的碳金融组织服务体系需要一个长期的过程，更需要国内金融机构勇敢尝试，做好各项碳金融服务准备，从而促进中国碳市场的活跃。另一方面，国内碳交易项目的融资方式除流动资金贷款、项目贷款外，其他形式很少，直接融资的比重较小。虽然国内金融业已经涉足碳交易，但目前多局限于在银行业务上，方式为商业银行通过涉足 CDM 项目，与 IFC 和投行合作，开展 CDM 项目融资、开发咨询服务等，此类业务均处于碳交易的低端，直接碳融资、直接参与国内碳交易试点刚刚启动，真正意义上的碳基金、碳保险和碳信用评级机构目前还基本空白，碳金融衍生品的发展更加落后。

另外，相关中介服务机构及技术仍存在较大不足。比如，二氧化碳的统计监测体系是开展碳交易的前提和基础，虽然目前各试点地区已经开始大力加强在此方面的能力建设，但总体而言，相关统计监测体系的建设还严重滞后，第三方核证机构将在碳市场的发展过程中扮演重要角色，但目前国内有关的第三方核证机构数量、能力都很欠缺，对于未来第三方机构如何参与相关交易也缺乏明晰有效的政策指导。此外，目前国内缺乏专业的技术咨询体系来帮助金融机构分析、评估、规避低碳项目风险，也缺乏针对项目审批风险、核实认证风险和注册风险进行甄别和防范的专业中介机构，这些都在一定程度上制约着金融机构碳交易业务的发展。

（二）开发碳交易项目所涉及的风险因素多

开发碳交易项目所涉及的风险因素很多，主要包括项目风险、信用风险和市场风险。项目风险主要指项目建设风险，如项目是否能够按期建成投产等。而在项目可行性认定方面，碳减排项目贷款较一般性贷款也更为复杂和专业，中国金融机构人员在这方面的专业技术判断能力不足。信用风险方面，由于碳减排项目的审批和核证的自身程序的复杂性，以及项目在此过程中存在的不确定性风险，所以更容易导致交易前"逆向选择"和交易后"道德风险"的发生[1]。市场风险方面，碳交易与宏观经济发展联系尤为紧密。随着国际金融危机的蔓延，碳市场陷入萧条，导致了对碳排放指标需求的减少，这种供求关系的转变造成了碳价格的巨大波动[2]。而中国的碳试点还处于建设初期，市场机制和供需关系都不稳定，

[1] 在金融市场上，逆向选择是指市场上那些最有可能造成不利（逆向）结果（即造成违约风险）的融资者，往往就是那些寻求资金最积极而且最有可能得到资金的人。金融行业的道德风险是指因为有关人员思想品德问题，为了个人或小团体的利益，主观故意违规违章甚至违法操作而造成的资金、财产、信誉遭受损失带来的风险。

[2] 2008 年 10 月至 2009 年 4 月，受国际金融危机的影响，国际市场上的 CDM 价格就下降了 50%，这种价格的波动给商业银行的碳金融业务带来了巨大的市场风险。

容易导致大幅的价格波动，带来市场风险。

受技术水平、自然条件等客观因素所限，缺乏相应的风险补偿、担保和税收减免等综合配套制度，控排企业的社会效益和自身效益之间存在矛盾，直接导致融资机构信贷风险的上升。在现有金融监管与运行体系下，金融机构无力分担企业应对环境变化所带来的社会成本。出于对于资金的安全性、收益性与流动性的考虑，金融机构缺乏内在动力。

（三）缺乏创新碳交易业务和产品的复合型人才

较之传统业务而言，碳交易业务兴起和发展的时间不长，我国金融机构对其运作模式、风险管理等都还没有深入的理解与把握，加之碳交易的相关项目流程烦琐、交易规则复杂、项目周期较长，又涉及较多风险因素。因此，若要进行有关的业务和产品创新，则要求开发人员不仅对碳金融产品的业务流程，项目开发管理以及与之配套的法律规章制度等有足够的了解，而且熟悉金融机构所有业务，具有较好的外语能力和与国际著名金融机构合作的经验。然而，就目前我国金融业从业人员的情况看，专业较单一。很显然，当前我国缺乏创新碳交易业务和产品的高素质、复合型的人才，而高素质人才的缺乏，使得我国金融机构所从事的碳交易业务比较单一，国际碳市场已经交易的较为成熟的金融产品国内鲜见，仍处在碳交易产业链的低端。

因此，碳试点以及全国性碳市场的建设都离不开人才培养的软实力建设。而人才的缺失可能成为未来中国发展碳交易的最大瓶颈。由于碳金融的从业人员必须是金融、环境、能源等专业的复合型人才，不仅要拥有金融基础知识和运作规程，还要熟悉国家产业、能源和金融等法规政策，熟悉用能设备和生产工艺以及企业节能工程等。而目前环境经济、能源经济等学科在中国还比较新兴。人才培养缺乏，金融和环境的交叉复合型人才较少，相关金融产品开发与推出受到约束，对碳市场风险的把握能力不足，面临的风险相对较大，这些都将不利于我国金融机构参与碳交易业务。

（四）国际碳市场发展的不确定性

目前，国际碳市场发展虽然方兴未艾，但由于经济危机、政策设计的固有缺陷以及国际气候谈判的不确定性，使得国际碳市场的发展也存在变数，这将直接影响我国金融机构发展碳交易业务。中国的金融市场不健全，特别是碳市场刚刚起步，金融机构对碳交易发展还处于观望阶段。特别是欧盟碳市场正在遭遇配额供过于求和价格危机，使金融机构的投资更加谨慎。

（五）相关政策法规限制了碳金融的发展

国务院 38 号文件①限制了碳市场可以作为金融市场来发展，也限制了金融机构的参与和金融产品的创新。由于政府监管趋于保守，只有在建立起稳健的交易体制之后，中国才可能使用碳信用衍生产品；另一方面，有限的金融工具也打击了金融投资者的投资热情，中国的证券监管机构未将碳交易纳入"金融"范畴，对碳市场的监管也不负有直接责任。

通过分析上述金融支持中国碳交易发展所存在的问题，不难发现中国在这一新兴领域面临重大机遇与挑战，金融行业参与和支持碳市场的建设还非常薄弱。但是碳市场的建设离不开金融的大力支持，因此，我们必须采取相应的措施促进金融支持中国碳交易发展。

第三节　商业银行纳入碳交易体系的探讨

碳排放权交易市场的发展与培育需要政策、技术、金融资本三位一体的支持，而其中最重要的就是金融的支持。在国际碳排放权交易市场建设发展的进程中，国际领先的商业银行已经成为碳交易体系的重要参与者，其业务范围已经渗透到该市场的各个交易环节。如在原始碳排放权的产生中，商业银行向项目开发企业提供贷款；在二级市场上充当做市商，为碳交易提供必要的流动性；开发各种金融创新产品，为碳排放权的最终使用者提供风险管理工具等。商业银行参与碳交易体系建设具有明显优势，利用这些优势，银行可以直接参与碳交易体系，也可以作为中介为交易者提供相关的、新的金融产品和服务。

一、国内外商业银行碳金融实践比较

国内外主流商业银行已经认识到发展碳金融的重要性并积极开展碳金融实践。比如荷兰银行、荷兰合作银行、荷兰商业银行、英国巴克莱银行、汇丰银行、德国德意志银行等，已经从企业文化理念、环境管理体系、银行服务、信息披露等方面支持和推动低碳经济的发展。如英国联合金融服务社（Confederate Financial Service, CFS）自 2000 年推出生态家庭贷款以来，每年为所有房屋购买

---

① 国务院关于清理整顿各类交易场所　切实防范金融风险的决定（国发〔2011〕38 号）。

交易提供免费家用能效评估及二氧化碳抵消服务，仅 2005 年，就成功抵消了 5
万吨二氧化碳排放（王飞，2009）。

2001 年，荷兰合作银行集团的高级经济师马赛尔·约伊肯从环境的角度，
将银行对待可持续发展的态度分为四个阶段：抗拒阶段、规避阶段、积极阶段和
可持续阶段（马赛尔·约伊肯，2011）。借鉴马赛尔·约伊肯的分类方法，王卉
彤等人根据近十年银行业可持续发展实践的实施，将银行的可持续发展实践分为
五个阶段：重度忽视可持续发展阶段、轻度忽视可持续发展阶段、开始可持续发
展实践阶段、积极开展可持续发展实践阶段、融入社会可持续发展阶段。并对全球
100 强银行的可持续发展实践进行了比较研究。在 93 个样本银行中，来自中国的银
行（不包括港澳台银行）有 5 家。分别为中国工商银行、中国银行、中国建设银
行、中国农业银行与交通银行，虽然核心资本排名分别为第 7、第 9、第 14、第 21
位和第 29 位。但是，5 家银行的评分处于 15 ~ 10 分，都处于"重度忽视可持续发
展阶段"，与其他国家商业银行比较明显处于较为落后的局面，具体见图 8.3。

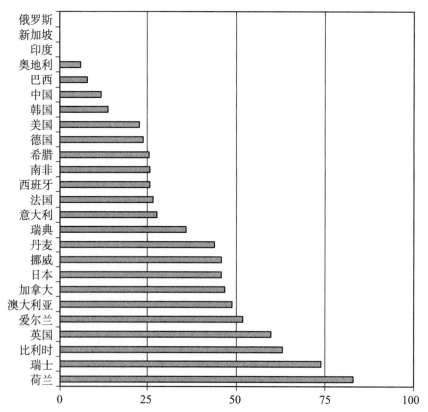

数据来源：王卉彤. 应对气候变化的金融创新 [M]. 北京：中国财经经济出版社，2008 (66).

图 8.3　商业银行进行创新、开展"碳中和"的国家分析

这说明，我国核心资产排名靠前的商业银行在近期都不会主动地参与到应对气候变化的进程中来，不能有效发挥金融手段促进我国碳交易体系的建设，因此，政府有必要出台相应的政策，促进商业银行在这一领域发挥积极的作用。

二、商业银行强制纳入碳交易体系的积极意义

将银行类金融机构强制纳入碳交易体系，可以有力地促进我国碳交易体系的建设以及低碳经济的发展。

第一，在向低碳经济转型过程中，需要大量的传统产业改造升级，大批的新兴产业不断成长，这就会产生巨大的绿色信贷需求，从而有效地促进我国温室气体的减排。例如，我国唯一加入"赤道原则"的兴业银行，截至 2012 年 12 月 31 日，绿色贷款余额为 1 126.09 亿元，温室气体减排约 6 685.47 万吨，节水量 25 579.06 万吨，节约标准煤 2 316.03 万吨。近三年绿色信贷环境效果如图 8.4 所示。

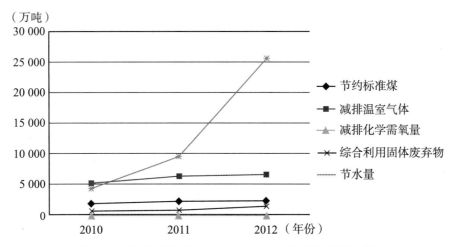

图 8.4　兴业银行 2010～2012 年绿色信贷环境效果

第二，将银行类金融机构强制纳入碳交易体系，将有利于分摊或传导企业"污染成本"，使中国碳交易体系从"生产责任"市场向"共担责任"市场转变，从而促进我国碳市场的繁荣与活跃。虽然全球碳交易体系基本上都采用"生产责任"原则，但是由于国外发达国家市场化程度与商业银行的积极参与，实际碳交易体系形成了"共担原则"的市场。而我国市场化程度不高，商业银行又忽视温室气体减排，使得我国碳交易体系锁定了"生产责任"划分原则。可以预见，在这种原则下，由于强制纳入的都是工业企业，致使碳市场活跃度不高。以湖北省为例，强制纳入的前四大行业为电力、钢铁、水泥、化工，排放量占纳入交易排

放量的 70% 左右，但是四大行业的减排成本最大值与最小值经计算比例为 1：2.7
左右，如果没有减排成本和减排需求更高的行业进入，那么碳市场很难活跃。

第三，将银行类金融机构强制纳入碳交易体系，将有利于银行业金融机构为
项目开发者提供信用咨询服务，开发相关的理财产品和金融衍生产品，开展低碳
项目的各类融资等服务。由于银行类金融机构的强制纳入，碳市场流动性将会提
高，那么自然会催生大量的交易，从而为企业追求更多的减排提供动力，银行则
可以发挥金融创新能力与专业的咨询服务，帮助企业更多地采用低碳技术，促进
低碳技术的研发，通过金融产品与融资的创新，反过来促进整个社会对低碳经济
的追求。

三、商业银行纳入碳交易体系方法探讨

银行业要想在低碳经济发展中发挥积极作用，就不仅要成为低碳理念推广的
"践行者"，还要成为低碳金融服务的"创新者"。在我国商业银行全面忽视应对
气候变化及转变经济发展方式的情况下，将银行类金融机构强制纳入碳交易体
系，将有利于我国碳交易体系的建设与发展，将商业银行纳入碳交易体系需要解
决以下几个关键问题。

(一) 商业银行排放边界的界定

按照生产责任原则，商业银行由经营生产类活动产生的碳排放，主要由消耗
电力、热力等能源而产生的间接排放。但是，按照共担责任原则，商业银行产生
的碳排放还包括为企业运营提供资金支持，受资企业生产经营活动产生的碳排
放。共担责任原则的理论依据是"受益原则"。受益原则主张，所有从碳排放中
获益的参与者都需承担责任。商业银行与受资企业在碳排放过程中都是"受益
者"，因此都需承担减排责任。因此商业银行的排放具体见表8.5。

表8.5 　　　　　　　　　　　**商业银行排放活动及边界**

间接排放	商业银行自身生产经营过程中因消耗电力、热力等产生的间接排放
信贷排放	为企业或项目提供资金支持，企业或项目运营而产生的排放

(二) 商业银行碳排放核算方法

排放主体的温室气体排放量按 (8.1) 式计算：

$$排放总量 = 间接排放量 + 信贷排放量 \qquad (8.1)$$

1. 间接排放

间接排放指排放主体因使用外购的电力、热力所导致的排放，该部分排放来源于电力和热力的生产。按（8.2）式计算：

$$排放量 = \sum (活动水平数据_k \times 排放因子_k) \qquad (8.2)$$

式（8.2）中：k 表示电力或热力；活动水平数据表示外购电力和热力的消耗量，单位为万千瓦时（$10^4 kWh$）或百万千焦（GJ）；排放因子表示消耗单位电力或热力产生的间接排放量，单位为吨 CO_2/万千瓦时（$tCO_2/10^4 kWh$）或吨 CO_2/百万千焦（tCO_2/GJ）。电力、热力排放因子取所在地平均电力、热力排放因子。

2. 信贷排放

信贷排放指银行为企业或项目提供资金支持，企业或项目生产运营而产生的排放，具体核算方法因支持的企业与项目不同而不同。具体核算方法如下：

第一，企业或项目分类：根据"赤道原则"对企业或项目进行评价与分类，可将企业或项目分为 A、B、C 三类，分别为高、中、低环境与社会风险类型，对于低环境风险的 C 类企业或项目，可不核算信贷排放量，仅对 A、B 两类企业核算排放量。

第二，行业确定：受资企业或项目应属于不同的行业，如钢铁、水泥、电力等，核算方法因不同的行业采用不同的核算方法，具体见各行业温室气体核算方法指南。

3. 排放比例确定

由于商业银行给企业或项目提供资金的比例不尽相同，因此所承担的责任也应该不同，可根据商业银行提供资金占企业或项目的比例核算银行信贷产生的排放量。例如，企业或项目产生的温室气体排放总量，根据核算为 100 万吨，而银行的贷款仅占企业或项目资产的 10%，那么由于信贷原因所产生的排放量为 10 万吨。当然，也可以用其他原则进行核算，如按照银行从该项目的受益比例进行核算。

（三）商业银行配额分配

银行类金融机构纳入碳交易体系面临的最大问题就是配额分配的问题，也就是缺乏配额分配的基础。我国 7 个碳交易试点的配额分配办法多采用"祖父法则"，即对工业行业企业根据企业的历史排放量进行配额分配。也有部分试点对电力、水泥行业采用"标杆法"，根据单位产品的排放量进行配额分配。对商业银行可类似地采用"标杆法"进行配额分配，根据单位信贷的排放量进行配额分配。例如，某家商业银行 2013 年总的信贷额为 100 亿元，而根据商业银行温室气体核算方法，2013 年该家商业银行的排放量为 100 万吨，那么其单位信贷的排放量为 1 吨/万元。可根据每家银行的单位信贷排放量合理设置标杆，进而进行配额分配。

第四节　金融支持中国碳交易体系发展的政策

绿色低碳发展，需要一场低碳技术革命、结构转型、低碳基础设施投资和能源革命（包括能源生产、能源消费、能源技术和能源管理体制以及能源国际合作），碳交易体系建设是绿色低碳发展的市场化的成本效率优先的政策工具，不仅需要政府、企业、金融机构和社会公众的普遍参与，更需要大量低成本高效率的节能减排项目和低碳基础设施的资金投入，从而对金融支持与服务提出了强大的需求。以可再生能源与能源互联网的结合为标志的第三次产业革命的序幕已经拉开，可以这样说，就像第一次产业革命的煤炭金融和第二次产业革命的石油金融成为两次产业革命的血液一样，碳金融也同样会成为第三次产业革命的血液。作为绿色低碳发展的核心政策工具之一的碳交易体系建设将在碳金融的强力支持下富有成效，碳金融也将与碳交易体系共生共荣。

一、积极鼓励金融机构参与碳交易体系

碳交易体系既不能是完全市场主导的市场模式，也不能是完全政府主导的行政模式，在最初发展阶段，政府引导并有力介入是十分必要的。政府首先要确定碳排放权的法律地位，设定总量目标和覆盖范围，对排放权配额进行初始分配，为碳交易信用市场提供基础。同时政府可以建立引导性碳基金，吸引银行、投资公司等资本加入，从而解决碳交易体系初期资金不足的问题。随着碳交易体系的逐渐成熟，政府的职能应主要向监督者和管理者转变，逐步增加并鼓励银行等金融机构投资者积极参与到碳交易体系的各个环节，促进碳交易体系参与主体的多元化和金融产品的多样化，提高市场的流动性和效率。同时政府还可以通过政策引导和优惠措施，鼓励金融机构为企业投资节能减排项目、技术研发与改造、碳资产经营管理、碳市场风险对冲等提供全方位的金融服务，把碳市场发展成高效率的碳金融市场，形成能够反映碳排放权稀缺性和环境价值的价格信号，引导资源向绿色低碳发展配置。

二、破除政策藩篱、支持碳交易市场创新

2011 年下发的 38 号文件对各种交易市场的期货交易和连续交易等方式都进行了"一刀切"的严禁限制，对当前碳市场的持续发展产生了较大的制约和影响。38 号文颁行时尚未实施碳交易试点，主要是针对其他交易场所的不规范交易行为，而当前试点地区碳市场实行的是现货现金交易结算，并实施了严格的多层次的风险控制制度，包括现货结算、投资上限、风险预警、涨跌幅限制、政府入市纠偏等风控措施，整体市场风险可控，连续交易风险可控性强。国家证监会应当放松对交易方式的限制，支持试点地区乃至将来的全国碳市场进行相关金融业务创新：一是支持当前碳现货类连续交易，提高交易的便利性和活跃性，吸引更多投资主体的参与，为全国碳市场建设积累经验；二是支持在现行政策环境下严把风控关，选择流动性好的试点地区开展碳现货远期交易试点，为建设全国统一碳市场的建设奠定基础。

三、鼓励金融机构逐步丰富碳金融产品与服务

一个有效的碳市场背后必须有发达的碳金融服务体系作支撑，包括银行、证券、基金、保险和信用评级等金融机构提供综合的碳金融产品和服务。

第一，鼓励金融机构逐渐丰富碳金融产品。碳金融产品和服务的创新对发挥金融在碳排放权交易中的价格发现，活跃市场的功能尤为重要，是碳市场得以发展的基础之一。结合中国的碳交易和碳金融体系建设的不同阶段，碳金融产品的发展大致可分为三个阶段：在国内的碳交易体系尚未完全建立之前，鼓励国内的金融机构和相关投资者积极参与政府进行的初始配额拍卖和企业初始配额的现货交易。商业银行应加强对"赤道原则"和"熊猫标准"①的研究与借鉴，开发新能源信贷等新的绿色信贷产品和企业配额抵押质押融资服务。初期还可以通过向有社会责任感而自愿减排的个人和企业发放"碳证"等方式为其提供方便地参与节能减排的方式，肯定其对碳减排的贡献。在逐渐形成了全国统一市场后，可以重点开发二级市场的碳金融现货产品，进一步活跃交易市场。随着交易的不断成熟，则可以进一步开发碳金融衍生产品，如碳远期、碳期货、碳期权、掉期、互

---

① "熊猫标准"是专为中国市场设立的自愿减排标准，从狭义上确立减排量检测标准和原则，广义上规定流程、评定机构、规则限定等，以完善市场机制。它的设立标志着中国开始在全球碳交易中发出自己的声音。

换、指数等，实现由现货交易产品向碳金融衍生产品的逐步过渡，满足投资者套期保值、转移风险和投机收益的需要。

第二，吸引金融资金入场。由于起步阶段国内的碳市场发育不完全，私人资本对碳交易的资本投入还持观望态度。政府若在初级阶段出面设立绿色引导基金，一方面解决了建设初期资金不足的问题，另一方面也增强了私人资本的信心，引导私人资本设立基金为节能减排产业进行融资，在碳市场发展到一定程度后再逐步退出市场。

第三，充分发挥商业银行在碳金融服务体系中的主导作用。商业银行要积极拓展碳交易中介业务，可以利用自身的信息资源及网络优势，为企业提供项目推荐、项目开发、信用咨询、交易和资金管理等服务，可以作为项目的咨询顾问，协调项目发起人、国外投资者、金融机构和政府部门之间的业务关系；还可以尝试发行结构型、基金化和信托类金融理财产品，为企业提供融资支持。还要积极发展如碳咨询机构、研究机构、基金和保险等服务机构，全面发展碳金融服务体系。

四、提高金融机构碳市场风险防范能力

第一，防范政策风险。碳交易体系是一项新生事物，法律法规和政策机制都处于不断的探索和完善之中，要加强与当地碳交易政府主管部门的沟通、交流与合作，以清楚地了解和把握与碳交易有关的法律法规和政策机制，回避政策和法律风险。

第二，防范碳市场风险。在金融机构传统业务的风险指标体系中加入碳交易所特有的一些风险因素，包括国家应对气候变化的政策和环境能源政策、碳市场的有关法律法规和政策机制设计与调整、碳价格及其对企业的影响、节能减排技术的潜力和风险、碳减排项目的审核通过率、企业碳资产管理能力等，以定量地对金融机构面临的碳市场风险进行较为系统的评估和防范。

第三，防范信用风险。对内实施针对具体的操作人员和风险管理人员的风险责任制，并把风险防范的落实情况纳入上级机构对下级机构的绩效考核，以有效提高风险管理人员的工作效率，提高风险防范机制的责任心和执行力。对外主要体现于事前告知参与企业和机构有关的规则和标准以及违约惩戒措施，事后加强对企业碳减排项目的评估和监督，对违约企业按规定进行惩罚，如建立企业信用记录并将其与企业在其他方面的资质挂钩，以此减少信息不对称性，降低企业事前事后违约的风险。

第四，防范国际风险。涉及碳交易的国际业务时，金融机构要加强国际风险

340

防控识别能力并采取风险防范措施，通过签订免责合同条款、银团贷款、分期投入资金等方式降低信用风险；实行套期保值防范汇率风险；完善合同条款降低违约风险；聘请国际律师规避法律风险。

第五，建立碳市场的数据库和碳市场风险评价指标体系，开展风险监测。

五、健全组织机构、培养和储备复合型碳金融人才

金融机构应积极融入发展碳交易的国际趋势，应充分认识到发展碳交易业务对于促进我国金融机构经营战略转型、提高竞争力以及推动经济增长方式转变的重大意义，把开展碳交易业务提高到战略高度。

第一，金融机构应积极健全组织机构。通过对现有机构调整或者是新成立专门的碳交易金融业务部门，如碳交易（金融）中心或者碳金融事业部来谋划碳交易发展战略，负责碳交易业务的市场开发与推广。

第二，金融机构应加大组建和培养高素质的碳交易业务团队的力度。首先，从本单位内挑选一些专业知识较全面、实践经验较丰富、善于钻研且具有开拓意识的人才组成碳交易业务团队，然后对这支队伍进行多方面的培训，如在政策允许的前提下，积极参与国际碳市场项目的开发和交易，学习国际经验，以提高他们的业务能力和水平；其次，建立相应的激励机制，实施人才引进计划，吸引国外碳交易领域的优秀人才，开展碳交易业务培训课程，努力培养碳交易业务方面的专业性人才；最后，聘请一些能源、气候变化和碳交易方面的专家或行业专业人员充当外部顾问，同时建立起对应的能源环境与气候政策风险评估人才储备库，以在必要时协助审查项目融资过程中的能源环境与气候政策风险，提出专业意见和建议。此外，我国金融机构还可以加强与国际著名银行、金融机构的合作，不但可以获得后者的技术援助，还可以学习国际碳项目投融资的经验与方法，提高国际知名度与影响力[1]。

六、依托当前碳交易试点建立国家级碳金融中心

应对气候变化、向低碳经济转型已成为世界潮流，碳排放空间成为国际竞争的焦点，碳定价权将像20世纪的石油定价权一样决定一国的国际竞争力和其他方面的话语权。因此，我国必须要集中全国的碳金融资源，打造碳金融中心，形成碳市场的规模经济和范围经济效应，通过汇集碳金融的人才流、信息流、技术

---

① 杨小红. 我国商业银行发展碳金融业务的影响因素及对策 [J]. 福建论坛，2013（3）：63 – 66.

流、资金流，通过流动性吸引流动性，提高中国碳市场的流动性，产生合理的碳价格，从而对国际碳定价权拥有话语权和影响力。

在中国的 7 个碳交易试点中，从碳市场两年来的实际运行效果来看，武汉已经具备了建立全国碳金融中心的基础条件：一是武汉碳市场流动性遥遥领先，交易量一直稳居全国 7 个试点总交易量的一半，已初具全国碳市场中心的雏形；二是武汉已初具全国碳定价中心雏形，全国试点碳市场价格逐步向湖北试点靠拢；三是武汉已初具全国碳金融中心雏形，武汉目前碳金融规模最大、品种最齐。

截至 2015 年 10 月 30 日，7 个试点配额协商议价和协议转让、CCER 累计成交量如图 8.5 所示。

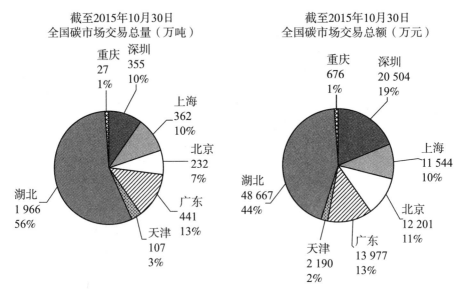

资料来源：湖北省碳交易中心网站。

图 8.5　中国 7 个碳交易试点累计成交量与成交额

因此，国家发展碳金融政策应该着力考虑以下几点：一是明确武汉全国碳金融市场中心地位，支持建立现货和远期并行的高流动性市场体系；二是加大对碳金融创新政策支持力度，扶持碳金融衍生产品发展；三是打通外资入市通道，支持与国际碳市场接轨。

第九章

法律保障

我国建立碳交易体系在政策和原则上较为清晰，但在法律上较为模糊，并且存在法政不分的现象。由于缺乏国家层面有关碳交易的上位立法，现阶段各试点地区碳交易体系的构建首先由地方政府颁布管理办法，以此形成碳排放权交易的法律基础。法律基础缺失或不清晰，已有的法律制度不能为碳交易体系的构建提供有效的支撑，使得碳交易体系建立的法律基础薄弱。在这种背景下，本章从碳交易试点工作的现实情况出发，通过借鉴碳交易法律体系的国际经验，对中国建立碳交易体系过程中不可回避的法律基础和支撑问题进行探析。

第一节 碳交易体系法律法规的国际经验

一、欧盟碳交易体系的法律实践及其对中国的启示

欧盟碳交易体系（EU-ETS）是在《联合国气候变化框架公约》（UNFCCC）和《京都议定书》（KP）的国际谈判及欧盟制定应对气候变化政策法律的大背景下诞生的，被定位为欧盟减排温室气体的核心管理手段，是欧盟发展新能源政策和建设低碳经济社会的主要推动力量。EU-ETS 以 2003 年通过的《建立欧盟温室气体排放配额交易机制的指令》为法律基础建立。随着 EU-ETS 实施过程中经验

的积累及欧盟气候变化政策的调整，该指令已经经过了三次修改，使得EU-ETS逐步发展完善。下文将详细分析 EU-ETS 的立法背景和立法框架①。

（一）欧盟碳交易体系的法律实践

1. 渐进式的立法进程

EU-ETS 的立法采取了渐进式（learning by doing）的立法进程。其最显著的特点在于：一方面对于碳排放权交易这一陌生的新型环境管理手段，欧盟本着摸索学习的态度，在建立碳排放权交易机制之初，不以制定理论上最佳的立法方案为目的，而是选择企业能够接受的，且政府可以实施有效管理的立法方案，进而确保碳排放权交易机制在欧盟的最终建立；另一方面，在碳排放权交易机制建立之后，欧盟积极地从实践中总结经验教训，根据出现的实际问题，寻找解决方案，并根据国际气候变化谈判的进程和欧盟应对气候变化政策的调整，逐步地修订和完善碳排放权交易的立法，帮助欧盟实现以尽可能低的成本减排温室气体这一政策目标。

2. 摸索期为确保机制建立做出必要的妥协

在 EU-ETS 建立之前，碳排放权交易对于欧盟层级的环境管理来说，是一个比较陌生的环境管理手段，传统的命令与控制式的行政强制性管理仍是欧盟应用的主要管理方法②。而且，在此之前世界上还未有大范围应用的温室气体碳排放权交易机制的案例，欧盟也没有直接的经验可以借鉴。

因此，如何在应对气候变化这一重要的问题上，让企业和管理者均能接受一个新型的管理手段，并使之有效的运行，是欧盟在立法调研和立法过程中一直在寻求解决的问题。欧盟采用的方法是在立法上做出适当的妥协，在理论上最佳的立法方案和最易被企业和管理者接受的立法方案之间找到一个折中方案，既能减小机制建立过程中遇到的阻力，又能尽量保证机制建立后实现其立法目的。

一个典型的例子是：在第一阶段，欧盟选择以历史排放量为基础数据向企业免费发放配额，这本身就是一种向企业的妥协。一般而言，碳排放配额的发放主要有免费和拍卖两种方法。当时欧盟不掌握企业二氧化碳历史排放量的数据，只能依靠企业自行上报相关数据。这存在着很大的风险，因为企业自行提供数据的可靠性和准确性一般较低。与之相比，拍卖显然更为高效和公平。但即便在这种情况下，欧盟还是采用了以历史排放量免费分配配额的方法，最主要的原因就

① 秦天宝，付璐. 欧盟碳排放权交易的立法进程及其对中国的启示 [J]. 江苏大学学报，2012（3）.
② The EU Greenhouse Gas Emission Allowance Trading Scheme, Jürgen Lefevere, in the Climate Change and Carbon Markets—A Handbook of Emission Reduction Mechanisms, edited by F. Yamin, Earthscan, 2005, P. 81.

是为了获得企业界对建立碳排放权交易机制的支持。当时的欧盟企业对碳排放权交易机制完全陌生，并且已经习惯了不为企业活动所排放的二氧化碳支付任何成本。若立法规定其不得不为获取温室气体排放配额支付费用，他们势必大力游说本国政府，反对 EU-ETS 的建立。从结果上看，欧盟对企业的妥协，换来了 EU-ETS 的快速启动。

另外一个例子是，《2003 碳排放权交易指令》未对设施关闭时如何处理排放配额的问题做出任何规定，这是欧盟对成员国做出的一种妥协。成员国国内政府的政策目标是多重的，推动本国的经济发展、保证就业率是国家议事日程上的首要任务，欧盟立法很难要求成员国政府鼓励其境内企业关闭二氧化碳密集型的设施。因此，欧盟在立法上有意在这个方面保留空白，将决定权交到成员国政府的手中，让其根据国内政策的需要选择具体的处理方法。欧盟委员会采取这一做法也是为了尽快使成员国接受指令所做出的一种妥协。

3. 机制建立之初保持其简单性与确定性

欧盟立法在设计第一阶段的规则和制度时，遵循的基本原则有两条：其一，保持机制的简单性，让各成员国尽快学习如何运行碳排放权交易机制，完成相关基础能力的建设；其二，保证机制的确定性，即政府管理者有能力监管其所设计的碳排放权交易机制的运行。

保持机制简单性方面最典型的例子是，在碳排放权交易机制第一阶段，欧盟选择调控主要排放源。这些排放源是以欧盟《综合污染防治指令》的管理框架为基础挑选出来的。《综合污染防治指令》是针对欧盟境内大型工业污染源的所有污染物，已经建立起的一套综合的排放许可证制度。该指令附件 I 列出了污染源清单，且接受管制的污染物包括二氧化碳和其他五种温室气体。《2003 碳排放权交易指令》选择将《综合污染防治指令》污染源清单上最主要的大型的、固定的排放源纳入其适用范围。这样的做法，不仅可以创建一个足够大的排放配额交易市场，保证市场流动性，而且它利用已经成熟的制度基础，使机制的运行简单，让成员国能够在第一个阶段完成有关排放量监测、报告和核查方面的基础能力建设。

在保持机制的确定性方面，欧盟对温室气体种类的选择做出了很好的说明。机制建立之初，调控的适用范围仅有二氧化碳这一种温室气体。这样做的原因，除二氧化碳的排放量在欧盟温室气体排放总量中占有较大比例外，另一个重要原因是需要对温室气体排放量进行准确监测，这也是碳排放权交易机制有效实施的前提之一。当欧盟制定该指令时，二氧化碳是六种温室气体中欧盟唯一能够保证对其排放情况进行长时间高质量监测的气体，而对其他温室气体的监测还存在着很大的不确定性。

4. EU-ETS 建立后及时总结经验教训不断修订立法

随着在 EU-ETS 实施过程中实际问题的不断出现，欧盟及时总结经验教训，通过立法修订，针对问题提出解决方案。这体现在对以下几个主要问题的处理上：

第一，立法修订的目的。历次立法修订的首要目的是一致的，即降低欧盟减排温室气体的成本，以成本效率的方式实现减排指标。最为典型的例子是不断扩大碳排放权交易机制的适用范围。欧盟历经几次修订，将更多的温室气体种类和活动种类纳入碳排放权交易机制，主要目的就是为了提供更多的减排机会，降低减排成本。这符合碳排放权交易的原理，即碳排放权交易的范围越大，涵盖的排放源越多，各个排放源之间的减排成本差异性就可能越大，就越有形成碳排放权交易的可能。欧盟在制定《2003 碳排放权交易指令》时，就已经为立法修订做出了授权、规定了时间表、审查背景和具体的审查事项。《2003 碳排放权交易指令》第 30 条第 2 款规定，基于指令实施所获得的经验和温室气体监测技术的进步以及国际气候变化政策的发展，欧盟委员会应在 2006 年 6 月 30 日前起草一份指令实施情况的报告和提交相应的立法修改提案，且列出了实施情况报告所应考虑的事项清单。就是基于该条规定，欧盟在 2009 年对碳排放权交易指令做出了大幅度的修改。

第二，排放总量的设定。首先，如上所述，为确保碳排放权交易机制的建立，欧盟对企业做出了妥协，允许以企业提交的历史排放量数据为依据向其免费发放排放配额，并以此数据为基础设定排放配额的总量。但是，欧盟清楚选择这一做法的风险，于是，在立法时也同时要求企业必须从 2005 年开始提交经核查的排放量数据，而且将排放量的监测、报告与核查作为制度予以规定。正是基于这一制度的建立，当成员国政府提交第二阶段的国家分配计划时，欧盟委员会通过比较经核查的排放量数据，在计算各成员国提交的国家分配计划拟定的配额量后，将其总量消减了 10.4%，以保证欧盟顺利实现《京都议定书》所规定的减排指标。其次，虽然欧盟委员会有了经核查的排放量数据，可以更好地衡量成员国政府提交的国家分配计划所拟定的排放配额总量，但是，各成员国分别设定各自的配额总量的做法，还是存在太多的不确定性，不利于欧盟实现到 2020 年将温室气体减排 20% 的目标。所以，欧盟在 2009 年修改《碳排放权交易指令》时，决定在第三阶段开始由欧盟委员会设定全欧盟范围内的排放配额总量，取消了国家分配计划的模式。

第三，新进入者和设施关闭时排放配额的处理问题。由于《2003 碳排放权交易指令》未对新进入者和设施关闭时排放配额的分配问题做出明确的规定，在第一和第二阶段，各个成员国自行制定不同的规则。这导致成员国之间的规则各异，透明度低，增加了机制运行的复杂性，还影响了不同国家企业之间的公平竞争。于是，《2009 碳排放权交易修改指令》对这两个问题都做出了相应的规定：在新进入者方面，欧盟决定建立欧盟范围内统一的新进入者储备配额，且针对新进入者适用欧盟统一的配额分配规则。原则上讲，新进入者将适用与现有设施相同的配额分配方法；在设施关闭时配额的分配方面，2009 年修订后的《碳排放权交易指令》明确规定，一旦设施停止运行，就不应再向其发放免费配额。

5. 综合研究为立法做铺垫

首先，由于碳交易体系是涉及多部门、多领域、多学科的系统性工程，欧盟专门发起"欧洲气候变化项目"，该项目是欧盟研究、制定气候变化法律法规的一个重要途径，它主要有两个特点：一是对欧盟各个领域减排温室气体的潜力和措施进行综合的研究，选择最适合欧盟的法律法规和政策措施组合，找准对碳排放权交易机制的政策定位；二是尽可能让温室气体排放链条中的各个利益方充分地参与法律法规和政策制定的过程，从而有效推进气候变化这一涉及多领域、需要多部门合作的立法和政策问题的研究。

其次，"欧洲气候变化项目"作为一个全面研究欧盟应对气候变化政策的项目，为研究和制定这一涉及多领域、需要多部门合作的气候变化问题提供了一个良好的平台。该项目所设立的每个工作组均包括欧盟委员会的相关政策部门、成员国政府相关政策部门、工业、环保组织和科研单位的代表。这一让各利益方广泛参与的研究模式，有利于在立法和政策制定的初期听取各方的意见和建议，使得最终出台的法规和政策具有可行性，并获得管理方和被管理方最大限度的支持。

最后，在欧盟碳排放权交易机制立法进程中，伴随每一项立法提案文件的发布，欧盟都会公布一份该项立法提案的影响评价报告。从这些报告[1][2]中，可以梳理出欧盟碳排放权交易机制的立法研究对象和思路。就研究思路而言，从整体立法提案的结构到立法提案中每一个政策方案的分析，欧盟都遵循了这样一种研究思路：第一，立法和每个政策方案需要解决的问题是什么，碳排放权交易实施过程中出现的问题和积累的经验；第二，希望达到的目标是什么；第三，达到上述目标的政策方案有哪些；第四，分析不同政策方案的影响是什么，包括对经济、社会和环境的影响；第五，如何监测与评估政策方案实施后所产生的影响；第六，提出最终选择的政策方案是什么，并说明理由。

---

[1] To the European Commission DG Environment, Designing Options for Implementing an Emissions Trading Regime for Greenhouse Gases in the EC, Foundation for International Environmental Law and Development, 22 February 2000.

[2] Commission staff working paper-Extended Impact Assessment on the Directive of the European Parliament and of the Council amending Directive establishing a scheme for greenhouse gas emission allowance trading within the Community, in respect of the Kyoto Protocol's project based mechanisms, COM (2003) 403 final.

（二）对中国的启示

1. 碳交易未动，法律先行

EU-ETS 是建立在法律基础之上的。只有完善碳交易体系的法律基础，才能在此前提下建立配套的法律制度，规范碳交易体系行为，以法律手段调整碳排放权交易的法律关系，从而保障和促进碳交易体系的健康发展。

2. 先立法，后完善

碳排放权交易是一种新的机制，即便是在法律制度相对完善、碳排放权交易起步相对较早的欧盟，在运行过程中也存在诸多问题。欧盟在建立排放权交易机制之初，不以制定理论上最佳的立法方案为目的，而是选择企业最能接受的，且政府可以实施有效管理的立法方案，进而确保碳排放权交易机制在欧盟的最终建立。我国建立碳交易体系也必将面临挑战，各地试点的时候都发现与现有体制冲突和矛盾的地方，因而在缺乏碳交易体系法律基础的情况下，在建立交易机制之初，以充分调动碳排放主体的参与积极性及保障其合法权益为重点，以最易操作、可行和可接受的方式构建碳排放权交易法律保障体系。

3. 立法进程循序渐进，平衡协调利益各方

EU-ETS 建立之前，欧盟不少成员国已经在各自国内的不同领域实施了不同污染物的排放权交易，其中也包括碳交易体系，例如英国碳交易体系。即便如此，欧盟仍然在立法方面采取了渐进式的、妥协的立法进程。欧盟这种渐进式的立法进程不仅帮助欧盟在较短的时间内赢得了成员国政府、企业和环保团体等各利益方的支持，建立了世界上第一个跨国的碳交易体系。而且欧盟通过机制实施过程中积累的经验和教训，不断地对立法修订，使得该机制日益完善，已经发展成为全球最大的碳交易体系。中国在碳排放权交易方面的法律基础理论研究和碳交易的实践经验积累方面都很薄弱，基本上是从零起步，各省区市和行业之间存在很大的差异，因此在立法方面更是要采取渐进式的进程，充分考虑地区和行业的差异，立法之初就要为碳交易实践中出现的新问题留下修订完善的余地。

4. 结合中国的国情

虽然有欧盟的实践经验可供中国借鉴，但是中国与欧盟之间毕竟存在很大的差异，这种差异上至政治体制、经济水平、法律传统，下达环境管理能力和环保团体所能发挥的作用。因此，中国需要进行独立的研究和实践，去探索适合中国自己国情的碳排放权交易的法律基础和法律保障。

5. 加强立法基础研究

中国有关碳排放权交易的实践活动和研究非常有限，需要针对碳排放权交易的立法开展科学的、系统的研究工作。虽然中国二氧化硫和化学需氧量的排放权

交易试点工作已经进行了近二十年，但是其实施的地理范围只限于少数城市和省份，涉及的行业领域也远远少于温室气体排放所可能涵盖的行业领域，因此积累的实践经验不足。而在温室气体排放权交易方面，中国现在只是参与了《京都议定书》项下的清洁发展机制，是通过中国政府的主管部门，与国外的政府和企业进行项目合作，这与真正意义上的国内企业间的碳排放权交易的要求相距甚远。此外，伴随这些少数的、零散的碳排放权交易的实践活动，相关的研究工作也仅限于一些学者的个人研究兴趣，缺乏有组织性的系统的、科学的研究工作的投入。即便中美之间在二氧化硫排放权交易方面组织了若干合作项目，但是可以看到的研究成果不多，更多的合作成果是帮助某个地方政府组织建立二氧化硫排放权交易机制。因此，建立碳排放权交易机制的前提条件，必须是由政府部门组织，参考欧盟研究对象和思路，对碳排放权交易机制进行系统化的科学研究。

6. 保持与其他政策措施的协调性

应将碳排放权交易法规的制定放在研究应对气候变化的大政策的背景下，对中国应对气候变化的各种政策进行综合性的分析，找准对碳排放权交易机制政策的定位，保持其与其他政策措施的协调性。欧盟将碳排放权交易机制定位于其减排温室气体，应对气候变化政策的核心与基石。至于中国实施碳排放权交易机制如何定位的问题，这将涉及对中国应对气候变化各种政策的影响的全面评估，这包括环境影响、经济影响、社会影响和行政成本等诸多方面。

7. 让利益各方有机会充分参与法规政策的研究过程

鉴于气候变化问题本身的特点，碳排放权交易机制这一项政策的研究，涉及多领域政策部门和多行业的参与，这在中国也不例外。而且中国一直以来部门之间职能的交叉与重叠，以及企业和其他非政府机构参与政策法律制定过程的不充分性，使得包括碳排放权交易机制在内的应对气候变化政策的立法研究愈加困难。因此，建立一个类似于欧盟的"欧洲气候变化项目"的平台，给予碳排放链条上的各利益方充分的机会参与这一政策的研究过程，这将有助于政策制定者掌握来自不同政府管理部门、企业界、环保团体、科研单位的更全面的意见反馈，收集更详尽的信息，更好地协调各利益方的立场，获得各利益方对碳排放权交易更广泛的支持。

二、美国碳交易体系的法律实践及其对中国的启示

（一）美国碳交易体系的法律实践

美国目前在联邦法律层面上还没有专门性的碳交易立法，但近年来一系列的国家议案已经提出了这方面的法案，尤其是在 2007 年出台了一系列气候变化法

律提案，主要有：《气候责任法案》（Climate Stewardship Act of 2007）、《减缓全球变暖法案》（Global Warming Reduction Act of 2007）、《安全气候法案》（Safe Climate Act of 2007）、《低碳经济法案》（Low Carbon Economy Act of 2007）、《美国气候安全法案》（America's Climate Security Act of 2007）。

这些提案昭示着美国正在迈向应对气候变化的联邦立法。从各项提案的内容来看，《京都议定书》调控的六种温室气体都被纳入到其控制目标中，并且涉及整个国民经济的方方面面。这些提案通过为中长期温室气体排放量设定阶段性减排的比率目标以及对各种减排措施进行规定，控制整个国家的温室气体排放。与此同时，一系列对于排放配额的分配、拍卖、储存、预借和交易以及减排信用额度的取得与使用等相关方面的规定，保障了在真正实现减排目标的同时，尽量降低国民经济减排温室气体的成本。此外，多数提案都提供经济激励机制，以鼓励温室气体减排技术的发展，并且还将气候变化的适应、特别是对贫困人群的影响等问题纳入提案目标①。

美国第 111 届国会众议院通过的《2009 年清洁能源与安全法案》及参议院提出的《2010 年电力法案》为碳交易规制提供了制度保障，主要涉及减排目标与时间表、总量控制、配额分配、排放许可与抵偿制度的成本控制以及碳交易体系监管等内容。

在区域性温室气体倡议体系（RGGI）和加州碳交易体系下，美国许多州也已经先于联邦出台了碳交易法律法规，主要有：伊利诺伊州的《减排市场体系》（Emissions Reduction Market System of 1997）、纽约州的《区域性温室气体倡议》（Regional Greenhouse Gas Initiative of 2003）、加利福尼亚州的《全球气候变暖解决法案》（California Global Warming Solutions Act of 2006）等。这些法案虽然均属于区域性碳排放权交易法律体系，但是为碳交易体系的运行和减少温室气体排放提供了法律保障。

此外，另一部与碳排放权交易相关的法案为《1963 年清洁空气法案》及其修正案（1990 年）。该法案制定的主要目的是为有效控制大气污染，但起初并未将二氧化碳归入污染物范围。尽管如此，随着气候变化问题日益严重和备受关注，美国针对二氧化碳排放进行规制的立法议案也日益增多。2007 年美国十二个州和一些城市起诉环保署没有将二氧化碳和其他温室气体作为污染物进行控制，美国最高法院做出判决，要求美国环保署对二氧化碳和其他温室气体排放是否为《1963 年清洁空气法案》所管制的污染物进行裁定②。2009 年 12 月美国正

---

① 参考郑玲丽. 低碳经济下碳交易法律体系的构建 ［J］. 法学论坛，2011（1）.

② For more details, see Clean Air Act Requirements and History, available at http：//epa. gov/oar/caa/requirements. html at 20 August, 2013.

低碳经济转型下的中国碳排放权交易体系

式宣布二氧化碳为公共危险物，这为美国环保署限制煤炭发电厂和汽车等温室气体排放源提供了法律依据，从而也奠定了碳交易的法律基础。

（二）对中国的启示

尽管美国目前尚未加入《京都议定书》，并未承担国际上的强制减排义务，但其碳排放权交易的法律基础比较完善，并在一些州建立了区域性碳交易体系机制。当前我国正处在构建碳交易体系的起步阶段，中国碳交易缺少基础立法保障，美国的一些法律经验与方法值得中国借鉴。

首先，各州在美国碳交易法律体系的构建方面发挥着积极的作用。RGGI 是由美国的 10 个州共同提出和组建的，并且各成员州通过立法或行政法规的方式构建了各州的碳交易法律体系，从而形成了碳交易的地区平台，推动了州际区域性碳交易体系。加州作为法律基础条件比较成熟的地区，建立了州内的碳交易体系。这与中国目前进行的 7 个省市的碳交易试点工作的思路相近。在建立全国性的碳交易体系条件尚不成熟和不确定因素过多之际，可以选取有代表性的前期基础相对较好的省市，从构建地方碳交易立法体系出发，为全国性的碳交易体系的立法提供经验。

其次，允许各州因地制宜存在立法差异。本着以成本有效的方式减少温室气体排放，美国不同地区的碳交易体系采用不同的设计方案，在诸如控排企业、配额分配方式等关键因素方面均有许多不同，并通过地方立法加以保障。我国在试点阶段，各试点省市也可根据本地区的前期基础和各地区的特点，结合实际，设计适宜的碳交易方案，并通过地方立法加以规范。

最后，美国将二氧化碳和其他温室气体列为《1963 年清洁空气法案》所管制的污染物，为强制性的碳排放权交易提供了法律保障。国内建立碳交易体系的法律支持和保障必不可少，因而应当加快建立和完善碳排放法律制度，或者把二氧化碳等温室气体也定义为环境污染物，纳入环境保护相关的法律法规之中，从而为碳交易体系的建立尽快提供法律基础和保障。

第二节　中国碳交易体系的法律保障

如前文所述，欧盟在启动碳交易之前，进行了长达五年的准备，并于 2003 年颁布了《在欧盟建立温室气体碳排放权交易机制指令》，为 EU-ETS 提供了法律支撑，保障和推进了碳排放权交易在欧盟的有序开展。2006 年，美国加州率先通过立法的形式明确规定法律强制性限制温室气体排放义务，并联系本地实际，实施碳排放总量控制并开展碳排放权交易。澳大利亚、德国、英国、新西兰以及日本东京都等也在启动碳交易体系之前即以法律的形式确定了温室气体排放的强制性减排目标，为碳交易体系的建立和发展提供了法律保障。

反观芝加哥气候交易所，该交易所曾经是美国碳减排的先行者，也是北美地区唯一一个支持交易六种温室气体的综合性自愿碳交易场所。但是芝加哥气候交易所于2010年底永久关闭，主要原因之一即为美国气候变化立法并未得到参议院通过，因而使碳交易缺乏立法支持，大批会员表示对碳交易前景失去信心，不愿再继续购买。

可以看出，相应的法律法规体系的构建对碳交易体系的建立和发展发挥至关重要的作用，中国建立碳交易体系的法律保障必不可少。根据碳排放权交易的自身特点及其存在和运行的实质要素，建立碳交易体系的法律法规体系应由以下三个方面构成：一是设立碳排放总量控制目标的法律依据；二是碳排放主体具有减排义务的法律规定；三是交易主体对碳排放权享有合法权益的法律保障。

一、设立我国碳排放总量控制的法律依据

（一）国际法律依据

设立碳排放总量控制是碳交易体系的基础与前提。碳排放总量控制的强制性是否具有明确的法律依据，即政府是否有权设定总量控制，直接关系碳交易体系的发展和建立碳交易体系目标的实现。从国际法层面来看，目前《联合国气候变化框架公约》与《京都议定书》是气候变化立法的主要国际法依据。根据《联合国气候变化框架公约》中所确定的"共同但有区别责任"原则与《京都议定书》中的具体规定，中国现阶段并无强制减排责任并且声称将不会接受强制性的减排义务。尽管我国已经做出了自愿性的减排承诺并提出了明确的减排目标，但是目前提出的2020年碳减排目标属强度目标，与碳排放总量控制目标存在差异。因此，目前我国并没有碳排放总量控制的国际法律依据与国际义务。

（二）国内法律依据

从国内层面来看，为实现2020年碳减排目标和2030年碳排放达峰的国际承诺，我国政府第一次将节能减排的目标纳入国民经济和社会发展的中长期规划，在"十二五"规划中提出"把大幅降低能源消耗强度和二氧化碳排放强度作为

约束性指标，有效控制温室气体排放，合理控制能源消费总量……"随后，《"十二五"控制温室气体排放工作方案》进一步提出，到 2015 年实现单位国内生产总值二氧化碳排放比 2010 年下降 17% 的目标。该指标被分配到各省、区、市，要求各地加快建立温室气体排放统计核算体系，减排的绩效成为地方经济社会发展，甚至干部政绩考核的重要指标。

由此可见，我国政府已经引入政策性目标、实现该目标的具体方案和实现该目标的措施，这在一定程度上已符合建立碳交易体系的碳排放总量控制要求。但是，我国目前并没有强制性减排的法律规定，也不可能在国际上妥协承担强制减排义务，使得碳交易体系的发展具有不确定性，缺乏相关法律保护。这种不确定性不仅会影响我国碳交易体系的稳定发展，也将会在一定程度上影响国内外投资者进入我国的碳交易体系。

另一方面，尽管在"十二五"规划中提出合理控制能源消费总量，但是至今并没有任何总量约束指标。依照国际惯例，碳排放权交易一般是按碳排放总量进行控制，较少碳交易体系采取碳强度目标。虽然通过一定的方法，强度指标可换算成总量指标，但无论是在技术还是历史数据方面依然存在较大障碍。国内现阶段所采取的这种碳强度的统计方法与确定碳排放总量控制目标存在一定差距，也不利于建立以成本有效方式减少温室气体排放为最终目的的碳交易体系。即使建立起我国碳交易体系，碳强度的统计方法未来也有可能成为阻碍国内碳交易体系与国际碳交易体系进行对接的主要因素之一。

二、碳排放主体具有减排义务的法律规定

碳排放总量控制目标只有分配到具体的碳排放主体，碳交易体系才有可能形成。碳排放主体是否具有减排义务，直接影响到碳排放权交易的监管、相应法律责任和可采取措施等，因而是建立碳交易体系的必要条件。

(一) 碳减排的政策依据

我国碳排放权交易的宏观政策体系已基本形成。"十二五"规划中明确提出逐步建立碳交易体系；2011 年 8 月颁布的《"十二五"节能减排综合性工作方案》，提出开展碳交易试点，建立自愿减排机制，推进碳交易体系建设；2011 年 11 月国务院新闻办公室发布的《中国应对气候变化的政策与行动（2011）》白皮书指出："十二五"期间，中国将重点从"逐步建立碳交易体系，包括逐步建立跨省区的碳交易体系"等 11 个方面推进应对气候变化的工作；2011 年 12 月先后发布了《国家环境保护"十二五"规划》和《"十二五"控制温室气体排放工作

方案》，要求"十二五"期间将探索建立碳交易体系，包括建立自愿减排交易机制、开展碳交易试点、加强碳排放权交易支撑体系建设等内容。《国家发展改革委办公厅关于开展碳排放权交易试点工作的通知》则是对建立碳交易工作的具体指导性文件。

（二）碳减排的法律依据

虽然我国已经在政治意愿和政策方面就推动碳交易体系以应对气候变化达成一致，但是目前并没有具体的应对气候变化和碳排放权交易的法律法规。目前我国只有《大气污染防治法》（2000）规定，向大气排放污染物的单位具有进行污染物申报、进行环境影响评价、缴纳排污费等相关义务。但是《大气污染防治法》并没有详细规定大气污染物的具体种类，其中温室气体是否为一种污染物定性未明，现有的污染物控制制度及措施、法律责任能否用于温室气体减排尚不明晰。温室气体法律性质和碳排放主体法定义务的不明确性无助于碳交易体系的建立与发展。虽然在目前的试点阶段，各试点省市颁布了《碳排放权交易管理暂行办法》，在本行政区域内明确一定行业和碳排放主体的减排与相关义务，但是管理办法的立法层级较低，属于地方性政府规章，缺乏上位法依据，因而要求碳排放主体承担相应法律责任的方式和范围也非常有限。

第一，依照碳排放权交易的运行方式，管理机关应当制定纳入碳排放权交易企业清单、设定本地区碳排放控制总量以及确定碳排放配额分配原则和方法。被纳入本地区碳排放权交易企业清单的碳排放主体必须向主管机关申请碳排放配额，这一行为属于行政许可，应当符合《行政许可法》的相关规定[1]。依据《行政许可法》第十二条和第十五条有关条款规定，对于碳排放配额申请，省、自治区、直辖市人民政府规章可以设定临时性的行政许可。临时性的行政许可实施满一年需要继续实施的，应当提请本级人民代表大会及其常务委员会制定地方性法规。同时，人民政府规章设定的行政许可，不得限制其他地区的商品进入本地区市场。因此，试点阶段的碳排放权交易必然受到相应的时间和交易产品内容的限制。

第二，由于并未有法律法规确定碳排放主体的减排义务与排放量强制报告制度，进行碳排放总量控制和配额分配所需要具体数据的收集和真实性方面存在挑战。尽管在节能减排工作的推动下，能源统计制度取得了进步，能源统计在国家统计局已由处级变更为司级，在一定程度上提高了能源统计的水平和质量，但是

---

[1] 也有该行为属于行政合同的观点和争论。鉴于目前碳排放配额的发放并由非行政主体与行政相对人意思表示一致的基础上而达成这一主要因素，笔者认为该行为的性质应当属于行政许可。

在科学考核国家和地方的节能减排指标方面依然有不少亟待解决的问题。一是企业碳排放数据备案年限不多，数据精确度有限，并且计算方法差别较大，来自不同部门的同一参数也不完全一致；二是根据《统计法》第二十三条相关规定，国家能源统计数据以国家统计局公布的数据为准。在这种情况下，当有资质的第三方核查机构对碳排放主体的碳排放数据进行核查的结果与碳排放主体上报国家统计局的数据相差较大时，碳排放主体有可能会以国家统计局公布的数据具有法律保障为由对抗第三方核查结果，使碳交易的核查工作面临困难。

第三，由于并未有关于碳排放主体的减排义务的法律规定，试点阶段管理办法中的管理机构的处罚权限非常有限。《行政处罚法》中规定：尚未制定法律、法规的，省、自治区、直辖市人民政府和省、自治区人民政府所在地的市人民政府以及经国务院批准的较大的市人民政府制定的规章对违反行政管理秩序的行为，可以设定警告或者一定数量罚款的行政处罚。罚款的限额由省、自治区、直辖市人民代表大会常务委员会规定。这就决定了对碳排放主体的行政处罚方式仅限于警告或者一定限额的罚款。以湖北省为例，1996 年发布并经 2013 年修改的《湖北省人大常委会关于政府规章设定行政处罚罚款限额的规定》中对政府规章设定行政处罚罚款所规定的最高限额仅为 15 万元①。缺乏有效的法律惩罚机制，难以避免将会出现对减排控制目标实现的软约束局面。

尽管只有明确规定碳排放主体的减排义务，才有可能促进碳交易体系的健康发展，但是构建新的权利义务体系是一项需要全面考虑的浩大工程。目前已有部分发达国家和地区通过立法或者拟立法将二氧化碳列为污染物②。二氧化碳等温室气体对保持地球温度和能量发挥着重要作用，但是过量的温室气体排放则会引起全球变暖。因此，应当将二氧化碳等温室气体与进入环境后能够直接或者间接危害人类的空气污染物相区别，在立法上也不应当将其直接归入《大气污染防治法》的调整范围。事实上，我国正在起草《应对气候变化法》，建议稿把二氧化碳、甲烷、氧化亚氮物、全氟碳化物、六氟化硫等物质的排放及其控制纳入该法的适用范围③。另外，建议稿提出立法应当把导致全球和区域气候变暖的大气颗

---

① 湖北省人民代表大会常务委员会于 2013 年 5 月 23 日通过了对《湖北省人大常委会关于政府规章设定行政处罚罚款限额的规定》的修改，将政府规章设定行政处罚罚款所规定的最高限额由 1996 年的 3 万元重新确定为 15 万元。新的规定于 2013 年 8 月 1 日起生效。

② 比如 2005 年 7 月 1 日，澳大利亚认可了把二氧化碳作为污染物质对待的法案，并且将修订国家的污染物质清单；2005 年 11 月底，加拿大把 6 种温室气体物质列为受《环境保护法》管制的污染物质；美国环保署在 2009 年 12 月宣布，把二氧化碳列入"对公众产生威胁"的污染物的行列；我国的台湾地区在 2011 年 10 月表示未来拟通过《空气污染防治法》执行，直接将二氧化碳列为空气污染物，来降低台湾整体碳排放量。

③ 关于《气候变化应对法》（建议稿）的说明［EB/OL］. http：//news. china. com. cn/txt/2012－03/18/content_24923468. htm，2012－10－28.

粒物——黑碳，也作为温室气体对待。同时，《大气污染防治法》也正在进行修订，由于氧化亚氮物、全氟碳化物、黑碳等温室气体也属于大气污染物质，因此这一部分温室气体的防治也应当受到《大气污染防治法》的法律调控。

三、交易主体对碳排放权享有合法权益的法律保障

（一）关于碳排放权的基本讨论

碳排放权是建立碳交易体系的核心因素，明确碳排放权的法律属性和所有权归属对于保障交易主体合法权益具有重要意义。然而，由于碳排放权是新生事物，目前对其法律属性和合法权益的享有并没有达成一致。国内的大部分学者认为其应当属于用益物权，但一部分学者则认为属于财产权。[①] 我国曾利用市场化的手段如排污权交易试点来减少污染物排放，但是迄今为止并不成功。目前为止，针对二氧化硫的排污权交易制度在其他国家也并不成功，只有在美国是成功的，其中的一个主要原因即为美国在 1990 年的《清洁空气法案》修正案中明确提出了污染物总量控制的原则。[②] 反观我国，现行法律法规并没有关于排污权的内容、性质、能否交易、如何交易的相关规定。

我国现行法律体系并没有对碳排放权的法律属性和所有权形式做明确规定。2005 年的《清洁发展机制项目运行管理办法》第二十四条规定："温室气体减排量资源归中国政府所有，而由具体清洁发展机制项目产生的温室气体减排量归开发企业所有，因此，清洁发展机制项目因转让温室气体减排量所获得的收益归中国政府和实施项目的企业所有。"但是，2011 年《清洁发展机制项目运行管理办法》修订版对该条进行了修订，将第二十四条修订为"清洁发展机制项目因转让温室气体减排量所获得的收益归国家和项目实施机构所有"。该规定回避了温室气体减排量资源法律属性和所有权归属的法律问题。鉴于减少温室气体排放的必然性和长期性，有必要通过法律确认碳排放权的归属以保证碳交易双方的权益。

首先需要明确碳排放权的法律属性。虽然我国现行的法律体系并未明确规定温室气体的法律属性，但是在环境保护领域中，通行的做法为采取以产权为基础的方式，确定所有权人以防止出现"公地悲剧"。在环境领域一直以来存在着公

---

① 彭本利，李挚萍.碳交易主体法律制度研究［N］.中国政法大学学报，2012（2）：47.于杨曜，潘高翔.中国开展碳交易亟须解决的基本问题［N］.东方法学，2009（6）：78 - 86.郑玲丽.低碳经济下碳交易法律体系的构建［N］.法学论坛，2011（1）：59 - 46.

② 王尔德.乔晔："十二五"碳交易难以大规模开展［N］.21 世纪经济报道，2011 - 4 - 26（024）.

有、私有和共有这三种所有权形式，这三种形式是基于所有者的不同而加以划分的：私人所有权是指所有权归个人所有；公有所有权与私人所有权相对应，是指所有权由国家，即全民所有；环境法领域的共有形式是指根据环境或资源被不可分割的持有而不是以个人或国家的名义持有的一种指导原则，因此，其成员为后代的环境和资源的托管人而非所有人。虽然存在三种不同形式的讨论，但是，目前并没有以产权为基础的适应于一切情况并能够解决所有环境问题的解决方式。每一种所有权形式都有其功效和局限性，可以在不同的情况下分别得以最优化或最小化。国外的一些做法是把碳排放权的表现形式——碳排放配额作为合法持有者的资产，赋予配额合法持有者以完全和明确的所有权。

（二）碳排放权为调节性所有权

目前，国际上出现了一种新的所有权形式的讨论。一些代表全体公民和限制滥用商业特权的调节性控制已经成为不可避免的手段①。国家干预已经悄然地产生了一种全新的所有权形式——调节性所有权，这完全改变了传统的私有制的范式②。在该种所有权模式的干预下，建立了一种对特定种类的重要资源的高于一切的调控（称之为"调节性所有权"的形式）。在该模式下，确定为公众所有的资源，由公众通过消费选择决定这种受调控的资源是否、如何以及通过谁得以开发利用③。政府机关则通过调节性所有权分配和管理不能让与的权利④。实际上，现今大多数产权市场都是以调节性所有权而非私人所有权的形式进行交易的⑤。

具体而言，传统性的所有权模式和调节性所有权模式的最大区别在于调节性所有权结合了传统所有权模式的特点，并且在一定程度上避免了传统所有权模式可能产生的弊端。调节性所有权适用于公众所有的易形成垄断的特定种类的资

① Kevin Gray. Regulatory Property and the Jurisprudence of Quasi-Public Trust. ［J］. Singapore Journal of Legal Studies. 82. 2010，is available on the Internet at < http：//law. nus. edu. sg/sjls/articles/SJLS-Jul10 – 58. pdf > at 10 October 2012.

② Kevin Gray. Regulatory Property and the Jurisprudence of Quasi-Public Trust. ［J］. Singapore Journal of Legal Studies. 58. 2010，is available on the Internet at < http：//law. nus. edu. sg/sjls/articles/SJLS-Jul10 – 58. pdf > at 10 October 2012.

③ Kevin Gray. Regulatory Property and the Jurisprudence of Quasi-Public Trust. ［J］. Singapore Journal of Legal Studies. 66. 2010，is available on the Internet at < http：//law. nus. edu. sg/sjls/articles/SJLS-Jul10 – 58. pdf > at 10 October 2012.

④ Bruce Yandle. Grasping for the Heavens：3D Property Rights and the Global Commons ［J］. Duke Environmental Law & Policy Forum，30. 1999，（10），is available on the Internet at < http：//scholarship. law. duke. edu/cgi/viewcontent. cgi? article = 1166&context = delpf > at 10 October 2012.

⑤ Bruce Yandle. Grasping for the Heavens：3D Property Rights and the Global Commons ［J］. Duke Environmental Law & Policy Forum，16. 1999，（10），is available on the Internet at < http：//scholarship. law. duke. edu/cgi/viewcontent. cgi? article = 1166&context = delpf > at 10 October 2012.

源，并为防止特定资源的特权或垄断，公众可以以自然消费的形式决定该种资源的开发和利用，同时由政府负责该种资源的分配与管理。相较于传统所有权模式，调节性所有权模式更加适合我国碳交易体系发展的现实情况，主要因为无论将其确定为私有还是公有都存在诸多不利因素，同时，我国发展碳交易体系的现状和困境决定了只有政府基于公权利才能相对更好地引导碳交易体系发展，并且在平衡碳交易体系所带来的收益和社会成本之间发挥重要作用。

首先，由于我国产业结构的特殊性，第二产业在产业结构中比重较大，远远高于发达国家。碳排放主要来源于第二产业，因而碳排放权交易对我国经济的影响将会远大于发达国家。碳排放权交易会带来新的成本，尽管试点阶段主要采取配额免费分配的方式，但是将逐步采取的如拍卖等手段的有偿分配方式，将会增加企业交易成本。在全球一体化的背景下，我国凭借其廉价劳动力和相对优越的投资环境，已经成为世界工业基地。作为世界工厂，如果碳价成本体现在出口产品中，将加大出口企业的成本负担，如何化解碳排放权交易带来的成本问题，同时提高消费者的福利，成为碳交易设计中应重点考虑的问题[①]。

其次，排放总量设定与实现配额分配公平也是一个难点。总量设定的问题在于如果总量设定过高，对排放源没有约束力，排放源缺乏减排的动力；设置过低，则会影响经济发展。如何设定既可促进企业减排，又不影响经济正常发展的总量标准，是个很难把握和预测的难题。欧盟碳交易体系的第一阶段也曾经出现了供给过量的问题。另一方面，目前可供选择的配额分配方法主要有基于历史排放水平的"祖父法则"和基于标准排放的基准式两种模式。国内试点省市目前一般以"祖父法则"为主。"祖父法则"比较简单易行，但容易出现的问题是对已采取减排措施的企业不公平，因为在基准年排放量大的企业会获得更多的配额，提前采取减排措施的企业会获得相对较少的配额。

再次，对于碳排放主体来说，在一定程度上，越大的减排空间意味着越多的配额，因此，反而是排放严重和缺乏清洁技术的企业越有可能获取更多的配额。所以，一旦建立起碳交易体系和有偿配额分配，有可能出现为了拥有更多的配额而暂时延缓技术革新的现象。中国的可持续发展需要低碳经济，应当将减少碳排放作为一个长期目标，只有技术革新以提高碳减排的效率，促进可再生能源技术的发展才能引导低碳经济的发展。如果确立碳排放权私有化，那么作为"经济人"的适格交易主体必然会为追求交易的最大经济利益而忽视碳交易体系的环境和社会利益。

最后，碳排放权交易对于国内大多数企业是新兴事物。碳排放企业是碳交易

---

① 王名. 建立我国碳交易体系的政策建议 [J]. 中国产业，2011 (4): 8 - 9.

的直接参与主体，因而企业对碳交易的参与程度和态度直接决定了碳交易体系的发展。在建立碳交易体系的试点期间，充分调动企业的积极性，使其能够了解、接受和对碳排放权交易有信心成为至关重要的任务。而企业出于自身利益的考虑，对碳排放权交易的接受程度无疑来源于对其碳排放权以及相关权益的法律保障。比如，在实地调研过程中，有企业表示，宁愿并乐意做节能活动而不愿意进行碳排放权交易，主要原因在于《节约能源法》为促进节能减排活动提供了坚实的法律依据，具有稳定性并保障了企业采取节能活动所能取得的权益。在这种情况下，如果法律明文规定碳排放资源归国家所有，则容易使企业对碳交易产生抗拒心理，不利于市场的建立。

基于以上原因，碳排放权应当适用调节性所有权，一方面可以避免设立私有权发展碳交易体系所产生的若干问题，如企业追求最大经济利益所带来的负面影响，同时也可加强政府的合理管理，平衡私人和公共利益；另一方面也可以避免碳排放资源公有制而可能导致的企业对碳交易产生抗拒的心理。在这种情况下，碳排放权归全体公民所有，政府机构分配和管理温室气体排放并建立起碳交易体系，并代表全体公民根据碳交易体系的运作情况决定利用温室气体减排资源的方式。在调节性所有权的模式下，通过法律法规明确碳排放权的法律属性和所有权归属，可以为碳减排企业在交易过程中所享有的合法权益以及政府管理温室气体排放提供有力的法律依据。

第三节　中国碳交易试点的立法实践
——以湖北省碳交易试点为例

建立中国碳交易体系需要构建完善的碳排放权交易法律机制，积极探索立法基础，确立合理的立法原则和立法体系，以法规的形式明确确定中国碳交易体系发展的关键问题，为我国碳交易体系的建立提供法律保障。由于目前我国正在开展碳交易试点工作，全国性的碳排放权交易工作尚存诸多不确定因素，因而下文将以试点省市之一——湖北省的碳排放权交易立法为例，分析我国碳交易体系法律体系的构建实践。

一、湖北省碳排放权交易立法的背景

由湖北省发展和改革委员会（以下简称省发改委）组织编制的《湖北省碳

排放权交易管理暂行办法》（以下简称《管理办法》）于 2014 年 3 月完成起草，并通过省政府常委会的审议，以省政府令的形式由省法制办对社会颁布实施。该办法根据国务院、国家发展和改革委员会的有关规定，结合湖北省实际情况研究制定。

（一）立法必要性

碳交易被认为是应对全球变暖和减少温室气体排放的重要举措和有效方式之一。2011 年 10 月，国家发展和改革委员会办公厅正式下发了《关于开展碳排放权交易试点工作的通知》，包括湖北在内的 7 省市开展碳交易试点工作，并计划到 2017 年启动建立全国性的碳交易体系。通知明确了各试点地区的重点工作方面和内容，其中包括着手研究制定碳交易试点管理办法。

建立湖北省碳交易体系既让该省面临重大的挑战，也为该省的低碳转型与发展提供了机遇。如果能够在立法上借鉴其他地区和国家的经验教训，并在此基础上积极构建和发展碳交易体系，就能够为实现该省温室气体排放控制目标以及促进本省经济和社会可持续发展提供良好的契机。然而，作为新兴领域，碳交易体系相关的国家层面的立法滞后于实践。目前中国已经出台的与碳交易相关的法规包括：《清洁发展机制项目运行管理办法》和《中国温室气体自愿减排交易管理暂行办法》，但这些都是相关部委发布的行政规章，法律地位较低。同时，目前也尚未有国家层面应对气候变化的立法，因此，现阶段各试点地区碳交易体系的建设应当首先由地方政府颁布管理办法，以此形成碳交易体系的法律基础，以加强碳交易体系运行的合法合理性。湖北省也应当研究制定并发布《管理办法》，以加强该省碳排放权交易的法律和制度建设，为碳交易体系的运行提供法律依据和法律保障。

（二）研究起草过程

湖北省发改委和武汉大学组成联合课题组，从 2012 年 3 月份开始着手湖北省碳交易试点的《管理办法》起草工作。课题组采取实地调研、资料整理、综合分析、专家咨询等多种方式，对湖北省建立碳排放权交易的制度进行系统研究。课题组根据《国家发展改革委办公厅关于开展碳排放权交易试点工作的通知》要求，在充分调研论证的基础上，借鉴《欧盟建立碳交易体系指令》等相关国外立法，考察《湖北省主要污染物排污权交易试行办法》及其实施细则和《杭州市主要污染物排放权交易管理办法》及其实施细则等排污权交易立法的经验和教训，结合《清洁发展机制项目运行管理办法》《中国温室气体自愿减排交易管理暂行办法》和《应对气候变化法》意见征集稿等相关规定和资料以及依据《中

华人民共和国行政处罚法》《中华人民共和国立法法》《中华人民共和国统计法》
《中华人民共和国环境保护法》《中华人民共和国节约能源法》《湖北省人大常委
会关于政府规章设定行政处罚罚款限额的规定》等法律、法规的相关规定，广泛
征集碳交易利益各方意见，于 2013 年 1 月起草完成了《管理办法（初稿）》。

课题组于 2013 年 2 月召开研讨会，对《管理办法（初稿）》进行讨论。与
会的领导、专家和利益相关方对立法目的、立法框架、基本原则、主要制度、法
律机制、法律责任、研究方式、起草要求等基本问题提出了建议。之后，课题组
根据修改意见对《管理办法（初稿）》进行了反复研究论证，并召开多次研讨
会，经过多次修改，数易其稿。期间，于 2013 年 11 月赴京向国家发改委领导和
专家汇报《管理办法》，并积极听取相关专家意见进行整理修改。2013 年 12 月，
在省发改委的指导下，课题组专门邀请有关专家和企业代表参加研讨会，听取有
关专家和企业界对《管理办法（修改稿）》的意见。与会企业家和专家各抒己
见，对《管理办法（修改稿）》提出了诸多颇具建设性的建议。

碳排放权交易立法不仅要考虑中国的实际情况，还要考虑国际合作的现实需
要，适当借鉴国外成熟的做法。课题组在省发改委、欧盟驻华使团、英国驻华使
领馆、德国国际合作机构（GIZ）、美国环保协会等机构的支持下，多次邀请欧
美著名碳交易专家和学者参与研讨会，针对《管理办法（修改稿）》提出修改意
见。同时，多次参与国际高水平会议，与世界知名学者共同探讨《管理办法（修
改稿）》的设计、修改与完善。

课题组在近两年的时间里，充分征求有关部门、相关企业和其他利益相关方
以及国内外相关学科专家意见，并在政府网站上公开发布向全社会征询意见，对
《管理办法》进行了数十稿的讨论和修改。在提交省政府常委会审议之前，由省
法制办一把手带队，先赴省内控排企业实地调研征询意见，又赴广东、深圳等其
他试点进行实地调研，并进行最终修改定稿，提交省政府常委会审议通过并对社
会颁布实施。

二、《管理办法》需明确的几个重要问题

《管理办法》的编制体现了全面、现实、可操作和前瞻性四个基本要求。

首先，《管理办法》内容系统、丰富，体例设计具有全面性和逻辑性，既对
湖北省碳排放权交易及管理活动予以周全的法律规范，也突出了重点与难点。

其次，课题组在研究和起草过程中，以本省产业布局和工业体系特点、温室
气体排放控制现状和经济、科技保障水平等现实状况为基础，响应了经济和社会
发展各方面的立法需求与期望，因而使《管理办法》具有现实性。

361

再次，课题组以充分调动企业积极性为出发点，通过多次实地调研和征求意见，充分考虑了相关企业和其他利益方的利益诉求，使《管理办法》易于被企业接受；同时，对碳交易体系本身进行了细致研究，在此基础之上，依据交易流程对《管理办法》进行结构设计，使其具有简易性和可操作性。

最后，由于碳交易体系是个新兴领域，湖北省碳交易试点工作具有探索意义，因而《管理办法》的设计兼顾国内外碳交易体系的发展，具有前瞻性。《管理办法》明确的几个重要问题如下：

（一）立法目的、依据与适用范围

《管理办法》明确规定立法目的为有效实现控制温室气体排放目标，推进碳交易体系建设，规范碳排放权交易活动；依据为国务院、国家发展和改革委员会的有关规定，结合湖北省实际；适应范围为湖北省行政区域内碳排放权交易及其管理活动。

（二）立法原则

《管理办法》明确规定碳排放权交易应遵循诚信、公开、公平、公正和效率原则。

（三）管理体制

《管理办法》对碳排放权交易的管理机构与主要职责，以及管理体制进行了明确规定。

首先，明确省发改委是湖北省碳排放权交易的主管机构，主要负责对碳排放权交易活动进行规划、指导、监督与管理。

其次，省直其他有关部门在各自的职权范围内履行相关职责以及市、县人民政府按照国家和省的规定做好相关工作。

再次，湖北碳排放权交易机构由省政府审查确定，负责制定碳排放权交易规则、建设交易平台及保障交易活动正常进行。

最后，第三方核查机构由碳排放权主管机构备案管理。

（四）碳排放权交易主体

《管理办法》明确了能够参与本省碳交易体系的法律主体的资质要求与相关权利义务。其中纳入碳交易企业为主要参与者，具体为省发改委制定和发布的《碳排放权交易企业清单》中的企业，其中纳入标准为年综合能耗 6 万吨标煤

（含）以上，省发改委可根据实际需要适时对纳入标准进行调整。

（五）交易产品

《管理办法》明确规定碳交易体系产品为碳排放配额与中国核证自愿减排量（CCER）。

（六）交易机构

《管理办法》明确规定湖北碳排放权交易中心（以下简称碳交易中心）为本省碳排放权交易机构。碳排放权交易应当在碳交易中心公开进行。

（七）第三方核查机构

《管理办法》明确规定实行碳排放强制报告制度。省发改委认定的有资质的独立第三方专业机构对企业碳排放年度报告进行核查，并对提交的核查报告的真实性负责。

（八）基本义务说明

为保护纳入碳交易企业的合法权益，《管理办法》明确规定纳入碳交易企业进行碳排放权交易活动不免除纳入碳交易企业节约资源能源和保护环境的法定义务以及本暂行办法所涉及的行政机关及其工作人员、第三方核查机构、交易机构及其他利益相关方须为参与本交易体系的主体保守商业和技术秘密的义务。

三、《管理办法》的结构与主要内容

现行《管理办法》设立章和条，由七章、五十六条组成。全篇结构按照总则、碳排放配额的分配与管理、碳排放权交易、监测报告与核查、激励与约束、法律责任、附则七个部分的框架进行构思。主要内容包括：

第一章总则，明确《管理办法》的目标、依据、适用范围、原则、管理体制、机构与主要职责以及涉及的相关法律主体的基本义务说明；第二章碳排放配额的分配与管理，对配额分配与管理过程中所涉及的配额总量、配额核发、配额变更、配额上缴和注销、抵消机制、配额借用和储存这几个方面进行规范与制约；第三章碳排放权交易，对交易过程中涉及的交易主体、交易产品、交易机构、交易方式进行规定；第四章监测报告与核查，规定了企业的强制报告制度与第三方核查机制；第五章激励与约束，规定了省政府设立专项资金支持碳交易体系建设，对纳入企业的项目、金融等支持政策以及对履约义务的要求和违约的处罚措施；第六章法律责任，对碳交易和管理过程中违反本管理暂行办法和法律法规的行为予以规定，分别包括纳入碳交易企业、交易主体、交易机构、第三方核查机构、行政机关及其工作人员在上述情况下所应承担的法律责任；第七章附则，对本管理办法中的基本概念、解释权与生效时间方面予以说明。

湖北省碳交易试点工作具有探索性，因此有待于在今后的实践中不断总结经验，并根据情况的变化逐步加以完善和及时修订。

第四节　国家碳交易立法建议

中国碳交易体系的法律监管体系的构建应基于试点工作开展的情况，及时发现和总结实施碳排放权交易所存在的问题与法律应对。同时，气候变化应对的法制进程也会直接影响法律体制的构建及其对碳排放权交易进行监管的法律效果。在实施中国碳交易体系之前应当奠定坚实的法律基础，制定并颁布碳排放权交易立法，以法律的形式规范碳排放权交易活动。

一、碳交易立法基本原则

进行国家碳交易立法应当根据我国碳排放情况的相关国情的特点，遵循基本立法原则，具体包括四个方面：

（一）碳交易立法必须基于现有的法律基础

任何的法律、行政法规、地方性法规、自治条例和单行条例都不得同宪法相抵触，下位阶的法不得同上位阶的法相抵触，同位阶的法之间也要互相衔接和一致。因此，国家碳交易立法必须依据现有的法律基础，防止出现与宪法和上位阶的法相抵触或同位阶的法之间不一致的规定。

（二）碳交易立法应当确保公众参与

碳交易涉及多领域政策部门和多行业的利益，因此国家碳交易立法应当保障各利益方通过多种途径参与立法活动。首先，在编制立法的过程中应当给予温室气体排放链条上的各个利益方充分的机会参与立法研究过程，收集更详尽的信息，更好地协调各个利益方的立场，获得各利益方对排放交易更广泛的支持。其次，应当及时将草案向社会公布公开，广泛听取来自不同政府管理部门、企业界、环保团体、科研单位的更全面的意见，反映各方的根本利益。

（三）碳交易立法应当从实际出发

碳交易立法必须从我国温室气体排放的实际情况出发，制定行之有效和操作性强的法律规定。一方面，以充分调动碳排放主体的参与积极性及保障其合法权益为重点，科学、合理地规定各参与者的权利与义务；另一方面，科学、合理地规定主管部门的权力与责任，做到权力与责任相一致，提高法规的质量和效能。

（四）碳交易立法应当依照法定的权限和程序

碳交易立法应当遵循法定的权限和程序。必须严格在立法机关的权限范围内做出规定，遵循法定程序，不得越权和违背法定程序。

二、碳交易立法基本内容

国家碳交易立法的内容至少需要考虑如下几个方面：

（1）法律总则涉及立法的基本事项，包括立法基础、范围、原则等；

（2）管理体制的设立以及管理机构的职权需要明确；

（3）受总量控制的温室气体种类需要明确；

（4）设定排放总量：中国碳交易体系应根据国家碳排放控制目标设定排放总量，中国由于缺乏温室气体排放的基本数据，故而应采取自上而下的方式，先设定总量，再设计交易体系；

（5）确定纳入碳排放权交易门槛：达到门槛的碳排放单位为受碳排放权法律规范调整单位，其权利和义务也需要加以明确；

（6）注册登记系统需要加以规范和明确；

（7）规定受管控碳排放单位申请温室气体排放许可的程序和具体要求；

（8）规定配额分配的时间和方式；

（9）对新增碳排放单位和设施以及碳排放设施变更行为所引起的配额变化进行规范；

（10）对配额上缴和注销的时间和程序进行规范；

（11）对碳排放权交易中的补偿机制进行说明和规范；

（12）对配额的储存、借用以及有效期进行说明和规范；

（13）规范交易机构的权利和义务；

（14）规范第三方核查机构的权利和义务；

（15）确立碳排放强制报告制度；

（16）规范碳排放权交易市场的定价机制；

（17）明确碳排放权法律属性；

（18）规定碳排放权交易减少温室气体排放行为的激励措施以及违反碳排放权交易相关法律规定所应当承担的法律责任。

对中国碳排放权交易立法的编制应当至少体现全面、现实、可操作和前瞻性四个基本要求。在既有法律法规的基础上，结合本国实际，以充分调动碳排放主体的参与积极性及保障其合法权益为重点，以最易操作、可行和可接受的方式构建碳排放权交易法律保障体系。

第十章

碳交易对中国经济发展的影响

就全球范围而言,目前国际碳交易体系尚处于过渡阶段,还有待未来国际气候谈判进一步制定和完善减排规则,由于尚未形成全球性市场。考虑到自愿减排交易体系无论是在交易额度和涉及行业范围上,还是在碳排放配额的定价及影响上都远逊于欧盟碳交易体系(EU-ETS)。因此,本章首先对 EU-ETS 对欧盟产业竞争力的影响的研究文献进行分析,然后再建立 CGE 模型来预测中国的碳交易对中国宏观经济和产业经济的影响,最后再对中国的碳交易对区域经济的影响进行分析。

第一节　EU-ETS 对欧盟产业竞争力的影响的文献分析

碳交易这一市场化的减排政策对产业国际竞争力产生何等影响一直是减排政策制定者和产业界非常关注的问题,争议的焦点在于碳排放权交易是否会损害其整体产业竞争力以及碳排放权交易对于电力、钢铁等高碳行业未来的发展会产生怎样的影响。国际贸易理论认为一国实施的碳减排政策会提高生产成本,因此碳排放密集的行业将面临国际竞争力下降的局面。

IEA 的相关研究报告表明,除了电力行业外,其他产业将减排成本转嫁给消费者的行为都会损害欧盟国家与欧盟以外国家同一行业间的竞争力。由于欧盟第一阶段交易采取的免费分配方式是以"祖父法则"为基础的,而通过排放配额的交易为相关产业的技术升级和改造提供了资金支持。短期来看，虽然减排会对欧盟产业竞争力产生一些负面影响，但是通过生产者和消费者在低碳经济趋势下的行为调整，会逐渐在减排和经济增长上取得新的平衡，长期来看，会更有助于欧盟产业国际竞争力的提升。减排对产业发展的影响依赖于欧盟相关政策框架的制定，尤其是长期减排策略的明确，这将会降低相关技术投资和消费行为改变的不确定风险，保证产业转型的资金支持。

阿塞尔特和比尔曼（Asselt and Biermann，2007）将评估碳排放权交易对欧盟产业影响的模式分为三类：绿色模式，即没有限制非欧盟国家产品进口，同时不对欧盟相关产业进行政府补贴的情况；黄色模式，即在长期减排政策不明朗，但可以在 WTO 框架下通过设置技术标准等非关税壁垒的情况；红色模式，即严格限制全球碳排放总量，并且迫使发展中国家承诺进行碳减排的情况。在绿色模式下，欧盟只能依靠消费者对产品和服务的低碳概念的认同，并由此来带动消费、产业革命，降低非欧盟国家相关产业的竞争优势。减排对欧盟相关产业尤其是碳密集产业的影响将是非常大的，可能导致相关产业向欧盟以外国家和地区转移。在黄色模式下，透过制定能效标准、产品碳含量标准等技术手段，拓展 CDM 项目和 JI 项目合作领域，加大补贴能源密集型产业尤其是电力行业等政策手段，可以将影响减小到最低，基本不会对除水泥、钢铁、化工等产业外的其他产业产生负面影响。在红色模式下，碳排放权交易不仅不会影响欧盟产业发展，反而有力地促进欧盟产业升级和技术革命，将使得欧盟在低碳经济领域占据领先地位。

乌尔卡德等（Hourcade et al.，2007）研究结果表明，除了水泥、钢铁、铝、化工、化肥、纸浆和造纸业外，对于 90% 以上的英国制造业而言，通过碳交易进行减排的成本对企业的影响非常小，大多数行业的国际竞争力并没有受到欧盟碳排放权交易机制的影响（见图 10.1）。英国受欧盟碳排放权交易机制影响最严重的行业仅占 0.5% 左右的就业和不足 1% 的国内生产总值，因而英国整体经济不会受到损害。有些产业受到较大冲击，原因是它们的国外同行没有义务减少碳排放量，也就没有必要把碳排放成本转嫁到客户身上。即使受到影响，也不足以促使产业海外转移。电力行业是英国最大的碳排放产业，与国外同行没有直接竞争关系，转嫁成本较容易。

德马伊和奎里欧（Demailly & Quirion，2008）以钢铁行业为例，通过构建一个竞争力评估模型，从企业边际减排成本、需求的价格弹性和贸易弹性（进出口对价格反应的灵敏程度）角度，分析对欧盟产业竞争力的影响。假设减排成本全部转嫁到产品的价格中，那么对不同的 EU-ETS 碳价格下的敏感性分析显示，由于碳排放配额是免费分配的，钢铁行业的产量和利润并没有受到太大的影响，其产业竞争力压力主要来自国际钢铁行业的产能过剩。

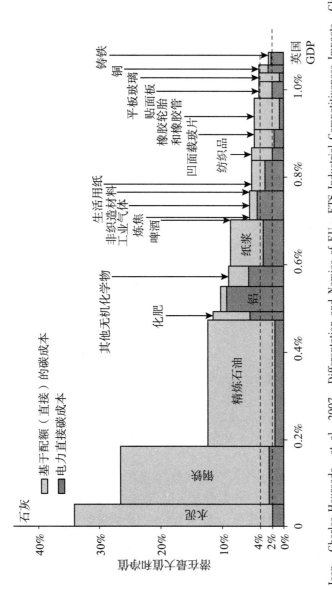

图 10.1 英国各产业碳减排成本所占比重估算

资料来源：Jean‐Charles Hourcade, et. al, 2007, Differentation and Namics of EU‐ETS Industrial Competitiveness Impacts, Climate Strategies Report.

　　三个主要因素确定一个行业在 EU-ETS 下的固有的潜在特性：（1）能源强度；（2）增加的成本反映到价格上的能力；（3）减少碳排放的机会成本。图10.2 是一个概念矩阵，划分各行业参与 EU-ETS 的可能影响，用两个轴来衡量：x 轴是通过价格传导成本的变化，y 轴是由能源强度表明的风险价值（value at stake）。比如黑色金属行业，属于风险类别，因为其风险价值占利润很大的比重，激烈的国际竞争的透明机制也限制了其转嫁成本的能力。而电力行业是能源密集型的，风险价值很高，但其转嫁成本的能力同时也很高。

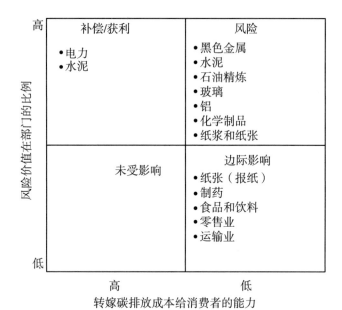

资料来源：Jean-Charles Hourcade, et. al, 2007, Differentation and Namics of EU-ETS Industrial Competitiveness Impacts, Climate Strategies Report.

图 10.2　EU-ETS 对行业经济的风险分析矩阵

　　假设碳价是 15 欧元/吨、电力成本为 10 欧元/MWh，则图 10.3 和图 10.4 分别表示以英国为参照的欧盟内外国际贸易竞争的情境下，不同行业受 EU-ETS 的影响结果。图中 x 轴是用贸易强度（trade intensity）来衡量的受国际贸易竞争的影响程度，y 轴代表 EU-ETS 对行业成本的影响程度。每个行业的垂直线的下端 NVAS，定义为 EU-ETS 对行业的净影响，表示如果参与 EU-ETS 的行业 100% 获得免费配额，就等于它的"正常"排放，即没有减排行动，此时 NVAS 代表该行业只受到电价的影响。行业垂直线上端 MVAS 表示完全没有免费配额的影响，相当于 100% 完全在市场上的公开购买或者竞拍配额。

　　图 10.3 中的一个突出特点是：水泥、精炼与燃料、钢铁和铝受 EU-ETS 的

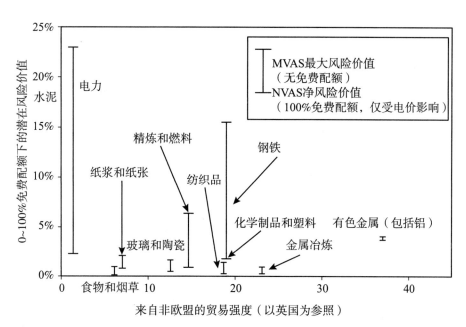

资料来源：Jean-Charles Hourcade, et. al, 2007, Differentation and Namics of EU-ETS Indus-trial Competitiveness Impacts, Climate Strategies Report.

图 10.3　相对于非欧盟国家贸易强度的净风险价值分析

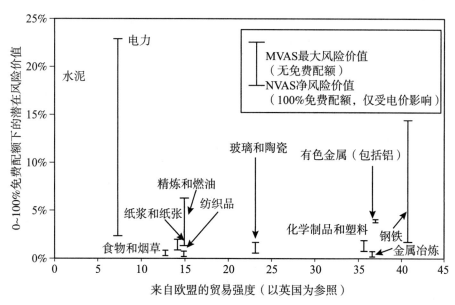

资料来源：Jean-Charles Hourcade, et. al, 2007, Differentation and Namics of EU-ETS Industrial Competitiveness Impacts, Climate Strategies Report.

图 10.4　相对于其他欧盟国家贸易强度的净风险价值分析

影响较大，其中水泥、精炼与燃料、钢铁对应的垂直线较高，反映了这三个行业因为其高能源强度所受的影响会较大。而铝的高度尽管很低，但反映出它对电力的高度依赖，因此有时铝也被称为"固体电"。可以看出，如果100%地免费分配配额，铝不仅贸易强度最高，而且其净影响最大（NVAS为3.7%）。钢铁和水泥行业的成本对于电力价格也比较敏感，净影响也比较大，100%的免费配额下其NVAS分别为2.7%和2.4%；精炼与燃料行业则受电力的影响最小，100%的免费配额下其NVAS仅为1.1%。

第二节　用CGE模型预测碳交易对中国经济的影响

目前中国全国性的碳交易体系尚未建成运行，但通过7个省市的试点，碳交易体系的运行已积累了相关经验，全国性的碳交易体系将于2017年正式启动。开展全国性的碳排放权交易，无论是采用强制性的总量控制交易模式（cap and trade），还是采取半强制性的碳中和模式，都会对整体宏观经济与产业发展产生影响。

运行一年多以来，中国7个试点碳市场的价格波动幅度基本上处于20元/吨到90元/吨之间，其中深圳在高点曾经出现过120元/吨的价格，但并不稳定，未来全国性碳市场的价格很可能也处于该区间内。不同区域的碳交易价格呈现出不同的级差特征，相关研究[1]对控排企业进行的成本分析发现：在不采取拍卖的情况下，企业承担的碳成本如果高于90元/吨，则会对其利润和现金流产生重大影响，显著影响企业的竞争力；如果采取少量拍卖（如3%），则该价格调整为60元/吨。同时，值得关注的是20元/吨已经成为各个试点碳市场心理底线，在这个价格的支撑力较强，企业承受的成本压力较小。因此，本节将通过构建可计算一般均衡（CGE）模型，评估未来全国碳交易体系运行对中国宏观经济及相关产业经济的影响。

一、构建可计算一般均衡模型（CGE）

可计算一般均衡模型（computable general equilibrium model）是以一般均衡理论为理论基础，它可以广泛应用在资源环境、财政税收、国际贸易、能源及气

① 中国碳排放权交易网，http://www.tanpaifang.com/tanjiaoyi/2014/0819/36924.html。

候变化等领域，目前已经是政策研究领域的主流分析工具之一。正如尼克尔森指出的，一个市场上产出的价格变化通常会对其他市场产生影响，而这一影响反过来会波及整个经济，甚至在某种程度上会影响原有市场上的价格—数量均衡。为了说明经济中这种复杂的相互关系，我们有必要超越局部均衡分析，建立一个可以同时考虑多个市场的模型。一般均衡模型是分析不同市场、不同产业、不同资源要素以及不同机构之间相互关系的分析框架。实现一般均衡的状态包括三个条件：消费者效用最大化、生产者利润最大化和市场出清。过去由于数据的不充分和计算能力的限制，一般均衡分析方法应用范围有限。然而随着计算机运算能力的突飞猛进，一般均衡模型向可计算化发展。

从理论上讲，能源、经济和环境三者之间存在复杂的相互影响机理。图10.5是对能源—经济—环境三者之间关系的具体描述，它构成能源环境问题研究的理论基础。

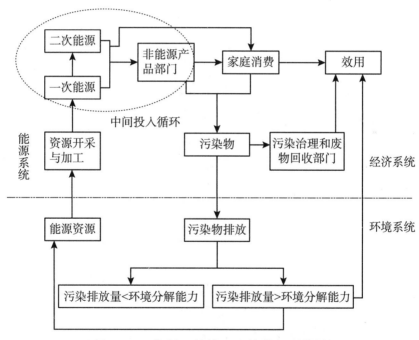

图 10.5　能源—经济—环境的相互作用

首先，在当代社会发展以化石燃料为主要能源资源的背景下，能源必然是经济发展的重要动力保障，任何经济的持续快速发展都必须有长期稳定的能源供给作为保证。

其次，在经济发展过程中，对扩大生产规模以及提高人民福利等的要求不断增加对土地、矿产、水资源、生物资源和能源的需求，为了满足这些需求，就必须加大对资源的开采力度。而能源消费的不断上升必然伴随着污染物的排放数量的不断上升，由此给环境带来了不容忽视的压力，一旦污染物的排放超出环境自身承受能力的临界点，环境质量就会退化。

最后，环境质量的恶化反过来必然影响能源资源的质量、劳动力质量等基础生产要素，并最终对经济造成一定的负面影响。具体而言，能源系统首先通过能源资源的开采和加工形成一次能源，并通过转化形成二次能源，以供生产部门中间投入和家庭部门的最终消费之用。社会的生产和消费的过程都会产生污染物，其中一部分污染物经过治理或回收利用，而没有经过治理和回收利用的污染物直接排放到环境系统中。当排放到环境系统中的污染物超出环境自身的分解能力时，环境质量就会退化。环境质量的退化直接影响消费者的效用，同时也会通过降低生产率而间接对生产和消费产生影响。另一方面，环境质量退化也会影响资源的存量，尤其是像生物资源类的可再生能源的存量，从而对经济系统产生影响。

根据以上对能源—经济—环境系统内部三者之间相互关系的分析，所构建的模型结构如图 10.6 所示。

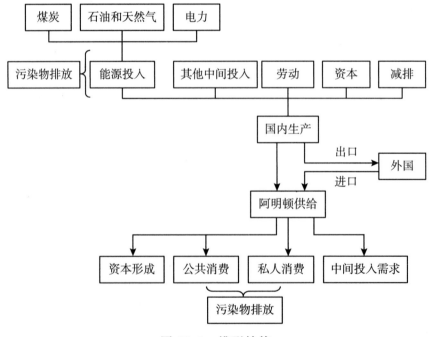

图 10.6　模型结构

其中，煤炭、石油、天然气和电力是经济中的能源生产部门。对于国内生产，各部门生产活动的总投入包括"能源投入""其他中间投入""劳动""资本"以及"减排"五种，而各部门的产出则形成国内总产出。这些产出的一部分用于出口，其余的用于供给国内市场。另外，国内市场也从国外进口商品，一般而言，国内生产的商品和进口商品之间并不具有完全的替代性，因此本研究中我们采用阿明顿总供给来反映这种性质。污染物的排放产生于对中间投入的消费和最终消费的过程中。最后，为避免重复计算，在对二氧化硫和二氧化碳排放的处理中，我们只计算由一次能源消费产生的排放。

本研究采用嵌套式的常替代弹性（constant elasticity of substitution，CES）函数来描述经济生产活动的生产函数和经济主体的效用函数。以两要素投入为例，CES生产函数的具体形式如下所示：

$$Y(L,K) = (\alpha L^{-\rho} + (1-\alpha)K^{-\rho})^{1/-\rho} \tag{10.1}$$

其中，$\sigma = \dfrac{1}{1+\rho}$ 为两要素之间的替代弹性。

与传统的柯布 – 道格拉斯生产函数和里昂惕夫生产函数相比，CES生产函数更具有一般性。当 $\rho \to -\infty$ 时，$\sigma \to 0$，CES生产函数退化为里昂惕夫生产函数；而当 $\rho \to 0$ 时，$\sigma \to 1$，CES生产函数退化为柯布 – 道格拉斯生产函数。

另外，由于CES生产函数所具有的齐次性与替代弹性为常数的优良性质，因此它的引入可以大大减少对生产函数假定条件的限制，正是由于这个原因，CES函数的这些特性增加了它在实际建模中的实用性。

更进一步，从理论上讲，一个包含能源投入的三要素CES嵌套式生产函数，根据其嵌套形式的不同可写成如下三种形式：

$$Y = A[\beta(\alpha K^{-\rho_1} + (1-\alpha)E^{\rho_1})^{-\frac{\rho}{\rho_1}} + (1-\beta)L^{\rho}]^{-\frac{1}{\rho}} \tag{10.2}$$

$$Y = A[\beta(\alpha L^{-\rho_1} + (1-\alpha)E^{\rho_1})^{-\frac{\rho}{\rho_1}} + (1-\beta)K^{\rho}]^{-\frac{1}{\rho}} \tag{10.3}$$

$$Y = A[\beta(\alpha L^{-\rho_1} + (1-\alpha)K^{\rho_1})^{-\frac{\rho}{\rho_1}} + (1-\beta)E^{\rho}]^{-\frac{1}{\rho}} \tag{10.4}$$

上述三个公式反映的是不同的嵌套结构。其中，$\sigma_1 = \dfrac{1}{1+\rho_1}$ 表示第一层嵌套关系的替代弹性，$\sigma = \dfrac{1}{1+\rho}$ 表示第二层嵌套关系的替代弹性。

黄英娜等（2003）的研究表明式（10.2）和式（10.4）是符合中国工业生产情况的。在实际建模过程中，我们采用式（10.4）描述生产函数中劳动、资本和能源之间的嵌套结构，最后在式（10.4）的基础上，再加入其他中间投入和减排活动投入，我们就可以描述生产活动的所有投入及各种类型投入之间的替代关系。图10.7以树图的形式给出了一个对生产函数具体设定的更加形象的描述。

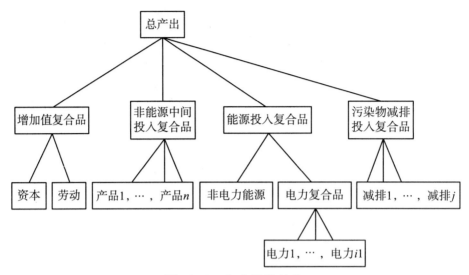

图 10.7　生产函数结构

　　同样，由于 CES 函数的上述优点，模型中消费者的效用也采用嵌套式的 CES 函数来描述。该效用函数的具体结构如图 10.8 所示。

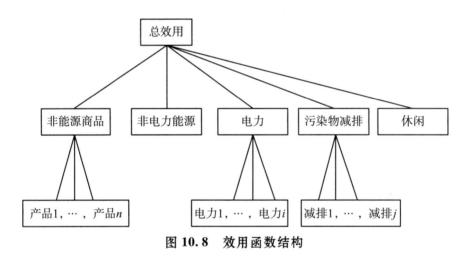

图 10.8　效用函数结构

二、社会核算矩阵与模型模拟

　　社会核算矩阵（social accounting matrix，SAM）是构建 CGE 模型的数据基础。它是在投入—产出表的基础上，通过加入机构等账户扩展而成的，反映一定时期（通常为一年）内经济系统交易流向的方阵。作为对社会经济体系各个部门的统一核算体系，SAM 全面而又一致地记录了一定时期内一国（或地区）各种经济行为主体之间发生的交易数额。它不仅继承了国民收入账户的概念，运用矩阵方法以平衡、封闭的形式记录了该国（或地区）国民经济各账户的核算数据，而且还对现有的投入—产出表进行了扩充，使其不仅能表现生产部门与生产部门及非生产部门之间的投入产出、增加值形成和最终支出的关系，还能描述非生产部门之间的经济相互往来关系。

另外，SAM 还具有较强的账户分解与集结的灵活性。因此，用户可以根据侧重研究的问题对生产部门、商品部门、机构部门进行详尽的分解与集结。由于 SAM 自身的诸多优越性质，自 20 世纪 60 年代诞生以来，随着理论的不断完善和拓展，世界许多国家都陆续编制出自己国家或地区的 SAM 表，并在此基础上作了大量的应用研究。到目前为止，它已被广泛应用在经济结构分析、收入分配、价格机制、政策模拟等许多经济研究领域。

此外，在 SAM 中可以对"商品"和"部门"进行区分，其目的在于允许多个部门生产同一种商品，也即允许同一种商品的生产存在不同的生产技术。传统的 SAM 包含六个账户：部门、商品、生产要素（劳动力和资金）、机构（家庭、企业、政府）、投资—储蓄以及国外部门。每个账户的行表示该账户的收入，列表示该账户的支出，根据复式记账原则，每个账户的收入必须等于支出，也即行之和必须等于列之和。而对于每一个行为主体，每个部门行向量中各元素之和（总收入）等于相应的列向量中各元素之和（总支出），即表示该行为主体所面临的预算约束。

由于社会核算矩阵是本节构建的能源环境 CGE 模型的数据基础。因此，这里将首先介绍 SAM 的框架、编制原理和平衡方法。SAM 表是一个对称的方阵。表 10.1 给出了一个能源环境 SAM 的基本框架。其中每个账户的行表示该账户的收入，列表示该账户的支出，根据复式记账原则，每个账户的收入必须等于支出，也即行和等于列和。

表 10.1　　　　　　　　　能源环境社会核算矩阵框架

			机　　构		活　　动		商　　品		要　　素		
			生产活动	减排活动	货物商品	清洁商品	劳　动	资　本	家　庭	企　业	政　府
			1	2	3	4	5	6	7	8	9
活　动	生产活动	1			国内商品供给						
	减排活动	2				污染物清除供给					

377

续表

			机 构		活 动		商 品		要 素		
			生产活动	减排活动	货物商品	清洁商品	劳 动	资 本	家 庭	企 业	政 府
			1	2	3	4	5	6	7	8	9
商品	货物商品	3	中间投入						家庭消费		政府购买
品	清洁商品	4	减排成本								
要素	劳 动	5	增加值								
素	资 本	6									
机 构	家 庭	7					家庭要素收入			企业转移	政府转移
	企 业	8					企业要素收入				政府补贴
	政 府	9	间接税		关 税				收入税	直接税	
排污费		10	排污费								
出口退税		11									出口退税
资本账户		12							家庭储蓄	企业储蓄	政府储蓄
存 货		13									
省 际		14			省际调入						
世 界		15			进 口		国外要素收入				
总 计		16	总投入		总吸收		增加值		家庭支出	企业支出	政府支出

低碳经济转型下的中国碳排放权交易体系

表10. 1（续）　　　　　　能源环境社会核算矩阵框架

			排污费	出口退税	资本账户	存　货	省　际	世　界	总　计
			10	11	12	13	14	15	16
活动	生产活动	1		出口退税				出　口	总产出
	减排活动	2							
商品	货物商品	3			固定资产投资	存货变动	省际调出		总销售
	清洁商品	4							
要素	劳　动	5							增加值
	资　本	6							
机构	家　庭	7						侨　汇	家庭收入
	企　业	8							企业收入
	政　府	9	排污费					政府间经常转移	政府收入
排污费		10							排污费
出口退税		11							出口退税
资本账户		12						外国储蓄	总储蓄
存　货		13			存货变动				存　货
省　际		14							
世　界		15							世界收入
总　计		16	排污费	出口退税	总投资	存　货		世界支出	

　　商品账户反映了国内商品市场的交易行为。商品账户的支出用于购入进口商品、国内生产的产品（包括来自贸易部门的服务）和支付关税；其收入来源于生产活动的中间需求消费、居民消费、政府消费和投资。商品账户的平衡意味着商

品市场出清。

活动账户反映了厂商的生产行为。活动账户的支出用以购买中间投入品、雇佣生产要素来进行生产，并向政府支付间接税；其收入来源于国内市场的买卖以及出口。活动账户的平衡意味着厂商零利润。

在 SAM 表中对"商品"和"部门"进行区分的目的在于允许多个部门生产同一种商品，也即允许同一种商品的生产存在不同的生产技术。要素账户反映各种生产要素的流向。要素一般包括劳动力和资本，有些 SAM 中还会加入土地账户。要素账户以工资和租金的方式从厂商的生产活动中获得收入，以及从国外部门获得要素出口收入；而后，要素收入在居民和企业之间进行分配。

居民账户、企业账户和政府账户统称为机构账户，它们共同反映国内社会机构之间的往来。居民的收入来源于要素收入和各种来自政府、企业或国外的转移支付，其支出主要由消费支出和所得税组成，剩余部分则转到资本账户中，形成居民储蓄。企业的收入主要来源于要素收入和各种转移支付，其支出则用于直接税和对外转移支付，余额进入资本账户，形成企业储蓄。政府的收入来源于各种税收以及国外的转移支付，支出主要用于政府消费以及对居民和企业的各种转移支付，其余额进入资本账户，形成政府储蓄。机构账户的平衡意味着机构的收支平衡。

资本账户反映资本市场的变动情况。其收入来源于各个机构账户的储蓄以及国外储蓄，其支出则体现在投资和存货变动上。资本账户的平衡意味着储蓄等于投资。省际账户反映了本省与周边地区的经济往来。省际调入表现为省外账户的收入，省外账户的支出则用于购买省际调出、购买该省的要素以及对该省的各种转移支付，其余额部分进入资本账户，形成省外储蓄。

国外账户反映了一国与世界其他地区的经济往来。一国的进口表现为国外账户的收入，国外账户的支出则用于购买该国的出口产品、购买该国的要素以及对该国的各种转移支付，其余额部分进入资本账户，形成国外储蓄。

传统的 SAM 虽然能够较为全面地对一国进行核算，但它没有体现能源战略调整对经济增长速度、单位 GDP 能耗、环境、就业的影响。为了在 SAM 中反映能源、环境和经济之间的相互作用，就必须对传统的 SAM 进行扩展，详细划分能源部门，并引入环境反馈因素。

表 10.1 中的活动账户、商品账户、要素账户、机构账户、资本账户和国外账户的含义与传统的 SAM 一致。不同的地方在于能源环境 SAM 反映了企业的减排行为，将其视为一种活动。污染物减排部门生产污染物清洁服务，它作为一种中间投入被其他生产部门购入，在表中反映为活动账户中的"减排成本"。减排活动所获得的减排服务的价值则体现在"污染物清洁供给"上。另外，为了反映排污费和出口退税对节能减排和整体经济的影响，能源环境 SAM 将其独立出来，

作为单独的账户处理。企业的排污费来源于生产部门的生产活动和家庭缴纳的垃圾处理费，而后支付给政府。出口退税来源于政府，而后支付给活动账户。存货账户的增加是为了反映存货的变动。

考虑到本节研究的具体情况，我们在中国 2007 年 42 个部门投入—产出表的基础上，结合产业结构特征加以调整，将全部部门合并整理成农业、轻工业、重工业、建筑业、服务业、煤炭、石油与天然气、电力 8 个部门。假设每个活动生产单一商品，因此，商品账户与活动账户相同。要素账户包括资本账户和劳动账户。机构账户包括家庭账户、企业账户和政府账户。由于本部分的主要目的在于进行碳交易对中国宏观经济和产业经济的整体影响预测，所以没有对家庭和企业进行细分，而是采用代表性家庭和代表性企业来反映家庭行为和企业行为。

对于账户不平衡的问题，实践中往往采用一定方法对账户进行平衡。本节采用跨熵方法（cross-entropy method，CEM）对 SAM 进行平衡。跨熵法来源于香农（Shannon，1948）的信息理论，杰恩斯（Jaynes，1957）首次将其用于统计推论。跨熵法利用了包括先验参数的所有可得信息，所要求的统计假设较少，其运用不要求明确设定似然函数；另外，它在数据缺失的情况下也能进行估计。鉴于这些优点，在此选择跨熵法来平衡 SAM 表。SAM 表的平衡及文中基于 CGE 模型的定量模拟都在 GAMS 系统（gheneral algebraic modeling system，Version 22.1）中实现，求解 CGE 模型采用的算法为混合互补规划（mixed complementarity programming）。

三、碳交易运行与碳价格水平对中国宏观经济和产业经济的整体影响预测

在本节建立的中国能源环境可计算一般均衡的模型框架下，基于运行一年多以来，7 个试点碳市场的价格波动幅度所处的 20 元/吨到 90 元/吨的区间，基于目前我国试点的碳市场的交易机制，本节模拟了 4 档碳交易价格水平对整体宏观经济的影响，结果如表 10.2 所示。

表 10.2　　　　　　　可计算一般均衡模型的宏观经济模拟

	对宏观经济的影响（%）			
	碳价格水平 20 元	碳价格水平 40 元	碳价格水平 60 元	碳价格水平 90 元
GDP	− 0.013	− 0.023	− 0.038	− 0.632
就　业	− 0.005	− 0.022	− 0.075	− 1.096
进　口	− 0.009	− 0.016	− 0.047	− 1.252

续表

对宏观经济的影响（%）			
	碳价格水平 20 元	碳价格水平 40 元	碳价格水平 60 元	碳价格水平 90 元
出　口	− 0.447	− 1.079	− 1.340	− 2.454
CO_2 排放	− 1.815	− 3.896	− 5.445	− 5.291
单位 GDP 能耗	− 1.913	− 2.389	− 3.738	− 4.551

对各产业产出的影响（%）			
	碳价格水平 20 元	碳价格水平 40 元	碳价格水平 60 元	碳价格水平 90 元
农　业	0.003	0.001	− 0.007	− 0.118
轻工业	0.013	0.006	0.002	− 0.024
重工业	− 0.175	− 0.239	− 0.374	− 0.480
建筑业	− 0.055	− 0.102	− 0.139	− 0.185
服务业	0.001	− 0.002	− 0.010	− 0.034
煤　炭	− 1.262	− 1.825	− 3.104	− 4.411
石油与天然气	− 0.034	− 0.062	− 0.108	− 1.213
电　力	− 0.667	− 1.476	− 2.071	− 2.897

通过表 10.2 可以看出，整体而言，碳交易价格水平在 20～40 元/吨之间时对宏观经济的影响并不大，GDP、就业和进口没有显著的下降。但是，当碳交易价格长期维持在较高水平时就会对宏观经济产生较大的影响，这也与基于微观视角的理论预期相符。这个结果表明碳交易价格波动的宏观影响是呈非线性增加的，当碳交易价格过度上涨时将影响经济的发展速度。而二氧化碳排放和单位能耗的变化则是呈非线性下降。碳交易体系的运行具有清洁发展的积极作用，由于各部门对碳的依赖不同，行业受到碳交易价格波动的影响会有所区别。理论上能源密集型行业特别是能源密集兼出口密集型行业会受到猛烈的冲击，我们通过模型模拟不同碳交易价格水平对产业的影响，可以发现，轻工业、服务业等行业的产出都会有一定的增加，重工业、建筑业、煤炭、石油、天然气和电力的产出则会下降。当碳交易价格维持在 90 元/吨的高位时，则对所有行业产生了较为明显的负面影响。

这些研究结果表明，我国在设计碳交易体系时，需要兼顾减排与经济发展两个目标，根据不同价格水平对经济的影响和承受力，在总量设置、行业选择、配额分配、灵活机制等对价格有决定性影响的碳交易体系关键要素的选择和设计上，需要充分考虑能够使价格维持在合理的区间这一问题，尽量减少对宏观经济和产业的负面影响。

第三节　碳交易体系对中国区域经济的影响

一、中国区域碳排放的特点

国内外对于中国碳排放问题的研究主要集中在对总量变化的层面，采取的研究方法主要有两种：一是借助人均收入与环境关系的库兹涅茨曲线，对总体碳排放的增长路径进行分析，并估算人均收入的拐点，如林伯强等（2009）采用平均迪氏分解法（LMDI）和 STIRPA 模型分析了影响中国人均二氧化碳排放的主要因素，并测算了拐点；二是利用因素分解方法（如 Kaya 恒等式等），从经济增长、能源效率、产业结构等角度，分析不同情景下的中国碳排放情形，以及不同影响因素对碳排放的作用机制，如林伯强等（2010）利用扩展的 Kaya 恒等式，分析了城市化进程对中国碳排放的影响。

目前对于区域碳排放问题的研究，主要是采用面板数据对省域或区域的碳排放总体增长趋势或碳排放强度进行分析。比如查冬兰等（2007）将中国划分为 8个经济区间，通过因式分解的方法，采用 Theil 指数和 Kaya 因子分析了区域能源效率差异对区域人均碳排放的影响，研究发现各省区能源利用效率呈现趋同，但区域间能源效率差距仍较大，直接影响到区域间人均碳排放水平的趋同；许广月等（2010）利用因素分解法估算省域的碳排放量，并对各区域是否存在碳排放库兹涅茨曲线进行检验，指出中国及其东部和中部地区各省域存在人均碳排放"倒U 型"曲线，但是西部地区不存在；胡玉莹（2010）从技术效率的角度，利用基于松弛变量的度量方法对区域能源消耗、碳排放与经济可持续发展状况进行分析，并提出由于技术效率较高，东部地区会比中、西部地区提前出现库兹涅茨曲线的拐点。

上述成果虽然对中国的碳排放问题的研究做出许多有益的贡献，但是都忽视了一个重要的问题——区域社会经济发展与碳排放的关系。林伯强、黄光晓（2011）采用空间计量模型对梯度发展模式下的中国区域碳排放空间特点进行分析，研究发现，中国区域碳排放存在较强的空间相关和空间收敛特征，而且由于现有梯度发展模式强化了空间集聚效应，导致中国区域碳排放呈现"俱乐部收敛"的特征，并进一步分析了未来中国区域碳排放份额的变化趋势，这有助于分析碳交易对我国不同区域的影响，从而公平有效地实现中国碳减排目标，更好地促进中国区域社会经济的平衡发展。

中国区域碳排放水平与区域社会经济发展梯度发展模式有密切联系。从碳排放强度的分布趋势来看，总体上表现为西高东低的特征，即西北地区和西南地区高，中东部地区低，东部沿海地区明显低于全国平均水平。而从人均碳排放的分布趋势来看，除内蒙古、山西、宁夏、辽宁等少数省区外，东部沿海地区明显高于西部内陆及西南地区。究其原因，主要是因为东部沿海地区经济发达、社会发展水平高，且区域经济发展具有较强的空间集聚效应，因此产业结构较为合理，碳排放强度就较低，而人均碳排放水平高；西北地区为主要能源输出区域，碳排放强度高，人均碳排放水平也高；西南地区则由于社会经济发展落后于东部地区，碳排放强度高，而人均碳排放水平则较低。

我们借波特（Poot，2000）的方法，将区域碳排放增量的动态效应分解为相邻（溢出）效应和增长效应，并构建了区域碳排放份额变化的空间动态效应模型，即：

$$S_{it} = \alpha + \beta_{1i}W + \beta_{2i}\log(E_t) + \varepsilon_{it} \qquad (10.5)$$

其中，S_{it} 为 t 年 i 地区碳排放量占全国的份额，$\sum S_i = 1$；α 为常数项；W 为空间权重矩阵，β_{1i} 表示 i 地区与相邻地区间碳排放份额的竞合关系（$\beta_1 > 0$ 表示某一地区的碳排放会受到邻近地区排放的溢出效应影响，其份额会随着邻近地区排放份额的增长而增长，$\beta_1 < 0$ 表示某一地区受到邻近地区排放的集聚效应的影响，份额随着邻近地区排放份额的增长而下降，$\beta_1 = 0$ 则表示无显著影响）；E_t 表示当年全国碳排放量，β_{2i} 表示当全国碳排放量增长时，某一地区份额的变化情况（$\beta_2 > 0$ 表示正的增长效应，即某一地区碳排放份额会随着全国碳排放量增长而上升，$\beta_2 < 0$ 则表示负的增长效应，某一地区的排放份额会随着全国碳排放量增长而下降，$\beta_2 = 0$ 则表示无显著影响）；ε 为随机误差项。表 10.3 表明，从中国区域碳排放的份额变化中可以得出未来碳排放增量上各省区市的竞合规律：（1）经济发达的京津沪和鲁苏浙闽粤等东部沿海省份的份额虽然较大，但趋于稳定，在新增排放量中所占的比重呈下降趋势，而且除了天津、山东和福建外基本上出现的是负的增长效应；其中，京、津、沪、苏、鲁对邻近地区如晋、冀、豫、皖、蒙等省区产生的溢出效应较为显著，即会产生碳排放的相邻效应，这主要是因为这些经济发达地区从邻近地区输入能源，这些地区碳排放的增长会拉动邻近地区的碳排放呈现更加快速增长的态势，浙闽粤与周边地区的净相邻效应则不显著。（2）传统的重工业基地如东北三省的份额有所下降，而中部（两湖、徽赣）的份额有所上升，这些地区的增长效应均不太显著；其中，中部省份受到周边地区溢出效应的影响较为显著，而东北地区和西南地区与邻近地区的净相邻效应不显著。（3）西北和西南地区（云贵川、蒙新、陕甘宁青、晋冀豫）的增

长效应显著为正；其中，西北地区省份受到周边地区溢出效应的影响较为显著，而云贵川与周边地区的净相邻效应则不显著。

表 10.3　　　　　　影响区域碳排放份额变化的动态演化分析

地　区	β_1	β_2	地　区	β_1	β_2	地　区	β_1	β_2
北　京	0.502 ** (2.029)	-0.037 ** (-2.287)	安　徽	-0.418 ** (-2.818)	0.020 *** (4.007)	湖　南	0.104 *** (5.031)	0.018 *** (3.209)
天　津	0.464 * (1.903)	0.010 ** (2.750)	山　东	0.367 ** (2.561)	0.008 *** (4.088)	湖　北	0.157 ** (2.592)	0.020 ** (2.400)
河　北	-0.359 ** (-3.512)	0.017 *** (5.029)	江　苏	0.341 (1.007)	-0.010 (-0.529)	四　川	0.091 * (1.232)	0.016 ** (2.843)
山　西	-0.581 ** (-2.029)	0.041 * (1.629)	上　海	0.298 * (2.029)	-0.021 ** (-2.029)	云　南	-0.098 * (-1.665)	0.021 ** (2.449)
内蒙古	-0.623 * (-1.477)	0.057 * (1.791)	浙　江	0.074 *** (7.141)	-0.009 *** (-5.343)	贵　州	-0.120 * (-2.029)	0.028 * (2.029)
河　南	-0.318 * (-1.225)	0.018 ** (2.836)	福　建	0.086 * (1.087)	0.012 * (1.228)	陕　西	-0.284 *** (-7.113)	0.030 *** (6.432)
辽　宁	0.227 * (1.652)	0.011 (1.035)	广　东	0.100 * (1.134)	-0.020 * (-2.911)	甘　肃	-0.201 * (-1.438)	0.020 ** (2.125)
吉　林	-0.103 * (1.884)	-0.008 * (-1.716)	江　西	-0.103 *** (-6.009)	0.091 * (4.413)	宁　夏	-0.244 * (-4.030)	0.023 ** (3.335)
黑龙江	-0.098 ** (-2.353)	0.005 * (1.820)	广　西	-0.129 (-0.741)	0.085 (0.922)	青　海	-0.175 ** (-2.918)	0.019 * (1.349)
						新　疆	-0.103 (-0.953)	0.030 * (1.780)

注：＊ 、＊＊ 、＊＊＊分别表示10%、5%和1%显著性水平上显著。

通过空间计量模型的分析表明，在中国特有的梯度发展模式下，区域碳排放存在着空间分布的非均衡性，不仅是在碳生产效率方面，而且在碳排放增量上，表现出京津沪—东部沿海地区—中部地区—西北地区—西南地区这样的"梯度"分布的状况。因此，在制定减排政策时，不能采取简单的"一刀切"方法，否则就会对区域发展和减排活动都产生不利的影响。因为，一方面东部地区可能会加速向中、西部地区转移两高一低产业（高污染、高能耗、低产值），进一步加剧中、西部地区的环境和减排压力；另一方面由于社会发展需要一定的人均碳排放空间，过度限制区域尤其是中、西部地区的碳排放量不仅会损害其社会经济发展，而且会进一步拉大业已存在的发展梯度，造成更加不平衡的发展格局。全国碳交易市场建设中，应该充分考虑到这些空间特性，在兼顾公平和效率的原则下，在确保完成减排承诺的同时，尽量实现减排的成本最小化和区域碳排放的平衡，这样才能在减排的同时，缩小区域发展差距和优化产业布局，增加要素在区域间的合理流动和转移。

二、区域碳排放特点对碳交易的影响

中国的碳排放权交易机制如果采取"总量控制与交易"机制，即通过限制总的碳排放量并将排放指标分配给各个减排主体，形成碳排放配额的稀缺性，鼓励减排主体通过自身减排行为或市场交易来完成减排任务。考虑到目前中国的实际国情和操作的可行性，可以给各省区市设定一段时期内的减排指标（比如某省到2020年在2005年排放水平的基础上减少10%的排放量），并设定惩罚措施，同时在分配碳排放配额时可以参照以下三个原则：

第一，从控制增量的角度，重点控制排放水平高、增速又较快的省区市，如西北地区的内蒙古、山西等省和环渤海地区；适当控制排放水平和增速较为稳定的省区市，如两湖、江西、河南等中部省份；适当放宽控制排放水平低、但增速较快的省区，如新疆、青海、甘肃、宁夏等西北省区市。

第二，从均衡排放的角度，重点控制具有较强集聚效应的区域，如京津地区；适当控制空间集聚效应不太显著的区域，如苏浙闽粤等沿海省份；适当放宽受到空间扩散效应影响的区域，如陕甘宁等西北省区和云贵等西南省区。

第三，从均衡发展的角度，经济发达省区市要补偿资源、能源输出型和经济欠发达省区市，应该是京津沪、东部沿海地区补偿中部、西北和西南地区。这样，就可以形成配额的稀缺性，并通过发达地区向欠发达地区或能源输出型省区市购买配额来补贴这些地区，促进这些地区的社会经济发展。

三、碳交易对中国区域产业经济发展的影响

考虑到目前中国的碳交易体系仍处于政策研究设计阶段，并没有成型的发展规划和市场机制设计，也无法通过实证方法来检验碳交易体系对中国区域经济的影响。我们只能从碳排放绩效的视角，来分析中国建立全国碳交易市场会对区域经济发展会产生什么样的影响。

如果中国碳排放权交易采取强制性的总量控制交易模式，那么必然会参考能

源总量控制的配额分配方式，因此，在将碳排放引入生产函数中后，采用前沿边界分析法（SFA）来分析实施"碳排放总量控制"模式进行碳减排对区域经济发展可能的影响。

前沿分析的本质是利用微观经济学理论和计量经济学方法来估算各单位、部门之间生产效率的差异。该方法引入生产前沿（production frontier）作为生产有效率的标准。生产前沿可以被描述为一条边界线，这条边界线代表着这样的生产情况：在既定技术水平下，不同产出对应的最小投入成本或不同投入成本对应的最大产出。同时，沿着生产前沿的生产状况是技术有效的（technically efficient），而低于生产前沿的生产状况则技术无效（technically inefficient）。当然，前沿分析的形式有很多种。除了生产边界外，还有对偶成本前沿（dual cost frontier），其对应的边界为成本有效（cost efficient）；对偶收入前沿（dual revenue frontier），其对应的边界为收入有效（revenue efficient）；以及对偶利润前沿（dual profit frontier），其对应的边界为利润有效（profit efficient）。

前沿分析主要包括数据包络分析法（DEA）以及随机前沿分析法（SFA）两种。DEA无需构建具体函数形式，也不需要设定行为假设。这给应用带来便利的同时，也使得效率分析无法得到具体的生产行为信息。此外，DEA方法将所有偏离前沿的部分均视为非效率，这可能高估实际生产中的非效率程度。SFA能有效克服以上两方面的问题。

因此，采用随机前沿分析法（SFA）进行碳排放效率的研究，并据此分析碳排放总量控制对区域经济发展的影响。SFA包括两种形式，即随机生产前沿分析（SFA in terms of production）和随机成本前沿分析（SFA in terms of costs）。由于本节采用随机生产前沿分析方法，我们以该方法为例简单介绍其基本原理。

该方法引入生产边界（production frontier）的概念，即在任意技术水平下，固定产出对应的最小投入成本或者固定投入成本对应的最大产出量所形成的边界线。沿着生产边界上的生产行为是技术有效的（technically efficient），低于生产边界则技术无效。而这种技术有效性的刻画是建立在距离函数（distance function）的基础上。距离函数可用来衡量实际生产活动与生产可能性边界（即生产边界）之间的距离，借此描述实际生产活动的技术有效性。

（一）模型构建

具体方程形式如下：

$$L(Y) = \{X : (Y, X) \in GR\} \tag{10.6}$$

$$D_I(Y, X) = \text{Max}\{\lambda : X/\lambda \in L(y)\} \tag{10.7}$$

其中，X 表示投入向量，Y 代表产出向量；$L(Y)$ 描述了对每个产出向量

$Y \in R_+^N$ 的可行投入向量组合；$D_I(Y, X)$ 表示投入距离，衡量了生产者的实际生产状况与生产可能性边界的偏离；在任何情况下，$D_I(Y, X) \geqslant 1$：当 $D_I(Y, X) = 1$ 时，生产为技术有效，而当 $D_I(Y, X) > 1$ 时，生产为技术非效率。关于模型的推演，昆芭卡等（Kumbhakar et al.，2000）在关于随机前沿分析的著作中有详尽讨论，我们不再赘述。

需要计算碳排放的投入效率，我们采用衡量具体要素投入效率基本函数形式：

$$\mathrm{Ln}X_j = -F(g) + v_{it} + u_{it} \tag{10.8}$$

在这个函数形式下，投入距离的倒数就是非效率，即：

$$-\mathrm{Ln}D_I(Y, X) = u \tag{10.9}$$

更进一步，我们依据公式（3）和式（4）进行展开，获得要素投入效率基本函数的表示形式为：

$$\mathrm{Ln}EnC_{it} = \mathrm{Ln}f(Y_{it}, X_{it}; \beta) + v_{it} + u_{it} \tag{10.10}$$

$$u_{it} = Z_{it}\delta + \varepsilon_{it} \tag{10.11}$$

式（5）和式（6）可以合并为：

$$\mathrm{Ln}EnC_{it} = \mathrm{Ln}f(Y_{it}, X_{it}; \beta) + v_{it} + (Z_{it}\delta + \varepsilon_{it}) \tag{10.12}$$

其中，EnC_{it} 表示生产中的碳排放数量；

$f(g)$ 表示在既定产出 Y_{it} 和既定投入组合 X_{it} 下，能源投入的确定性前沿；

β 是确定性前沿生产情形下的参数向量；

v_{it} 是一个随机干扰项，它独立于 u_{it}，并且服从期望为 0、方差为 σ_v^2 的正态分布（$N(0, \sigma_v^2)$）；

u_{it} 代表实际生产中的非效率，是一个非正的独立同分布（iid）随机变量。因此，它服从截断点在 0 处、期望为 $Z_{it}\delta$、方差为 σ_u^2 的断尾正态分布；

与 u_{it} 相对应，ε_{it} 也是一个独立同分布的随机扰动项，且服从截断点为 $Z_{it}\delta$、均值为 0、方差为 σ_u^2 的断尾正态分布。

我们采用软件 Frontier Version 4.1 对全国各省市碳排放效率、可行碳减排潜力进行深入分析。

首先对各省、直辖市、自治区（简称省区市）的第一、第二、第三次产业全要素碳排放绩效及相应的排放改进潜力进行估计。我们整理了 2004 年到 2010 年全国 30 个省区市（西藏除外）的面板数据，并针对三次产业分别进行回归分析。实证研究所采用的数据来自各省区市统计年鉴、中国经济数据库（CEIC）、中国能源统计年鉴（2005~2011）及中国城市（镇）生活与价格年鉴（2011）。所有价值数据均调整为 2010 年可比价。考虑到模型的内生性问题，在必要情况下，我们用非效率解释变量的滞后项作为工具变量来消除内生性。下面，我们将对所选择的变量进行说明。

（二）模型变量

期望产出（Y）：产出数据同样来自 CEIC 数据库。我们整理了各省区市三次产业的生产总值，并利用各省区市居民消费者价格指数将其调整为 2010 年可比价。所用的各类价格指数整理自 CEIC 数据库及中国城市（镇）生活与价格年鉴（2011）。

非期望产出（CO_2）：由于我国各省区市并没有直接公布二氧化碳排放量，而二氧化碳的排放主要来自化石能源的消费，因此，许多研究都通过各省区市的能源消费数据进行二氧化碳排放量的估算。根据 IPCC（2006），各省区市煤炭、石油和天然气的能源消费数量与其碳排放系数的乘积可以计算得到各省区市二氧化碳排放量，其中碳排放系数根据《省级温室气体清单编制指南》（发改办气候〔2011〕1041 号），分别为：煤炭为 0.7476、石油为 0.5825、天然气为 0.4435。并假设随着时间的推移，碳排放系数不变。

劳动力（L）：采用 CEIC 数据库提供的各省区市各产业年末就业数作为劳动力指标，该数据是包括农村和城镇劳动力在内的全口径数据。

资本（K）：用永续盘存法核算了 2004～2010 年各省区市各产业的资本存量，相关数据来自 CEIC 数据库。

相当多文献已经分析过外部因素对碳排放非效率的影响。资源禀赋、生产方式、制度环境等众多因素都会影响到碳排放效率，不可能把所有因素都包含进来。事实上，已有的文献都是根据其研究的侧重点选择不同的影响变量。本节基于已有研究的经验，结合三次产业本身的行业特性，我们为三次产业分别设置了不同的非效率解释变量，并确定了具体产业的分析模型（见表 10.4）。

表 10.4 各产业碳排放非效率影响因素设定

产业 因素	第一产业	第二产业	第三产业
所有制结构（Str）	√	√	√
对外开放（Op）	√	√	√
行业集中度（Inove）		√	
能源价格（P）		√	
城市发展水平（CityL）			√

接下来我们对本节研究中涉及的解释非效率的影响变量进行具体说明：

所有制结构：我国统计局统计生产数据时，只将工业部门按不同所有制属性区分。在不同的研究中，所有制结构指标的选择也各不相同。我们采用工业总产值中国有企业或者国有控股企业所占比重来衡量一个地区的所有制结构，并在三次产业的分析中运用同一指标。事实上，尽管该指标直接反映了各地区工业的所有制情况，但是，从整体来看，由于各产业间的相互影响较为广泛，国有资产对工业控制的情况一定程度上会辐射到其他行业，因此该变量替代各行业相应的所有制结构情况，具有合理性。数据来自 CEIC 数据库。

对外开放度：同样，国家统计局的统计只针对工业行业区分了企业的所有制属性。我们采用各省区市工业总产值中港澳台投资企业以及外商直接投资企业工业总产值所占比重来衡量省区市的对外开放度。同所有制结构一样，由于各行业间的互相渗透作用，工业行业的对外开放度一定程度上能够反映整个省区市的对外开放程度。

在大多数情况下，更高的对外开放度能够影响各行业经营及碳排放效率，这主要有四方面的原因：其一，更高的对外开放度意味着当地能够更容易从发达国家引进先进技术，这有利于改善各行业的经营及碳排放效率。其二，地方政府有动力改善基础设施建设以吸引外资，或者为当地的进出口企业经营提供服务。这也有利于当地企业的经营及碳排放绩效提高。因为更好的基础设施意味着更方便的道路交通，更宽敞的网络设施以及政府服务质量。其三，对外开放导致产品与企业的跨国界流动，可以增加本土市场的竞争性，从而倒逼本国企业改进提高生产效率，节约成本。其四，我们也需要注意，在这三十多年的高速经济发展中，中国"世界工厂"的角色已然确立，其在国际产业链中，往往承担着较为低端的生产加工部分，或者如钢铁等高耗能产品的生产。这并不利于碳排放效率的改进。

综合考虑这四方面的影响，对外开放对不同产业碳排放效率的影响很可能不一样。因为中国的三次产业发展时间有先后，目前正处于不同的发展阶段。

行业集中度：由于受到数据可得性的限制，我们将各省区市工业企业总产值规模（单个工业企业年平均总产值）作为行业集中度指标。而这样的指标仅仅只能反应第二产业的行业集中情况，故我们仅将其纳入到针对第二产业碳排放效率分析的研究框架中。更高的行业集中度意味着更大的企业规模。我们预期大型企业能够实现规模效率，他们有更强的资金实力来获取先进技术（无论是通过研发还是向外界购买）。从这个角度看，我们预期更高的产业集中度能够带来更高的碳排放效率。

能源价格：我们采用全国燃料动力类价格指数作为能源价格指标。我们仅在第二产业的分析中引入这个指标，是因为第二产业能源消费占三次产业总消费量的 83.13%（2010 年数据），能源价格变动将对碳排放绩效非常敏感；而农林牧渔业和第三产业的能源消费显得更为随意，受技术设备使用选择的影响更多一点。因此，我们仅仅将价格因素纳入到第二产业的研究中。

我们预期更高的能源价格有利于碳排放效率改善。那是因为中国政府长期将国内能源价格控制在低水平。政府控制使得能源价格偏离自由市场应有的水平，从而导致能源的过度消费，带来了大量的碳排放。此外，更高的能源价格意味着更高的能源成本，这将促进企业提高能源使用效率，减少碳排放。

城市发展水平：我们采用各地区城市每百万人公共交通运输车辆数作为衡量城市建设水平的指标。公共交通建设水平一定程度上能够反应市政建设水平，这恰恰与地区第三产业息息相关。因此，我们仅将该指标纳入到第三产业的研究中。

我们预期提高城市发展水平有利于改善第三产业碳排放效率，主要有两方面的原因：其一，更高的城市发展水平意味着更便捷的公共交通以及更优质的政府服务；其二，随着城市不断发展，人们收入水平往往不断提高，同时意味着更多的服务需求。这大大刺激了第三产业的发展，我们预期第三产业将在城市发展水平的提高过程中获得规模效应，从而具有更低的碳排放水平。

（三）实证结果分析

表 10.5 总结了运用随机前沿分析（SFA）分别对三次产业进行回归分析后的结果。我们的结果显示，针对不同产业，同一影响因素对非效率的影响有显著不同。

表 10.5　　　　　　　　　　三次产业 SFA 实证结果

	变量	第一产业 系数	第一产业 T 值	第二产业 系数	第二产业 T 值	第三产业 系数	第三产业 T 值
$\hat{\beta}_0$	Constant	8.99***	9.11	−62.06***	−62.59	19.85***	6.27
$\hat{\beta}_1$	LnY	3.41***	4.21	−2.77**	−2.51	−2.34	−1.04
$\hat{\beta}_2$	LnL	−1.16*	−1.69	−8.91***	−8.70	6.27***	3.76
$\hat{\beta}_3$	LnK	−1.87***	−5.08	13.52***	23.25	−2.01***	−3.38
$\hat{\beta}_4$	LnY · LnL	−0.019	−0.43	−3.13***	−5.70	0.25	1.29
$\hat{\beta}_5$	LnY · LnK	−0.27	−0.59	−1.43***	−3.77	0.49	1.24
$\hat{\beta}_6$	LnL · LnK	−0.46**	−1.96	1.99***	7.45	−0.70***	−3.43
$\hat{\beta}_7$	$\frac{1}{2}$LnY · LnY	0.23	1.80	4.57***	5.09	−0.59	−1.20
$\hat{\beta}_8$	$\frac{1}{2}$LnL · LnL	0.40	0.59	1.55***	3.18	0.44*	1.83
$\hat{\beta}_9$	$\frac{1}{2}$LnK · LnK	0.22	0.55	−0.63	−3.46	0.050	0.25
$\hat{\beta}_{10}$	T	0.37***	3.33	−0.21	−4.00	−0.0021	−0.084

	变量	第一产业		第二产业		第三产业	
		系数	T 值	系数	T 值	系数	T 值
非效率影响因素							
$\hat{\delta}_0$	Constant	0.23	0.40	1.23	1.04	1.79 ***	3.66
$\hat{\delta}_1$	Str	6.22 ***	4.41	−1.60 **	−2.21	−1.51 ***	−3.42
$\hat{\delta}_2$	Op	−8.42 ***	−4.30	−0.070	−0.18	0.71 ***	2.71
$\hat{\delta}_3$	t	−0.055	0.50	−0.045	−0.70	−0.09	−1.58
$\hat{\delta}_4$	Incov	—	—	−0.0046 ***	−11.66	—	—
$\hat{\delta}_5$	p	—	—	−0.15	−0.23	—	—
$\hat{\delta}_6$	CityD	—	—	—	—	0.0020	0.68
$\hat{\sigma}^2$		0.43 ***	5.61	1.33 ***	13.24	0.13 ***	3.95
γ		0.99 ***	49.69	0.029 ***	15.77	0.63 ***	5.04

注： * 、 ** 、 *** 分别表示 t 检验值在 10% 、5% 和 1% 的置信水平下显著。

根据估计结果可以计算出碳排放绩效指标，对于全国水平而言，第一产业、第二产业及第三产业的碳排放绩效分别为 0.599、0.734 及 0.796。对应来看，第一产业的可行碳排放绩效改进潜力为 0.401（即 1 − 0.599），第二产业的可行碳排放绩效改进潜力为 0.266（1 − 0.734），以及第三产业的可行碳排放绩效改进潜力为 0.204（1 − 0.796）。三次产业减排潜力的差异将十分巨大。尽管第一产业有很高的碳排放绩效改进潜力（0.401），但其碳排放绩效基数在三次产业间最小。同样，第三产业的可行碳排放绩效改进潜力较小，加之其碳排放绩效基数也较小，其在 2004 ~ 2010 年间的可行减排潜力并不大。相比之下，尽管中国第二产业的可行碳排放绩效改进潜力并不大，由于其庞大的碳排放基数，其减排潜力仍然巨大。

对于不同产业而言，碳排放绩效在各省区市的分布情况也不尽相同。对于第一产业而言，中国东部的碳排放绩效最高，达到 0.646；紧接着是中部，其碳排放绩效为 0.591；而西部地区的碳排放绩效最低，为 0.514。相比之下，第二产业和第三产业的碳排放绩效分布则相反。第二、第三产业的碳排放绩效在中国东部最低，分别仅达到 0.549 和 0.771；其次为中部地区，碳排放绩效分别为 0.881 和 0.801；令人出乎意料的是，第二、第三产业在西部地区的碳排放绩效最高，分别达到 0.925 和 0.886。

对于第一产业而言，东部地区的碳排放绩效最高，而西部地区碳排放绩效最低；对于第二、第三产业而言，东部地区碳排放绩效反而最低，而西部地区碳排放绩效最高。这是因为，中西部地区第二、第三产业在近年来取得了长足发展，其"后发优势"十分明显。此外，我们发现，对于所有省区市而言，第二产业碳排放绩效始终最高。因此，碳减排的工作重心，仍然应当落在东部地区，尤其应当针对第二产业。

如果考虑各个省区市整体碳排放绩效，预测结果发现，30个省区市的碳排放绩效具有非常明显的差异。东部沿海区域是碳排放绩效值较低的省区市集中的区域，其中海南省是全国30个省区市中碳排放绩效最小的区域，其次为广东省、福建省，再次为北京市、浙江省和上海市等；而内陆省区市尤其是以煤炭消费为主的省区市，是碳排放绩效值较高的省区市集中的区域。最大的碳排放绩效出现在山西省，该省由于其产业结构中煤炭生产占主导和煤炭的密集使用，因此在全国是排名第一位的省份。其次，按照碳排放绩效由大到小的顺序排列依次为贵州省、宁夏回族自治区、内蒙古自治区、甘肃省等。

通过上述结果可以看出，碳排放绩效较低的区域经济发展水平都较高，可能的原因是这些省区市的经济发展较快，产值大，同时由于经济实力雄厚，也可以吸引碳减排的高新技术和人才，因此，碳减排水平较高；碳排放绩效较高的区域经济发展均相对落后，可能的原因是这些省区市由于经济发展带来的相关问题，碳减排的技术水平还处于较低阶段。因此，高排碳省区市和低排碳省区市一定会由于减排技术水平的差异而存在边际减排成本的不同，这就为碳排放权交易提供了基础。

首先，高成本省区市可以通过与低成本省区市的碳交易达到降低减排成本和改善环境质量的目的。省区市间的边际减排成本差异越大，越可以更多地降低总体的减排成本。因此，具有较大差异的省区市进行碳交易，比如山西省和海南省进行跨区域的碳排放权交易，通过两个区域的碳交易达成低成本碳减排的目的。可以预见，越大的区域交易范围和越少的碳交易限制，越能够带来更大的碳减排成本的节约，从而更好地促进碳资源的优化配置。

其次，进行碳排放总量控制必须对于东部地区与中西部地区区别对待。也就是说如果采取碳排放总量控制并进行交易的话，在实施控制指标分配时，需要特别考虑地区平衡发展。大方向应当是给中西部地区以相对宽松的排放约束，而将减排重心放在东部地区。中西部地区尤其是西部地区，目前经济发展较为落后，碳排放控制指标分配应当与当前的"西部大开发、中部崛起""一带一路"战略相一致。对中西部地区的碳排放控制不应当过严。这不仅是从这些地区的经济发展相对落后考虑，也因为中西部地区尤其是西部地区，将承接东部地区的二次产业迁移，这些在很大程度上都需要足够的能源供应来支持，碳排放不可避免。事实上，我们的研究结果显示，中西部地区的第二、第三产业碳排放效率是相对较

393

高的。同时，由于东部地区整体碳排放总量十分高，这决定了国家的减排政策应当重点在东部地区。

总体而言，在中国经济处于工业化、城市化发展后期，从区域经济发展的角度来看，纳入的区域越多、边际减排成本差异越大，越能够降低减排成本，更好地促进区域经济的绿色低碳发展，这为建立全国碳交易市场提供了很好的理论和实证支撑。

第十一章

中国碳交易体系的配套政策

碳交易体系作为一项涉及多个领域、包含多种要素、关系多个利益相关体的综合性体系，其设计和建立也往往较为复杂，是一个不断完善、动态升级的过程。纵观各国碳交易体系的发展历程，我国要想使碳交易体系能在未来促进温室气体减排工作中发挥核心推动作用，必须从我国的基本国情出发，在合理吸取和借鉴国外碳交易体系动态演变过程中的经验和教训的同时，在开展区域性碳交易试点的基础上，不断深化区域性碳交易试点，强化与碳交易体系相关的顶层制度安排、政策设计、体系建设、能力培养和基础研究，逐步推动建立全国统一的碳交易市场。

第一节　国际碳交易体系的动态升级经验

碳交易体系最开始受到广泛关注是从 1997 年《联合国气候变化框架公约》（简称《公约》）下诞生的《京都议定书》开始，在《京都议定书》下，国际社会经过磋商，形成了三种灵活机制，分别是排放贸易、联合履约、清洁发展机制，其中我国能够参与的是第三种机制——清洁发展机制（CDM）。随着《京都议定书》于 2005 年正式生效，CDM 开始在全球范围内发挥作用，CDM 市场也不断扩大，不仅有效促进了温室气体减排，还大大推动了全球范围内的低碳行动。我国是世界上最大的 CDM 市场，近年来通过开发各种 CDM 项目，推动我国可再

395

生能源利用、提高能效取得显著成效。截至 2013 年 11 月底，我国注册 CDM 项目占全球总注册项目数量的约 50% （见图 11.1），CDM 项目签发的核证减排量占全球的 61.4% （见图 11.2），均处于世界第一。

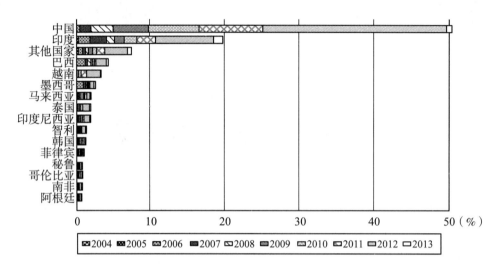

注：注册项目总数为 7 400 个；数据截至 2013 年 11 月 30 日。
资料来源：联合国气候变化框架合约 （UNFCCC）。

图 11.1　全球注册 CDM 项目的分布状况

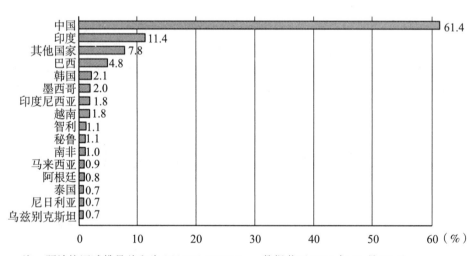

注：预计核证减排量总和为 966 744 070tCO$_2$e；数据截至 2013 年 11 月 30 日。
资料来源：联合国气候变化框架公约 （UNFCCC）。

图 11.2　全球 CDM 项目签发的核证减排量分布状况

CDM 是一种基于项目的碳排放权交易机制，尽管在联合国框架下取得了不错的成效，但主要国家和集团更倾向于能够与国家减排目标相挂钩、范围更广、效用更强的碳排放"总量控制与交易"机制，世界各国尤其是发达国家开始积极探索在区域或国家范围内实施该项机制。从 2005 年开始，欧盟、美国、英国、新西兰、日本、澳大利亚、韩国等先后启动或实施了碳排放权交易相关机制，并且已经并在推进减排方面起到了很好的成效（见表 11.1）。

表 11.1   主要国家碳排放权交易进度对比

年　份	国家或地区	实施内容
2005	欧盟	启动了碳排放贸易（EU-ETS）
2006	美国加州	颁布了"全球变暖解决方案法案"（AB32）
2009	新西兰	启动实施全国范围的排放交易
	美国	启动"区域温室气体减排倡议"（RGGI）
2010	英国	针对非 EU-ETS 覆盖的行业实施排放交易
2010	日本东京都	启动实施全球第一个针对城市建筑的城市排放交易机制
2011	印度	拟定了节能量交易计划
2012	澳大利亚	启动实施碳排放税，并计划于三年后转为排放交易机制
	美国加州	开始实施 AB32
	韩国	通过了《温室气体排放权分配和交易法案》，并计划于 2015 年起实施"排放交易计划（ETS）"

　　但是，从 2008 年开始，受到全球金融危机的影响，发达国家经济发展速度下滑，由此导致其温室气体排放量减少，全球对碳资产的需求量下降，碳排放配额出现过剩局面，碳价格一路下滑，给全球碳市场造成了巨大影响和冲击。2013 年，全球碳市场平均交易价格跌至 3.7 欧元，约是 2011 年价格的 1/3，而 CDM 下的经核证减排量（CER）交易价格更是跌至 0.5 欧元左右，全球碳市场陷入低迷状态。尽管如此，主要国家仍较为重视碳交易体系在温室气体减排方面的巨大作用，在继续重视碳定价和碳交易等市场手段的同时，也努力采取各种措施来应对碳市场可能出现的影响、弥补交易体系设计中可能出现的漏洞，提振市场信心。如欧盟推出了"推迟拍卖（back-loading）"计划，并于 2013 年获得欧洲议会的最终通过，给欧洲碳市场的复苏打了一针强心剂；英国采取了设置底价的方式来应对碳价格低迷的影响；澳大利亚除了设置底价以外，还采用了滚动目标设定措施（rolling target-setting approach）来帮助适应可能的经济和环境变化。此外，一些区域间碳交易体系链接也开始启动，如欧盟—澳大利亚碳交易体系的链接，加州—魁北克碳交易体系链接、欧盟—瑞士碳交易体系链接等，这对于进一步扩大全球碳市场规模、规范碳交易规则和机制、加强统一可比的碳排放量核

算、稳定碳市场等方面都有着积极的促进作用。

从全球碳交易体系这一发展趋势可以看出，碳排放权交易作为一种促进减排的市场手段，其有效性和重要作用正得到越来越多的认可。但与此同时，各国也充分认识到，碳交易体系的建立和完善是一个渐进的过程，既需要在交易机制的设立方面进行深入的研讨和论证，还需要在与此相关的各种配套政策和体系建立方面进行不断的尝试和完善，以此来发现和解决在碳交易体系形成过程中出现的各种问题，使碳排放权交易机制真正起到推动低碳发展的目的和要求。从各国实际的实施过程看，碳交易体系在建立的过程中确实也有很多问题，不仅交易体系本身需要进行不断的修改和检验，还需在交易机制相关的能力建设、配套体系、支撑政策方面进行长期的努力，否则很难充分发挥交易体系的效果。为了更好地说明交易体系在构建过程中的动态演变过程，我们对国际上现在较为成熟的几个交易体系的动态演变过程的特点进行分析和评估，总结其可以借鉴的经验。

一、欧盟碳交易体系动态升级的特点

从欧盟 EU-ETS 的变化历程看，三阶段的设计较为合理，在推进欧盟碳交易体系的不断完善方面发挥了很好的作用。三阶段中各项规则的设计强调相互衔接、逐步过渡，交易体系的覆盖范围逐步扩大，方法逐步趋于科学，配额分配机制和方法不断完善，这既充分考虑了欧盟各成员国的不同国情和对碳交易体系的承受程度，避免碳交易体系给经济社会发展带来过大和过快冲击，又通过不断强化和完善体系设计，确保碳排放权交易制度的严肃性、完整性和一致性，有效发挥了其在推进碳减排方面的作用。

尽管 EU-ETS 在体系设计上采取了不断完善的动态机制，但在制度的保障方面却保持了始终的严格性，这也是 EU-ETS 能够顺利运行的根本保障。

首先，欧盟在碳交易体系推行之初就建立了严格的法律制度，确保碳交易体系推进所应具备的坚实法律基础，之后再根据实际情况进行内容上的调整。

其次，欧盟为 EU-ETS 设立了严格的监测、报告和核查制度，要求所有参与 EU-ETS 的企业有义务每年监测、报告本企业的年度排放数据和交易数据，并接受指定第三方机构的核查，具体包括公司内部核查、第三方核查和政府、公众核查三个层面上的核查方式。

再次，欧盟同时还建立了电子化的注册登记系统，企业必须先注册再交易，各企业的数据登录上网，供公开查询，注册登记系统也由各国独立建立逐步过渡到欧盟统一建立。

最后，所有参与 EU-ETS 的企业要对超出未履约的部分支付罚金并在下一年度扣除相应的配额，企业每超额排放 1 吨二氧化碳的处罚标准也由第一阶段的每吨 40 欧元提高至第二阶段的每吨 100 欧元。

随着 EU-ETS 的逐步推进，其实施效果也开始逐步显现。第一阶段（2005～2007）欧盟总共发放配额 69 亿吨，交易量近 30 亿吨，其中 2005 年交易量只有3.21 亿吨，交易额为 79 亿美元；2006 年增加到 11 亿吨，2007 年增加到 21 亿吨，交易额达到 491 亿美元，2008 年 EU-ETS 发放的配额为 20.9 亿吨，交易量为 31 亿吨，超过第一阶段交易量总和。在 2008 年之后，受到全球金融危机的影响，配额出现富余，由此导致 EU-ETS 的交易价格出现大幅滑落，但交易量仍维持了较快上升态势。2009 年和 2010 年 EU-ETS 交易量上升到 63 亿吨和 68 亿吨，占到了当年全球碳市场的 84%，2011 年，EU-ETS 交易量上升到 79 亿吨，交易额接近 1 500 亿美元。

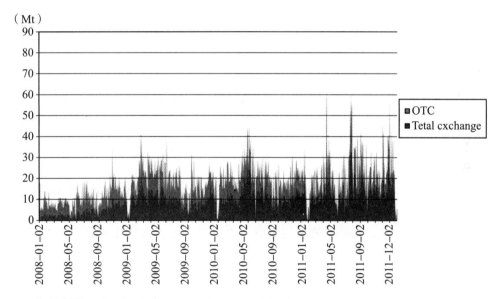

资料来源：Bloomberg New Energy Finance and London Energy Brokers Association.

图 11.3 EU-ETS 碳排放权交易量的变化情况

从 EU-ETS 的实施进程看，也是一个不断发现问题和解决问题的过程。主要的问题表现在以下几个方面：

首先，配额总量分配过多。由于一定程度上受到欧洲经济危机的影响，EU-ETS 的配额总量分配过多，导致配额价格下降，环境约束软化，企业失去采取措施减排二氧化碳的积极性。为了改变这一局面，欧盟开始研究减少免费配额数量，2013 年 9 月欧委会通过了《关于 EU-ETS 第三阶段国家实施方案

（NIMs）》的决议，将 EU-ETS 第三阶段可供分配的免费配额总量相比各成员国提议的数量削减了 11.6% 左右。

其次，配额免费分配带来的问题。第一阶段配额是免费发放给企业的，并且电力行业发放过多，结果电力行业并没有用配额抵免实际排放量，而是把配额放到市场上出售，获取暴利。为此，在第二阶段，政府提高了配额拍卖的比例，并降低了电力部门的发放上限，迫使电力企业采取措施降低碳排放，同时在第三阶段进一步控制免费配额发放数量。

最后，微观数据缺失问题。欧盟排放交易体系试运行时，设施层次上的二氧化碳的排放数据是不存在的，配额只能根据估计发放给企业，由此导致配额发放过多、市场价格出现大幅波动等诸多问题。但欧盟利用三年试验期，不断地收集、修正设施层次上的碳排放数据，现已建立庞大的能支持欧盟决策的关于设施碳排放的数据库。

从上述分析可以看出，EU-ETS 在三个阶段都推进了减排。其中，第一阶段的目的不是在短短三年内做到减排，更多的是建立一整套系统，为 2008～2012 年提供经验和做好准备；第二阶段是进一步积累经验和完善体系；在第三阶段才是在相对较为完善的基础上，从更大范围内、更深层次上推动减排，取得实质性成效。当然，在其具体实施过程中，由于各种影响因素的存在，还是需要对其交易体系、规则和配套措施进行不断完善，这样才能真正发挥其在推进碳减排方面的积极作用。

二、美国区域性温室气体倡议（RGGI）动态升级的特点

第一，RGGI 的一大特点就是拍卖收入主要用于能效领域的投资。这种拍卖收益再投资机制能够支持绿色经济的发展，参与各州同意将拍卖碳排放配额所获收益的约 3/4 用于进行能效项目和可再生能源的投资。这些投资不仅能进一步促进温室气体减排，还能够创造绿色就业机会，促进该区域向低碳经济转型。按照 RGGI 的设计要求，各州至少将拍卖收益的 25% 用于能效和可再生能源等低碳领域投资，通过提高能效等措施弥补电力成本的增加、回报用户，但实际上，各州对低碳领域的投资都超过了这个比例。同时，由于拍卖流程及结果公开透明，电价上涨幅度有限。根据相关测算，RGGI 的实施将导致区域内零售电价上涨 1%～3%，但各州在低碳领域的民生投资带来的间接效益远远超过了电价上涨的影响，不少州政府几乎将所有的拍卖收益用于民生投资，如纽约州、佛蒙特州、罗得岛等。表 11.2 显示了各州拍卖占比及拍卖收益用于投资能效领域的比例，总体看来，各州将收入的 60% 用于投资改善终端能效，另外 10% 用于加快可

再生能源的应用。有的州还将收入的 10% 用于帮助支付能源账单，包括补贴低收入家庭等。

表 11.2　　RGGI 体系下各州拍卖配额占比及拍卖收入使用情况

州	配额拍卖比例（%）	拍卖收入用于能效领域的比例（%）
康涅狄格州	77	69.5
特拉华州	66（2014 年达到 100）	最高 65
缅因州	100	最高 88
马里兰州	85	46
马萨诸塞州	98	至少 80
新罕布什尔州	至少 71（2011 年后至少 83）	最高 90
新泽西州	最高 99	最高 80
纽约州	97	最高 100
罗得岛	99	最高 95
佛蒙特州	99	100

　　第二，RGGI 的另一个特点是建立统一市场，各州共同参与。RGGI 拍卖每三个月举行一次，每个发电设施可以购买任何一个参与州的碳排放配额，通过该种方式，10 个参与州的分散市场连接成了一个协调、统一的区域性市场。市场参与责任主体可以使用任意州发放的配额进行履约，配额允许储存，配额转移时需要向政府主管机构提交申请并在注册登记系统中进行登记。市场参与者可以通过每一季度的拍卖和二级市场获得配额，二级市场包括芝加哥气候期货交易所（CCFE）和绿色交易所（Green Exchange）。责任主体也可以通过购买碳抵消机制项目产生的减排证书完成任务，但项目类型限于 5 种，使用量不能超过其排放量的 3.3%。同时，为了支持 RGGI 的实施，还专门成立了 RGGI 公司，它是一家非营利性机构，主要是为 RGGI 计划提供技术支持和服务，包括开发和维护配额记录系统，提供 RGGI 下排放源的排放数据和配额跟踪，负责配额拍卖平台，监管配额拍卖和配额交易市场，为成员州审查碳抵消机制项目的申请提供技术支持等。

　　纵观 RGGI 的建立和实施进程，从开始阶段就吸取了 EU-ETS 的一些经验，在体系的设计上充分考虑了不同区域市场的链接和拍卖收益的处理，不仅减轻了排放交易对电价的影响，还推动了节能、可再生能源等低碳领域的发展，推动参与区域的碳排放量实现下降。但与此同时，RGGI 在实施过程中没有对排放总量目标进行不断修订和完善，导致排放总量目标过于宽松，一定程度上降低了该项计划在推进区域减排方面的作用,对该市场的长期稳定运行也可能会产生负面影响。数据显示,2000~2011年十个参与州的排放总量一直呈下降趋势,参与州最高一年(2000年)的排放1.86亿短吨仍低于其第一阶段设定的每年维持在1.88亿短吨的目标,而2011年的排放总量降到1.21亿短吨,已经低于2018年的最终目标1.69亿短吨。

三、澳大利亚碳定价机制动态升级的特点

澳大利亚在碳定价机制的设置过程中,非常重视该机制的完整性,考虑了该机制执行过程中面临的问题和可能带来的影响,既通过管制碳价格来确保市场的稳定,又建立了完善的温室气体报告核查制度和监管保障机制,以确保取得有效的减排效果,同时还兼顾了与相关政策的衔接,并充分考虑了行业间的公平和对居民的影响,尽量减少碳定价机制所带来的负面影响。

首先,该机制力求获得碳市场的稳定。在碳定价政策实施前期,通过设计固定价格及增长幅度,对碳价格进行全面管制,为企业适应碳定价政策提供过渡,并为企业确定成本提供可靠的依据,以稳定企业市场。在浮动碳价格阶段,通过设定最高价格和最低价格的区间,对碳价格进行波动范围的管制,同时对于使用国际减排抵消量设定了折算机制,进一步控制碳价格的波动,维护市场的稳定,避免出现欧洲碳市场中由于大量低成本项目引入所造成的碳配额价格极度下挫的问题。

其次,强化温室气体的报告核查和监管。在碳定价政策出台之前,澳大利亚在国家清单基础上已经积累十余年的企业自愿报送数据,2009年开始要求企业强制报告排放数据。同时,针对不同的行业建立了不同的报送系统,各系统之间相互连接验证,保障数据的真实性,降低企业上报不真实数据的风险。针对违约问题,澳大利亚设定了严格的惩罚措施,包括最高监禁十年的刑法和最高罚款100万澳元的民法惩罚措施。而且,为保障政策的顺利实施,澳大利亚成立了清洁能源管理局专门负责碳定价政策的全面执行,还成立了气候变化管理局,专门负责对碳定价政策的实施效果进行跟踪和评价,并提出完善建议。

第三,注重与现有相关税费政策的衔接,避免重复征收。如在覆盖气体的种类上,考虑了现有"臭氧层保护和合成温室气体管理法规"中对合成温室气体征收的进口和制造业税费,因此不包括此类气体。在液体燃料排放方面考虑了现有燃料品种税费,通过等量转换的方式使企业自主选择,灵活实现减排义务。此外,澳大利亚政府此前对天然气市场管理不多,通过实行碳定价政策,政府加强了对天然气行业运输和使用的管制。

第四，充分考虑行业间的公平性和对居民的影响。在计算免费配额数量时，根据不同行业的碳强度不同，将排放密集强度划分为高和低两档，给予不同的免费配额比例；同时，在48个行业内使用统一平均基准线，体现同行业内根据效率不同的公平性。该机制同时也关注到了对居民生活水平的影响，政府承诺将通过碳定价政策所获收入的50%以上用于对家庭的扶持与补贴，重点援助中低收入家庭，约90%的家庭将享受税收减免及得到援助。

尽管澳大利亚对碳排放定价机制进行了很好的制度和政策设计，但随着澳大利亚新一届政府上台，该机制的未来走向具有很大不确定性。新政府以实施碳定价机制影响了澳大利亚经济发展且没有减少碳排放为由，从2014年7月起废除该机制，并代之以改善气候变化的"直接行动措施"，包括植树、为减少碳排放的企业提供财政奖励等。

四、日本东京都排放交易机制动态升级的特点

东京都排放交易机制具有几个方面的特点。

首先，兼顾灵活性和严格性。东京都排放交易体系允许从第一阶段储存至第二阶段使用，如果所涵盖设施在第一阶段没有完成目标，那么在第二阶段将必须以短缺部分的1.3倍减排。

其次，抓住减排的重点领域。该机制充分考虑了东京的具体情况，交易主体定为大型办公楼、商业设施、工厂，这是因为考虑到东京都的最大碳排放源来自商业领域，占东京碳排放总量的37%，远远超过民用领域及交通运输领域。

再次，强化立法保障。东京都政府立法确立了碳排放量及收益的归属权，将无形的碳减排转变为明确的产权和可交易的收益，奠定了碳交易体系发展的法律基础。

最后，鼓励公众参与减排。为鼓励全民参与减排，东京政府为住户免费安装太阳能，但所产生的减排量为政府的防止气候变暖促进中心所有，并储存在太阳能银行，以绿色电力证书的形式销售。这部分配额的一个重要作用，在于碳交易价格虚高的时候被政府释放，以稳定价格。在鼓励公众参与减排，普及全民低碳意识的同时，完善了碳交易体系。

五、韩国碳排放权交易机制

韩国是温室气体排放量增长最快的OECD国家，人均排放接近世界平均水平的3倍，其碳排放主要来自于化石能源消费。为了有效应对气候变化，韩国政府

积极出台各种措施，并将碳排放权交易作为其中一项重要考虑的内容。2008年，韩国政府将"低碳、绿色"确立为新的国家发展方向；2010年，政府颁布了《低碳绿色增长基本法》，规定了到2020年韩国的温室气体排放相对"基准情景（BAU）"降低30%的目标，并引入了"总量控制与交易"的碳减排机制，起草了排放交易计划草案；2011年4月在内阁会议和2012年5月在国民大会上通过《温室气体排放权分配及交易法案》，但因受到工业行业的强烈反对，韩国碳排放权交易的实施时间由原定的2013年推迟到2015年。该《法案》规定了基本原则，具体细化规则在实施前6个月出台。与此同时，2011年韩国建立了温室气体和能源目标管理系统（TMS），以支持实施ETS的基础设施和监测、报告与核查（MRV）的相关框架建设，该体系最终将涵盖全国温室气体排放的60%。

韩国的碳交易体系于2015年启动，将分为三个阶段实施，每一阶段分别制定相应的政策目标和规划。第一阶段是2015～2017年，95%排放配额免费发放，出口比例高于一定标准或减排成本过高企业可无偿获得全部排放配额；第二阶段是2018～2020年，与第一阶段相同，95%排放配额将免费发放，但这一阶段企业可免费获得其预估需求配额的97%，其余3%的配额需有偿购买；在此之后，每五年为一个阶段，从2021年起企业有偿购买配额比例提升到10%。

韩国的碳交易体系允许配额的储存和预借，企业可将排放配额储存到阶段内下一年度或是下一阶段的首年使用，或是预借同一阶段内其他年度的排放配额。允许抵消项目减排量的使用，但抵消信用的使用量和有效期都会受到限制。对于违约情况，交易企业超出配额部分处以相应年度平均市场价格3倍以下罚款，且不超过10万韩元（折合530元人民币）/吨 CO_2，不履约企业征收1 000万韩元（折合5.3万元人民币）以下罚款。

六、国际碳交易体系的动态升级小结

从以上几个碳排放机制的分析可以看出，建立碳交易体系正成为当前全球的一个发展趋势，而且从单一经济体到双边或多边再到全球的碳交易制度建设是大势所趋，不仅是发达国家，很多发展中国家也开始积极探索碳排放权交易机制。总体看来，碳排放权交易制度应该在相应法律法规的基础上，以围绕减排目标设计的总量控制目标及配额分配为前提，基本交易规则为核心要素，同时辅以公正、透明的监测、报告、核查、考核、监管机制，并要注意考虑到对特殊行业的影响以及与相关减碳政策的协调性，才能达到成本有效减缓温室气体排放的目的。各国在碳交易体系建立过程中都基本按照循序渐进的模式推进，体现出碳交易体系建立的动态性。

第一，排放交易的目标是控制并进而减少碳排放量，所以重要的作用是对市场产生积极影响，因此，在设定排放总的限额目标时会结合国家提出的总体目标，既要逐步趋严，又要阶段性地对目标的执行情况进行分析和调整，以反映市场总体状况和减排效果的变化，并给市场释放更为有利于减排的积极信号。

第二，碳交易体系在建立之初就应该有严格的立法支撑，这是开展交易的前提条件。立法内容不仅要规定排放配额总量的目标，还要规定排放交易的基本原则和规则，后续的具体实施细则可逐步完善，或根据情况进行调整。与此同时，还需要建立或完善与交易相关的其他领域的法律制度和体系，这一方面是能够更好地协调交易机制与其他相关政策或机制，避免它们之间产生冲突，给企业带来双重负担；另一方面也有助于在市场手段的应用上更为合理，既能够发挥交易机制的广泛作用，又能够使交易机制与其他机制相互补充，更好地服务于国家总体的减排目标。

第三，交易体系的建立和实施需要做大量的前期准备工作。各国在出台相关政策前都经过了多年的筹划及准备，同时还需要根据实施的情况随时进行调整。很多国家都在交易体系的设定上考虑了一个缓冲期，即在确立交易计划和实际实施交易间有一个较长时间的缓冲期，既为交易体系本身的准备留出充足的准备时间，不断完善交易体系本身以及交易实施所需要的各种配套政策、措施和体系，也给企业和市场留出充分的响应时间，让政府和企业就交易规则的具体设定有充分的交流和沟通，使企业及早做好参与交易的各项准备，避免给经济和产业发展造成过大的冲击。

第四，碳交易体系本身应该设计成一个动态的过程。对交易配额的发放来说，一般都是一个由宽松到严格的过程，在交易的初始阶段，可能会给企业提供相对宽松的环境，或者是在排放配额上留有更多余量，或者是免费发放配额的比例较高，但随着交易体系的运转，在交易机制实施后期逐步将配额发放趋严，并逐步扩大配额拍卖和需要强制购买的比例，以帮助强化减排、活跃交易市场。就行业覆盖范围来说，也是一个逐步扩大的过程，要逐步从覆盖主要排放行业向覆盖更大范围行业过渡，逐步从主要覆盖 CO_2（或能源消费的 CO_2）向覆盖更多温室气体类型过渡。

第五，从交易市场实际实施的过程中看，很多交易规则在后续的过程中需要根据市场的变化进行调整。如 EU-ETS 就根据市场变化对配额发放总量进行了调整，这除了与市场的变化有关以外，也与排放形势的变化以及排放目标的变化有着很大关系。另外，随着区域间交易体系的链接，一些原有的规则也需要进行调整，以符合构建一个统一市场的需求。

第六，充分考虑交易体系与碳排放信用体系的对接。尽管大多数交易体系都对如何使用基于项目的碳减排信用量进行了严格的限制，但一般都允许使用一定的额度。有些交易体系在开始之初就允许在较大范围内使用碳减排信用，用于抵消其减排配额；而另外一些交易体系则是采取了逐步扩大减排信用使用范围的方式，逐步增加减排信用使用的额度和灵活度。考虑到将交易体系覆盖某些部门或领域可能会过于复杂或涉及成本过高，在交易体系的设计中允许使用碳减排信用是合理的也是必要的，这不仅有助于扩大交易体系的影响范围，还能够有助于推动企业或消费者主动进行减排。

第七，交易体系实施前必须建立完备的排放核算、核查和监管体系。从各国实际情况看，发达国家在碳排放报告和核算方面数据基础较好，核查和监管经验较为丰富，相关法律规定和配套制度体系较为完善，因此相对而言在这方面具有较大优势，但即便这样，各国在交易体系建立之前仍在排放核算和监管方面做了大量准备工作，这也说明碳交易体系的复杂性，不是一个一蹴而就的过程，而对发展中国家来说更是如此。

第二节　国内碳交易试点政策比较

一、我国碳交易体系演变历程

随着国际社会碳交易体系的不断扩大，我国政府也开始考虑从我国国情出发，并基于以往相关领域的工作基础，启动和逐步构建国内的碳交易体系。一方面，20 世纪 70 年代我国就开始研究排污权交易，探索用市场机制来推动环境污染的治理，并于 1991 年开始排污权交易试点工作，尽管该项工作在推进过程中出现了各种各样的问题，迄今为止也没有取得真正实质性进展和显著效果，但在试点过程中所积累的经验和发现的问题为我国碳交易体系和相关政策的制定提供了很好的借鉴；另一方面，从 2005 年开始，我国国内的 CDM 市场迅速成长，国内众多企业积极参与 CDM 下的排放交易，不仅大大推动了国内应对气候变化和减排行动，还在碳交易体系及相关体系的建立方面积累了丰富的经验，为今后建立更大范围的碳交易体系奠定了良好的基础。2011 年，我国政府宣布在 7 个试点省市进行碳交易试点，正式拉开了我国碳交易体系的序幕，其最终目的是希望通过试点积累相关经验，逐步推动在"十三五"时期能够建立全国性的碳交易体系，使控制温室气体排放从单纯依靠行政手段逐渐转向更多地依靠市场力量。除此以外，我国政府还于 2012 年颁布了《温室气体自愿减排交易管理暂行办法》，为国内温室气体自愿减排交易的开展奠定了制度基础，这也成为对当前碳排放权交易的一个必要补充。图 11.4 显示了中国碳排放权交易的演变过程，表 11.3 则给出了我国碳排放权交易相关政策的演变过程。

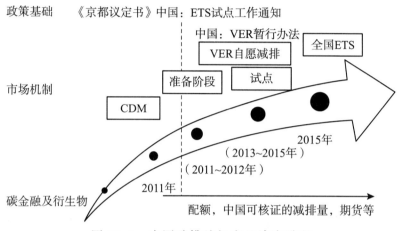

图 11.4　中国碳排放权交易演变进程

表 11.3　　　　　　　　中国碳排放权交易相关政策进程

时　间	相关政策
2005 年 10 月	正式实施《清洁发展机制项目运行管理办法》
2007 年 6 月	发布《中国应对气候变化国家方案》，提出到 2010 年的减排目标
2009 年 11 月	中国政府宣布到 2020 年单位 GDP 碳排放比 2005 年降低 40% ~45%
2011 年 3 月	发布《国民经济和社会发展第十二个五年（2011~2015 年）规划纲要》，明确提出"建立完善温室气体排放统计核算制度，逐步建立碳排放交易市场"，首次在国家级正式文件中提出建立中国国内碳排放交易市场
2011 年 8 月	发布《清洁发展机制项目运行管理办法》修订版，对 CDM 项目的管理体制、申请和实施程序、法律责任等内容作了详细规定，但 CDM 项目相关规定并不适用国内的碳交易
2011 年 10 月	发布《关于开展碳排放权交易试点工作的通知》，正式批准在北京市、天津市、上海市、重庆市、湖北省、广东省及深圳市开展碳交易试点，计划于 2013 年前开展区域碳交易试点，2015 年起在全国范围内开展碳交易建设，建立统一交易市场

续表

时　间	相关政策
2011 年 12 月	发布《"十二五"控制温室气体排放工作方案》，具体分配了各省二氧化碳排放和总能源消耗的下降指标，要求加快建立温室气体排放统计核算体系及探索建立碳交易体系
2012 年 6 月	发布《温室气体自愿减排交易管理暂行办法》，明确了自愿减排交易的交易产品、交易场所、新方法学申请程序以及审定和核证机构资质的认定程序等
2012 年 11 月	中国共产党第十八次全国代表大会上的报告明确提出要积极开展碳排放权交易试点
2013 年 10 月	国家发改委发布发电、钢铁等 10 个行业温室气体排放核算方法与报告指南，为核算试点地区企业温室气体排放提供了技术支撑
2013 年 11 月	中国共产党第十八届三中全会提出推行碳排放权交易制度
2013 年 11 月至 2014 年 5 月	7 个试点地区陆续发布各个试点地区的《碳交易管理办法》，确立了交易制度的目的、作用、管理体系和惩罚措施等
2014 年 9 月	发布《国家应对气候变化规划 2014～2020 年》，指出深化碳交易试点、建设全国碳交易体系
2014 年 12 月	发布《碳排放权交易管理办法》，提出适用全国碳交易体系的政策框架

　　从我国碳排放权交易政策的演变进程可以看出，从 2005 年左右我国碳交易体系开始起步，到 2010 年前的这段时间主要是以《京都议定书》下的 CDM 为主，碳交易体系也以基于项目的交易为主，相关的交易规则也主要是参考联合国的相关要求，但根据我国实际情况进行了适当调整，这一时期大量 CDM 项目的实施不仅大大提升了政府、企业和相关机构在碳排放权交易方面的经验，更关键的是大幅提升了市场对碳排放权交易这一概念的认识和了解，为后续推动国内碳排放配额交易市场做了非常强有力的铺垫。进入"十二五"时期以后，政府开始快速推动国内碳交易体系的建设步伐，特别是从选定 7 个碳交易试点省市开始，国内碳交易体系的重点已经开始转向建立排放配额交易市场为主，各试点省市开始着力探索建立符合本地区特点的碳交易体系，并且为此做了大量的技术支撑和准备工作，这一时期实际上是我国充分借鉴国际经验、探索建立碳排放权交易机制的最为重要的阶段，且经过将近 3 年的努力已经初见成效。

二、碳交易试点政策比较

（一）试点地区总体概况

中国"两省五市"碳交易试点的地域跨度从华北、中西部到南方沿海地区，覆盖国土面积 48 万平方公里，2010 年人口总数 1.99 亿，约占总人口的 18%；GDP 合计 11.84 万亿元人民币，约占全国 GDP 的 30%；碳排放量约占全国的 20% 左右，覆盖行业 20 多个、企事业单位 2 000 多家，每年形成约 12 亿吨二氧化碳配额，成为仅次于 EU-ETS 的全球第二大碳市场。

中国希望通过碳交易试点，探索建设碳交易体系的制度和方法，发现碳交易体系运行中的问题，以便为全国统一碳交易体系的建设提供经验。中国 7 个试点虽然数量少，但体量大，在国内具有一定的代表性，其社会经济发展也体现出新兴经济体不完全市场的特征和规律：第一，尚未达到排放峰值，经济正处于工业化、城市化的关键阶段，经济结构以高能耗、高排放的重化工业为主；第二，区域和行业经济差别大，7 个试点涵盖中国东、中、西部地区，经济发展水平和经济结构存在显著差异；第三，经济仍处在高速增长阶段，同时，在经济增长、政策和市场预期等方面存在很大的不确定性；第四，市场是不完全的，电力价格还不是由市场决定；第五，相关法律滞后、数据基础薄弱、环境意识不强。

（二）制度建设

1. 法规政策

国外在碳排放权交易的实践过程中，都建立了相对完善的法律体系，确定了实施碳排放权交易的法律基础，从而保障碳排放权交易的顺利进行。在实施碳排放权交易前，均出台了基础性法律法规。如欧盟的《指令 2003/87/EC》和美国加州的《AB32 法案》，都从法律上规定了碳交易体系的法律地位、配额属性等关键内容。

中国 7 个试点缺乏国家层面的上位法，各个试点在立法形式上也体现出差异性。深圳和北京为地方人大立法形式，深圳市人大于 2012 年 10 月通过《深圳经济特区碳排放管理若干规定》，北京市人大于 2013 年 12 月通过《北京市人民代表大会常务委员会关于北京市在严格控制碳排放总量前提下开展碳排放权交易试点工作的决定》，而上海、广东、天津、湖北和重庆均为通过政府令形式发布管理办法，属于地方政府规章，法律约束力较弱。

同时，国外 ETS 出台技术层面的专门法律法规，规定碳排放权交易涉及的具体细则，包括配额的分配方法、排放量的监测、报告与核查、配额交易的监管等。例如，在 EU-ETS 中，技术层面的法律法规包括针对登记注册的《登记系统法规》（Registry Regulation），针对 MRV 的《MRV 法规》（Regulations on MRV），针对配额分配的《分配决定 2011/278/EU》（Allocation Decision 2011/278/EU），还有《指导文件》（Guidance Documents）和《规则手册》（Rule Books）等指导性文件（段茂盛、庞涛，2013）。在碳交易试点实施方案和管理办法的框架下，七个试点基本完成了技术层面的政策性文件的制定，如碳排放权交易规则和 MRV 指南，但并未以法律法规的形式确定，在技术细节上还需要进一步完善，特别是配额分配方案，基本上都是在上一年实践基础上对下一年的方案进行修改调整。

2. 机构设置

在 7 个试点中，各试点的地方发改委为碳排放权交易的主管部门，负责碳排放权交易相关工作的组织实施、综合协调与监督管理。同时，各试点均通过碳排放权交易所或环境交易所，制定交易规则并建立交易系统，为交易提供统一的平台。

就核查机构而言，大部分试点通过政府出资，为企业分配相应的核查机构。这样的方式在碳交易体系初期能降低企业的参与成本，提高企业参与碳交易体系的积极性，同时也避免了企业和核查机构的利益关联，保证核查的客观、独立和公正。而深圳则率先采取了企业出资，自主选择核查机构的方式，北京在 2015年也采取了该方式分配核查机构。企业出资自主选择核查机构的方式也是 EU-ETS等碳交易体系采取的方式。在这种方式下，核查机构的核查能力、报告质量、数据准确性将是核心竞争要素，是碳排放权交易向市场化迈进的重要一步。这种方式有助于核查机构的良性竞争，促进其业务水平的提高，但由于核查机构较多，也容易出现核查机构间的恶性竞争、标准难以统一等问题。为此，北京和深圳对核查机构进行了严格规范。

监管机构的设置是保障碳交易体系良好运行的重要环节。欧盟对碳交易体系的监管机构包括欧盟委员会和成员国的监管机构。欧盟《指令 2003/87/EC》中授权欧盟委员会制定市场监管的法律与政策，而各成员国的监管机构则主要为环保机构，如德国为联邦环保署碳交易监管处。中国各试点的主管和监管机构均为地方发改委，但未来全国统一碳交易体系可借鉴德国监管机构的设置，可考虑在发改委成立专门的碳交易体系监管处，履行专业化的监管职能（见表 11.4）。

表 11.4 中国碳交易试点的主要机构设置

试　点	主管部门	交易平台	核查机构	市场监管
深　圳	地方 发改委	深圳排放权交易所	21 家（企业出资自主选择）	地方 发改委
上　海		上海环境能源交易所	10 家（政府出资分配）	
北　京		北京环境交易所	19 家（2014 年政府出资； 2015 年企业自费自主选择）	
广　东		广州碳排放权交易所	16 家（政府出资分配）	
天　津		天津排放权交易所	4 家（政府出资分配）	
湖　北		湖北碳排放权交易中心	3 家（政府出资分配）	
重　庆		重庆碳排放权交易中心	11 家（政府出资分配）	

资料来源：核查机构数据来自广州绿石碳资产管理公司，中国碳交易体系分析。

（三）覆盖范围

1. 覆盖温室气体

虽然温室气体通常是指 6 类气体（二氧化碳、甲烷、氧化亚氮、氢氟碳化物、全氟碳化物、六氟化硫），与 EU-ETS 一样，考虑到数据的可得性，中国各试点在试点阶段仅覆盖了二氧化碳。

中国碳交易试点对间接排放的纳入是与 EU-ETS 等国际碳交易体系最大的不同。碳核算中的间接排放存在重复计算问题。比如，发电厂燃煤产生的排放对电厂而言属于直接排放，但对用电单位而言属于间接排放。国际做法是在碳排放量化和配额分配环节中不考虑间接排放，以避免总量的重复计算。然而，一方面，中国的一些省市的间接排放达到了其总排放的 80%（冯等，2013），另一方面，目前中国电价是受管制的，价格成本无法向下游传导。纳入间接排放后工业用户也将为其电力消费支付间接排放成本，有助于电力消费侧的减排。因此，纳入间接排放是在中国现有的电力体制下，电力市场不完全的折中方案。

2. 覆盖行业

各试点结合各自产业结构特征、行政成本和市场活跃度来综合选择纳入门槛和行业，覆盖碳排放量占当地全社会碳排放量的比例在 35% ~60% 之间。在行业覆盖范围上，各试点的覆盖范围与其经济结构相一致，并综合考虑以下因素：排放量大、减排潜力大、企业规模大、数据基础好。各试点覆盖的行业基本上是高能耗、高排放的传统行业，主要包括电力热力、钢铁、水泥、石油、化工、制造业等。同时，各试点的覆盖行业也体现出一些显著的区别。

7 个试点中，湖北、重庆和天津属工业主导型经济，广东的第三产业比重略高于第二产业，北京、上海和深圳三地属服务业主导型经济。建筑、交通和服务业等行业的碳排放量虽然在北京、上海和深圳的总排放量中所占比重不大，但对其 GDP 的贡献率显著。2010 年，上海交通和服务业主体的碳排放量仅占总排放量的 26.1%（工业行业为 50.1%），但对 GDP 的贡献率达到了 32.9%（工业行业为 14.4%）（Libo Wu et al.，2014）。在工业化和城市化快速发展的背景下，建筑、交通和服务业的能源消费需求不断上升，北京、上海和深圳将建筑、交通和服务业等非工业行业纳入控排，能够在促进能效提高的同时限制能源需求。深圳还计划将公共交通纳入碳交易体系，以减缓城市机动车的碳排放增长，促进新能源汽车的应用。

根据本地区的控排主体排放实际规模，各试点分别设定了纳入配额管理的年排放或能耗限额，以此来确定控排主体。纳入门槛最低的是深圳规定的年排放 5 000 吨二氧化碳，最高的则是湖北规定的年耗能 6 万吨标煤。控排主体的数量区别较大，最少的为天津 114 家，最多的为深圳 832 家（见表 11.5）。值得注意的是，控排主体数量最多的两个试点深圳和北京，第一履约期配额总量却分别只有 0.33 亿吨和 0.50 亿吨，反而是 7 个试点中最少的 2 个；而控排主体数量相对较少的两个试点湖北和广东，其配额总量分别高达 3.24 亿吨和 3.88 亿吨，是 7 个试点中最多的两个。这恰好反映了 7 个试点的产业结构和排放结构差异，湖北和广东的产业结构偏重，大型重化工业排放源较多，而北京和深圳的第三产业发达，单体排放源规模不大。

表 11.5 中国碳交易试点纳入门槛和数量

试 点	纳入门槛*	控排主体数量	覆盖排放比例
北 京	年排放 >1 万吨	415（2013） 543（2014）	40%
天 津	年排放 >2 万吨	114	60%
上 海	工业：年排放 >2 万吨 非工业：年排放 >1 万吨	191	50%
湖 北	年排放 >6 万吨	138（2014） 168（2015）	36%
广 东	年排放 >2 万吨	184（2013） 190（2014）	55%
重 庆	年排放 >2 万吨	242	40%
深 圳	工业：年排放 >5 000 吨 公共建筑：>20 000 平方米 机关建筑：>10 000 平方米	工业：635 建筑：197 共计：832	40%

*除湖北是标准煤外，其他试点均为二氧化碳。
资料来源：ICAP，Factsheet.

低碳经济转型下的中国碳排放权交易体系

3. 企业排放边界

世界范围内的 ETS 通常将排放设施作为最小的单位参与碳交易，在设施层面更容易跟踪其活动水平的变化，从而便于配额分配和履约。但中国各试点均从企业层面进行配额分配和履约。原因在于，中国目前的能源统计体系的最小单位为企业，从企业层面以组织机构代码作为企业边界纳入碳交易体系，可利用我国现有的能源统计体系，方便主管部门对企业的排放及其履约行为进行管理。但同时，也限制了配额分配的方法，对企业排放边界的界定和边界的变更带来更大的困难和复杂性。北京、上海和广东对新增产能以设施纳入，可以部分解决以上问题。

（四）配额总量和结构

与发达经济体如欧盟相比，对于作为新兴经济体的中国来说，总量的设定具有很大的挑战性。

首先，ETS 通常是在绝对排放目标的基础上运行的，而中国的减排目标是碳强度目标而不是排放量绝对下降目标，需要把强度目标转换为绝对目标并在此基础上建立碳交易体系。

其次，中国经济处于快速增长阶段，尚未到达排放峰值，即使考虑了节能政策措施和 2030 年达峰目标，中国碳排放总量预计在相当长的时间内仍会快速增长。因此，中国的总量设定需要为碳排放留出一定的空间。

最后，中国未来的排放轨迹面临着较大的不确定性。经济快速增长、经济结构转变、技术进步以及政策的变化均会对能源使用和碳排放产生影响。因此，在特定总量下未来的排放水平、减排目标和碳价格具有很大的不确定性（弗兰克·约特索，Frank Jotzo，2013）。

在此背景下，各试点将总量设定与国家碳强度下降目标相结合，充分考虑经济增长和不确定性，进行总量设置。

第一，依据碳强度下降目标，分三步预测碳交易体系排放总量：第一步，综合考虑地区经济增长、碳强度下降目标和低碳政策等设置不同情景，对地区未来经济增长和碳排放量进行预测，将碳强度目标转换成碳排放量绝对目标；第二步，选择历史上某段时期作为基期，测算该地区碳交易体系中的行业企业在基期的碳排放量占当地全社会碳排放量的比重；第三步，依据前两步结果测算出该地区碳交易体系的碳排放配额总量。

例如，湖北将历史法和预测法相结合以确定总量。对于现有企业，采取历史法设定相对严格的限制以控制排放，对于新增设施和由于产出变化增加的排放，则采取预测法为经济增长留出空间。深圳为实现国家下达的 2010～2015 年深圳碳强度下降21%的目标，根据区域减排目标、行业减排潜力、成本、产业竞争力和发展战略等，为电力、水务和制造业分别设置了相应的碳强度下降目标，如制造业为25%，然后制定强度标杆并结合预期产出确定基于强度的总量（Jing Jing Jiang et al.，2014）。

第二，在配额结构上，各试点通过柔性的配额结构划分，既控制现有设施的排放，又充分考虑经济增长对新增排放的需求，还为政府调节市场留出了空间。

各试点的总量均由三个部分组成：初始分配配额、新增预留配额和政府预留配额。初始分配配额控制既有排放设施，新增预留配额为企业预留发展空间，政府预留配额用于市场调控和价格发现。以湖北为例，配额设计为年度初始配额、新增预留配额、政府预留配额三大部分的总量结构，其中2014年度初始配额将既有排放设施排放配额水平严格控制在2010年排放水平的97%；政府预留部分占配额总量的8%，其中30%可用于政府拍卖以促进市场价格发现；其余部分则是为新增产能和新增产量设定的新增预留配额，如果不足也可以动用政府预留配额。中国碳交易体系的特点是新增预留配额比例较大，以适应高经济增长的特征。但履约结束时，没有使用的预留配额一律取消。

第三，碳排放总量下的跨期灵活机制。配额的储存和预借对于企业跨期进行碳资产管理、降低减排成本具有重要的作用，但同时也对会市场供求产生较大的影响。因此，各试点对配额的预借都是禁止的，但允许配额的储存。其中，湖北对配额储存的要求更为严格，规定参与过交易后的配额才可储存，而未参与过交易的配额在履约时会注销，这在一定程度上有助于提高碳市场的流动性。

（五）配额分配机制

各试点通过政企互动、多轮博弈或企业自主申报的配发模式，以免费分配和历史法为主的方式分配配额，同时灵活运用配额的动态管理进行配额的调节。

1. 配额配发模式

湖北、上海、北京、天津和广东为政企互动的配发模式。在该模式下，各试点地方政府通过国内外专家举办企业培训班和研讨会，让企业学习和了解配额交易体系的政策规则，同时政府组织第三方机构对纳入企业进行碳盘查，帮助企业和政府准确掌握相关排放数据，从而制定出符合实际的配额分配方案。

除传统的政企互动配发模式外，深圳尝试应用基于价值量碳强度指标（万元工业增加值碳排放）的多轮博弈分配方法，对电力、供水和燃气之外的五大制造行业进行碳配额分配。该分配模式包含五个重要机制，即集体约束、个体约束、团体约束、奖惩和信号传递机制，其特点在于充分允许、鼓励并引导企业参与配额分配的讨论，在政府与企业、企业与企业之间的反复博弈选择中，通过有效的信息传递、共享与交换，实现相对合理有效的配额分配。

重庆采取企业配额自主申报的配发模式，即配额数量由企业自己确定，而政府只负责总量控制。选择这种模式的逻辑在于，重庆地方主管部门认为企业最了解自己的情况，尽量市场化以减少政府在其中的干预程度。该模式给了企业非常大的自主空间，但是也会面临很大的道德风险使得配额超量发放。

2. 免费分配与拍卖相结合

碳排放权初始配额的分配将影响市场的配置效率，设计合理的初始分配方案成为碳排放权交易的核心。配额分配一般有三种方式：拍卖、免费分配和混合方式。

除广东外，其他试点的初始配额均采取免费发放的方式。广东重视一级市场，采取的是免费发放和部分有偿发放的混合方式。广东规定 2013~2014 年，控排企业、新建项目企业的免费配额和有偿配额比例为 97% 和 3%，2015 年比例为 90% 和 10%，"十三五"以后根据实际情况再逐步提高有偿配额比例。

首先，从经济学理论上来说，碳交易体系设计的初衷就是将温室气体排放的外部影响内部化，而配额只有 100% 拍卖才能完全实现内部化；其次，采用拍卖的形式进行配额分配，政府就不需要事前制定复杂的测算公式，而由企业通过市场决定各自所需的配额量，可以有效避免企业的寻租行为；最后，拍卖可以避免企业通过免费配额获得大笔"意外之财"。但同时，拍卖会导致企业负担过重，从而对碳交易体系产生抵触情绪。因此，2014 年广东将比例进行了调整，电力企业的免费配额比例为 95%，钢铁、石化和水泥企业的免费配额比例为 97%，同时，有偿配额不再强制购买，而将以竞价形式发放。这在一定程度上降低了企业的履约成本。

除了免费分配大部分配额，各试点均预留一小部分（一般在 3% 以内）配额通过拍卖或固定价格出售等方式有偿发放，用于市场价格发现和调控。各试点拍卖配额的时间点和目的略有不同。例如，湖北规定配额总量的 2.4% 可用于拍卖，而且在启动交易之初进行拍卖，目的是为了价格发现，提高市场活跃度。而深圳规定配额总量的 3% 可用于拍卖，并在履约前实施，目的是满足配额有缺口的控排主体的市场需求，用于促进控排主体履约。

各试点的拍卖收入列入专项资金管理，用于支持企业碳减排、碳交易体系调控、碳交易体系建设等。

3. 历史法与标杆法相结合

免费配额分配方式中，最具代表性的是历史法和标杆法。

历史法以企业过去的碳排放数据为基础进行分配，一般选取过去 3~5 年的均值来减小产值波动带来的影响，除重庆以 2008~2012 年的历史最高年度排放

415

确定历史排放外，其他试点均以 2009～2012 年的历史平均排放量为基础。历史法对数据的要求较为简单，操作容易，因此，各试点的免费配额分配以历史排放量或历史强度法为主。

但历史法假设企业的碳排放会一直按照过去的轨迹进行下去，从而忽略了两个方面的因素：一是在碳交易体系开始之前企业已经采取的减排行动；二是在碳交易体系开始之后，企业还有可能在市场机制的影响下改变行为，进一步进行减排。因此，历史法可能会"鞭打快牛"，不利于激励企业今后对节能减排技术的研发和引进。事实上，这是很多行业先进企业在参与碳交易体系过程中非常关注的问题。然而，由于历史数据和管理体制原因，大部分试点并未能很好地解决这一问题，不可避免存在"多排者多得"的尴尬现象，不利于激励企业积极减排。

通过以历史碳排放为基础配额，并在其后乘以多项调整因子，例如，将前期减排奖励、减排潜力、对清洁技术的鼓励、行业增长趋势等因素考虑在内，可一定程度上弥补历史法的缺陷。上海引入"先期减排配额"，如果控排主体在 2006～2011 年期间实施了节能技改或合同能源管理项目，且得到国家或本市有关部门按节能量给予资金支持的，可获得先期减排配额。北京引入行业控排系数[1]，而天津在采用历史平均排放法计算配额时除了乘以行业控排系数外，还需乘以绩效系数[2]。

标杆法的分配思路则完全不同，标杆法强调鼓励先进，鞭策落后，但标杆法对数据的要求比较复杂，只有当产品划分到比较细致的程度时，单位产品碳排放才具有可比性，当行业的产品分类非常复杂时，制定标杆值也非常困难。例如化工行业有上千种产品，一般只能对其中主要的几种中间产品和最终产品制定标杆值。EU-ETS 第三阶段，欧盟委员会制定了 52 种产品标杆值，还为少数不能采用产品标杆值的设施制定了燃料标杆值、热值标杆值和生产过程标杆值。

因此，在中国试点中，标杆法仅在新增设施以及电力、航空、建筑物等产品较为单一的行业得到了应用，但各试点标杆值并非基于产品而是基于行业来设定。如北京和天津规定，用于计算新增设施配额的标杆值为行业二氧化碳排放强度先进值。上海和广东对发电排放标杆值的设定则是按照发电机组的不同类型分别给出了 7 种和 6 种标杆值，广东对水泥熟料也按生产线规模设定了 3 种标杆值，打破了欧盟、加州普遍遵循的"一种产品，一个标杆"的设定原则。深圳则采用行业增加值排放标杆。湖北在 2014 年对电力企业的配额分配采用了"双结合"的方法，即历史法和标杆法相结合、事前分配和事后调整相结合，将电力企

---

[1]　主管部门依据全市"十二五"GDP 平均增速目标、各相关行业碳强度下降目标、各行业碳排放历史平均水平和年均增幅综合测算确定。

[2]　由主管部门综合考虑纳入企业先期减碳成效及企业控制温室气体排放技术水平确定。

业的配额一半用历史法事前分配，另外一半用标杆法事后调整，2015 年则全部转向标杆法。

4. 事前分配与事后调整相结合

尽管各试点基于本地实际设计了各具特色的分配方法和模式，但是由于信息不完备和规则不完善，事前分配的控排主体的配额难免可能出现与其实际排放较大差异的情况，因而需要一套事后调整的机制对配额分配进行动态管理。

部分试点根据企业实际产能或产值变化调节配额。如深圳规定，履约期末碳排放权交易主管部门将根据企业实际增加值对预分配配额进行调整：当企业实际增加值高于计划分配预测增加值时，根据企业实际增加的增加值乘以碳强度，追加分配企业配额；当企业的实际增加值低于计划分配预测增加值时，根据企业实际减少的增加值乘以确定的碳强度目标值，从计划分配配额中进行核减。

部分采用历史法的试点，如湖北采用了滚动基准年，以便基准年的排放更能有效反映当前的排放量，更符合采用历史法的高增长发展中地区的特征。

滚动基准年是一把双刃剑。从企业自身利益最大化角度来看，履约时排放数据越低越好，分配来年配额时，排放数据越高越好。因此，滚动基准年实际上是一种制衡机制，倒逼企业报出客观的数据。

（六）抵消机制

7 个试点均允许采用一定比例的 CCER 用于抵消碳排放。在碳交易体系启动初期，各试点对用于抵消的 CCER 的要求主要包括用于抵消的 CCER 的比例和本地化要求。

在抵消比例上，各试点均考虑了 CCER 抵消机制对总量的冲击，把 CCER 比例限制在 10% 以内。湖北、深圳、广东、天津和重庆较为宽松，均不超过年度配额或排放量的 10%，其中重庆为 8%。上海和北京较为严格，均不超过年度配额的 5%。

而在本地化要求上，作为中西部地区的湖北和重庆要求更为严格。抵消机制能够让更多没有被纳入到试点的企业或单位参与到碳交易体系中来，把抵消范围放在本省或本市内，目的在于能鼓励本地的减排工作，实现本地的减排目标。北京和广东分别要求用于抵消碳排放的 CCER 50% 和 70% 以上来自本地项目，湖北和重庆则要求用于抵消的 CCER 必须全部来自本省（市）。

随着 2015 年 1 月中国国家自愿减排和排放权交易注册登记系统正式上线，各试点相继出台相关规定，对 CCER 的使用提出了新的具体要求，提高了 CCER 的准入门槛。

417

第一，继北京和重庆后，其他试点也相继对 CCER 的产生时间做出了限制要求。北京、上海、天津和湖北的时间限制一致，均规定 CCER 全部减排量应产生于 2013 年 1 月 1 日后，而重庆则将时间限制规定在 2010 年 12 月 31 日后。目前对于计入期跨过时间门槛的 CCER 项目，其减排量获签发后，尚无法从时间上拆分减排量。因此，对于这类 CCER 项目，整个项目减排量都将无法进入北京、上海、天津和湖北碳交易体系。广东虽然没有对 CCER 提出时间限制，但将第三类备案项目（获得国家发改委批准为 CDM 项目且在联合国 CDM 执行理事会注册前产生减排量的项目，pre-CDM 项目）排除在外，而第三类项目绝大部分产生的 CCER 也均在 2013 年前。

第二，进一步限制了水电项目。继北京和重庆后，湖北、广东和天津也对水电项目 CCER 进行了限制，其中，湖北限制了大中型水电项目 CCER 的使用。至此，7 个试点中，仅上海对水电项目 CCER 无限制。截至 2015 年 6 月 18 日，中国已签发的 74 个 CCER 项目中，19 个是水电项目，占总减排量的 32.9%。水电项目产生的减排量较多，但碳交易体系前期的需求并不大。同时，水电对生态环境有一定的负面影响，欧盟对水电项目 CER 进入碳交易体系也必须先进行生态、环境和社会影响的严格评估。因此各试点纷纷对水电项目进行限制。

第三，积极鼓励林业碳汇和农业减排项目。林业碳汇是 CCER 重要组成部分，将其纳入碳交易体系，能够推动林业间接减排与产业直接减排有机结合。湖北鼓励优先使用农、林业类项目产生的减排量用于抵消，而深圳可用于碳交易体系的五种项目类型中，对于林业碳汇和农业减排项目未设置地域限制。

第四，充分发挥碳排放总量控制与能源消费总量控制方面的协同效应。北京将节能项目碳减排量纳入碳抵消项目，是北京市做出的开创性举措。一方面，控排主体又多了一种低成本履约的选择；另一方面，有利于重点耗能企业完成规定的节能指标，同时，节能项目财政奖励的激励机制也可得到更充分的发挥。

第五，探索跨区域合作。注重与本省市签订了碳交易体系合作协议的省份和地区进行合作。2014 年 9 月 2 日北京发布《碳排放权抵消管理办法》，对碳抵消项目的来源地放宽，规定京外项目产生的核证自愿减排量不得超过其当年核发配额量的 2.5%，且优先使用河北省、天津市等与本市签署应对气候变化、生态建设、大气污染治理等相关合作协议地区的核证自愿减排量，探索京津冀跨区域碳交易体系建设。而湖北则允许使用与本省签署了碳交易体系合作协议的中部省份的 CCER。碳抵消项目来源地优先权的设置，将进一步推动碳排放权交易的跨区域发展（见表 11.6）。

表 11.6   **中国碳交易试点 CCER 抵消规则**

试 点	CCER 比例	本地化要求	项目类型
湖 北	年度碳排放初始配额的 10%；年度用于抵消的减排量不高于 5 万吨	100%；本省内、与本省签署了碳交易体系合作协议的省市，经国家发改委备案的减排量	1. 已备案减排量 100% 可用于抵消；未备案减排量按不高于项目有效计入期（2013 年 1 月 1 日～2015 年 5 月 31 日）内减排量的 60% 用于抵消； 2. 非大、中型水电类项目产生的减排量用于抵消； 3. 鼓励优先使用农林类项目产生的减排量用于抵消
深 圳	年度碳排放量的 10%	除林业碳汇和农业减排项目，其他项目需来自深圳市本市以及和深圳签署碳排放权交易区域战略合作协议的其他省份或地区	可再生能源和新能源项目；清洁交通减排项目；海洋固碳减排项目；林业碳汇项目；农业减排项目
上 海	年度配额量的 5%	无	2013 年 1 月 1 日后实际产生的减排量
北 京	年度配额量的 5%；京外项目为 2.5%	50% 以上；优先河北、天津等与本市签署应对气候变化、生态建设、大气污染治理等先关合作协议地区的 CCER	1. 2013 年 1 月 1 日后产生的减排量或节能量才允许用于抵消； 2. 限制水电及工业气体项目（HFC，PFC，N_2O，SF_6）； 3. 除 CCER 外，还包括节能项目碳减排量（节能量）、林业碳汇项目碳减排量
广 东	年度实际碳排放量的 10%	70% 以上	1. 允许森林碳汇； 2. 水电、化石燃料（煤油气）发电/供热、余热余压余气回收利用的减排量不可以使用； 3. pre-CDM 项目不可使用
天 津	年度实际排放量的 10%	无	1. 应产生于 2013 年 1 月 1 日后； 2. 仅来自二氧化碳气体项目，且不包括水电项目的减排量； 3. 优先使用津京冀地区自愿减排项目减排量

续表

试　点	CCER 比例	本地化要求	项目类型
重　庆	审定排放量的 8%	鼓励使用来自本地 CCER	1. 水电项目减排量排除在外； 2. 鼓励使用林业碳汇项目减排量； 3. 2010 年 12 月 31 日后投入运行的 CCER 项目

资料来源：根据各试点碳抵消规则政策文件整理。

（七）碳交易试点的市场运行情况

中国 7 个碳交易试点从 2013 年 6 月先后启动交易，截至 2015 年 8 月 31 日，7 个试点的市场表现和履约情况如下。

1. 市场表现

第一，从交易价格来看，碳市场启动初期，各试点交易价格差异较大，之后各试点的交易价格逐渐趋同（见图 8.6）。2013 ~ 2014 年第一个运行周期中，深圳成交均价最高，为 67.67 元/吨，2014 ~ 2015 年为湖北碳市场的第一个运行周期，成交均价最低，为 24.35 元/吨，各试点价格差异较大。进入 2015 年，经过碳市场发展和调整，市场供求关系变得具有可预测性，价格逐步回落，进入较为合理的价格区间，除重庆外，试点成交均价集中在 24 ~ 55 元/吨的范围内，并逐渐趋同。

第二，从价格波动幅度看，深圳和广东的价格波动幅度最大，湖北价格最为平稳。2013 ~ 2014 年首个运行周期，深圳成交价方差达到了 365.42，2014 ~ 2015 年，广东的价格波动幅度较首个运行周期大幅增加，成交价方差从 23.68 上升到 131.45。湖北成交价方差最低，仅为 1.22（见表 11.7）。

表 11.7　　中国碳交易试点 2014 年和 2015 年履约期成交均价

试　点	2013 ~ 2014 年运行周期		2014 ~ 2015 年运行周期	
	成交均价	方　差	成交均价	方　差
湖　北	—	—	24.35	1.22
深　圳	67.67	365.42	44.94	54.19
上　海	36.13	21.68	31.43	38.86
北　京	53.01	5.57	53.15	45.41
广　东	62.32	23.68	28.65	131.45
天　津	32.10	30.73	23.17	16.72

注：数据来源于碳 K 线 http：//k.tanjiaoyi.com/；截至 2015 年 8 月 31 日，重庆仅产生 18 笔交易，故不将其列出比较。

深圳碳市场启动初期碳价格较高且波动幅度较大的原因在于，深圳碳市场注重以市场化为导向。深圳的控排主体规模小但数量多，在配额分配上，深圳向控排主体发放预分配配额，履约期末主管部门再根据控排主体的实际增加值对预分配配额进行调整。这一方面使得配额分配更符合实际，但另一方面，对于刚刚接触强制碳排放的控排主体来说，对于自身配额究竟存在结余还是缺口是个未知数，无法识别自身到底是买方还是卖方，从而加剧了市场供求波动和信息不对称。同时，深圳与中国其他试点一样，碳市场向个人投资者开放，且门槛较低，深圳还率先引入境外投资者，这一方面能够提高市场活跃度，推动市场早期交易，但同时逐利及部分非理性行为可能增加市场的不稳定性，从而造成了深圳市场早期较高的碳价格和价格的剧烈波动。

广东 2015 年碳价格波动幅度大幅上升，原因在于碳交易体系的政策缺乏连续性。碳排放权交易本质上是政府创设的政策工具，政策依赖性非常强。在 2014 年履约期结束后，广东修订了拍卖比例以及有偿购买的方式，政策的不连续不利于控排主体和投资者形成稳定长期的碳市场预期，从而造成了碳价格的大幅波动。

而湖北市场注重流动性，遵循"低价起步、逐步到位"价格策略，价格区间合理且较为稳定。首先，在碳市场启动初期，湖北以 20 元/吨的价格通过公开拍卖政府预留配额，一方面，实现了"价格发现"的目的，给市场留出了较大的上升空间和预期；另一方面，较低的拍卖价格也在一定程度上降低了企业参与碳市场的成本。其次，由控排企业、碳资产管理公司、金融机构、企业、个人组成的多层次多结构市场主体博弈形成价格均衡，使碳价格区间稳定在 21～29 元/吨。最后，严格的价格调控机制和合理的风险管理机制也促进了稳定的碳价格。湖北在交易中实行全额支付结算原则，价格波动控制在 10% 以内，对于公开议价的最高价、最低价、议价幅度比例都有严格的规定。同时，将企业参与碳市场交易的额度限定为 20 万吨或配额的 20%，对可能存在的市场风险进行了规避，促进了价格的平稳运行。

第三，比较已完成两个运行周期的试点，北京和上海两个运行周期成交均价波动不大，而深圳、广东和天津第二个运行周期成交均价较首个运行周期有较大下降。上海一次性向控排主体发放三年的配额，北京虽配额一年一发，但已确定了三年各年度控排主体的配额，因此，有助于市场形成碳价格的长期预期，控排主体能够根据市场行情和自身需求合理进行碳资产管理，从而使得两个运行周期成交均价波动较小。而深圳、广东和天津三个试点采取配额一年一核发的方式，容易引起碳市场的短期投机行为，从而造成第一年履约期结束后配额成交均价大幅下降的情况。

第四，从碳市场交易量看，湖北交易总量最大，且交易持续，而其他试点交易履约驱动性较强，交易量集中在履约截止前的最后一个月爆发。湖北交易量占中国碳市场总交易量的55%，远远超过起步较早且配额总量相当的上海、广东和天津等试点。2015年履约期，除天津之外，深圳、上海、北京、广东最后一个月的成交量占总成交量的比重均超过了65%，完成履约后，交易量又显著下降。2015年履约期与2014年履约期相比，交易量集中于履约截止前的情况有所改善，履约最后一个月，除广东外，其余试点成交量占总成交量的比例均在50%以下。

中国碳市场交易持续性较差，原因在于大部分控排主体的碳排放权交易策略十分被动，参与碳排放权交易的主要动机仍是完成履约。交易不能分散在平时而是集中于履约前一个月，这会大幅增加企业的履约成本，尤其是在缺乏碳期货和期权交易的市场，根本无法实现低成本减排的初衷。

而湖北碳市场保持着较高流动性和交易量的原因在于：（1）配给企业的初始配额偏紧，市场供求基本保持均衡；（2）市场准入开放多元，特别是首次拍卖就允许机构投资者参与，调动了投资者的积极性；（3）配额的时效性规定，企业配额一年一核配，未经交易的配额注销，使得企业把交易分散在平时；（4）严格控制抵消机制的CCER进入市场的数量和速度；（5）湖北碳金融创新，如碳金融授信、碳配额抵押贷款、配额托管经营、碳基金和碳债券等均走在国内前列，极大调动了市场参与者的积极性；（6）碳价格低价起步，在一个合理区间波动，形成较为稳定的价格预期；（7）流动性降低了企业的履约成本。

重庆配额严重过量。截至2015年8月31日，重庆仅在碳市场启动初期以及履约截止前产生18笔交易。重庆试点的配额数量由企业自己确定，而政府只负责总量控制，该模式给了企业非常大的自主空间，但是也会面临很大的道德风险。同时，重庆按照控排主体历史最高年度排放确定历史排放，以上的制度设计导致了碳交易体系配额分配相对宽松，对市场无吸引力，从而造成碳市场交易冷淡的现象。

碳市场发挥减排作用的核心，是通过合理的供求关系，形成有效的碳价格信号，来引导企业以成本效率的方式做出减排决策，而市场具有较大的交易规模和较高的流动性是有效碳价格形成的关键条件。因此，全国碳交易体系建设对此应该加以重视。

2. 履约

履约率的高低和及时性是由多重因素决定的：一是总量设定的松紧和配额分配的合理性；二是对违约的惩罚力度；三是碳市场价格的高低；四是核查工作严格、规范、统一。

在 7 个试点中，深圳、北京、上海、广东和天津已完成了 2013 年和 2014 年配额的履约，湖北和重庆则完成了首次履约。2014 年履约期各试点履约情况如表 11.8 所示。各试点为了顺利履约均采取了针对性的措施。

从履约率来看，2014 年履约期履约率较高，但控排主体积极性主动性不高，各试点履约率均在 96% 以上。其中上海和深圳的履约率最高，分别达到了 100% 和 99.4%，这与这两个试点在履约前定向向配额短缺的控排主体拍卖配额，增加其配额供给，促进履约有关。深圳的拍卖底价取市场平均价格的一半，并规定了控排主体的竞拍比例（其配额缺口的 15%），以满足履约需求，降低控排主体的履约成本。而上海则将拍卖底价设为拍卖前 30 个交易日成交均价的 1.2 倍，一方面避免配额短缺的控排主体因无法从市场上购买到足额配额而导致的被动违约，另一方面拍卖底价高于成交均价，刺激控排主体积极参加二级市场交易实现履约。

北京尽管履约工作完成得较晚，但是作为对未履约主体约束、惩罚力度最强的试点，在碳排放权交易执法方面表现最为突出，履约率较高。北京发布了《关于再次督促重点排放单位加快开展二氧化碳排放履约工作的通知》《责令重点排放单位限期开展二氧化碳排放履约工作的通知》，公布未履约主体名单，督促控排主体履约。同时发改委节能监察大队持续对控排主体进行监察，并根据《北京市碳排放权交易行政处罚自由裁量权参照执行标准（试行）》对有违法行为的控排主体实施处罚。

2015 年，企业更加熟悉履约流程，更加重视履约工作，进行了相应的碳资产管理工作，同时，CCER 首次入市交易和参与履约，降低了企业的履约成本。2015 年的履约情况较 2014 年有所改善。总体来看，上海、北京、深圳、广东均按原定期限完成履约，上海、北京、广东和湖北的履约率达到了 100%，深圳和天津的履约率也在 99% 以上。

2015 年为湖北的首个履约年，虽然湖北碳交易体系履约按原计划延迟一个月完成，但 2014 年 138 家纳入企业 100% 履约，同比减排 781 万吨，制度设计的平衡性也在其中起到了重要的作用。一方面，在刚性的总量和从紧的初始配额控制排放的同时，湖北设计了双 "20"① 配额损益封顶和较宽松的抵消规则降低企业的履约成本，平衡了经济适度高增长和节能减排；另一方面，通过从紧的年度初始配额，灵活的配额结构，丰富的市场层次和控制 CCER 对碳市场供求关系的冲击，平衡配额供给和需求（见表 11.8）。

---

① 湖北省规定：企业因增减设施、合并、分立及产量变化等因素导致碳排放量与年度碳排放初始配额相差 20% 以上或者 20 万吨二氧化碳以上的，应当向主管部门报告，主管部门应当对其碳排放配额进行重新核定。这样实际上就把控排企业承担的成本或者获得的收益限制在 20 万吨或 20% 以内了。

表 11.8   **2014 年和 2015 年中国各试点履约情况**

试　点	履约年	计划履约时间	实际履约时间	履约率
湖　北	2015	5 月 30 日	7 月 10 日	100%
深　圳	2014	6 月 30 日	6 月 30 日（责令补交期限到 7 月 10 日）	99.4%
	2015	6 月 30 日	6 月 30 日	99.7%
上　海	2014	6 月 30 日	6 月 30 日	100%
	2015	6 月 30 日	6 月 30 日	100%
北　京	2014	6 月 15 日	6 月 27 日（责令补交期限到 6 月 27 日）	97.1%
	2015	6 月 15 日	6 月 27 日（责令补交期限到 6 月 30 日）	100%
广　东	2014	6 月 20 日	7 月 15 日	98.9%
	2015	6 月 23 日	7 月 8 日（最后 1 家企业履约）	100%
天　津	2014	5 月 31 日	7 月 25 日	96.5%
	2015	5 月 31 日	7 月 10 日	99.1%
重　庆	2014 2015	6 月 23 日	7 月 23 日	—

当然，单纯看100%的履约率并不能真正说明问题，如果配额分配过度，企业很容易就能达到100%的履约率，同时还会获得意外之财。或者配额价格过低、MRV 不准确，企业履约成本几乎可以忽略不计。在这些情况下，100%的履约率就失去减排的意义了。

三、国内碳交易试点对全国碳交易体系建设的政策启示

中国碳交易试点的政策设计体现了我国不同发达程度地区的不同特点，为全国碳交易体系提供了值得借鉴的丰富经验。总体上看，7 个试点的政策设计体现出了发展中国家和地区 ETS 的广泛性、多样性、差异性和灵活性，从而与欧美等发达国家的 ETS 相比形成自己的特色。

第一，政策先行、动态优化。各试点重点围绕碳交易体系的关键制度要素和技术要求，充分发挥行政力量，在短时间内完成了关键制度设计，启动了碳交易，并在实践中不断补充和完善。

第二，在覆盖范围上，只控制二氧化碳排放，同时纳入直接排放和间接排放，体现了电力行业不完全市场的特点。控排企业的排放边界主要是以企业组织机构代码为准在公司层面而不是设施层面界定。因为试点区域经济结构差别大，所以覆盖行业广泛多样，既包含重化工业，同时也包含建筑、交通和服务业等非

工业行业。在纳入企业选择上都是设定一个排放门槛值，符合条件的一律纳入。

第三，在配额总量和结构上，各试点将总量设定与国家碳强度目标相结合，充分考虑经济增长和不确定性，进行总量设置。同时，通过柔性的配额结构划分，以及配额储存预借的跨期灵活机制，以适应高经济增长和不确定性的特征。

第四，在配额分配机制上，通过免费分配与拍卖相结合、历史法和标杆法相结合、事前分配与事后调整相结合的"三结合"方法，一方面，在一定程度上克服了数据基础薄弱、控排主体环境意识不强，参与碳交易体系积极性较弱的问题；另一方面，为政府留下了较大的管理空间和手段，平衡了经济适度高增长和节能减排之间的关系。

第五，在抵消机制上，允许采用一定比例的CCER用于抵消碳排放，同时充分考虑了CCER抵消机制对总量的冲击，通过抵消比例限制、本地化要求和项目类型规定，控制CCER的供给。

由于7个试点横跨了中国东、中、西部地区，区域经济差异较大，政策设计体现出了一定的区域特征。深圳的政策设计以市场化为导向，湖北注重市场流动性，北京注重履约管理，上海注重跨期配额分配，而广东则尝试部分强制性拍卖分配，重庆尝试企业自主申报配额的分配模式，但使配额分配过量，造成了碳市场交易冷淡。这些都为建立全国碳交易体系提供了丰富的经验和教训。

全国碳交易体系的构建，需要充分考虑我国的经济发展阶段、经济结构、能源结构、减排目标、减排成本，以及我国区域与行业差异大等国情，充分借鉴7个试点碳交易体系建设的经验。在覆盖范围、总量设置、配额分配、抵消机制、市场交易和履约机制等关键制度要素的设计上，以减排为目标，以法律为保障，以价格为手段，平衡经济适度高增长和节能减排，平衡不同区域和行业的差异，平衡市场总供给和总需求，重视市场流动性，充分发挥价格信号的功能，引导企业以最小成本实现减排目标。

第一，尽快出台相关法律，使碳交易体系有法可依。

第二，完善市场监管，注重政策连续性。中国碳交易体系缺乏专门统一的市场监管机构，主管部门和监管部门合二为一，不利于有效的监管协调机制的建立，应设立专门的监管机构，对市场进行有效监管。同时，碳排放权交易制度是一项复杂的政策体系，国外碳交易体系从酝酿到最终出台经过了数年计划和试验，而我国碳交易试点自2011年底开始部署到2013年市场启动，在缺乏基础的前提下准备不够充分，大部分试点启动均较为仓促，部分试点在第一年履约期后，频繁修订相关政策和调整交易制度，缺乏政策连续性，不利于形成市场预期。

第三，覆盖范围。全国统一碳交易体系的初级阶段应该抓大放小，由易到难，只将电力、钢铁、水泥、建材、化工、汽车制造等高耗能、高排放的重点行业强制纳入，有助于全国碳交易体系起步阶段顺利运行并降低管理成本。碳排放应该同时包括直接排放和间接排放，以体现电力行业不完全市场的特殊性。

第四，总量设置和配额结构。首先，总量的设置要综合考虑经济增长、技术进步和减排目标，按照"总量刚性、结构柔性；存量从紧、增量从优"的原则，充分考虑经济波动和技术进步的不确定性，设计事后调整机制。其次，要充分考虑行业的减排成本、减排潜力、竞争力、碳泄漏、历史排放趋势等差异，设计不同的行业控排系数。最后，设计 3～5 年的交易周期，事前确定配额总量及调节措施，结合配额的储存机制，有利于市场的长期预期、有利于企业进行配额的跨期管理、有利于降低履约成本。

第五，配额分配。首先，碳交易体系初期配额分配应以免费分配为主，随着碳交易体系的发展逐步提高拍卖比例。政府拍卖应允许投资机构者参与竞拍，充分调动投资者的积极性，提高市场流动性，形成有效的碳价格，利于企业减排决策。其次，配额分配应以标杆法为主以体现先进性，并按照就近原则实行"滚动基期"以与经济增长波动相适应，使配额尽可能接近当期实际排放，避免配额过渡短缺或过度超发。最后，规定交易过的配额才可以储存，以利于促进碳市场流动性。

第六，抵消机制。首先，考虑到 CCER 对碳市场供求关系的冲击，CCER 抵消比例不宜过高，应控制在 5%～10% 的范围内；其次，考虑地区差异，适度扩大来自中西部欠发达地区和自然资源丰富但贫困地区的 CCER 抵消比例；再次，需考虑 CCER 项目的时间限制，避免早期 CCER 减排量充斥碳市场；最后，考虑环境友好性和 CCER 整体供给情况，限制用于抵消的 CCER 的项目类型，例如水电项目，同时，丰富抵消机制中减排量的来源种类，探索 CCER 需求主体的多元化，鼓励林业碳汇和农业项目，可将节能项目碳减排量纳入抵消项目，探索 CCER 与扶贫开发相结合，探索通过碳交易推动生态补偿机制和扶贫开发的体制机制创新。

第七，履约管理。提前做好企业履约的摸底、核查、督促和培训等工作，引导企业主动进行碳资产管理，把交易分散在平时，避免履约前的"井喷"行情而增加履约成本。履约必须严格执法并与政府拍卖相结合，为企业创造公平的市场环境。

第八，提高流动性。适度的流动性是形成合理价格，引导企业以成本效率减排的关键。没有流动性，想卖配额的企业卖不出，想买配额的企业买不来，或者价格过高、过低，企业无法和自己的减排成本作比较，也就无法做出成本最小化的减排决策。为了提高流动性，配额总量必须从紧，市场参与者要多元化，交易品种应多样化，包括发展期货、期权等配额衍生品交易，起步价格不宜过高，政策具有连续性，让投资者对市场和减排政策有信心，加强控排企业碳资产管理培训，严惩违约企业。

第三节　全国碳交易体系顶层设计的政策建议

根据国外碳交易体系的经验、国内碳交易试点的启示和我国的国情，全国碳交易体系建设应该着重加强以下几个方面的顶层设计。

一、尽快建立国家碳排放强度和总量双控目标和相关制度

不管是从应对气候变化工作的大局出发，还是从构建碳排放权交易的前提条件考虑，未来我国政府应尽快推动制定全国性的碳排放强度和总量双控目标，并建立我国碳排放总量控制基本制度。在设定碳排放总量控制目标时，要考虑两方面要素：一是要考虑当前国际气候体制变化的总体态势；二是我国碳排放量仍将维持增长的现实需求。因此，应结合国家提出的排放强度目标，设定逐步趋严的排放上限目标，同时阶段性地对目标的执行情况进行分析并调整下一阶段的目标。具体来说，从当前到2020年，重点是落实已有的碳排放强度目标，同时基于在此过程中所获得的经验教训，研究提出全国碳排放总量控制目标及其分解落实方案，并在重点区域、重点行业率先开展和实施碳排放总量控制制度，推动碳排放强度和总量双控的协同推进，推动发达地区碳排放量的绝对下降。2020～2030年，在进一步强化和深化碳排放强度控制的同时，适时建立全国范围的碳排放总量控制制度，提出具有法律约束力的全国碳排放总量控制目标及落实方案，同时对重点行业、重点区域要设定更为严格的碳排放总量控制目标，推动实现全国碳排放量尽早达到峰值。

二、建立健全法律体系

第一，尽快制定应对气候变化基本法和完善相关法律体系。当前，我国国家层面还没有一部应对气候变化大法，这不仅会使很多碳减排行动和体系的建立缺乏法律依据，也会制约全国碳交易体系的整合统一与规范运行。因此，我国应加快制定应对气候变化大法和相关专项法律法规的进程，并同时修订《环境保护

法》《大气污染物防治法》等现有法律，形成相关法律和配套政策的法律法规网络，为我国碳交易体系的构建提供专门的法律支持和保障，推动实现对碳交易体系有效的管理、调控和监督。同时，应坚持制定新法与修订旧法相结合，降低我国立法过程中的成本、提高立法效率，以满足我国碳交易体系建立的时间要求。

第二，尽快针对碳交易体系进行单独立法。根据已有国际经验和我国国情，要建立和运行碳交易体系，特别是具有强制性的减排市场，需要有相应的专门法律法规体系，对交易对象、交易属性、交易程序、惩罚措施等内容进行明确规定。针对碳交易立法可以从根本上明确碳交易体系的强制性，为产权的界定确立明晰的判断标准，从而保障参与者的利益、保证碳交易体系稳定运转。我国碳交易法律框架建设的主要任务就是明确全国统一碳交易体系建立和运行的法律依据，搭建制度框架，明确基本规则，为开展碳交易提供制度保障，确保未来碳交易体系的公平、公正和公开。与此同时，在立法过程中应遵循科学、完备的原则，除基本的法律法规条款以外，还需尽快跟进实施细则、部门规章、地方法规等配套政策，扫清具体实施过程中的障碍。

三、继续深化碳交易试点工作

碳交易体系建设是一个循序渐进的过程，也是一个动态演变的过程，因此，应继续稳步推进和深化我国碳交易试点工作，并通过试点积累经验，为下一步建立全国性的碳排放权交易交易体系奠定坚实基础。

第一，推进试点的总体进程安排应遵循：2020 年前进一步完善试点地区基础体系和配套制度建设，并在试点地区碳排放权交易取得明显进展的基础上，研究制定全国性碳交易体系的运行规则和管理机制，推动建立全国统一的碳交易体系；2020 年后，进一步完善碳排放权交易制度和配套体系，发挥碳排放权交易在推动低碳经济转型中的基础作用，使碳排放权交易成为合理配置市场资源的主要市场手段之一。

第二，在深化碳交易试点工作中还应注意以下三点：一是试点地区交易体系的完善要合理、有效和务实，各地试点在维持可比、协调一致的原则基础上，可适当侧重，但关键是要为构建真正的碳排放权交易机制提供可用的经验、做法、数据和配套需求等一系列技术方面的支撑，避免流于形式，没有实际效果；二是要寻找试点交易体系在具体环节上的差异，并通过比较差异寻找出对建立全国碳交易体系有益的方法、工具和模式，要在充分发挥各地区积极性的同时，也加强不同部门间的协调；三是要充分挖掘试点地区交易体系建立过程中可能面临的问题和难题，并及早提出解决办法，避免在全国碳交易体系设计中重蹈覆辙，影响全国碳交易体系的健康有效运行。

四、加强交易体系的动态升级

对我国来说，碳交易体系是一个新鲜事物，要在充分考虑我国国情以及充分吸取试点经验和借鉴国际经验的基础上，循序渐进地推动交易体系的动态化演变和升级。

第一，碳排放配额总量要进行动态调整。碳排放配额分配是一个动态的升级过程，在经过一段时间运行后，需要根据碳排放权交易过程中出现的问题，同时结合经济形势和市场情况的变化，对配额总量进行调整和完善，以确保交易市场的活跃性和有效性，这一点在欧盟碳交易体系的运行过程中表现得最为明显。对我国来说，配额分配也需要进行周期性调整，考虑到我国经济发展规划周期通常以 5 年为一个阶段、排放总量控制目标也往往以 5 年为一个节点，我国碳排放配额分配周期也可设定为 5 年。在每一个周期内，配额分配总量可以预先设定，但配额的发放仍以 1~2 年为宜，这样一方面可以给市场提供一个前景预期，有助于企业及早采取应对行动，另一方面又可以给配额调整留出空间，当出现配额过剩或配额紧缺时可以进行适当干预，使市场回归合理范围。

第二，碳交易体系的温室气体覆盖范围要逐步扩大。我国碳交易体系的温室气体覆盖范围应是一个逐步扩大的过程，要充分考虑数据可获得性、对国家总体温室气体减排目标的贡献度、减排难易程度等多重要素。初期应以能源消费引起的 CO_2 排放为主体对象，对于工艺排放、非 CO_2 温室气体排放、森林碳汇等可根据情况在区域层面先行纳入，之后再根据区域经验逐步考虑纳入全国性碳交易体系的可行性和方式。在此过程中，对于减排潜力较大的非 CO_2 温室气体排放源和碳汇，可鼓励按基于项目的方法进行减排量的核算、登记和交易，并作为碳交易体系的补充，抵消参与方的排放量，但所产生的抵消总量或在总排放量中所占比例要加以限制，避免产生碳泄漏或对碳交易体系的正常运转产生负面影响。

第三，碳交易体系的行业覆盖范围要逐步扩大。从国外相关交易体系的演变过程可以发现，碳交易体系的行业覆盖范围设定一般遵循以下原则：一是排放源要具有代表性，排放量较大或者排放增速较快；二是交易成本、设施数量和规模要在可控范围之内；三是排放 MRV 方面要有相对较好的基础，包括数据收集、排放设施边界划定、数据不确定性分析等方面都要可行；四是要与现有其他相关政策的覆盖范围进行协调；五是覆盖范围可逐步扩大。考虑到当前我国国情，主要耗能行业仍是碳排放权交易应首先覆盖的重点，所以电力和重点耗能工业行业应首先被纳入；建筑部门和交通部门考虑到其对象的分散性和复杂性，可考虑采用灵活方式纳入，如以基于项目减排量来抵消企业的排放量；其他行业要综合考虑行业减排潜力、参与主体意愿和承受力、排放数据基础等因素逐步酌情纳入。行业覆盖范围还可根据各省情况不同有所区别，但主体覆盖行业应保持基本一致，以便于今后区域交易机制的对接。

五、重视交易体系的综合设计

我国企业类型多样，区域、行业间差异较大，为能够充分发挥碳交易体系在推动减排中的重要作用，必须要在体系设计上综合考虑各种要素、统筹推进。

第一，在配额分配机制上要统筹兼顾。碳排放配额是否能进行合理分配，是碳交易体系能否推动减排的关键之一，但由于交易体系覆盖企业众多，不同地区和行业情况差异较大，配额分配也往往是碳交易体系设计中的最大难点。一般来说，碳排放配额的分配可基于两种方法，即历史法和基准线法，前者操作相对简单，也更容易得到企业认可，但往往无法考虑企业已有的减排成效和未来潜力，甚至会出现"奖懒罚勤""鞭打快牛"等问题，造成对企业的不公平；后者能公平反映企业的碳排放水平，也能以更加成本有效的方式推动碳排放的降低，但实际操作起来会较为复杂，且有可能会因为给部分企业带来过大减排压力而影响其参与碳交易体系的积极性，进而影响碳交易体系的有效运转。对我国来说，当前仍处于碳交易体系的区域试点阶段，各试点地区采取的分配方法总体看较为类似，基本都是以历史法为主、基准线法为辅来进行配额分配，这比较符合我国当前的国情，也更容易推动碳交易体系的顺利推进。从未来看，配额分配肯定要更大程度上向基准线法倾斜，但仍需从公平、科学、合理、高效等多方面进行综合考虑，逐步探索形成能有效兼顾不同方法优点、以推进低成本减排为核心目标、可有效操作的合理配额分配机制。

第二，在配额发放方式上要循序渐进。碳排放配额的发放可以采取免费分配或有偿分配两种方式，从理论上讲，通过拍卖等有偿分配是最优的分配方式，其优势包括，能够提高环境管理部门的财政收入并将这些收入用于环境治理；激励企业技术创新，提高技术水平；减少免费分配所产生的各利益集团之间的争执，体现公平、公正的原则等。但是，有偿分配同时也会增加企业的成本，并带来更高的管理成本，容易受到企业的强烈抵触。而免费分配方式则可以在不改变现有排放分配总体格局的前提下，顺利实现排放交易制度和现存排放收费制度的对接。因此，综合考虑碳交易体系初期企业的接受程度，同时也为了能控制碳交易对经济发展的负面冲击，我国的配额发放应从免费发放逐步过渡到拍卖配额。具体来说，在碳交易体系的初始阶段，宜优先采用免费分配配额，对新进入的企业应该依据企业的生产技术及条件给予适当的有偿分配激励政策；在碳交易体系的成熟阶段，应以配额的公开拍卖为主，同时考虑到某些行业或企业的特殊性和战略意义，允许少量免费配额发放。对于免费发放和有偿发放比例的设定，可根据具体行业、区域的情况有所区别，但要能兼顾既有企业与新进企业的利益、兼顾现行制度与新设制度的衔接。

第三，在碳排放权交易机制选择上要灵活多样。碳排放权交易机制有多种形式，当前我国推行的强制配额交易机制是其中最主要的一种，但还存在如基于项目交易（如 CDM）、自愿减排交易等其他形式。一方面，与自愿减排市场相比，强制性市场更有利于激发买方购买意愿，但其要求的排放上限也会影响到一些企业的参与意愿，从而影响其覆盖范围和实施进度；另一方面，碳排放配额交易的模式是当前国际主流的碳排放权交易模式，但对于某些具体行业和领域来说操作程序会过于复杂、管控难度也相对较大，应允许这些行业和领域采用基于项目的排放交易，作为碳排放配额交易市场的必要补充。因此，未来我国应坚持以总量配额交易机制作为碳交易体系的基本交易类型，但同时也应积极推动基于项目的排放交易和自愿减排交易市场，并研究制定不同交易机制之间的配合规则，从而为更多企业提供减排的动力，推动在全社会范围内加强减排的力度和效果。

六、加强基础体系建设

在构建碳交易体系之初，就必须要启动和完善相关基础体系的建设，特别是与温室气体排放 MRV 相关的体系建设，这不仅是碳交易体系能否顺利启动的前提条件，更是碳排放权交易能否实现公平、公正、透明、高效运行的关键所在。对我国来说，重点要强化三方面的基础体系建设：

第一，要尽快建立温室气体排放基础统计制度。近期重点是根据温室气体排放统计需要，逐步扩大能源统计调查范围，细化能源统计分类标准；将温室气体排放基础统计指标逐步纳入政府统计指标体系，逐步建立健全涵盖能源活动、工业生产过程、农业、土地利用变化与林业、废弃物处理等领域的温室气体排放核算统计体系；远期应构建形成国家、地方、企业三级温室气体排放基础统计核算体系，建立与国际接轨的能源及温室气体排放统计核算体系。

第二，加强温室气体排放监测、报告和核查的制度建设。近期重点是制定和完善针对不同重点耗能行业和企业的碳排放 MRV 技术指南和规范，在充分反映不同区域排放特征的同时，规范 MRV 方法和数据来源；尽快建立企业温室气体排放报送制度，重点企业要建立碳排放直报制度，推动企业用标准化的方法报送真实准确的排放数据；建立并不断完善与碳交易体系相配套的核查核证机制，推动建立相对统一的核查程序、内容、标准，强化对碳交易参与企业的碳排放自核查和第三方核查，确保企业排放数据的可靠性、可重复性和透明度。远期应构建形成覆盖全经济领域、全部温室气体种类的温室气体排放 MRV 技术指南体系，建立起全国统一的、可比的温室气体排放 MRV 标准和方法，为构建全国碳交易体系奠定坚实的技术基础。

第三，强化温室气体排放数据信息系统建设。近期重点是加强温室气体排放基础数据的收集整理，建立并完善国家、地方、行业等不同层面的温室气体排放数据库和数据信息系统，逐步实现对温室气体排放源数据的标准化管理；加强碳排放权交易注册登记系统建设。远期要建立全国性的温室气体排放信息化管理制度，构建全国统一的碳排放权交易注册登记系统，为碳交易体系的全面顺利推进提供坚实的数据信息基础。

七、加强人员机构能力建设

第一，加强对人员培训和能力建设。近期重点是对政策制定者、实施者、相关研究机构、控排企业、报告企业、咨询核查机构、普通公众等广泛群体进行碳交易体系的知识普及和能力培训，提高他们对碳交易体系的科学认知和参与意识，强化对重点地区、领域、行业和企业相关专业人员的技术培训，从多角度提升全社会参与碳交易体系的能力。远期要使全社会参与碳交易体系的能力和水平得到显著提升，并在全国范围内形成与我国碳交易体系发展规模和总体水平相适应的专业人才队伍体系。

第二，强化各级机构建设。要从多角度加强碳交易体系的机构建设，包括监管机构、交易平台、参与主体、第三方机构建设等。近期重点是建立区域性的碳排放权交易监管机构，强化各地温室气体排放交易机构和平台的建设和完善，推动交易企业内部建立规范化的制度体系和专门机构，推动建立一批具有较高水准的第三方机构。远期要建立对全国碳交易体系进行统一监督管理的监管机构，建立全国统一的集中交易平台和管理机构，为碳交易体系提供一个公平、公正、透明的交易环境。

八、强化相关领域研究

当前我国的碳交易体系刚刚起步，还有诸多方面需要进行深入探索和研究，即便已有一些国际经验可循，还需要验证它们对我国国情的适用性，并根据我国国情进行调整和完善。从构建全国性碳交易体系的需求出发，应强化以下几个方面的研究：

第一，加强对碳交易体系的系统研究。要进一步跟踪和分析国际该体系的具体实践与走向，积极借鉴欧盟、美国等在碳交易体系方面的实践与经验、吸取有关国家的教训，结合国情和试点情况探讨该体系对我国经济、社会发展的利弊损益，提出建立全国碳排放权交易制度和体系的科学、系统、优化解决方案。

第二，加强相关方法学研究。碳交易体系的构建过程中会涉及多种方法学，包括温室气体排放 MRV 的方法学、减排量核证方法学、排放配额分配方法学、补偿机制方法学等。为了有效推动全国碳交易体系的建立，应加强对全国通用的方法学体系研究，并结合政策决策机构、研究机构、企业、第三方机构间的对话交流，不断优化相关理论和技术工具。

第三，加强对跨区域碳交易体系链接核心问题的研究。当前我国不仅面临对国内不同区域碳交易体系与全国碳交易体系链接的实际问题，还面临国际碳交易体系链接需求，应超前关注相关理论研究与实践，研究和分析链接机制的设计方法、实践框架和可能影响，抢占该领域研究的领先地位，从而在该领域保障我国经济安全、金融安全、能源安全等核心关切，摆脱长期以来受制于欧美减排规则的被动局面。

第四，加强与碳交易相配套的支撑政策研究。一方面要研究提出与碳交易体系不同发展阶段相适应的财税、价格和金融政策手段，推动扩大碳交易体系容量，增大碳交易体系的流动性，为促进碳交易体系发挥积极刺激和引导作用提供良好的政策环境。另一方面要研究分析碳交易体系与其他低碳政策或机制的关联性，促进碳排放权交易机制与其他经济措施和市场手段的有效配合，推动在更大范围内实现温室气体的减排。

参 考 文 献

[1] 孙秀梅，周敏. 低碳经济转型研究综述与展望 [J]. 经济问题探索，2011 (6)：116－121.

[2] 庄贵阳. 气候变化挑战与中国经济低碳发展 [J]. 国际经济评论，2007 (9－10)：50－52.

[3] 庄贵阳. 欧盟温室气体排放贸易机制及其对中国的启示 [J]. 欧洲研究，2006 (3)：68－87.

[4] 李婷，李成武，何剑锋. 国际碳交易市场发展现状及我国碳交易市场展望 [J]. 经济纵横，2010 (7)：76－80.

[5] 阎庆民. 构建以碳金融为标志的绿色金融服务体系 [J]. 中国金融，2010 (4)：41－44.

[6] 张传国，陈晓庆. 国外碳金融研究的新进展 [J]. 审计与经济研究，2011 (9)：104－112.

[7] 高紫惜，王然. 论中国低碳技术专利申请的现状、问题和对策 [J]. 求实，2013 (1)：67－68.

[8] 罗堃，叶仁道. 清洁发展机制下的低碳技术转移：来自中国的实证与对策研究 [J]. 求实，2011 (3)：493－499.

[9] 傅强，李涛. 低碳经济与中国应对：碳排放权交易市场的探索 [J]. 商业经济与管理，2010 (9)：65－70.

[10] 张瑞琴，蒋宝晴. 我国碳金融发展研究 [J]. 经济问题，2011 (6)：32－34.

[11] 李东卫. 我国"碳金融"发展的制约因素及路径选择 [J]. 中国浦东干部学院学报，2010 (5)：114－120.

[12] 陈诗一. 中国碳排放强度的波动下降模式及经济解释 [J]. 世界经济，2011 (4)：124－143.

[13] 范丹，王维国. 中国产业能源消费碳排放变化的因素分解——基于广

义 GFI 的指数分解 [J]. 系统工程, 2012 (11).

　　[14] 郭朝先. 中国碳排放因素分解: 基于 LMDI 分解技术 [J]. 中国人口、资源与环境, 2010, 20 (12): 4-9.

　　[15] 鲁万波, 仇婷婷, 杜磊. 中国不同经济增长阶段碳排放影响因素研究 [J]. 经济研究, 2013 (4): 106-118.

　　[16] 孙作人, 周德群, 周鹏. 工业碳排放驱动因素研究: 一种生产分解分析新方法 [J]. 数量经济技术经济研究, 2012 (5).

　　[17] 涂正革. 中国的碳减排路径与战略选择——基于八大行业部门碳排放量的指数分解分析 [J]. 中国社会科学, 2012 (3): 78-94.

　　[18] 王锋, 吴丽华, 杨超. 中国经济发展中碳排放增长的驱动因素研究 [J]. 经济研究, 2010 (2): 123-136.

　　[19] 张友国. 经济发展方式变化对中国碳排放强度的影响 [J]. 经济研究, 2010 (4): 120-133.

　　[20] 侯建朝, 史丹. 中国电力行业碳排放变化的驱动因素研究 [J]. 中国工业经济, 2014 (6): 44-56.

　　[21] 齐绍洲, 王班班. 碳交易初始配额分配: 模式与方法的比较分析 [J]. 武汉大学学报: 哲学社会科学版, 2013, 66 (5): 19-28.

　　[22] 熊灵, 齐绍洲. 欧盟碳排放权交易体系的结构缺陷、制度变革及其影响 [J]. 欧洲研究, 2012 (1): 51-64.

　　[23] 齐绍洲, 赵鑫, 谭秀杰. 基于 EEMD 模型的中国碳市场价格形成机制研究 [J]. 武汉大学学报 (哲学社会科学版), 2015 (4): 56-65.

　　[24] 付坤, 齐绍洲. 中国省级电力碳排放责任核算方法及应用 [J]. 中国人口·资源与环境, 2014 (4).

　　[25] 孙亚男. 碳交易市场中的碳税策略研究 [J]. 中国人口资源与环境, 2014, 24 (3): 32-40.

　　[26] 郑新业, 王晗, 赵益卓. "省直管县" 能促进经济增长吗? ——双重差分方法 [J]. 管理世界, 2011 (8): 34-44.

　　[27] 赵盟, 姜克隽, 徐华清等. EU-ETS 对欧洲电力行业的影响及对我国的建议 [J]. 气候变化研究进展, 2012, 8 (6): 462-468.

　　[28] 冷罗生. 日本温室气体排放权交易制度及启示 [J]. 法学杂志, 2011 (1): 65-68.

　　[29] 孟浩, 陈颖健. 日本能源与 CO_2 排放现状、应对气候变化的对策及其启示 [J]. 中国软科学, 2012 (9): 20-25.

　　[30] 滕飞, 冯相昭. 日本碳市场测量、报告与核查系统建设的经验及启示

[J]. 环境保护, 2012 (10): 72-74.

[31] 王伟男. 欧盟排放交易机制及其成效评析 [J]. 世界经济研究, 2009 (7): 68-73.

[32] 许明珠. 澳大利亚碳市场机制设计 [J]. 世界环境, 2012 (2): 56-57.

[33] 徐双庆, 刘滨. 日本国内碳交易体系研究及启示 [J]. 清华大学学报, 2012, 8 (52): 1116-1124.

[34] 尹小平, 王艳秀. 日本碳排放权交易的机制与成效 [J]. 现代日本经济, 2011 (3): 20-26.

[35] 郑爽. 欧盟碳排放贸易体系现状与分析 [J]. 中国能源, 2011 (3): 17-20.

[36] 周茂荣, 谭秀杰. 欧盟碳排放权交易体系第三期的改革、前景及启示 [J]. 国际贸易问题, 2013 (5): 94-102.

[37] 周茂荣, 谭秀杰. 欧盟碳排放权交易体系第三期改革研究 [J]. 武汉大学学报 (哲学社会科学版), 2013 (5): 5-11.

[38] 周茂荣, 谭秀杰. 国外关于贸易碳排放责任划分问题的研究评述 [J]. 国际贸易问题, 2012 (6).

[39] 李继峰, 张亚雄. 我国 "十二五" 时期建立碳交易市场的政策思考 [J]. 气候变化研究进展, 2012, 8 (2): 137-143.

[40] 杨浩彦. 台湾地区与能源使用相关的二氧化碳减量成本估计: 多目标规划分析法之应用 [J]. 人文及社会科学集刊, 2000, 12 (3): 459-494.

[41] 范英, 张晓兵, 朱磊. 基于多目标规划的中国二氧化碳减排的宏观经济成本估计 [J]. 气候变化研究进展, 2010, 6 (2): 130-135.

[42] 岳超, 王少鹏, 朱江玲等. 2050 年中国碳排放的情景预测——碳排放与社会发展 IV [J]. 北京大学学报 (自然科学版), 2010, 46 (4): 517-524.

[43] 夏炎, 范英. 基于减排成本曲线演化的碳减排策略研究 [J]. 中国软科学, 2012 (3): 12-22.

[44] 李继峰, 张亚雄. 我国 "十二五" 时期建立碳交易市场的政策思考 [J]. 气候变化研究进展, 2012, 8 (2): 137-143.

[45] 李继峰, 张沁, 张亚雄, 王鑫. 碳市场对中国行业竞争力的影响及政策建议 [J]. 中国人口资源与环境, 2013, 23 (3): 118-124.

[46] 周宏春. 世界碳交易市场的发展与启示 [J]. 中国软科学, 2009 (12): 39-48.

[47] 崔连标, 范英, 朱磊, 毕清华, 张毅. 碳排放权交易对实现我国 "十二五" 减排目标的成本节约效应研究 [J]. 中国管理科学, 2013, 21 (1): 37-46.

[48] 陈诗一. 工业二氧化碳的影子价格：参数化和非参数化方法 [J]. 世界经济, 2010 (8): 93–111.

[49] 王卉彤, 曾岩. 全球银行业百强可持续发展的比较研究 [J]. 银行家, 2008 (9).

[50] 翁清云, 刘丽巍. 我国商业银行碳金融实践的现状评价与发展对策 [J]. 金融论坛, 2011 (9).

[51] 张继宏, 张希良. 建设碳交易市场的金融创新探析 [J]. 武汉大学学报（哲学社会科学版）, 2014 (2).

[52] 蔡圣华等. 我国提高能源效率的目标设计 [J]. 中国管理科学, 2012, 20 (3).

[53] 何建坤, 刘滨, 陈文颖. 有关全球气候变化问题上的公平性分析 [J]. 中国人口资源与环境, 2004, 14 (6).

[54] 李陶, 陈林菊, 范英. 基于非线性规划的我国省区碳强度减排配额研究 [J]. 管理评论, 2010, 22 (6).

[55] 刘钦普. 时空回归模型在中国各省区人口预测中的应用 [J]. 南京师大学报（自然科学版）, 2009, 32 (3).

[56] 王倩, 王硕. 中国碳排放权交易市场的有效性研究 [J]. 社会科学辑刊, 2014 (6): 109–115.

[57] 杜莉, 孙兆东, 汪蓉. 中国区域碳金融交易价格及市场风险分析 [J]. 武汉大学学报（哲学社会科学版）, 2015 (2): 86–93.

[58] 才庆祥, 刘福明, 陈树召. 露天煤矿温室气体排放计算方法 [J]. 煤炭学报, 2012, 37 (1).

[59] 王文美, 张宁, 陈颖等. 区域层面温室气体清单不确定性量化研究 [J]. 城市环境与城市生态, 2012, 25 (3).

[60] 魏丹青, 赵建安, 金千致. 水泥生产碳排放测算的国内外方法比较及借鉴 [J]. 资源科学, 2012, 34 (6).

[61] 谢娜, 李英芹, 张芳等. 石油石化企业温室气体清单编制简析 [J]. 油气田环境保护, 2010, 20 (4).

[62] 杨巍, 陈国俊, 张铭杰等. 美国和中国油气系统甲烷排放状况 [J]. 油气田环境保护, 2012 (4).

[63] 张晓慧, 刘金平. 我国地下煤矿温室气体溢散排放研究 [J]. 中国煤炭, 2011, 37 (7).

[64] 白钦先, 丁志杰. 论金融可持续发展 [J]. 国际金融研究, 1998 (5): 28–32.

437

[65] 曹佳, 王大飞. 我国碳金融市场的现状分析与展望 [J]. 经济论坛, 2010 (7): 154 - 157.

[66] 陈晓春, 施卓宏. 论碳金融市场中的政府监管 [J]. 湖南大学学报: 社会科学版, 2011 (3): 39 - 42.

[67] 成万牍. 中国发展 "碳金融" 正当其时 [J]. 中国科技投资, 2008 (7): 68 - 70.

[68] 杜莉, 李博. 利用碳金融体系推动产业结构的调整和升级 [J]. 经济学家, 2012 (6): 45 - 52.

[69] 郭凯. 发展多层次区域性 "碳金融" 探讨 [N]. 金融时报, 2010 - 03 - 22.

[70] 胡章宏. 论金融可持续发展 [J]. 经济科学, 1998 (1): 24 - 30.

[71] 林立. 低碳经济背景下国际碳金融市场发展及风险研究 [J]. 当代财经, 2012 (2): 51 - 58.

[72] 刘思跃, 袁美子. 国外碳金融理论研究进展 [J]. 国外社会科学, 2011 (4): 105 - 111.

[73] 卢现祥, 郭迁. 论国际金融交易体系 [J]. 山东经济, 2011 (9): 14.

[74] 苏蕾, 曹玉昆, 陈锐. 低碳经济背景下构建我国碳金融体系的问题探析 [J]. 武汉金融, 2012 (3): 18 - 20.

[75] 王瑶, 刘倩. 碳金融市场: 全球形势、发展前景及中国战略 [J]. 国际金融研究, 2010 (9): 64 - 70.

[76] 翁清云. 国内外商业银行碳金融实践的经验借鉴 [J]. 东北财经大学学报, 2011 (2): 27 - 31.

[77] 吴秋月, 马秋君. 我国商业银行碳交易业务发展瓶颈及对策 [J]. 河北经贸大学学报, 2012 (12): 68 - 72.

[78] 吴世亮. 推进我国碳交易与碳金融发展的渠道与措施 [J]. 浙江金融, 2010 (5): 21 - 22.

[79] 杨小红. 我国商业银行发展碳金融业务的影响因素及对策 [J]. 福建论坛, 2013 (3): 63 - 66.

[80] 秦天宝, 付璐. 欧盟碳排放权交易的立法进程及其对中国的启示 [J]. 江苏大学学报, 2012 (3).

[81] 郑玲丽. 低碳经济下碳交易法律体系的构建 [J]. 法学论坛, 2011 (1).

[82] 彭本利, 李挚萍. 碳交易主体法律制度研究 [J]. 中国政法大学学报, 2012 (2).

[83] 于杨曜，潘高翔．中国开展碳交易亟须解决的基本问题 [J]．东方法学，2009（6）．

[84] 王尔德．齐晔："十二五"碳交易难以大规模开展 [J].21 世纪经济报道，2011 - 04 - 26.

[85] 王名．建立我国碳交易市场的政策建议 [J]．中国产业，2011（4）．

[86] 查冬兰等．地区能源效率与二氧化碳排放的差异性——基于 Kaya 因素分解 [J]．系统工程，2007（11）：65 - 73．

[87] 胡玉莹．中国能源消耗、碳排放与经济可持续增长 [J]．当代财经，2010（2）：29 - 37．

[88] 林伯强，蒋竺筠．中国二氧化碳的环境库茨涅茨曲线预测及影响因素分析 [J]．管理世界，2009（4）：27 - 37．

[89] 宋帮英，苏方林．我国省域碳排放量与经济发展的 GWR 实证研究 [J]．财经科学，2010（4）：41 - 49．

[90] 魏下海，余玲铮．空间依赖、碳排放与经济增长——重新解读中国的 EKC 假说 [J]．探索，2011（1）：100 - 106．

[91] 许广月，宋德勇．中国碳排放环境库兹涅茨曲线的实证研究——基于省域面板数据 [J]．中国工业经济，2010（5）：37 - 47．

[92] 张雷等．中国碳排放区域格局变化与减排途径分析 [J]．资源科学，2010，32（2）：211 - 218．

[93] 林伯强．梯度发展模式下的中国碳排放趋势 [J]．金融研究，2011（11）．

[94] 孙睿，况丹，常冬勤．碳交易的"能源—经济—环境"影响及碳价合理区间测算 [J]．中国人口资源与环境，2014（7）．

[95] 陈柳钦．低碳经济：全球经济发展新趋势 [J]．湖南城市学院学报，2010（1）：46 - 52．

[96] 段茂盛，庞韬．碳排放权交易体系的基本要素 [J]．中国人口·资源与环境，2013，23（3）：110 - 117．

[97] 2050 中国能源和碳排放研究课题组．2050 中国能源和碳排放报告 [M]．北京：科学出版社，2009．

[98] 杨芳．技术进步对中国二氧化碳排放的影响及政策研究 [M]．北京：经济科学出版社，2013．

[99] 王卉彤．应对全球气候变化的金融创新 [M]．北京：中国财政经济出版社，2008．

[100] 国家气候变化对策协调小组办公室，国家发展改革委能源研究所．中

国温室气体清单研究［M］. 北京：中国环境科学出版社，2007.

［101］国家气候变化对策协调小组办公室，国家发展和改革委员会能源研究所编著. 中国温室气体清单研究［M］. 北京：中国环境科学出版社，2007.

［102］国家统计局能源统计司编. 中国能源统计年鉴 2007［M］. 北京：中国统计出版社，2007.

［103］国家统计局能源统计司编. 中国能源统计年鉴 2008［M］. 北京：中国统计出版社，2008.

［104］国家统计局能源统计司编. 中国能源统计年鉴 2009［M］. 北京：中国统计出版社，2009.

［105］国家统计局能源统计司编. 中国能源统计年鉴 2010［M］. 北京：中国统计出版社，2010.

［106］国家统计局能源统计司编. 中国能源统计年鉴 2011［M］. 北京：中国统计出版社，2011.

［107］国家统计局能源统计司编. 中国能源统计年鉴 2012［M］. 北京：中国统计出版社，2012.

［108］刘兰翠，张战胜，周颖等编译. 主要发达国家的温室气体排放申报制度［M］. 北京：中国环境科学出版社，2012.

［109］世界可持续发展工商理事会，世界资源研究所编. 许明珠，宋然平主译. 温室气体核算体系：企业核算与报告标准［M］. 北京：经济科学出版社，2011.

［110］中国标准化研究院. 企业温室气体核算与报告［M］. 北京：中国标准出版社，2011.

［111］万敏. 碳税与碳交易政策对电力行业影响的实证分析［D］. 江西：江西财经大学，2012.

［112］吉宗玉. 我国建立碳交易市场的必要性和路径研究［D］. 上海：上海社会科学院，2011.

［113］翁清云. 低碳经济的金融支持问题研究——以商业银行为例［D］. 大连：东北财经大学，2010.

［114］王飞. 中国商业银行绿色信贷研究［D］. 北京：北京工业大学，2009.

［115］彭新万. 中国向低碳经济转型：后发优势、后发锁定与政策建议［C］. 全国高等财经院校《资本论》研究会 2010 年学术年第 27 届学术年会论文集，河北经贸大学，2010.

［116］李坚明，许纭蓉. 产业排放权核配机制与先期减量诱因鼓励［R］.

第四届应用经济学术研讨会，中兴大学，台湾台中，2009.

［117］武汉大学碳交易市场建设研究课题组．碳交易市场行业企业清单研究报告［R］. 2012.

［118］兴业银行．兴业银行 2012 年度报告. 2013.

［119］刘均荣，姚军. Michael P. Gallaher 等．中国油气系统甲烷减排潜力研究［R］. RTI 国际研究中心.

［120］世界资源研究所．能源消耗引起的温室气体排放计算工具指南. 2011.

［121］中国清洁发展机制基金．中国清洁发展机制基金 2012 年报［EB/OL］. http：//www. cdmfund. org/newsinfo. aspx？m = 20120912144529467324&n = 2013052 3085711553991.

［122］关于《气候变化应对法》（建议稿）的说明. http：//www. china. com. cn/news/txt/2012 – 03/18/content_24923468. htm.

［123］王宇．世界走向低碳经济［EB/OL］. 中国经济新闻网. http：//www. cet. com. cn/, 2009 – 11 – 24.

［124］北京市发展改革委．北京市碳排放权交易试点配额核定方法（试行）［EB/OL］. http：//www. bjpc. gov. cn/tztg/201311/t7020680. htm, 2013.

［125］北京市人民代表大会常务委员会．北京市人民代表大会常务委员会关于北京市在严格控制碳排放总量前提下开展碳排放权交易试点工作的决定［EB/OL］. http：//www. bjrd. gov. cn/zdgz/zyfb/jyjd/201312/t20131230_124249. html, 2013.

［126］北京市人民政府．北京市碳排放权交易管理办法（试行）［EB/OL］. http：//zhengwu. beijing. gov. cn/gzdt/gggs/t1359070. htm, 2014.

［127］北京中创碳投科技有限公司．中国碳市场 2014 年度报告［EB/OL］. http：//sino-carbon. cn/upload/15/02/2014niandubaogao. pdf#rd, 2015.

［128］广东省发展改革委．广东省 2014 年度碳排放配额分配实施方案［EB/OL］. http：//www. cnemission. com/article/news/jysgg/201408/20140800000782. shtml, 2013.

［129］广东省发展改革委．广东省发展改革委关于碳排放配额管理的实施细则［EB/OL］. http：//www. tanjiaoyi. com/article – 7179 – 1. html, 2015.

［130］广东省发展改革委. 2013 年度广东省碳排放权配额核算方法［EB/OL］. http：//www. gddpc. gov. cn/xxgk/tztg/201312/P020131210515843592113. pdf, 2013.

［131］广东省发展改革委．广东省碳排放权配额首次分配及工作方案（试行）［EB/OL］. http：//www. gddpc. gov. cn/xxgk/tztg/201311/t20131126_230325. htm, 2013.

［132］广东省发展改革委．广东省碳排放配额管理实施细则（试行）［EB/OL］.

http：//www. gddpc. gov. cn/xxgk/tztg/201403/t20140321_241161. htm，2014.

［133］广东省人民政府. 广东省碳排放管理试行办法［EB/OL］. http：//www. gddpc. gov. cn/xxgk/tztg/201401/t20140117_236919. htm，2014.

［134］广州绿石碳资产管理公司. 中国碳市场分析［EB/OL］. http：//www. greenstone-corp. com/news. asp？id＝322，2015.

［135］国务院办公厅. 国务院关于印发"十二五"控制温室气体排放工作方案的通知［EB/OL］. http：//www. gov. cn/zwgk/2012－01/13/content_2043645. htm，2011.

［136］湖北省发展改革委. 省发展改革委关于2015年湖北省碳排放权抵消机制有关事项的通知［EB/OL］. http：//www. hbfgw. gov. cn/ywcs/qhc/tztgqhc/gwqhc/201504/t20150416_86147. shtml，2015.

［137］湖北省发展改革委. 湖北省碳排放权配额分配方案［EB/OL］. http：//www. hbets. cn/dffgZcfg/1166. htm，2014.

［138］湖北省人民政府. 湖北省碳排放权管理和交易暂行办法［EB/OL］. http：//gkml. hubei. gov. cn/auto5472/auto5473/201404/t20140422_497476. html，2014.

［139］上海市发展改革委. 上海市碳排放交易试点工作相关文件汇编，2013.

［140］上海市发展改革委. 关于本市碳排放交易试点期间有关抵消机制使用规定的通知［EB/OL］. http：//www. shdrc. gov. cn/main？main_colid＝319&top_id＝312& main_artid＝25540，2015.

［141］深圳市发展改革委. 深圳市碳排放权交易市场抵消信用管理规定（暂行）［EB/OL］. http：//www. tanpaifang. com/zhengcefagui/2015/060944940. html，2015.

［142］深圳市人民代表大会常务委员会. 深圳经济特区碳排放管理若干规定［EB/OL］. http：//www. sz. gov. cn/zfgb/2013/gb817/201301/t20130110_2099860. htm，2012.

［143］深圳市人民政府. 深圳市碳排放权交易管理暂行办法［EB/OL］. http：//fzj. sz. gov. cn：8080/cms/templates/fzb/fzbDetails. action？siteName＝fzb&pageId＝4684，2014.

［144］天津市发展改革委. 天津市碳排放权交易试点纳入企业碳排放配额分配方案（试行）［EB/OL］. http：//www. tjzfxxgk. gov. cn/tjep/ConInfoParticular. jsp?id＝45404，2013.

［145］天津市发展改革委. 关于天津市碳排放权交易试点利用抵消机制有关事项的通知［EB/OL］. http：//www. tanpaifang. com/CCER/201506/0944941. html，2015.

［146］天津市人民政府．天津市碳排放权交易管理暂行办法［EB/OL］．
http：//www. tj. gov. cn/zwgk/wjgz/szfbgtwj/201312/t20131224_227448. htm，2013.

［147］重庆市发展改革委．重庆市碳排放配额管理细则（试行）［EB/OL］.
http：//www. cqdpc. gov. cn/article－1－20505. aspx，2014.

［148］重庆市人民政府．重庆市碳排放权交易管理暂行办法［EB/OL］.
http：//www. cq. gov. cn/wztt/pic/2014/1298033. shtml，2014.

［149］http：//www. unfccc. int.

［150］http：//cdm. ccchina. gov. cn.

［151］http：//www. carbonfinance. org.

［152］北京环境交易所碳排放权交易规则（试行）.

［153］广州碳排放权交易所（中心）碳排放权交易规则.

［154］上海环境能源交易所 碳排放权交易规则.

［155］上海环境能源交易所 碳排放权交易信息管理办法（试行）.

［156］重庆联合产权交易所 碳排放权交易细则（试行）.

［157］重庆联合产权交易所 碳排放权交易信息管理办法.

［158］天津排放权交易所碳排放权交易规则（试行）.

［159］深圳排放权交易所现货交易规则（暂行）.

［160］湖北碳排放权交易中心碳排放权交易规则.

［161］DB 42/T 727—2011，温室气体（GHG）排放量化、核查、报告和改
进的实施指南（试行）.

［162］GB/T483－2007，煤炭分析试验方法一般规定.

［163］IPCC 2006，2006 年 IPCC 国家温室气体清单指南.

［164］SH/MRV－001－2012，上海市温室气体排放核算与报告指南（试行）.

［165］SH/MRV－002－2012，上海市电力、热力生产业温室气体排放核算
与报告方法（试行）.

［166］SH/MRV－003－2012，上海市钢铁行业温室气体排放核算与报告方
法（试行）.

［167］SH/MRV－004－2012，上海市化工行业温室气体排放核算与报告方
法（试行）.

［168］SH/MRV－005－2012，上海市有色金属行业温室气体排放核算与报
告方法（试行）.

［169］SH/MRV－006－2012，上海市纺织、造纸行业温室气体排放核算与
报告方法（试行）.

［170］SH/MRV－007－2012，上海市非金属矿物制品业温室气体排放核算

与报告方法（试行）.

[171] SZDB/Z 70 – 2012，组织的温室气体排放核查规范及指南.

[172] 广东省企业二氧化碳排放信息报告指南（试行）.

[173] 国家标准化委员会. 综合能耗计算通则，GB/T 2589 – 2008.

[174] 国家发展改革委. 中国电解铝生产企业温室气体排放核算方法与报告指南（试行），2013.

[175] 国家发展改革委. 中国电网企业温室气体排放核算方法与报告指南（试行），2013.

[176] 国家发展改革委. 中国发电企业温室气体排放核算方法与报告指南（试行），2013.

[177] 国家发展改革委. 中国钢铁生产企业温室气体排放核算方法与报告指南（试行），2013.

[178] 国家发展改革委. 中国化工生产企业温室气体排放核算方法与报告指南（试行），2013.

[179] 国家发展改革委. 中国镁冶炼企业温室气体排放核算方法与报告指南（试行），2013.

[180] 国家发展改革委. 中国平板玻璃生产企业温室气体排放核算方法与报告指南（试行），2013.

[181] 国家发展改革委. 中国水泥生产企业温室气体排放核算方法与报告指南（试行），2013.

[182] 国家发展改革委. 省级温室气体清单编制指南（试行），2011.

[183] 湖北省工业企业温室气体排放监测、量化和报告指南（试行）.

[184] Honkatukia J, Mälkönen V, Perrels A. Impacts of the European emission trade system on Finnish wholesale electricity prices [R]. No. 405.

[185] Lund P. Impacts of EU carbon emission trade directive on energy-intensive industries—Indicative micro-economic analyses [J]. *Ecological Economics*, 2007, 63 (4)：799 – 806.

[186] Rogge K S, Schneider M, Hoffmann V H. The innovation impact of the EU Emission Trading System—Findings of company case studies in the German power sector [J]. *Ecological Economics*, 2011, 70 (3)：513 – 523.

[187] Sijm J, Neuhoff K, Chen Y. CO_2 cost pass-through and windfall profits in the power sector [J]. *Climate Policy*, 2006, 6 (1)：49 – 72.

[188] Dechezlepretre, A. et al.. Invention and Transfer of Climate Change-Mitigation Technologies：A Global Analysis [J]. *Review of Environmental Economics and*

Policy, 2011, Vol. 5, Issue 1: 109 – 130.

[189] Fan Y. et al.. Changes in Carbon Intensity in China: Empirical Findings from 1980 – 2003 [J]. *Ecological Economics*, 2007 (62): 683 – 691.

[190] Gerlagh, R.. A Climate-change Policy Induced Shift from Innovations in Carbon-energy Production to Carbon-energy Savings [J]. *Energy Economics*, 2008 (30): 425 – 448.

[191] Goulder, L. H. and S. H. Schneider. Induced Technological Change and the Attractiveness of CO_2 Abatement Policies [J]. *Resource and Energy Economics*, 1999 (21): 211 – 253.

[192] Jorgenson, D. W. and P. J. Wilcoxen. *Reducing U. S. Carbon Dioxide Emissions: The Cost of Different Goals* [M]. Cambridge, MA: Harvard University Press, 1990.

[193] Newell, R. G., A. B. Jaffe, R. N. Stavins. The Induced Innovation Hypothesis and Energy-Saving Technological Change [J]. *The Quaterly Journal of Economics*, 1999, 114 (3): 941 – 975.

[194] Popp, D. Induced Innovation and Energy Prices [J]. *The American Economic Review*, 2002, Vol. 92 (1): 160 – 180.

[195] Popp, D. Lessons from Patents: Using Patents to Measure Technological Change in Environmental Models [J]. *Ecological Economics*, 2005 (54): 209 – 226.

[196] Taheri, A. A. and R. Stevenson. Energy Price, Environmental Policy, and Technological Bias [J]. *The Energy Journal*, 2002, 23 (4): 85 – 107.

[197] Ahman, Holmgren. New Entrant Allocation in the Nordic Energy Sectors: Incentives and Options in the EU-ETS [J]. *Climate Policy*, 2006, 6 (4).

[198] Ai Group Survey: business pricing responses to Australia's carbon tax, the first six months [R]. Ai Group, 2013.

[199] Alexandre Kossoy, Philippe Ambrosi. State and Trends of the Carbon Market 2007 [R]. Washingtong: Work Bank, May 2007.

[200] Alexandre Kossoy, Philippe Ambrosi. State and Trends of the Carbon Market 2008 [R]. Washingtong: Work Bank, May 2008.

[201] Alexandre Kossoy, Pierre Guigon. State and Trends of the Carbon Market 2012 [R]. Washingtong: Work Bank, May 2012.

[202] Australian Treasury. Strong Growth, Low Pollution: Modelling a carbon price [R]. Canberra, 2011.

[203] Australian Government. Australia's emissions projections 2010 [R]. Canber-

ra，2010.

［204］Australian Government. Position paper on the legislative instrument for auc-tioning carbon units in Australia's carbon pricing mechanism ［Z］. Canberra，2012.

［205］Australian Government. Quarterly Update of Australia's National Green-house Gas Inventory ［R］. Canberra，2012.

［206］Australian Government. Securing a clean energy future：the Australian Government's Climate Change Plan ［R］. Canberra，2011.

［207］Australian Government Productivity Commission. Productivity Commission Submission to the Prime Ministerial Task Group on Emissions Trading ［R］. Canberra，March 2007.

［208］Australian Government Productivity Commission. What Role for Policies to Supplement an Emissions Trading Scheme? ［R］. Canberra，May 2008.

［209］Benjamin Grumbles，etc. Design for the WCI Regional Program ［R］. Washington，D. C. ：The WCI Partners，2010.

［210］Bureau of the Environment of Tokyo Metropolitan Government. Tokyo Cap-and-Trade Program：Japan's first mandatory emissions trading scheme ［R］. Tokyo，March 2010.

［211］Bureau of the Environment of Tokyo Metropolitan Government. The Tokyo Cap-and-Trade Program for Large Facilities（Detailed Documents）［R］. Tokyo，March 2012.

［212］Bureau of the Environment of Tokyo Metropolitan Government. The Tokyo Cap-and-Trade Program：Results of the First Fiscal Year of Operation ［R］. Tokyo：May 21，2012.

［213］Bureau of Environment of Tokyo Metropolitan Government. The Tokyo Cap-and-Trade Program achieved 23% reduction in the 2nd year ［R］. Tokyo：January 21，2013.

［214］California Air Resources Board. ARB Emissions Trading Program Overview ［J/OL］. 2010，http：//www. arb. ca. gov/newsrel/2010/capandtrade. pdf.

［215］California Air Resources Board. Proposed Regulation to Implement the Cali-fornia Cap-and-Trade Program，PART I，Volume I，Staff Report：Initial Statement of Reasons ［J/OL］. 2010，http：//www. arb. ca. gov/regact/2010/ capandtrade10/cap-isor. pdf.

［216］Carbon Trust. EU ETS Phase II Allocation：Implications and Lessons ［R］. London，2007.

[217] Center for Climate and Energy Solutions. California Cap-And-Trade Program Summary [R]. Arlington, 2013.

[218] Commission of the European Communities. Accompanying document to the Proposal for a Directive of the European Parliament and of the Council amending Directive 2003/87/EC so as to improve and extend the EU greenhouse gas emission allowance trading system-Irnpact assessment [R]. Brussels: {COM (2008) 16final} {SEC (2008) 53}, 2008.

[219] Commission of the European Communities. Analysis of options to move beyond 20% greenhouse gas emission reductions and assessing the risk of carbon leakage [R]. Brussels: {COM (2010) 265 final}, 2008.

[220] Commission of the European Communities. Building a global carbon market: Report Pursuant to Article 30 of Directive 2003/87/EC [R]. Brussels, 2006.

[221] Commission of the European Communities. Commission staff working document: Information provided on the functioning of the EU Emissions Trading System, the volumes of greenhouse gas emission allowances auctioned and freely allocated and the impact on the surplus of allowances in the period up to 2020 [R]. Brussels: {COM (2012) 416 final} {SEC (2012) 481 draft}, 2012.

[222] Court of Justice of the European Union. The Court confirms that the Commission Exceeded Its Powers by Imposing on Poland and Estonia a Ceiling on Greenhouse Gas Emission Allowances [Z]. Luxembourg, 2012.

[223] EEA Report, Greenhouse Gas Emission Trends and Projections in Europe [R] No 4/2011, April 2011.

[224] Ecofys. Small Installations within the EU Emissions Trading Scheme [R]. Report Under The Project "Review of EU Emission Trading Scheme", 2007.

[225] Ellerman, Buchner. The European Union Emission Trading Scheme: Origins, Allocation, and Early Results [J]. *Review of Environmental Economics and Policy*, 2007, 1 (1).

[226] Emissions Trading Scheme Review Panel. Doing New Zealand's Fair Share Emissions Trading Scheme Review 2011: Final Report. [R]. Wellington: Ministry for the Environment, 30 June 2011.

[227] Evgeny Guglyuvatyy. Australia's carbon policy-a retreat from core principles [J]. *Journal of Tax Research*, 2012, 10 (3): 552 – 572.

[228] Gert Tinggaard Svendsen, Morten Vesterdalb. How to design greenhouse gas trading in the EU? [J]. *Energy Policy*. 2003, 31 (14): 1531 – 1539.

447

［229］ Goshi, Hosono. Latest Domestic Environmental Policies ［R］. Tokyo: Minister of the Environment, 2012.

［230］ How the Act Works. User Guide to the Climate Change Response Act 2002 ［Z］. Wellington, 2006.

［231］ OECD/IEA. Reviewing Existing and Proposed Emissions Trading Systems ［R］. Paris, 2010.

［232］ IETA. Summary of Final Rules for California's Cap-and-Trade Program ［R］. Rhode Island, 2012.

［233］ Jonathan L. Ramseur. The Regional Greenhouse Gas Initiative: Lessons Learned and Issues for Policymakers ［R］. Washington: CRS Report for Congress, May 21, 2013.

［234］ Jotzo, F., Betz, R.. Australia's emissions trading scheme: opportunities and obstacles for linking ［J］. *Climate Policy*, 2009, 9: 402 – 414.

［235］ Julia Reinaud, Cédric Philibert. Emissions Trading: Trends and Prospects ［R］. OECD, Nov, 2007.

［236］ Metcalf, G. E. Designing a carbon tax to reduce US greenhouse gas emissions ［J］. *Review of Environmental Economics and Policy*, 2009, 3 (1): 63 – 83.

［237］ Ministry for the Environment. NZ-ETS 2011: Facts and Figures ［R］. Wellington, August 2012, Figure 6.

［238］ Ministry for the Environment. ETS 2012 Amendments: Key Changes for Participants and Industries Allocation Recipients ［R］. Wellington, November 2012.

［239］ Nicolas Berghmans. Energy efficiency, renewable energy and CO_2 allowances in Europe: a need for coordination ［R］. Climate Brief, September 2012.

［240］ Paul J. Hibbard. etc. The Economic Impacts of the Regional Greenhouse Gas Initiative on Ten Northeast and Mid-Atlantic States: Review of the Use of RGGI Auction Proceeds from the First Three-Year Compliance Period ［R］. Analysis Group, November 2011.

［241］ Potomac Economics. Report on the Secondary Market for RGGI Allowances: Fourth Quarter 2011 ［R］. Washington, D. C. , 2011.

［242］ R. Martin and U. J. Wagner. Policy Brief: Still time to reclaim the European Union Emissions Trading System for the European tax payer ［Z］. LSE, Imperial College London, Univesidad Carlos Ⅲ de Madrid, 2010.

［243］ RGGI. Regional Investment of RGGI CO_2 Allowance Proceeds 2011 ［R］. November, 2012.

［244］ Sepibus. Linking the EU Emissions Trading Scheme to JI, CDM and post - 2012 International Offsets: A Legal Analysis and Critique of the EU ETS and the Proposals for its Third Trading Period ［Z］. NCCR Trade Regulation Working Paper No. 2008/18, 2008.

［245］ Sid Maher. Greens question the science of gas for power generation ［J/OL］. The Australian, 2011, 8 (18). http: //www. theaustralian. com. au/national-affairs/greens-question-the-science-of-gas-for-power-generation/story-fn59niix - 1226117058621.

［246］ Sid Maher, Greens' gas campaign "off target", says Origin Energy ［J/OL］. The Australian, 2011, 8 (19). http: //www. theaustralian. com. au/national-affairs/greens-gas-campaign-off-target-says-origin-energy/story-fn59niix - 1226117774194.

［247］ Urban Development Unit. Tokyo's Emissions Trading System: A Case Study ［R］. Washington: The World Bank, 2010.

［248］ Western Climate Initiative. Design for the WCI Regional Program ［R］. WCI, 2010.

［249］ Directive 2003/87/EC of the European Parliament and of the Council establishing a scheme for greenhouse gas emission allowance trading within the Community and amending Council Directive 96/61/EC.

［250］ Directive 2004/101/EC of the European Parliament and of the Council amending Directive 2003/87/EC establishing a scheme for greenhouse gas emission allowance trading within the Community, in respect of the Kyoto Protocol's project mechanisms.

［251］ Directive 2008/101/EC of the European Parliament and of the Council amending Directive 2003/87/EC so as to include aviation activities in the scheme for greenhouse gas emission allowance trading within the Community.

［252］ Directive 2009/29/EC of the European Parliament and of the Council amending Directive 2003/87/EC so as to improve and extend the greenhouse gas emission allowance trading scheme of the Community.

［253］ COM (2003) 830 - Communication on guidance to assist Member States in the implementation of the criteria listed in Annex Ⅲ to Directive 2003/87/EC establishing a scheme for greenhouse gas emission allowance trading within the Community and amending Council Directive 96/61/EC, and on the circumstances under which force majeure is demonstrated.

［254］ New Zealand Climate Change Response (Emissions Trading) Amendment Act 2008.

［255］ New Zealand Climate Change Response（Emissions Trading and Other Matters）Amendment Act 2012.

［256］ Australian Clean Energy Act 2011.

［257］ Regional Greenhouse Gas Initiative Model Rule（12/31/08 final with corrections）.

［258］ California Cap on Greenhouse Gas Emissions and Market Based Compliance Mechanisms 2013.

［259］ Hsu G J Y，Chou F Y. Integrated planning for mitigating CO_2 emissions in Taiwan：a multi-objective programming approach［J］. *Energy Policy*，2000，28：519 − 523.

［260］ Chen T Y. The impact of mitigating CO_2 emissions on Taiwan's economy ［J］. *Energy Economics*，2001，23：141 − 151.

［261］ WangTao，WatsonJ. China's energy transition：Pathways for low carbon development ［R/OL］. 2009 ［2010 − 07 − 21］. http：//www. sussex. ac. uk/sussexenergygroup/documents/china_report_forweb. pdf.

［262］ ZhouNan，FridleyD，McneilM，et al. China's energy and carbon emissions outlook to 2050 ［R］. CA：Lawrence Berkeley National Laboratory，2010.

［263］ McKinsey&Company. 中国的绿色革命：实现能源与环境可持续发展的技术选择 ［R/OL］. 2009. http：//www. mckinsey. com/locations/chinasimplified/mckonchina/reports/china_green_revolution_report_cn. pdf. 2010 − 08 − 18.

［264］ IEA. Energy technology perspectives 2010 ［R］. Paris：OECD/International Energy Agency，2010.

［265］ United Nations Development Program（UNDP）. China Human Development Report，2009/10：China and a Sustainable Future：Towards a Low Carbon. Economy and Society ［M］. Beijing：China Translation and PublishingCorporation，2009：47 − 73.

［266］ IEA. Energy technology perspectives 2010 ［R］. Paris：OECD/International Energy Agency，2010.

［267］ Jeong-Dong Lee，Jong-Bok Park and Tai-Yoo Kim，（2002），Estimation of the shadow prices of pollutants with production/environment inefficiency taken into account：a nonparametric directional distance function approach，Journal of Environmental Management，64，365 − 375.

［268］ Jay S. Gregg，Robert J. Andres，and Gregg Marland，（2008）China：Emissions pattern of the world leader in CO_2 emissions from fossil fuel consumption and cement production，*Geophysical research letters*，vol（35）：1 − 5.

［269］Cameron Hepburn，Michael Grubb，Karsten Neuhoff，Felix Matthes & Maximilien Tse（2006）Auctioning of EU ETS phase Ⅱ allowances：how and why?，*Climate Policy*，6：1，137 – 160.

［270］Md rumi Shammin，Clark W. Bullard，（2009）Impact of Cap and trade policies of reducing greenhouse gas emission on U. S. households，*Ecological Economics*，68，2432 – 2438.

［271］Richard J. Goettle，Allen A. Fawcett（2009），The structural effects of cap and trade climate policy，*Energy Economics*，31，s244 – s253.

［272］Lori A. Birda，Edward Holtb，Ghita Levenstein Carrollc（2008），Implications of carbon cap-and-trade for US voluntary renewable energy markets，*Energy Policy*，36，2063 – 2073.

［273］Dale Jorgenson，Richard Goettle，Mun Sing Ho，Peter Wilcoxen（2009），Cap and trade climate policy and U. S. economic adjustments，*Journal of Policy Modeling*，31，362 – 381.

［274］Skibidab Perdan，Adisa Azapagic，2011，Carbon trading：Current schemes and future developments，*Energy Policy*，Vol. 39：6040 – 6054.

［275］Marcel Jeucken，Sustainable Finance & Banking：The Financial Sector and the Future of the Planet. Earthscan Publication Ltd，2011.

［276］Jeong-dong Lee，Jong-Bor Park，Tai-Yoo，Kin，2002，Estimation of the shadow prices of pollutants with production/environment inefficiency taken into account：a nonparametric directional distance function approach［J］. *Journal of Environmental Management*，64，365 – 375.

［277］Kaneko，S，Fujii，H，Sawazu，N，Fujikura，R. Financial Allocation Strategy for the Regional Pollution Abatement Cost of Reducing Sulfur Dioxide Emissions in the Thermal Power Sector in China［J］. *Energy Policy*，2010，38（5）：2131 – 2141.

［278］Bohm P，Larsen B. . Fairness In A Tradable-Permit Treaty for Carbon Emissions Reductions in Europe and the Former Soviet Union［J］. *Environmental and Resource Economics*，1994，4：219 – 239.

［279］Intergovernmental Panel on Climate Change. IPCC Guidelines for National Greenhouse Gas Inventories 2006［D］. Available at www. ipcc. ch.

［280］Kaya Yoichi. Impact of Carbon Dioxide Emission on GNP Growth：Interpretation of Proposed Scenarios［R］. Paper presented to the IPCC energy and industry subgroup，response strategies working group，1990.

［281］Nordhaus，W. D. . The Cost of Slowing Climate Change：A Survey［J］.

Energy Journal，1991，12：37 - 65.

［282］Weitzman，W. Prices vs. Quantities ［J］. *The Review of Economic Studies*. 1974，41（4）：477 - 491.

［283］Coase，R. The Problem of Social Cost ［J］. *Journal of Law and Economics*. 1960，3：1 - 44.

［284］Meade，J. E. The Theory of Labour-managed Firms and of Profit Sharing ［J］. *Economic Journal*. 1972，82：402 - 28.

［285］Arrow，J. K. The Organization of Economic Activity：Issues Pertinent to the Choice of Market versus Non-market Allocation，in The Analysis and Evaluation of Public Expenditures：The PPB System，Vol. 1，Joint Economic Committee，91st US Congress，1st Session ［C］. Washington，DC：US Government Printing Office，1969.

［286］Adar，Z.，J. M. Griffin. Uncertainty and the Choice of Pollution Control Instruments ［J］. *Journal of Environmental Economics and Management*. 1976，3：178 - 188.

［287］Frankhauser，S.，C. Hepburn. Designing Carbon Markets. Part I：Carbon Markets in Time ［J］. *Energy Policy*. 2010，38：4363 - 4370.

［288］Borenstein，S.，J. Bushnell，F. Wolak. Measuring Market Inefficiencies in California's Restructured Wholesale electricity Market ［J］. *The American Economic Review*. 2002，92（5）：1376 - 1450.

［289］Fehr，NHM von der. Tradable Emission Rights and Strategic Implication ［J］. *Environmental and Resource Economics*. 1993，3（2）：129 - 151.

［290］Mackenzie，I.，N. Hanley，T. Kornienko. The Optimal Initial Allocation of Pollution Permits：A Relative Performance Approach ［J］. *Environment and Resource Economics*. 2008，39（3）：265 - 282.

［291］Sterner，T.，Adrian M. Output and Abatement Effects of Allocation Readjustment in Permit Trade ［J］. *Climate Change*. 2008，86（1 - 2）：33 - 49.

［292］Weishaar，S. CO_2 Emission Allowance Allocation Mechanisms，Allocative Efficiency and the Environment：A Static and Dynamic Perspective ［J］. *European Journal of Law Economic*. 2007，24（1）：29 - 70.

［293］Gagelmann Frank. The Influence of the Allocation Method on Market Liquidity，Volatility and Firms' Investment Decisions ［J］. *Emissions Trading*. 2008，Part A：69 - 88.

［294］Perdan，S.，A. Azapagic. Carbon Trading：Current Schemes and Future Developments ［J］. *Energy Policy*. 2011，39：6040 - 6050.

［295］AU. Clean Energy Act 2011，No. 131 ［R］. http：//www. comlaw.

gov. au/Details/C2012C00579, AU, 2011.

[296] Burtraw, D. , D. Kahn, K. Palmer. CO_2 Allowance Allocation in the Regional Greenhouse Gas Initiative and the Effect on Electricity Investors [J]. *The Electricity Journal.* 2006, 19 (2): 79 – 90.

[297] Woerdman, E. et al. Energy Prices and Emissions Trading: Windfall Profits from Grandfathering? [J]. *European Journal of Law and Economics.* 2009, 28: 185 – 202.

[298] Goeree, Jacob et al. An Experimental Study of Auctions Versus Grandfathering to Assign Pollution Permits [J]. *Journal of the European Economic Association.* 2010, 8: 514 – 525.

[299] Böhringer, C. , A. Lange. On the Design of Optimal Grandfathering Schemes for Emission Allowances [J]. *European Economic Review.* 2005, 49: 2041 – 2055.

[300] Grubb, M. , C. Azar, M. Persson. Allowance Allocation in the European Emissions Trading System: A Commentary [J]. *Climate Policy.* 2005, 5 (1): 127 – 136.

[301] EC. Guidance Document n°1 on the Harmonized Free Allocation Methodology for the EU-ETS post 2012, General Guidance to the Allocation Methodology [R]. (http://ec. europa. eu/clima/policies/ets/benchmarking/docs/gd1_general_guidance_en. pdf), 2011.

[302] Trotignon, R. , A. D. Ellerman. Compliance Behavior in the EU-ETS: Cross Border Trading, Banking and Borrowing. CEEPR Working Paper, 2008.

[303] Alberola, E. , J. Chevallier, Banking and Borrowing in the EU ETS: An Econometric Appraisal of the 2005 – 2007 Intertemporal Market. Working Paper, 2009.

[304] Rubin, J. , A Model of Intertemporal Emission Trading, Banking, and Borrowing [J]. *Journal of Environmental Economics and Management.* 1996, 31: 269 – 286.

[305] Kling, C. , J. Rubin. 1997, Bankable Permits for the Control of Environmental Pollution [J]. *Journal of Public Economics.* 64: 101 – 115.

[306] Schennach, S. M. The Economics of Pollution Permit Banking in the Context of Title IV of the 1990 Clean Air Act Amendments [J]. *Journal of Environmental Economics and Management.* 2000, 40: 189 – 210.

[307] Newell, R. , W. Pizer, J. Zhang. Managing Permit Markets to Stabilize Prices [J]. *Environmental and Resource Economics.* 2005, 31: 133 – 157.

[308] Slechten, A. Intertemporal Links in Cap-and-trade Schemes [J]. *Journal of Environmental Economics and Management.* 2010, 66 (2): 319 – 336.

[309] Chevallier, J. , J. Etner, P. Jouvet. Bankable Emission Permits under Uncertainty and Optimal Risk-management Rules [J]. *Research in Economics.* 2011, 65:

332 – 339.

[310] Fell, H. , I. A. MacKenzie, W. A. Pizer. Prices versus Quantities versus Bankae Quantities [J]. *Resource and Energy Economics*. 2012, 34: 607 – 623.

[311] Feng, H. , J. Zhao, Alternative Intertemporal Permit Trading Regimes with Stochastic Abatement Costs [J]. *Resource and Energy Economics*. 2006, 28: 24 – 40.

[312] Bosetti, V. , C. Carraro, E. Massetti. Banking Permits: Economic Efficiency and Distributional Effects. Working Paper, 2008.

[313] Leard, B. The Welfare Effects of Allowance Banking in Emissions Trading Programs [J]. *Environmental and Resource Economics*. 2013, 55: 175 – 197.

[314] Chevallier, J. Banking and Borrowing in the EU ETS: A Review of Economic Modelling, Current Provisions and Prospects for Future Design [J]. *Journal of Economic Surveys*. 2012, 26 (1): 157 – 176.

[315] Aatola, P. , Ollikainen, M. , Toppinen, A. Price determination in the EU ETS market: Theory and econometric analysis with market fundamentals [J]. *Energy Economics*, 2013 (36): 380 – 395.

[316] Alberola, E. , Chevallier, J. , Chèze, B. . Price Drivers and Structural Breaks in European Carbon Prices 2005 – 2007 [J]. *Energy Policy*, 2008, 38 (2): 787 – 797.

[317] Alberola, E. , Chevallier, J. , Cheze, B. . The EU Emissions Trading Scheme: the effects of industrial production and CO_2 emissions on European carbon prices [J]. *Economie Internationale*, 2009, 116 (4): 93 – 126.

[318] Alberola, E. , Chevallier, J. , Cheze, B. . Emissions Compliances and Carbon Prices under the EU ETS: A Country Specific Analysis of Industrial Sectors [J]. *Journal of Policy Modeling*, 2009, 31 (3): 446 – 462.

[319] Alberola, E. , Chevallier, J. . European Carbon Prices and Banking Restrictions: Evidence from Phase I (2005 – 2007) [J]. *The Energy Journal*, 2009, 30 (3): 51 – 80.

[320] Australian Government. Securing a clean energy future: The Australian government's climate change plan, Department of Climate Change and Energy Efficiency, Canberra, 2011.

[321] Blythe, W. , Ming, Y. , Bradley, R. . Climate Policy Uncertainty and Investment Risk. International Energy Agency, Paris, 2007.

[322] Bredin, D. , Muckley, C. . An emerging equilibrium in the EU emissions trading scheme [J]. *Energy Economics*, 2011, 33 (2): 353 – 362.

［323］Burtraw, D., Palmer, K., Kahn, D.. A Symmetric Safety Valve ［J］. *Energy Policy*, 2010 (38): 38, 4921 – 4932.

［324］Bunn, D. W., Fezzi, C.. Structural interactions of European carbon trading and energy prices ［J］. *Journal of Energy Markets*, 2009, 2 (4): 53 – 69.

［325］Chesney, M., Taschini, L.. The Endogenous Price Dynamics of the Emission Allowances: An Application to CO_2 Option Pricing, Swiss Finance Institute Research Paper No. 08 – 02, Zurich.

［326］Chevallier, J.. Carbon futures and macroeconomic risk factors: a view from the EU ETS ［J］. *Energy Economics*, 2009, 31 (4): 614 – 25.

［327］Chevallier, J., Ielpo, F., Mercier, L.. Risk aversion and institutional information disclosure on the European carbon market: A case-study of the 2006 compliance event ［J］. *Energy Policy*, 2009, 37 (1): 15 – 28.

［328］Chevallier, J.. Macroeconomics, finance, commodities: Interactions with carbon markets in a data-rich model ［J］. *Economic Modelling*, 2011, 28 (1 – 2), 557 – 567.

［329］Creti, A., Jouvet, P. A., Mignon, V.. Carbon price drivers: Phase I versus Phase Ⅱ equilibrium? ［J］. *Energy Economics*, 2012 (34): 327 – 334.

［330］Christiansen, A., Arvanitakis, A., Tangen, K., Hasselknippe, H.. Price determinants in the Emissions trading scheme ［J］. *Climate Policy*, 2005, 5 (1): 15 – 30.

［331］Declercq, B., Delarue, E. & D' haeseleer, W.. Impact of the economic recession on the European power sector's CO_2 emissions ［J］. *Energy Policy*, 2011 (39): 1677 – 1686.

［332］Ellerman, A. D., Buchner, B. K.. Over-Allocation or Abatement? A Preliminary Analysis of the EU ETS Based on the 2005 – 06 Emissions Data ［J］. *Environmental and Resource Economics*, 2008, 41 (2), 267 – 287.

［333］Fell, H., Morgenstern, R. D.. Alternative approaches to cost containment in a cap-and-trade system. Resources for the Future Discussion Paper, 09 – 14, Washington, DC, 2009.

［334］Fell, Harrison, Dallas Burtraw, Richaerd D. Morgenstern, and Karen L. Palmer. 2012a. "Soft and Hard Price Collars in a Cap-and Trade System: A Comparative Analysis." ［J］. *Journal of Environmental Economics and Management*64 (2), 183 – 198.

［335］Fell, Harrison, Ian A. MacKenzie, and William A. Pizer. Prices versus

Quantities versus Bankable Quantities [J]. *Resource and Energy Economics*, 2012b, 34 (4): 607 –623.

[336] Fell, Harrison, Richaerd D. Morgenstern. Alternative Approaches to Cost Containment in a cap-and-trade system [J]. *Environmental and Resource Economics*, 2010, 47 (2): 275 –297.

[337] Garnaut, R.. *The Garnaut Climate Change Review* [M]. Cambridge University Press, 2008: 310.

[338] Grubb, M., Neuhoff, K.. Allocation and competitiveness in the EU emissions trading scheme: policy overview [J], *Climate Policy*, 2006 (6): 7 –30.

[339] Hintermann, B.. Market power and windfall profits in emission permit markets, CEPE Working Paper No. 62, ETHZ, Zurich, 2009a.

[340] Hintermann , B.. An options pricing approach to CO_2 allowances in the EU-ETS, CEPE Working Paper No. 64, ETHZ, Zurich, 2009b.

[341] Hintermann, B.. Allowance price drivers in the first phase of the EU ETS [J]. *Journal of Environmental Economics and Management*, 2010, 59 (1): 43 –56.

[342] Jotzo, F.. Carbon Pricing that Builds Consensus and Reduces Australia's Emissions: Managing Uncertainties Using a Rising Fixed Price Evolving to Emissions Trading. CCEP Working Paper No. 1104, Centre for Climate Economics & Policy, Crawford School, Australian National University, 2011.

[343] Jotzo, F., Jordan, T., Fabian, N.. Policy Uncertainty about Australia's Carbon Price: Expert Survey Results and Implications for Investment [J]. *Australian Economic Review*, 2012 (45): 395 –409.

[344] Keppler, J. H., Mansanet –Bataller, M.. Causalities between CO_2, electricity, and other energy variables during phase Ⅰ and phase Ⅱ of the EU ETS [J]. *Energy Policy*, 2010, 38 (7), 3329 –3341.

[345] Lutz B. J., Pigorsch U. b, Rotfuß W.. Nonlinearity in cap-and-trade systems: The EUA price and its fundamentals [J]. *Energy Economics*, 2013 (40): 222 –232.

[346] Mansanet-Bataller, M., Pardo, A., & Valor, E.. CO_2 Prices, Energy and Weather [J]. *The Energy Journal*, 2007, 28 (3): 73 –92.

[347] Mansanet-Bataller, M., Pardo, A.. What you should know about carbon markets [J]. *Energies*1, 2008 (3): 120 –153.

[348] Oberndorfer, U.. EU Emission Allowances and the stock market: Evidence from the electricity industry [J]. *Ecological Economics*, 2009 (68): 1116 –1126.

[349] Rebuilding Security. Rebuilding Security: Conservative Energy Policy for

an Uncertain World, 2010.

[350] Wood, P. J., Jotzo, F.. Price floors for emissions trading [J]. *Energy Policy*, 2011 (39): 1746 – 1753.

[351] Feng Zhenhua, Zou Lele, Wei Yiming. Carbon Price Volatility: Evidence from EU ETS [J]. *Applied Energy*, 2011 (88): 590 – 598.

[352] Daskalakis G and Markellos R N. Are the European Carbon Markets Efficient? [J]. *Review of Futures Markets*, 2008 (17): 103 – 128.

[353] Seifert Jan, Uhrig Homburg Marliese, Wagner Michael. Dynamic Behavior of CO_2 Spot Prices [J]. *Journal of Environmental Economics and Management*, 2008 (56): 180 – 194.

[354] Montagnoli, A., and De Vries, F. P., Carbon Trading Thickness and Market Efficiency [J]. *Energy Economics*, 2010 (32): 1331 – 1336.

[355] Charles, A., Darne, O. and Fouilloux. J., Testing the Martingale Difference Hypothesis in Emission Allowances [J]. Economic Modelling, 2011 (28): 27 – 35.

[356] Hammoudeh, S., Lahiani, A., Nguyen, D. and Souca, R. An empirical analysis of energy cost pass-through to CO_2 emission prices [J]. *Energy Economics*, 2015 (49): 149 – 156.

[357] Liu H. and Chen Y. A study on the volatility spillovers, long memory effects and interactions between carbon and energy markets: The impacts of extreme weather [J]. *Economic Modeling*, 2013 (35): 840 – 855.

[358] Chevallier. Carbon Futures and Macroeconomic Risk Factors: A View from the EU ETS [J]. *Energy Economics*, 2009 (31): 614 – 625.

[359] Lo A W, Mackinlay A C. Stock Market Prices Do Not Follow Random Walks: Evidence from a Simple specification Test [J]. *The Review of Financial Studies*, 1988: 41 – 66.

[360] Fama, E. F.. Efficient Capital markets: A review of theory and empirical work [J]. *The Journal of Finance*, 1970: 383 – 417.

[361] Wu Z H, Huang N E. Ensemble empirical mode decomposition: A noise-assisted data analysis method [J]. *Advances in Adaptive Data Analysis*, 2009 (1): 1 – 59.

[362] National Greenhouse and Energy Report System Measurement Technical Guidelines for the estimation of Greenhouse Gas Emissions by Facilities in Australia.

[363] Lenzen, M., Murray, J., Sack, F. et al. Shared Producer and Consumer Responsibility-Theory and Practice [J]. *Ecological Economics*, 2007, 61 (1).

［364］Rodrigues，J.，Domingos，T.，Giljum，S. et al. Designing an Indicator of Environmental Responsibility ［J］. *Ecological Economics*，2006，59（3）.

［365］Anderson. *Corporate Survival*：*the Critical Importance of Sustainability Risk Management* ［M］. Beijing：Economic Science Press，2007.

［366］Barrett Scott. Political Economy of The Kyoto Protocol ［J］. *Oxford Review of Economic Policy*，1998，14（4）：20 – 39.

［367］Bloomberg New Energy Finance. State of Voluntary Carbon Markets ［R］. 2006 – 2011.

［368］Bumpus Adam，Liverman Diana. Accumulation by Decarbonization and the Governance of Carbon Offsets ［J］. *Economic Geography*，2008，84（2）：127 – 155.

［369］Jeffery Wurgler. Financial Markets and Allocation of Capital ［J］. *Journal of Financial Economics*，2000，58：187 – 214.

［370］John Elkington. *Cannibals with Forks*：*The Triple Bottom Line of 21st Century Business* ［M］. New Society Publishers，1998.

［371］Graedel Allenby. *Industrial Ecology* ［M］. Beijing：Qinghua Universal Press，2004.

［372］Labatt Sonia，White Rodney. *Carbon Finance*：*The Financial Implication of Climate Change* ［M］. Hoboken：John Wiley&Sons，2007.

［373］Marcel Jeucken，*Sustainable Finance and Banking*：*The Financial Sector and the Future of the Planet* ［M］. The Earthscan Publication Ltd.，2001.

［374］Newell，R. G.，Jaffe，A. B. and Stavins，R. N.. The Induced Innovation Hypothesis and Energy-Saving Technological Change ［J］. *Quarterly Journal of Economics*，1999，114：941 – 975.

［375］Repetto，R. and Austin，D.. *Pure Profit*：*the Financial Implication of Environmental Performance* ［M］. World Resource Institute，Washington，D. C.，Moskowitz Prize，2000.

［376］Schaltegger & Figgger. Environment Shareholder Value ［J］. *Eco-Management and Auditing*，2000，7：29 – 42.

［377］Stern. *The Economics of Climate Change*：*the Stern Review* ［M］. Cambridge University Press，2007.

［378］World Bank. State and Trends of the Carbon Market ［R］. 2005 – 2011.

［379］Yamin farhana. *Climate Change and Carbon Markets—A Handbook of Emission Reduction Mechanisms* ［M］. London：Earthscan，2005.

［380］Marjan Peeters，Kurt Deketelaere. *EU Climate Change Policy*：*The Chal-*

低碳经济转型下的中国碳排放权交易体系

lenge of New Regulatory Initiatives [M]. London: Edward Elgar, 2006.

[381] Kevin Gray. Regulatory Property and the Jurisprudence of Quasi-Public Trust. [J]. *Singapore Journal of Legal Studies*. 58. 2010.

[382] Bruce Yandle. Grasping for the Heavens: 3D Property Rights and the Global Commons [J]. *Duke Environmental Law & Policy Forum*. 10. 1999.

[383] Point Carbon's Carbon Market Analyst. Carbon Market Transactions in 2020: Dominated by Financials? [R]. 2008. Galor and Oded. Convergence? Inferences form theoretical models, *Economic Journal*, 1996, 106. pp. 1056 – 1069.

[384] Markandya, Anil. et al.. Energy intensity in transition economics: is there convergence towards the EU average [J]. Energy Economics, 2006 (28): 121 – 145.

[385] Lee L F, Asymptotic distribution of maximum likelihood for spatial models [J]. *Econometrica*, 2004 (72): 1899 – 1925.

[386] Phillps, P. and Hansen, B., Statistical inference with I (1) processes [J]. *Review of Economic Studies*, 57. pp. 99 – 125

[387] Poot, J.. Reflection on local and economy-wide effects of territorial competition, In P. W. J. Batey, P. Friedrich (eds). *Regional Competition*, Heidelberg: Springer-Verlag, 205 – 230.

[388] Damien Demailly, Philippe Quirion. European Emission Trading Scheme and competitiveness: A case study on the iron and steel industry [J]. *Energy Economics*, 2008 (30): 2009 – 2027.

[389] Jean-Charles Hourcade, et. al.. Differentation and Namics of EU ETS Industrial Competitiveness Impacts [R]. Climate Strategies Report, 2007.

[390] Duan M et al. Review of carbon emissions trading pilots in China [J]. *Energy & Environment*, 2014, 25 (3 – 4): 527 – 549.

[391] Feng et al.. Outsourcing CO_2 within China. PNAS, 2013, 110 (28): 11654 – 11659.

[392] Frank Jotzo. Emissions trading in China: Principles, design options and lessons from international practice. CCEP Working Paper, No. 1303.

[393] Jing Jing Jiang et al.. The construction of Shenzhen's carbon emission trading scheme [J]. *Energy Policy*, 2014 (75): 17 – 21.

[394] Libo Wu et al.. Advancing the experiment to reality: Perspectives on Shanghai pilot carbon emissions trading scheme. *Energy Policy*, 2014 (75): 22 – 30.

教育部哲学社會科學研究重大課題攻關項目
成果出版列表

书 名	首席专家
《马克思主义基础理论若干重大问题研究》	陈先达
《马克思主义理论学科体系建构与建设研究》	张雷声
《马克思主义整体性研究》	逄锦聚
《改革开放以来马克思主义在中国的发展》	顾钰民
《新时期 新探索 新征程 ——当代资本主义国家共产党的理论与实践研究》	聂运麟
《坚持马克思主义在意识形态领域指导地位研究》	陈先达
《当代资本主义新变化的批判性解读》	唐正东
《当代中国人精神生活研究》	童世骏
《弘扬与培育民族精神研究》	杨叔子
《当代科学哲学的发展趋势》	郭贵春
《服务型政府建设规律研究》	朱光磊
《地方政府改革与深化行政管理体制改革研究》	沈荣华
《面向知识表示与推理的自然语言逻辑》	鞠实儿
《当代宗教冲突与对话研究》	张志刚
《马克思主义文艺理论中国化研究》	朱立元
《历史题材文学创作重大问题研究》	童庆炳
《现代中西高校公共艺术教育比较研究》	曾繁仁
《西方文论中国化与中国文论建设》	王一川
《中华民族音乐文化的国际传播与推广》	王耀华
《我国少数民族音乐资源的保护与开发研究》	樊祖荫
《楚地出土戰國簡册〔十四種〕》	陈 偉
《近代中国的知识与制度转型》	桑 兵
《中国抗战在世界反法西斯战争中的历史地位》	胡德坤
《近代以来日本对华认识及其行动选择研究》	杨栋梁
《京津冀都市圈的崛起与中国经济发展》	周立群
《金融市场全球化下的中国监管体系研究》	曹凤岐
《中国市场经济发展研究》	刘 伟
《全球经济调整中的中国经济增长与宏观调控体系研究》	黄 达
《中国特大都市圈与世界制造业中心研究》	李廉水

书　名	首席专家
《中国产业竞争力研究》	赵彦云
《东北老工业基地资源型城市发展可持续产业问题研究》	宋冬林
《转型时期消费需求升级与产业发展研究》	臧旭恒
《中国金融国际化中的风险防范与金融安全研究》	刘锡良
《全球新型金融危机与中国的外汇储备战略》	陈雨露
《全球金融危机与新常态下的中国产业发展》	段文斌
《中国民营经济制度创新与发展》	李维安
《中国现代服务经济理论与发展战略研究》	陈　宪
《中国转型期的社会风险及公共危机管理研究》	丁烈云
《人文社会科学研究成果评价体系研究》	刘大椿
《中国工业化、城镇化进程中的农村土地问题研究》	曲福田
《中国农村社区建设研究》	项继权
《东北老工业基地改造与振兴研究》	程　伟
《全面建设小康社会进程中的我国就业发展战略研究》	曾湘泉
《自主创新战略与国际竞争力研究》	吴贵生
《转轨经济中的反行政性垄断与促进竞争政策研究》	于良春
《面向公共服务的电子政务管理体系研究》	孙宝文
《产权理论比较与中国产权制度变革》	黄少安
《中国企业集团成长与重组研究》	蓝海林
《我国资源、环境、人口与经济承载能力研究》	邱　东
《低碳经济转型下的中国碳排放权交易体系》	齐绍洲
《"病有所医"——目标、路径与战略选择》	高建民
《税收对国民收入分配调控作用研究》	郭庆旺
《多党合作与中国共产党执政能力建设研究》	周淑真
《规范收入分配秩序研究》	杨灿明
《中国社会转型中的政府治理模式研究》	娄成武
《中国加入区域经济一体化研究》	黄卫平
《金融体制改革和货币问题研究》	王广谦
《人民币均衡汇率问题研究》	姜波克
《我国土地制度与社会经济协调发展研究》	黄祖辉
《南水北调工程与中部地区经济社会可持续发展研究》	杨云彦
《产业集聚与区域经济协调发展研究》	王　珺
《我国货币政策体系与传导机制研究》	刘　伟
《我国民法典体系问题研究》	王利明
《中国司法制度的基础理论问题研究》	陈光中
《多元化纠纷解决机制与和谐社会的构建》	范　愉

书　名	首席专家
《中国和平发展的重大前沿国际法律问题研究》	曾令良
《中国法制现代化的理论与实践》	徐显明
《农村土地问题立法研究》	陈小君
《知识产权制度变革与发展研究》	吴汉东
《中国能源安全若干法律与政策问题研究》	黄　进
《城乡统筹视角下我国城乡双向商贸流通体系研究》	任保平
《产权强度、土地流转与农民权益保护》	罗必良
《矿产资源有偿使用制度与生态补偿机制》	李国平
《巨灾风险管理制度创新研究》	卓　志
《国有资产法律保护机制研究》	李曙光
《中国与全球油气资源重点区域合作研究》	王　震
《可持续发展的中国新型农村社会养老保险制度研究》	邓大松
《农民工权益保护理论与实践研究》	刘林平
《大学生就业创业教育研究》	杨晓慧
《新能源与可再生能源法律与政策研究》	李艳芳
《中国海外投资的风险防范与管控体系研究》	陈菲琼
《生活质量的指标构建与现状评价》	周长城
《中国公民人文素质研究》	石亚军
《城市化进程中的重大社会问题及其对策研究》	李　强
《中国农村与农民问题前沿研究》	徐　勇
《西部开发中的人口流动与族际交往研究》	马　戎
《现代农业发展战略研究》	周应恒
《综合交通运输体系研究——认知与建构》	荣朝和
《中国独生子女问题研究》	风笑天
《我国粮食安全保障体系研究》	胡小平
《我国食品安全风险防控研究》	王　硕
《城市新移民问题及其对策研究》	周大鸣
《新农村建设与城镇化推进中农村教育布局调整研究》	史宁中
《农村公共产品供给与农村和谐社会建设》	王国华
《中国大城市户籍制度改革研究》	彭希哲
《国家惠农政策的成效评价与完善研究》	邓大才
《以民主促进和谐——和谐社会构建中的基层民主政治建设研究》	徐　勇
《城市文化与国家治理——当代中国城市建设理论内涵与发展模式建构》	皇甫晓涛
《中国边疆治理研究》	周　平
《边疆多民族地区构建社会主义和谐社会研究》	张先亮
《新疆民族文化、民族心理与社会长治久安》	高静文
《中国大众媒介的传播效果与公信力研究》	喻国明

书　名	首席专家
《媒介素养：理念、认知、参与》	陆　晔
《创新型国家的知识信息服务体系研究》	胡昌平
《数字信息资源规划、管理与利用研究》	马费成
《新闻传媒发展与建构和谐社会关系研究》	罗以澄
《数字传播技术与媒体产业发展研究》	黄升民
《互联网等新媒体对社会舆论影响与利用研究》	谢新洲
《网络舆论监测与安全研究》	黄永林
《中国文化产业发展战略论》	胡惠林
《20世纪中国古代文化经典在域外的传播与影响研究》	张西平
《教育投入、资源配置与人力资本收益》	闵维方
《创新人才与教育创新研究》	林崇德
《中国农村教育发展指标体系研究》	袁桂林
《高校思想政治理论课程建设研究》	顾海良
《网络思想政治教育研究》	张再兴
《高校招生考试制度改革研究》	刘海峰
《基础教育改革与中国教育学理论重建研究》	叶　澜
《我国研究生教育结构调整问题研究》	袁本涛　王传毅
《公共财政框架下公共教育财政制度研究》	王善迈
《农民工子女问题研究》	袁振国
《当代大学生诚信制度建设及加强大学生思想政治工作研究》	黄蓉生
《从失衡走向平衡：素质教育课程评价体系研究》	钟启泉　崔允漷
《构建城乡一体化的教育体制机制研究》	李　玲
《高校思想政治理论课教育教学质量监测体系研究》	张耀灿
《处境不利儿童的心理发展现状与教育对策研究》	申继亮
《学习过程与机制研究》	莫　雷
《青少年心理健康素质调查研究》	沈德立
《灾后中小学生心理疏导研究》	林崇德
《民族地区教育优先发展研究》	张诗亚
《WTO主要成员贸易政策体系与对策研究》	张汉林
《中国和平发展的国际环境分析》	叶自成
《冷战时期美国重大外交政策案例研究》	沈志华
《新时期中非合作关系研究》	刘鸿武
《我国的地缘政治及其战略研究》	倪世雄
《中国海洋发展战略研究》	徐祥民
《中国东北亚战略与政策研究》	刘清才